高等学校公共基础课系列教材

满分线性代数

（第二版）

编著　杨　威

西安电子科技大学出版社

内容简介

本书参照教育部考试中心最新颁布的硕士研究生招生考试数学考试大纲编写而成，对数学一、数学二、数学三的考生具有普适性。本书是中国大学MOOC平台5星评价课程《满分线性代数》的配套教材。本书主要内容包括：矩阵及其运算、行列式、矩阵的秩与线性方程组、向量组的线性相关性、相似矩阵与二次型、易错与易混淆问题及思维导图等。每章均给出了大量典型例题和精选习题，并给出了解题思路、解题过程、评注及解题秘籍。

本书适合准备参加研究生考试的非数学专业学生复习使用，也适合零基础学生自学使用。

图书在版编目(CIP)数据

满分线性代数 / 杨威编著. --2版. --西安：西安电子科技大学出版社，2023.8
ISBN 978-7-5606-6850-5

Ⅰ. ① 满… Ⅱ. ① 杨… Ⅲ. ① 线性代数－研究生－入学考试－自学参考资料 Ⅳ. ① O151.2

中国国家版本馆CIP数据核字(2023)第151735号

策　　划　戚文艳
责任编辑　戚文艳
出版发行　西安电子科技大学出版社(西安市太白南路2号)
电　　话　(029)88202421　88201467　邮　　编　710071
网　　址　www.xduph.com　电子邮箱　xdupfxb001@163.com
经　　销　新华书店
印刷单位　陕西天意印务有限责任公司
版　　次　2023年8月第2版　2023年8月第1次印刷
开　　本　787毫米×1092毫米　1/16　印张　11.5
字　　数　266千字
印　　数　1～3000册
定　　价　30.00元
ISBN 978-7-5606-6850-5/O
XDUP 7152002-1

前言

“满分线性代数”是为考研学子精心打造的一门线上课程，“满分”一词的意义在于打消学生们的心理负担，增强学生们的学习信心。学完该课程，学生们不仅能掌握线性代数的基本知识，而且能够达到融会贯通的高阶性水平。该课程一方面要求学生达到“满分”，另一方面也获得了学生给出的“满分”评价(该课程在中国大学 MOOC 平台获得 5 星级评价)，此外，该课程在 b 站的播放量高达 354 万，得到广大学员的高度好评。

本书是该课程的配套教材。本书参照教育部考试中心最新颁布的硕士研究生招生考试数学考试大纲编写而成，对数学一、数学二、数学三的考生具有普适性。针对准备参加 2024 年研究生入学考试的学生，本书第二版特别添加了 2021、2022 及 2023 年考研数学真题，这些真题分散于各章。该书具有以下特色：

(1) 特别适合参加研究生入学考试的同学复习使用；

(2) 特别适合零基础学生自学使用；

(3) 包含 100 个精细的考研知识点(参照教育部 2023 年考研大纲)；

(4) 深度剖析经典例题，每一个例题都包括思路、解题过程、评注，有的例题针对解题技巧和关键结论还给出了解题秘籍；

(5) 精选习题包含了近 20 年的考研真题；

(6) 提供了包含基本概念、典型例题、精选习题等 330 个教学讲解视频。

另外，为了更好地帮助同学们进行考研复习，教学团队开设了微信公众号：杨威满分线性代数，同学们可以在公众号里获得最新的考研线性代数学习资料。

微信公众号：杨威满分线性代数

最后，衷心祝福广大考研学子成功上岸！

编著者

2023 年 1 月

第一版前言

“线性代数”是高等学校理、工、农、医、经、管等学科的一门重要基础课程，该课程包含了几何概念与代数方法的联系、严谨的逻辑推理、巧妙的归纳综合等数学思想，对于培养学生的数学素养具有重要的作用。随着计算机技术的飞速发展与广泛应用，作为离散化和数值计算理论基础的线性代数其重要性日益突显。

学生们在学习线性代数的过程中极易掉进中学数学惯性思维的陷阱，对很多概念和运算很容易搞错、混淆。另外，抽象的概念、众多的公式及繁琐的运算也使得“线性代数”课程成为同学们学习中的“拦路虎”。

本书根据高等学校理工类、经管类非数学专业“线性代数”课程的教学要求，参照教育部最新颁布的研究生入学考试的数学大纲编写而成。全书共分五章：第一章矩阵及其运算、第二章行列式、第三章矩阵的秩与线性方程组、第四章向量空间、第五章相似矩阵与二次型。每章都给出了大量典型例题并进行了深度剖析，每章章末均配有习题。附录部分给出了易错与易混淆的问题、思维导图及各章习题参考答案。

本书是中国大学MOOC平台“满分线性代数”课程的配套教材。本书的特色如下：

1. 把线性代数的所有知识细化为约100个知识点，通俗易懂。

2. 给出了近100个典型例题并进行了深度剖析，每一个例题都包括“思路”“解/证明”和“评注”，针对关键性问题和解题技巧还给出了“秘籍”，非常有利于读者进一步掌握所学知识。

3. 给出了大量的示意图，把抽象的概念形象化，有利于读者理解。

4. 深度梳理了线性代数中易错与易混淆的问题，并给出了分析和解读。

5. 给出了一系列思维导图，把“线性代数”各章节的知识点串联起来，有利于读者理解和记忆相关知识。

6. 针对全书各知识点、例题及习题，提供了大量的教学视频。

本书为高等学校大学数学教学研究与发展中心项目(CMC20200210)资助成果。

感谢西安电子科技大学出版社的编辑们为本书的出版付出的辛勤劳动。书中难免存在不妥之处，恳请同行和读者批评指正。

编著者

2020年9月

第一章　矩阵及其运算

线性方程组的求解是线性代数研究的重要问题，而矩阵是求解线性方程组的核心工具，另外，矩阵理论在自然科学、工程技术、经济管理等领域有着广泛的应用。本章我们学习矩阵的概念及矩阵运算的规律。

1.1　矩阵的概念

1. 矩阵的定义

矩阵的概念

由 $m\times n$ 个数排成 m 行 n 列的矩形数表 $\begin{bmatrix} a_{11} & a_{12} & \cdots & a_{1n} \\ a_{21} & a_{22} & \cdots & a_{2n} \\ \vdots & \vdots & & \vdots \\ a_{m1} & a_{m2} & \cdots & a_{mn} \end{bmatrix}$，称为 m 行 n 列矩阵，简称 $m\times n$ 矩阵。例如：

$$\boldsymbol{A}=\begin{bmatrix} 1 & 2 & 3 \\ 2 & 5 & 8 \end{bmatrix},\ \boldsymbol{B}=\begin{bmatrix} 1 & 2 \\ 3 & 7 \end{bmatrix},\ \boldsymbol{C}=\begin{bmatrix} 1 & 2 & 3 \\ 0 & 2 & 1 \\ 0 & 0 & 7 \end{bmatrix}$$

$$\boldsymbol{D}=\begin{bmatrix} 93 & 0 & 0 \\ 0 & 2 & 0 \\ 0 & 0 & 12 \end{bmatrix},\ \boldsymbol{E}=\begin{bmatrix} 1 & 0 & 0 \\ 0 & 1 & 0 \\ 0 & 0 & 1 \end{bmatrix},\ \boldsymbol{\alpha}=\begin{bmatrix} 3 \\ 6 \\ 9 \end{bmatrix}$$

一般用大写英文字母 $\boldsymbol{A}$、$\boldsymbol{B}$、$\boldsymbol{C}$、$\boldsymbol{D}$、$\boldsymbol{E}$ 等来表示一个矩阵，习惯用希腊字母 $\boldsymbol{\alpha}$、$\boldsymbol{\beta}$、$\boldsymbol{\gamma}$ 等来表示只有一行或只有一列的矩阵。矩阵的两端需要用一对圆括号或者方括号把数表括起来(本书统一用圆括号)。

2. 关于矩阵的名词

(1) $m\times n$ 矩阵：由 $m\times n$ 个数排成 m 行 n 列的矩形数表称为 $m\times n$ 矩阵，如上例中的 $\boldsymbol{A}$ 就是一个 2×3 的矩阵。

(2) n 阶矩阵(n 阶方阵)：行数与列数都等于 n 的矩阵，如上例中的 $\boldsymbol{B}$ 就是一个二阶方阵。

(3) 零矩阵：所有元素都是 0 的矩阵，习惯用大写字母 $\boldsymbol{O}$ 来表示。

(4) 列矩阵(列向量)：只有一列的矩阵，如上列中的 $\boldsymbol{\alpha}$ 就是一个三维列向量。

(5) 行矩阵(行向量)：只有一行的矩阵。

(6) 主对角线：方阵的左上角到右下角的直线，如图1.1(a)所示。

(7) 副(次)对角线：方阵的右上角到左下角的直线，如图1.1(b)所示。

图1.1　主对角线和副对角线示意图

3. 特殊矩阵

(1) 上(下)三角矩阵：主对角线以下(上)元素全是0的方阵，如上例中的$\boldsymbol{C}$就是上三角矩阵。

(2) 三角矩阵：上三角矩阵或下三角矩阵。

(3) 对角矩阵：主对角线以外的元素全是0的矩阵，如上例中的$\boldsymbol{D}$。

(4) 单位矩阵：主对角线元素都是1的对角矩阵，一般用$\boldsymbol{E}$或$\boldsymbol{I}$来表示。

(5) 同型矩阵：两个矩阵行数相等、列数也相等。

(6) 矩阵相等：两个矩阵同型，且对应元素相等。

1.2　矩阵的运算初步

矩阵的运算初步

1. 矩阵的加法运算

设$\boldsymbol{A}=(a_{ij})_{m\times n}$，$\boldsymbol{B}=(b_{ij})_{m\times n}$，则$\boldsymbol{A}\pm\boldsymbol{B}=(a_{ij}\pm b_{ij})_{m\times n}$。其中，$i=1, 2, \cdots, m$；$j=1, 2, \cdots, n$。

2. 矩阵的数乘运算

设$\boldsymbol{A}=(a_{ij})_{m\times n}$，$k$为常数，则$k\boldsymbol{A}=(ka_{ij})_{m\times n}$。其中，$i=1, 2, \cdots, m$；$j=1, 2, \cdots, n$。

3. 矩阵的线性运算

矩阵的加法运算和矩阵的数乘运算称为矩阵的线性运算。

4. 加法运算和数乘运算举例

加法：

$$\begin{bmatrix}1 & 2 & 3\\2 & 5 & 8\end{bmatrix}+\begin{bmatrix}3 & 2 & 1\\3 & 6 & 9\end{bmatrix}=\begin{bmatrix}1+3 & 2+2 & 3+1\\2+3 & 5+6 & 8+9\end{bmatrix}=\begin{bmatrix}4 & 4 & 4\\5 & 11 & 17\end{bmatrix}$$

数乘：

$$3\times\begin{bmatrix}1 & 2 & 3\\2 & 5 & 8\end{bmatrix}=\begin{bmatrix}3 & 6 & 9\\6 & 15 & 24\end{bmatrix}$$

5. 矩阵的乘法运算(左行×右列)

设$\boldsymbol{A}=(a_{ij})_{m\times s}$，$\boldsymbol{B}=(b_{ij})_{s\times n}$，则$\boldsymbol{A}$与$\boldsymbol{B}$的乘积是一个$m\times n$矩阵$\boldsymbol{C}=(c_{ij})_{m\times n}$。其中，$c_{ij}=a_{i1}b_{1j}+a_{i2}b_{2j}+\cdots+a_{is}b_{sj}(i=1, 2, \cdots, m; j=1, 2, \cdots, n)$。

矩阵乘法可以归纳为：左行×右列，如图 1.2 所示。

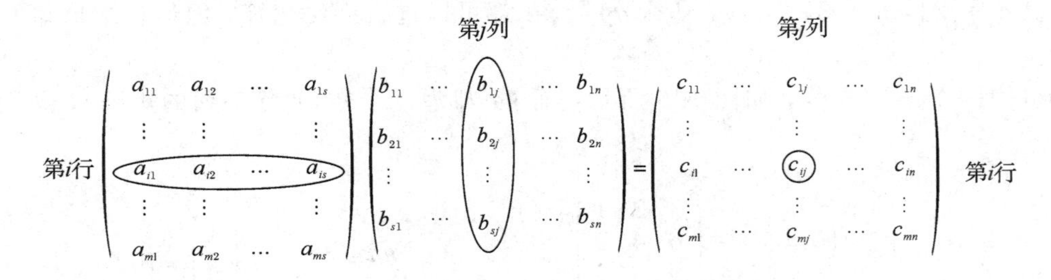

图 1.2　矩阵乘法示意图

6. 矩阵乘法举例

$$\begin{bmatrix}1 & 2 & 3\\2 & 5 & 8\end{bmatrix}\begin{bmatrix}1 & 2\\-1 & 3\\2 & 7\end{bmatrix}=\begin{bmatrix}1\times1+2\times(-1)+3\times2 & 1\times2+2\times3+3\times7\\2\times1+5\times(-1)+8\times2 & 2\times2+5\times3+8\times7\end{bmatrix}=\begin{bmatrix}5 & 29\\13 & 75\end{bmatrix}$$

1.3　矩阵乘法运算的特点

矩阵乘法运算的特点

1. 矩阵乘法运算的特点

(1) $\boldsymbol{AB}$ 可乘条件(相邻下标相等)：矩阵 $\boldsymbol{A}$ 的列数等于矩阵 $\boldsymbol{B}$ 的行数，如图 1.3 所示。

(2) $\boldsymbol{AB}$ 乘积形状(左行×右列)：$\boldsymbol{AB}$ 积的行数为 $\boldsymbol{A}$ 的行数，$\boldsymbol{AB}$ 积的列数为 $\boldsymbol{B}$ 的列数，如图 1.3 所示。

(3) 乘积矩阵元素(左行×右列)：$\boldsymbol{AB}$ 积的第 i 行第 j 列元素 c_{ij} 等于 $\boldsymbol{A}$ 的第 i 行和 $\boldsymbol{B}$ 的第 j 列对应元素乘积的和，如图 1.2 所示。

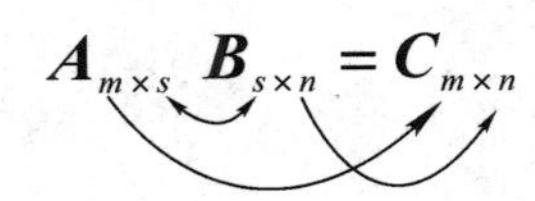

图 1.3　矩阵乘法运算特点示意图

2. 矩阵乘法运算举例

分析图 1.4，发现左边矩阵的每一行有 2 个元素，而右边矩阵的每一列有 3 个元素，所以它们不能相乘。分析图 1.5，发现左右两个矩阵相邻下标都是 4，所以它们可以相乘，乘积的行数和列数分别为“左行”和“右列”。

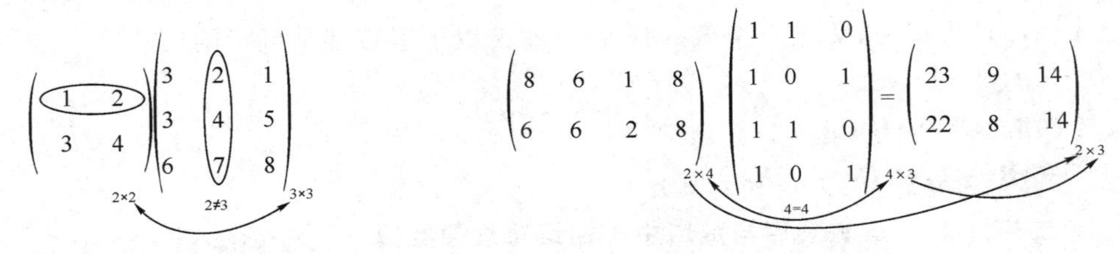

图 1.4　不能相乘矩阵举例　　　　图 1.5　矩阵乘法举例

设 $\boldsymbol{\alpha}=\begin{bmatrix}1\\2\\3\end{bmatrix}$，$\boldsymbol{\beta}=(3,2,1)$，那么 $\boldsymbol{\alpha\beta}$ 与 $\boldsymbol{\beta\alpha}$ 都可以进行乘法运算，但运算结果却大相径庭，$\boldsymbol{\alpha\beta}$ 为一个三阶方阵，如图 1.6 所示，而 $\boldsymbol{\beta\alpha}$ 却为一个数(1 行 1 列的矩阵)，如图 1.7 所示。

$$\underset{3\times 1}{\boldsymbol{\alpha\beta}=\begin{pmatrix}1\\2\\3\end{pmatrix}}\underset{1\times 3}{(3,2,1)}=\underset{3\times 3}{\begin{pmatrix}3&2&1\\6&4&2\\9&6&3\end{pmatrix}}$$

图 1.6　列向量乘行向量举例

$$\boldsymbol{\beta\alpha}=\underset{1\times 3}{(3,2,1)}\underset{3\times 1}{\begin{pmatrix}1\\2\\3\end{pmatrix}}=\underset{1\times 1}{10}$$

图 1.7　行向量乘列向量举例

1.4　矩阵乘法运算的规律

矩阵乘法运算的规律

初学者常常在矩阵乘法运算中犯错误，这是因为把矩阵乘法与数域中数的乘法混淆了，矩阵乘法运算具有以下运算规律。

1. 矩阵乘法运算不满足交换律

一般情况下，$\boldsymbol{AB}\neq\boldsymbol{BA}$，如图 1.6 和图 1.7 所示。

2. 矩阵乘法运算不满足消去律

一般情况下，$\boldsymbol{AB}=\boldsymbol{AC}\nRightarrow\boldsymbol{B}=\boldsymbol{C}$。例如，虽然有

$$\begin{bmatrix}1&2\\2&4\end{bmatrix}\begin{bmatrix}2\\-1\end{bmatrix}=\begin{bmatrix}1&2\\2&4\end{bmatrix}\begin{bmatrix}-4\\2\end{bmatrix}$$

但 $\begin{bmatrix}2\\-1\end{bmatrix}\neq\begin{bmatrix}-4\\2\end{bmatrix}$。

还要注意以下两种情况：

(1) $\boldsymbol{AB}=\boldsymbol{O}\nRightarrow\boldsymbol{A}=\boldsymbol{O}$ 或 $\boldsymbol{B}=\boldsymbol{O}$。

例如，$\boldsymbol{A}=\begin{bmatrix}1&2\\2&4\end{bmatrix}$，$\boldsymbol{B}=\begin{bmatrix}2&-4\\-1&2\end{bmatrix}$，虽然 $\boldsymbol{A}$ 和 $\boldsymbol{B}$ 都不是零矩阵，但有 $\boldsymbol{AB}=\boldsymbol{O}$。

(2) $\boldsymbol{A}^2=\boldsymbol{O}\nRightarrow\boldsymbol{A}=\boldsymbol{O}$。

例如，$\boldsymbol{A}=\begin{bmatrix}0&1\\0&0\end{bmatrix}$，虽然 $\boldsymbol{A}$ 不是零矩阵，但 $\boldsymbol{A}^2=\boldsymbol{O}$。

3. 矩阵乘法运算满足结合律和分配律

设 $\boldsymbol{A}$、$\boldsymbol{B}$、$\boldsymbol{C}$ 为矩阵，k 为一个数，那么有(假设以下运算都是可行的)：

(1) $(\boldsymbol{AB})\boldsymbol{C}=\boldsymbol{A}(\boldsymbol{BC})$。

(2) $\boldsymbol{A}(\boldsymbol{B}+\boldsymbol{C})=\boldsymbol{AB}+\boldsymbol{AC}$。

(3) $k(\boldsymbol{AB})=(k\boldsymbol{A})\boldsymbol{B}=\boldsymbol{A}(k\boldsymbol{B})$。

4. 单位矩阵 $\boldsymbol{E}$ 的运算规律与数域中 1 的运算规律类似

对任意矩阵 $\boldsymbol{A}$，总有 $\boldsymbol{AE}=\boldsymbol{A}$，$\boldsymbol{EA}=\boldsymbol{A}$，其中 $\boldsymbol{E}$ 为能够和 $\boldsymbol{A}$ 做乘法的单位矩阵。

通过以上的讨论和分析，可以把矩阵乘法运算的规律总结为：**“空间位置不能变”“时间次序可以变”**。

1.5　线性方程组和线性变换的矩阵表示

线性方程组和线性变换的矩阵表示

1. 线性方程组的矩阵表示

线性方程组的矩阵表示如下：

$$\begin{cases} a_{11}x_1+a_{12}x_2+\cdots+a_{1n}x_n=b_1 \\ a_{21}x_1+a_{22}x_2+\cdots+a_{2n}x_n=b_2 \\ \qquad\vdots \\ a_{m1}x_1+a_{m2}x_2+\cdots+a_{mn}x_n=b_m \end{cases} \Rightarrow \begin{bmatrix} a_{11} & a_{12} & \cdots & a_{1n} \\ a_{21} & a_{22} & \cdots & a_{2n} \\ \vdots & \vdots & & \vdots \\ a_{m1} & a_{m2} & \cdots & a_{mn} \end{bmatrix} \begin{bmatrix} x_1 \\ x_2 \\ \vdots \\ x_n \end{bmatrix} = \begin{bmatrix} b_1 \\ b_2 \\ \vdots \\ b_m \end{bmatrix}$$

$$\Rightarrow \boldsymbol{Ax}=\boldsymbol{b}$$

例如，若有线性方程组$\begin{cases} x_1-x_2+3x_3=7 \\ 2x_1+3x_2-x_3=10 \end{cases}$，则可以用矩阵等式$\begin{bmatrix} 1 & -1 & 3 \\ 2 & 3 & -1 \end{bmatrix}\begin{bmatrix} x_1 \\ x_2 \\ x_3 \end{bmatrix}=\begin{bmatrix} 7 \\ 10 \end{bmatrix}$来表示该方程组。若令$\boldsymbol{A}=\begin{bmatrix} 1 & -1 & 3 \\ 2 & 3 & -1 \end{bmatrix}$，$\boldsymbol{x}=\begin{bmatrix} x_1 \\ x_2 \\ x_3 \end{bmatrix}$，$\boldsymbol{b}=\begin{bmatrix} 7 \\ 10 \end{bmatrix}$，则有 $\boldsymbol{Ax}=\boldsymbol{b}$。其中 $\boldsymbol{A}$ 称为方程组的系数矩阵，$\boldsymbol{x}$ 称为未知数列向量，$\boldsymbol{b}$ 为常数列向量。

2. 线性变换的矩阵表示

线性变换的矩阵表示如下：

$$\begin{cases} y_1=a_{11}x_1+a_{12}x_2+\cdots+a_{1n}x_n \\ y_2=a_{21}x_1+a_{22}x_2+\cdots+a_{2n}x_n \\ \qquad\vdots \\ y_m=a_{m1}x_1+a_{m2}x_2+\cdots+a_{mn}x_n \end{cases} \Rightarrow \begin{bmatrix} y_1 \\ y_2 \\ \vdots \\ y_m \end{bmatrix} = \begin{bmatrix} a_{11} & a_{12} & \cdots & a_{1n} \\ a_{21} & a_{22} & \cdots & a_{2n} \\ \vdots & \vdots & & \vdots \\ a_{m1} & a_{m2} & \cdots & a_{mn} \end{bmatrix} \begin{bmatrix} x_1 \\ x_2 \\ \vdots \\ x_n \end{bmatrix}$$

$$\Rightarrow \boldsymbol{y}=\boldsymbol{Ax}$$

例如，若有一组未知数 x_1、x_2 和另一组未知数 y_1、y_2，存在线性变换$\begin{cases} y_1=x_1+x_2 \\ y_2=x_1-x_2 \end{cases}$，则可以用矩阵等式$\begin{bmatrix} y_1 \\ y_2 \end{bmatrix}=\begin{bmatrix} 1 & 1 \\ 1 & -1 \end{bmatrix}\begin{bmatrix} x_1 \\ x_2 \end{bmatrix}$来表示这种关系。若令 $\boldsymbol{y}=\begin{bmatrix} y_1 \\ y_2 \end{bmatrix}$，$\boldsymbol{x}=\begin{bmatrix} x_1 \\ x_2 \end{bmatrix}$，$\boldsymbol{A}=\begin{bmatrix} 1 & 1 \\ 1 & -1 \end{bmatrix}$，则有 $\boldsymbol{y}=\boldsymbol{Ax}$。

1.6　易错公式讨论

易错公式讨论

由于矩阵乘法运算不满足交换律，因此以下公式在矩阵运算中不再成立，请同学们特别注意。

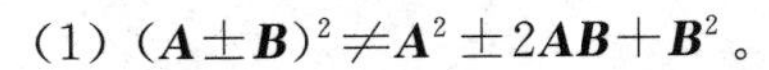

(1) $(\boldsymbol{A}\pm\boldsymbol{B})^2\neq\boldsymbol{A}^2\pm2\boldsymbol{AB}+\boldsymbol{B}^2$。

(2) $\boldsymbol{A}^3\pm\boldsymbol{B}^3\neq(\boldsymbol{A}\pm\boldsymbol{B})(\boldsymbol{A}^2\mp\boldsymbol{AB}+\boldsymbol{B}^2)$。

(3) $\boldsymbol{A}^2-\boldsymbol{B}^2\neq(\boldsymbol{A}+\boldsymbol{B})(\boldsymbol{A}-\boldsymbol{B})$。

(4) $(\boldsymbol{A}+\boldsymbol{B})^n\neq C_n^0\boldsymbol{A}^n\boldsymbol{B}^0+C_n^1\boldsymbol{A}^{n-1}\boldsymbol{B}^1+\cdots+C_n^{n-1}\boldsymbol{A}^1\boldsymbol{B}^{n-1}+C_n^n\boldsymbol{A}^0\boldsymbol{B}^n$。

但是，当矩阵 $\boldsymbol{A}$ 与 $\boldsymbol{B}$ 可交换，即有 $\boldsymbol{AB}=\boldsymbol{BA}$ 时，以上公式就成立了，例如：

(1) $(\boldsymbol{A}\pm\boldsymbol{E})^2=\boldsymbol{A}^2\pm2\boldsymbol{A}+\boldsymbol{E}$。

(2) $\boldsymbol{A}^3\pm\boldsymbol{E}=(\boldsymbol{A}\pm\boldsymbol{E})(\boldsymbol{A}^2\mp\boldsymbol{A}+\boldsymbol{E})$。

(3) $\boldsymbol{A}^2-\boldsymbol{E}=(\boldsymbol{A}+\boldsymbol{E})(\boldsymbol{A}-\boldsymbol{E})$。

(4) $(\boldsymbol{A}+\boldsymbol{E})^n=C_n^0\boldsymbol{A}^n+C_n^1\boldsymbol{A}^{n-1}+\cdots+C_n^{n-1}\boldsymbol{A}^1+C_n^n\boldsymbol{E}$。

初学者常常把行向量左乘列向量与列向量左乘行向量的运算混淆，所以特别来分析一个列向量左乘行向量的高次幂问题。

例 已知 $\boldsymbol{\alpha}=\begin{bmatrix}1\\-2\\2\end{bmatrix}$，$\boldsymbol{\beta}=(3,2,1)$，求$(\boldsymbol{\alpha\beta})^n$。

解 分析：

$$(\boldsymbol{\alpha\beta})^4=\boldsymbol{\alpha}(\boldsymbol{\beta\alpha})(\boldsymbol{\beta\alpha})(\boldsymbol{\beta\alpha})\boldsymbol{\beta}=\boldsymbol{\alpha}(\boldsymbol{\beta\alpha})^3\boldsymbol{\beta}$$

故有

$$(\boldsymbol{\alpha\beta})^n=\boldsymbol{\alpha}(\boldsymbol{\beta\alpha})^{n-1}\boldsymbol{\beta}$$

而

$$\boldsymbol{\beta\alpha}=(3,2,1)\begin{bmatrix}1\\-2\\2\end{bmatrix}=1$$

所以有

$$(\boldsymbol{\alpha\beta})^n=\boldsymbol{\alpha}(\boldsymbol{\beta\alpha})^{n-1}\boldsymbol{\beta}=\boldsymbol{\alpha}(1)^{n-1}\boldsymbol{\beta}=\boldsymbol{\alpha\beta}=\begin{bmatrix}1\\-2\\2\end{bmatrix}(3,2,1)=\begin{bmatrix}3&2&1\\-6&-4&-2\\6&4&2\end{bmatrix}$$

1.7 矩阵的转置

矩阵的转置

1. 矩阵转置的定义

把矩阵 $\boldsymbol{A}$ 的行换成同序数的列得到的一个新矩阵，称为矩阵 $\boldsymbol{A}$ 的转置矩阵，记为 $\boldsymbol{A}^{\mathrm{T}}$。

若 $\boldsymbol{A}$ 为方阵，那么矩阵 $\boldsymbol{A}$ 的转置也可以理解为：把矩阵 $\boldsymbol{A}$ 以主对角线为轴转动 180°得到的结果。

2. 矩阵转置运算的规律

设 $\boldsymbol{A}$ 和 $\boldsymbol{B}$ 为矩阵，k 为数，那么有(假设以下运算都是可行的)：

(1) $(\boldsymbol{A}^{\mathrm{T}})^{\mathrm{T}}=\boldsymbol{A}$。

(2) $(\boldsymbol{A}+\boldsymbol{B})^{\mathrm{T}}=\boldsymbol{A}^{\mathrm{T}}+\boldsymbol{B}^{\mathrm{T}}$。

(3) $(k\boldsymbol{A})^{\mathrm{T}}=k\boldsymbol{A}^{\mathrm{T}}$。

(4) $(\boldsymbol{AB})^{\mathrm{T}}=\boldsymbol{B}^{\mathrm{T}}\boldsymbol{A}^{\mathrm{T}}$。

3. 对称矩阵与反对称矩阵

若 n 阶方阵 $\boldsymbol{A}$ 满足 $\boldsymbol{A}^{\mathrm{T}}=\boldsymbol{A}$，则称矩阵 $\boldsymbol{A}$ 为对称矩阵。若 n 阶方阵 $\boldsymbol{A}$ 满足 $\boldsymbol{A}^{\mathrm{T}}=-\boldsymbol{A}$，则称矩阵 $\boldsymbol{A}$ 为反对称矩阵。例如，矩阵 $\boldsymbol{A}=\begin{bmatrix}2 & 6 & -5\\ 6 & 3 & 7\\ -5 & 7 & 4\end{bmatrix}$ 为对称矩阵，矩阵 $\boldsymbol{B}=\begin{bmatrix}0 & 5 & 7\\ -5 & 0 & -9\\ -7 & 9 & 0\end{bmatrix}$ 为反对称矩阵。

1.8 矩阵的逆

矩阵的逆

1. 矩阵逆的定义

对于 n 阶矩阵 $\boldsymbol{A}$，如果有一个 n 阶矩阵 $\boldsymbol{B}$，使 $\boldsymbol{AB}=\boldsymbol{BA}=\boldsymbol{E}$，则称矩阵 $\boldsymbol{A}$ 是可逆的，并把矩阵 $\boldsymbol{B}$ 称为矩阵 $\boldsymbol{A}$ 的逆矩阵。

$\boldsymbol{A}$ 的逆矩阵记作 $\boldsymbol{A}^{-1}$，有 $\boldsymbol{AA}^{-1}=\boldsymbol{A}^{-1}\boldsymbol{A}=\boldsymbol{E}$。

在后面的学习中，我们可以证明：对于 n 阶矩阵 $\boldsymbol{A}$ 和 $\boldsymbol{B}$，只要有 $\boldsymbol{AB}=\boldsymbol{E}$，即可得到 $\boldsymbol{A}$ 与 $\boldsymbol{B}$ 互逆。

2. 矩阵的可逆性

有的方阵是可逆的，有的方阵是不可逆的，所有方阵可以分为可逆矩阵和不可逆矩阵。例如，$\begin{bmatrix}1 & 2\\ 3 & 7\end{bmatrix}\begin{bmatrix}7 & -2\\ -3 & 1\end{bmatrix}=\begin{bmatrix}1 & 0\\ 0 & 1\end{bmatrix}$，所以知道矩阵 $\begin{bmatrix}1 & 2\\ 3 & 7\end{bmatrix}$ 和矩阵 $\begin{bmatrix}7 & -2\\ -3 & 1\end{bmatrix}$ 都是可逆矩阵，且它们互逆。

现在分析矩阵等式 $\begin{bmatrix}1 & 2\\ 2 & 4\end{bmatrix}\begin{bmatrix}a & b\\ c & d\end{bmatrix}=\begin{bmatrix}1 & 0\\ 0 & 1\end{bmatrix}$，可以发现，无论 a、b、c、d 取何值，该等式都不能成立，这就说明矩阵 $\begin{bmatrix}1 & 2\\ 2 & 4\end{bmatrix}$ 是一个不可逆矩阵。

3. 矩阵逆的唯一性

如果矩阵 $\boldsymbol{A}$ 可逆，那么它的逆矩阵一定是唯一的。

设矩阵 $\boldsymbol{B}$ 和 $\boldsymbol{C}$ 都是矩阵 $\boldsymbol{A}$ 的逆矩阵，则有 $\boldsymbol{AB}=\boldsymbol{BA}=\boldsymbol{E}$ 和 $\boldsymbol{AC}=\boldsymbol{CA}=\boldsymbol{E}$，那么 $\boldsymbol{B}=\boldsymbol{BE}=\boldsymbol{B}(\boldsymbol{AC})=(\boldsymbol{BA})\boldsymbol{C}=\boldsymbol{EC}=\boldsymbol{C}$，即证明了矩阵逆的唯一性。

1.9 矩阵逆运算的规律

矩阵逆运算的规律

设 $\boldsymbol{A}$ 和 $\boldsymbol{B}$ 为方阵，k 为数，那么有(假设以下运算都是可行的)：

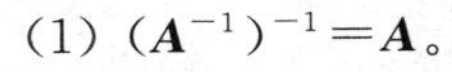

(1) $(\boldsymbol{A}^{-1})^{-1}=\boldsymbol{A}$。

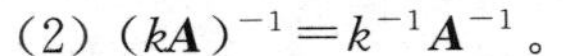

(2) $(k\boldsymbol{A})^{-1}=k^{-1}\boldsymbol{A}^{-1}$。

(3) $(\boldsymbol{AB})^{-1}=\boldsymbol{B}^{-1}\boldsymbol{A}^{-1}$。

(4) $(\boldsymbol{A}^{\mathrm{T}})^{-1}=(\boldsymbol{A}^{-1})^{\mathrm{T}}$。

同学们要特别注意：没有矩阵和的逆公式，当遇到求矩阵和的逆时，往往需要把矩阵的和转化成矩阵的积，然后再用公式(3)进行化简。

要证明矩阵 $\boldsymbol{A}$ 的逆矩阵是 $\boldsymbol{B}$，只需要验证 $\boldsymbol{AB}=\boldsymbol{E}$ 即可。显然有：

(1) $\boldsymbol{A}^{-1}\boldsymbol{A}=\boldsymbol{E}$。

(2) $(k\boldsymbol{A})(k^{-1}\boldsymbol{A}^{-1})=kk^{-1}\boldsymbol{A}\boldsymbol{A}^{-1}=\boldsymbol{E}$。

(3) $(\boldsymbol{AB})(\boldsymbol{B}^{-1}\boldsymbol{A}^{-1})=\boldsymbol{E}$。

(4) $\boldsymbol{A}^{\mathrm{T}}(\boldsymbol{A}^{-1})^{\mathrm{T}}=(\boldsymbol{A}^{-1}\boldsymbol{A})^{\mathrm{T}}=\boldsymbol{E}^{\mathrm{T}}=\boldsymbol{E}$。

1.10 分块矩阵

分块矩阵

1. 分块矩阵的概念

将矩阵用若干条横线和竖线分成若干个小矩阵，每一个小矩阵称为子块，以子块为元素的形式上的矩阵称为分块矩阵。一个矩阵的分块方式可以有很多种，图 1.8 给出了一个 3×4 矩阵的四种不同形式的分块情况。

$$\left(\begin{array}{cccc}1&2&3&4\\ \hdashline 5&6&7&8\\ \hdashline 9&8&5&6\end{array}\right)\quad \left(\begin{array}{c:c:c:c}1&2&3&4\\ 5&6&7&8\\ 9&8&5&6\end{array}\right)\quad \left(\begin{array}{cc:cc}1&2&3&4\\ \hdashline 5&6&7&8\\ 9&8&5&6\end{array}\right)\quad \left(\begin{array}{c:cc:c}1&2&3&4\\ \hdashline 5&6&7&8\\ \hdashline 9&8&5&6\end{array}\right)$$

图 1.8　分块矩阵示意图

2. 分块矩阵的运算

对矩阵进行适当分块处理，有如下运算公式(假设所有运算都是可行的)：

$$\begin{bmatrix}\boldsymbol{A}_1 & \boldsymbol{A}_2\\ \boldsymbol{A}_3 & \boldsymbol{A}_4\end{bmatrix}+\begin{bmatrix}\boldsymbol{B}_1 & \boldsymbol{B}_2\\ \boldsymbol{B}_3 & \boldsymbol{B}_4\end{bmatrix}=\begin{bmatrix}\boldsymbol{A}_1+\boldsymbol{B}_1 & \boldsymbol{A}_2+\boldsymbol{B}_2\\ \boldsymbol{A}_3+\boldsymbol{B}_3 & \boldsymbol{A}_4+\boldsymbol{B}_4\end{bmatrix}$$

$$\begin{bmatrix}\boldsymbol{A} & \boldsymbol{B}\\ \boldsymbol{C} & \boldsymbol{D}\end{bmatrix}\begin{bmatrix}\boldsymbol{X} & \boldsymbol{Y}\\ \boldsymbol{Z} & \boldsymbol{W}\end{bmatrix}=\begin{bmatrix}\boldsymbol{AX}+\boldsymbol{BZ} & \boldsymbol{AY}+\boldsymbol{BW}\\ \boldsymbol{CX}+\boldsymbol{DZ} & \boldsymbol{CY}+\boldsymbol{DW}\end{bmatrix}$$

$$\begin{bmatrix}\boldsymbol{A} & \boldsymbol{B}\\ \boldsymbol{C} & \boldsymbol{D}\end{bmatrix}^{\mathrm{T}}=\begin{bmatrix}\boldsymbol{A}^{\mathrm{T}} & \boldsymbol{C}^{\mathrm{T}}\\ \boldsymbol{B}^{\mathrm{T}} & \boldsymbol{D}^{\mathrm{T}}\end{bmatrix}$$

3. 分块矩阵的应用

应用举例 1：若有 $\boldsymbol{A}=\begin{bmatrix}1&0&1\\2&-1&9\\1&-1&7\end{bmatrix}$，$\boldsymbol{B}=\begin{bmatrix}2&-1&1&1&0&0\\-5&6&-7&0&1&0\\-1&1&-1&0&0&1\end{bmatrix}$，可以把矩阵 $\boldsymbol{B}$ 分成左右两个方阵，即为$(\boldsymbol{C},\boldsymbol{D})$，则有

$$\boldsymbol{AB}=\boldsymbol{A}(\boldsymbol{C},\boldsymbol{D})=(\boldsymbol{AC},\boldsymbol{AD})$$

以上分块运算结果与 $\boldsymbol{A}$ 直接左乘 $\boldsymbol{B}$ 的结果是一致的。

应用举例 2：若有 $\boldsymbol{A}=\begin{bmatrix}1&2&3\\3&2&1\\6&6&6\end{bmatrix}$，$\boldsymbol{B}=\begin{bmatrix}1&0&-2\\-2&0&4\\1&0&-2\end{bmatrix}$，可以把矩阵 $\boldsymbol{B}$ 按列分成 3 块，即 $(\boldsymbol{b}_1, \boldsymbol{b}_2, \boldsymbol{b}_3)$，则有

$$\boldsymbol{AB}=\boldsymbol{A}(\boldsymbol{b}_1, \boldsymbol{b}_2, \boldsymbol{b}_3)=(\boldsymbol{Ab}_1, \boldsymbol{Ab}_2, \boldsymbol{Ab}_3)$$

以上分块运算结果与 $\boldsymbol{A}$ 直接左乘 $\boldsymbol{B}$ 的结果是一致的。

应用举例 3：若有线性方程组 $\begin{cases}x_1+2x_2+3x_3=2\\3x_1+2x_2+x_3=2\\6x_1+6x_2+6x_3=6\end{cases}$，可以写成矩阵等式形式 $\begin{bmatrix}1&2&3\\3&2&1\\6&6&6\end{bmatrix}\begin{bmatrix}x_1\\x_2\\x_3\end{bmatrix}=\begin{bmatrix}2\\2\\6\end{bmatrix}$，设 $\boldsymbol{A}=\begin{bmatrix}1&2&3\\3&2&1\\6&6&6\end{bmatrix}$，$\boldsymbol{x}=\begin{bmatrix}x_1\\x_2\\x_3\end{bmatrix}$，$\boldsymbol{b}=\begin{bmatrix}2\\2\\6\end{bmatrix}$，于是方程组为 $\boldsymbol{Ax}=\boldsymbol{b}$。可以把系数矩阵按列分成 3 块，即 $\boldsymbol{A}=(\boldsymbol{\alpha}_1, \boldsymbol{\alpha}_2, \boldsymbol{\alpha}_3)$，则有 $(\boldsymbol{\alpha}_1, \boldsymbol{\alpha}_2, \boldsymbol{\alpha}_3)\begin{bmatrix}x_1\\x_2\\x_3\end{bmatrix}=\boldsymbol{b}$，也即

$$x_1\boldsymbol{\alpha}_1+x_2\boldsymbol{\alpha}_2+x_3\boldsymbol{\alpha}_3=\boldsymbol{b}$$

最后可以把方程组写成向量形式：

$$x_1\begin{bmatrix}1\\3\\6\end{bmatrix}+x_2\begin{bmatrix}2\\2\\6\end{bmatrix}+x_3\begin{bmatrix}3\\1\\6\end{bmatrix}=\begin{bmatrix}2\\2\\6\end{bmatrix}$$

应用举例 4：若有矩阵等式 $\boldsymbol{B}=\boldsymbol{AP}$，其中

$$\boldsymbol{A}=\begin{bmatrix}1&2&3\\3&2&1\\-1&0&7\end{bmatrix}，\boldsymbol{B}=\begin{bmatrix}8&-5&3\\8&-3&5\\6&-7&-1\end{bmatrix}，\boldsymbol{P}=\begin{bmatrix}1&0&1\\2&-1&1\\1&-1&0\end{bmatrix}$$

可以把矩阵 $\boldsymbol{A}$、$\boldsymbol{B}$ 按列分成 $\boldsymbol{A}=(\boldsymbol{\alpha}_1, \boldsymbol{\alpha}_2, \boldsymbol{\alpha}_3)$ 和 $\boldsymbol{B}=(\boldsymbol{\beta}_1, \boldsymbol{\beta}_2, \boldsymbol{\beta}_3)$，则有

$$\boldsymbol{B}=(\boldsymbol{\beta}_1, \boldsymbol{\beta}_2, \boldsymbol{\beta}_3)=(\boldsymbol{\alpha}_1, \boldsymbol{\alpha}_2, \boldsymbol{\alpha}_3)\begin{bmatrix}1&0&1\\2&-1&1\\1&-1&0\end{bmatrix}$$

最后有向量等式：

$$\boldsymbol{\beta}_1=\boldsymbol{\alpha}_1+2\boldsymbol{\alpha}_2+\boldsymbol{\alpha}_3，\boldsymbol{\beta}_2=-\boldsymbol{\alpha}_2-\boldsymbol{\alpha}_3，\boldsymbol{\beta}_3=\boldsymbol{\alpha}_1+\boldsymbol{\alpha}_2$$

1.11　初等变换

初等变换

1. 定义

初等变换包括初等行变换和初等列变换，初等行(列)变换的三种具体变换如下：

(1) 交换第 i、j 两行(列)的位置，记作 $r_i \leftrightarrow r_j(c_i \leftrightarrow c_j)$。

(2) 以非零数 k 乘第 i 行(列)，记作 $kr_i(kc_i)$。

(3) 把第 j 行(列)的 k 倍加到第 i 行(列)上，记作 $r_i+kr_j(c_i+kc_j)$。

2. 相关名词

行等价：若 $\boldsymbol{A}\xrightarrow{\text{有限次初等行变换}}\boldsymbol{B}$，则称 $\boldsymbol{A}$ 与 $\boldsymbol{B}$ 行等价。

列等价：若 $\boldsymbol{A}\xrightarrow{\text{有限次初等列变换}}\boldsymbol{B}$，则称 $\boldsymbol{A}$ 与 $\boldsymbol{B}$ 列等价。

等价：若 $\boldsymbol{A}\xrightarrow{\text{有限次初等行和列变换}}\boldsymbol{B}$，则称 $\boldsymbol{A}$ 与 $\boldsymbol{B}$ 等价。

等价具有传递性：若 $\boldsymbol{A}$ 与 $\boldsymbol{B}$ 等价，且 $\boldsymbol{B}$ 与 $\boldsymbol{C}$ 等价，则 $\boldsymbol{A}$ 与 $\boldsymbol{C}$ 等价。

用高斯消元法解线性方程组的过程就是对矩阵进行初等行变换的过程，其具体内容将在第三章学习。

1.12 初等矩阵

初等矩阵

1. 定义

由单位矩阵 $\boldsymbol{E}$ 经过一次初等变换得到的矩阵称为初等矩阵(初等方阵)。

三种初等变换对应着三种初等矩阵，例如：

$$\boldsymbol{E}\xrightarrow{r_i\leftrightarrow r_j}\boldsymbol{E}(i,j),\ \boldsymbol{E}\xrightarrow{kr_i}\boldsymbol{E}(i(k)),\ \boldsymbol{E}\xrightarrow{r_i+kr_j}\boldsymbol{E}(i,j(k))$$

例如：$\boldsymbol{P}_1=\begin{bmatrix}1&0&0\\0&0&1\\0&1&0\end{bmatrix}$，$\boldsymbol{P}_2=\begin{bmatrix}3&0&0\\0&1&0\\0&0&1\end{bmatrix}$，$\boldsymbol{P}_3=\begin{bmatrix}1&0&0\\-3&1&0\\0&0&1\end{bmatrix}$为三个初等矩阵。

初等矩阵的逆矩阵依然是初等矩阵，例如：

$$\boldsymbol{P}_1^{-1}=\boldsymbol{P}_1=\begin{bmatrix}1&0&0\\0&0&1\\0&1&0\end{bmatrix},\ \boldsymbol{P}_2^{-1}=\begin{bmatrix}1/3&0&0\\0&1&0\\0&0&1\end{bmatrix},\ \boldsymbol{P}_3^{-1}=\begin{bmatrix}1&0&0\\3&1&0\\0&0&1\end{bmatrix}$$

初等矩阵的 n 次方依然是初等矩阵，例如：

$$\boldsymbol{P}_1^{2n}=\begin{bmatrix}1&0&0\\0&1&0\\0&0&1\end{bmatrix}=\boldsymbol{E},\ \boldsymbol{P}_1^{2n+1}=\boldsymbol{P}_1=\begin{bmatrix}1&0&0\\0&0&1\\0&1&0\end{bmatrix},\ \boldsymbol{P}_2^{n}=\begin{bmatrix}3^n&0&0\\0&1&0\\0&0&1\end{bmatrix},\ \boldsymbol{P}_3^{n}=\begin{bmatrix}1&0&0\\-3n&1&0\\0&0&1\end{bmatrix}$$

2. 定理

对 $\boldsymbol{A}$ 施行一次初等行变换，相当于在 $\boldsymbol{A}$ 的左边乘以相应的初等矩阵。对 $\boldsymbol{A}$ 施行一次初等列变换，相当于在 $\boldsymbol{A}$ 的右边乘以相应的初等矩阵。

例如：把矩阵 $\boldsymbol{A}$ 的第一行乘 3 变成了矩阵 $\boldsymbol{B}$，那么矩阵 $\boldsymbol{A}$ 和矩阵 $\boldsymbol{B}$ 有以下等式关系：

$$\boldsymbol{P}_2\boldsymbol{A}=\boldsymbol{B}$$

类似地，把矩阵 $\boldsymbol{A}$ 的第一行乘 -3 加到第二行中变成了矩阵 $\boldsymbol{C}$，那么矩阵 $\boldsymbol{A}$ 和矩阵 $\boldsymbol{C}$ 有以下等式关系：

$$\boldsymbol{P}_3\boldsymbol{A}=\boldsymbol{C}$$

若把矩阵 $\boldsymbol{A}$ 的第二列和第三列对调变成了矩阵 $\boldsymbol{D}$，那么矩阵 $\boldsymbol{A}$ 和矩阵 $\boldsymbol{D}$ 有以下等式关系：

$$AP_1=D$$

3. 用初等变换求矩阵的逆

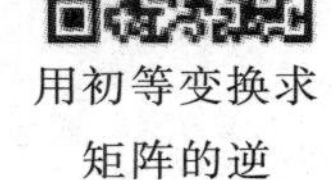
用初等变换求矩阵的逆

可以用初等行变换来求矩阵的逆矩阵。具体方法是：把 n 阶矩阵 $\boldsymbol{A}$ 和 n 阶单位矩阵 $\boldsymbol{E}$ 放到同一个矩阵中，即 $(\boldsymbol{A},\boldsymbol{E})$，然后对其进行初等行变换：

$$(\boldsymbol{A},\ \boldsymbol{E})\xrightarrow{\text{若干次初等行变换}}(\boldsymbol{E},\ \boldsymbol{B})$$

当把矩阵 $\boldsymbol{A}$ 变成单位矩阵 $\boldsymbol{E}$ 时，矩阵 $\boldsymbol{B}$ 就是 $\boldsymbol{A}^{-1}$。

以上求逆矩阵的方法，可以用初等矩阵定理和分块矩阵思路来给出证明。

设矩阵 $(\boldsymbol{A},\ \boldsymbol{E})$ 经过 l 次初等行变换变为 $(\boldsymbol{E},\ \boldsymbol{B})$，有 $\boldsymbol{P}_l\cdots\boldsymbol{P}_2\boldsymbol{P}_1(\boldsymbol{A},\boldsymbol{E})=(\boldsymbol{E},\ \boldsymbol{B})$，令 $\boldsymbol{P}=\boldsymbol{P}_l\cdots\boldsymbol{P}_2\boldsymbol{P}_1$，则有 $\boldsymbol{P}(\boldsymbol{A},\ \boldsymbol{E})=(\boldsymbol{E},\ \boldsymbol{B})$，即 $(\boldsymbol{PA},\ \boldsymbol{P})=(\boldsymbol{E},\ \boldsymbol{B})$，所以有 $\boldsymbol{PA}=\boldsymbol{E}$，$\boldsymbol{P}=\boldsymbol{B}$，故 $\boldsymbol{B}=\boldsymbol{A}^{-1}$。

例如，已知矩阵 $\boldsymbol{A}=\begin{bmatrix}1&2&2\\1&0&3\\2&3&4\end{bmatrix}$，求 $\boldsymbol{A}^{-1}$ 的过程如下：

$$(\boldsymbol{A},\ \boldsymbol{E})=\begin{bmatrix}1&2&2&1&0&0\\1&0&3&0&1&0\\2&3&4&0&0&1\end{bmatrix}\xrightarrow[r_3-2r_1]{r_2-r_1}\begin{bmatrix}1&2&2&1&0&0\\0&-2&1&-1&1&0\\0&-1&0&-2&0&1\end{bmatrix}$$

$$\xrightarrow[r_2\times(-1)]{r_2\leftrightarrow r_3}\begin{bmatrix}1&2&2&1&0&0\\0&1&0&2&0&-1\\0&-2&1&-1&1&0\end{bmatrix}\xrightarrow[r_3+2r_2]{r_1-2r_2}\begin{bmatrix}1&0&2&-3&0&2\\0&1&0&2&0&-1\\0&0&1&3&1&-2\end{bmatrix}$$

$$\xrightarrow{r_1-2r_3}\begin{bmatrix}1&0&0&-9&-2&6\\0&1&0&2&0&-1\\0&0&1&3&1&-2\end{bmatrix}$$

于是可得

$$\boldsymbol{A}^{-1}=\begin{bmatrix}-9&-2&6\\2&0&-1\\3&1&-2\end{bmatrix}$$

当然，当矩阵 $\boldsymbol{A}$ 经过初等变换不能变成单位矩阵 $\boldsymbol{E}$ 时，说明矩阵 $\boldsymbol{A}$ 不可逆。

1.13　典型例题分析

例 1.1

【例 1.1】 已知矩阵 $\boldsymbol{P}=\begin{bmatrix}-1&-4\\1&1\end{bmatrix}$，$\boldsymbol{\Lambda}=\begin{bmatrix}-1&0\\0&2\end{bmatrix}$，且有 $\boldsymbol{P}^{-1}\boldsymbol{AP}=\boldsymbol{\Lambda}$，求 $\boldsymbol{A}^{11}$。

【思路】 因为对角矩阵的高次幂容易求得，故把求 $\boldsymbol{A}^{11}$ 转化为求 $\boldsymbol{\Lambda}^{11}$。

【解】 因为 $\boldsymbol{P}^{-1}\boldsymbol{AP}=\boldsymbol{\Lambda}$，所以 $\boldsymbol{A}=\boldsymbol{P\Lambda P}^{-1}$，故

$$\boldsymbol{A}^{11}=\boldsymbol{P\Lambda}^{11}\boldsymbol{P}^{-1}$$

而

$$P^{-1}=\frac{1}{3}\begin{bmatrix}1 & 4\\ -1 & -1\end{bmatrix}$$

$$A^{11}=\begin{bmatrix}-1 & 0\\ 0 & 2\end{bmatrix}^{11}=\begin{bmatrix}-1 & 0\\ 0 & 2^{11}\end{bmatrix}$$

则
$$A^{11}=\begin{bmatrix}-1 & -4\\ 1 & 1\end{bmatrix}\begin{bmatrix}-1 & 0\\ 0 & 2^{11}\end{bmatrix}\begin{bmatrix}\frac{1}{3} & \frac{4}{3}\\ -\frac{1}{3} & -\frac{1}{3}\end{bmatrix}=\begin{bmatrix}2731 & 2732\\ -683 & -684\end{bmatrix}$$

【评注】 见例 1.3 评注。

【例 1.2】 证明$\begin{bmatrix}2 & 1 & 1\\ 1 & 2 & 1\\ 1 & 1 & 2\end{bmatrix}^n=E+\frac{1}{3}(4^n-1)\begin{bmatrix}1 & 1 & 1\\ 1 & 1 & 1\\ 1 & 1 & 1\end{bmatrix}$。

例 1.2

【思路】 因为矩阵$\begin{bmatrix}1 & 1 & 1\\ 1 & 1 & 1\\ 1 & 1 & 1\end{bmatrix}$的高次幂容易求得，故把原矩阵拆为

$$\begin{bmatrix}2 & 1 & 1\\ 1 & 2 & 1\\ 1 & 1 & 2\end{bmatrix}=\begin{bmatrix}1 & 0 & 0\\ 0 & 1 & 0\\ 0 & 0 & 1\end{bmatrix}+\begin{bmatrix}1 & 1 & 1\\ 1 & 1 & 1\\ 1 & 1 & 1\end{bmatrix}$$

【证明】
$$\begin{bmatrix}2 & 1 & 1\\ 1 & 2 & 1\\ 1 & 1 & 2\end{bmatrix}=E+\begin{bmatrix}1 & 1 & 1\\ 1 & 1 & 1\\ 1 & 1 & 1\end{bmatrix}=E+\begin{bmatrix}1\\ 1\\ 1\end{bmatrix}[1,\ 1,\ 1]$$

$$\begin{bmatrix}1 & 1 & 1\\ 1 & 1 & 1\\ 1 & 1 & 1\end{bmatrix}^n=\left(\begin{bmatrix}1\\ 1\\ 1\end{bmatrix}[1,1,1]\right)^n=3^{n-1}\cdot\begin{bmatrix}1 & 1 & 1\\ 1 & 1 & 1\\ 1 & 1 & 1\end{bmatrix}\quad(n\geqslant 1)$$

$$\begin{bmatrix}2 & 1 & 1\\ 1 & 2 & 1\\ 1 & 1 & 2\end{bmatrix}^n=\left(E+\begin{bmatrix}1 & 1 & 1\\ 1 & 1 & 1\\ 1 & 1 & 1\end{bmatrix}\right)^n=E+\sum_{k=1}^{n}C_n^kE^{n-k}\begin{bmatrix}1 & 1 & 1\\ 1 & 1 & 1\\ 1 & 1 & 1\end{bmatrix}^k$$

$$=E+\sum_{k=1}^{n}C_n^k3^{k-1}\begin{bmatrix}1 & 1 & 1\\ 1 & 1 & 1\\ 1 & 1 & 1\end{bmatrix}=E+\frac{1}{3}\left(\sum_{k=0}^{n}C_n^k3^k-1\right)\begin{bmatrix}1 & 1 & 1\\ 1 & 1 & 1\\ 1 & 1 & 1\end{bmatrix}$$

$$=E+\frac{1}{3}(4^n-1)\begin{bmatrix}1 & 1 & 1\\ 1 & 1 & 1\\ 1 & 1 & 1\end{bmatrix}$$

【评注】 见例 1.3 评注。

【例 1.3】 设矩阵$A=\begin{bmatrix}2 & 4 & 6\\ -3 & -6 & -9\\ 1 & 2 & 3\end{bmatrix}$，求$A^{2049}$。

例 1.3

【思路】 因为矩阵 $\boldsymbol{A}$ 的秩为 1，所以可以把矩阵 $\boldsymbol{A}$ 拆为一个列向量与一个行向量的乘积。

【解】 可以把矩阵 $\boldsymbol{A}$ 拆成两个向量的乘积：

$$\boldsymbol{A}=\boldsymbol{\alpha\beta}=\begin{bmatrix}2\\-3\\1\end{bmatrix}[1,2,3]$$

于是

$$\boldsymbol{A}^{2049}=(\boldsymbol{\alpha\beta})^{2049}=\boldsymbol{\alpha}(\boldsymbol{\beta\alpha})^{2048}\boldsymbol{\beta}$$

而

$$\boldsymbol{\beta\alpha}=[1,2,3]\begin{bmatrix}2\\-3\\1\end{bmatrix}=-1$$

故

$$\boldsymbol{A}^{2049}=\boldsymbol{\alpha\beta}=\begin{bmatrix}2&4&6\\-3&-6&-9\\1&2&3\end{bmatrix}$$

【评注】 在计算矩阵高次幂 $\boldsymbol{A}^n$ 类型题目时，分别有以下 6 种情况：

(1) 若矩阵 $\boldsymbol{A}$ 为对角矩阵或分块对角矩阵，则可以直接利用公式计算 $\boldsymbol{A}^n$。

(2) 若矩阵 $\boldsymbol{A}$ 中零元素较多，且元素分布有一定的规律性，则可以根据矩阵 $\boldsymbol{A}$ 的低次幂分析出 n 次幂的规律，最后用数学归纳法证明。

例如：已知 $\boldsymbol{A}=\begin{bmatrix}2&0&2\\0&3&0\\2&0&2\end{bmatrix}$，证明 $\boldsymbol{A}^n=\begin{bmatrix}2^{2n-1}&0&2^{2n-1}\\0&3^n&0\\2^{2n-1}&0&2^{2n-1}\end{bmatrix}$。

(3) 若矩阵 $\boldsymbol{A}$ 的秩为 1，可以把矩阵 $\boldsymbol{A}$ 拆成一个列向量 $\boldsymbol{\alpha}$ 与行向量 $\boldsymbol{\beta}$ 的乘积，然后利用以下公式计算：

$$\boldsymbol{A}^n=(\boldsymbol{\alpha\beta})^n=\boldsymbol{\alpha}(\boldsymbol{\beta\alpha})^{n-1}\boldsymbol{\beta}=(\boldsymbol{\beta\alpha})^{n-1}\boldsymbol{\alpha\beta}=[\mathrm{tr}(\boldsymbol{A})]^{n-1}\boldsymbol{A}$$

其中，$\mathrm{tr}(\boldsymbol{A})$ 称为矩阵 $\boldsymbol{A}$ 的迹，它等于矩阵 $\boldsymbol{A}$ 的主对角线元素之和。

【秘籍】 由于矩阵乘法不满足交换律，于是“改变矩阵运算时间顺序”就是矩阵运算的一大技巧。

(4) 若把矩阵 $\boldsymbol{A}$ 拆分成 $\boldsymbol{A}=\lambda\boldsymbol{E}+\boldsymbol{B}$，而其中矩阵 $\boldsymbol{B}$ 的高次幂 $\boldsymbol{B}^n$ 容易求得，则可以利用以下“二项式”公式进行计算：

$$(\lambda\boldsymbol{E}+\boldsymbol{B})^n=\lambda^n\boldsymbol{E}+C_n^1\boldsymbol{B}(\lambda\boldsymbol{E})^{n-1}+C_n^2\boldsymbol{B}^2(\lambda\boldsymbol{E})^{n-2}+\cdots+C_n^n\boldsymbol{B}^n$$

【秘籍】 当方阵满足 $\boldsymbol{AB}=\boldsymbol{BA}$ 时，$(\boldsymbol{A}\pm\boldsymbol{B})^n$ 和 $\boldsymbol{A}^n\pm\boldsymbol{B}^n$ 分别与数域中的公式 $(x\pm y)^n$ 和 $x^n\pm y^n$ 是一致的，例如：

$$\boldsymbol{A}^2-\boldsymbol{B}^2=(\boldsymbol{A}+\boldsymbol{B})(\boldsymbol{A}-\boldsymbol{B})$$

(5) 当矩阵 $\boldsymbol{A}$ 可以相似对角化，或有关系式 $\boldsymbol{A}=\boldsymbol{P}^{-1}\boldsymbol{BP}$，且矩阵 $\boldsymbol{B}$ 的高次幂 $\boldsymbol{B}^n$ 容易求得时，可以利用以下公式计算：

$$\boldsymbol{A}^n=\boldsymbol{P}^{-1}\boldsymbol{B}^n\boldsymbol{P}$$

(6) 当矩阵 $\boldsymbol{P}$ 为初等矩阵时，$\boldsymbol{P}^k\boldsymbol{A}$ 就是对矩阵 $\boldsymbol{A}$ 进行 k 次与 $\boldsymbol{P}$ 对应的初等行变换的结果，而 $\boldsymbol{BP}^k$ 就是对矩阵 $\boldsymbol{B}$ 进行 k 次与 $\boldsymbol{P}$ 对应的初等列变换的结果。

例 1.4

【例 1.4】 已知 $\boldsymbol{B}=\begin{bmatrix}1 & -3 & 0\\ 2 & 1 & 0\\ 0 & 0 & 2\end{bmatrix}$，且 $\boldsymbol{AB}=\boldsymbol{A}+\boldsymbol{E}$，求 $\boldsymbol{A}$。

【思路】 化简矩阵等式，把矩阵 $\boldsymbol{A}$“分离”出来。

【解】 $\boldsymbol{AB}-\boldsymbol{A}=\boldsymbol{E}$, $\boldsymbol{A}(\boldsymbol{B}-\boldsymbol{E})=\boldsymbol{E}$,于是

$$\boldsymbol{A}=(\boldsymbol{B}-\boldsymbol{E})^{-1}=\begin{bmatrix}0 & -3 & 0\\ 2 & 0 & 0\\ 0 & 0 & 1\end{bmatrix}^{-1}=\begin{bmatrix}0 & 2^{-1} & 0\\ -3^{-1} & 0 & 0\\ 0 & 0 & 1\end{bmatrix}$$

【评注】 该题考查了以下两个公式：

$$\begin{bmatrix}\boldsymbol{A} & \boldsymbol{O}\\ \boldsymbol{O} & \boldsymbol{B}\end{bmatrix}^{-1}=\begin{bmatrix}\boldsymbol{A}^{-1} & \boldsymbol{O}\\ \boldsymbol{O} & \boldsymbol{B}^{-1}\end{bmatrix},\ \begin{bmatrix}0 & a\\ b & 0\end{bmatrix}^{-1}=\begin{bmatrix}0 & b^{-1}\\ a^{-1} & 0\end{bmatrix}$$

【例 1.5】 设 $\boldsymbol{A}$、$\boldsymbol{B}$ 及 $\boldsymbol{A}+\boldsymbol{B}$ 都为 n 阶可逆矩阵。证明 $\boldsymbol{A}(\boldsymbol{A}+\boldsymbol{B})^{-1}\boldsymbol{B}=\boldsymbol{B}(\boldsymbol{A}+\boldsymbol{B})^{-1}\boldsymbol{A}$。

例 1.5

【思路】 因为 $(\boldsymbol{A}+\boldsymbol{B})^{-1}$ 的括号无法脱去，所以想让括号内外的矩阵“见面”，就要把逆运算提到整个算式之外。

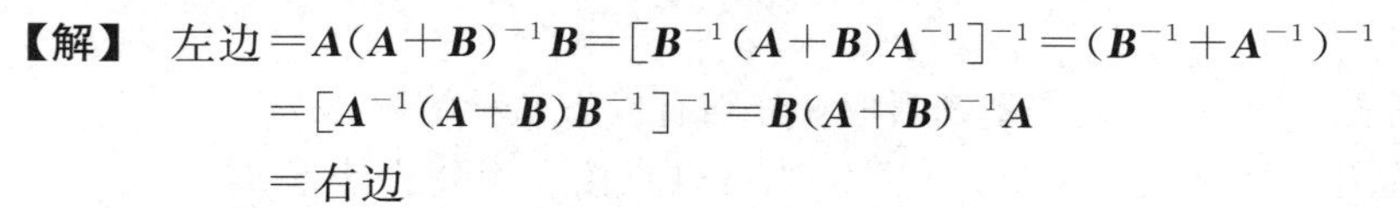

【解】 左边 $=\boldsymbol{A}(\boldsymbol{A}+\boldsymbol{B})^{-1}\boldsymbol{B}=[\boldsymbol{B}^{-1}(\boldsymbol{A}+\boldsymbol{B})\boldsymbol{A}^{-1}]^{-1}=(\boldsymbol{B}^{-1}+\boldsymbol{A}^{-1})^{-1}$

$=[\boldsymbol{A}^{-1}(\boldsymbol{A}+\boldsymbol{B})\boldsymbol{B}^{-1}]^{-1}=\boldsymbol{B}(\boldsymbol{A}+\boldsymbol{B})^{-1}\boldsymbol{A}$

$=$右边

【评注】 该题考查以下两个公式：

$$(\boldsymbol{A}^{-1})^{-1}=\boldsymbol{A},\ (\boldsymbol{ABC})^{-1}=\boldsymbol{C}^{-1}\boldsymbol{B}^{-1}\boldsymbol{A}^{-1}$$

【例 1.6】 分析以下命题，正确的命题是________。

例 1.6

命题 1：若 $\boldsymbol{AB}=\boldsymbol{AC}$，且 $\boldsymbol{A}\neq\boldsymbol{O}$，则 $\boldsymbol{B}=\boldsymbol{C}$。

命题 2：若 $\boldsymbol{AB}=\boldsymbol{AC}$，且 $\boldsymbol{B}\neq\boldsymbol{C}$，则 $\boldsymbol{A}=\boldsymbol{O}$。

命题 3：若 $\boldsymbol{AB}=\boldsymbol{AC}$，且 $\boldsymbol{A}$ 为可逆矩阵，则 $\boldsymbol{B}=\boldsymbol{C}$。

命题 4：若 $\boldsymbol{AB}=\boldsymbol{O}$，则 $\boldsymbol{A}=\boldsymbol{O}$ 或 $\boldsymbol{B}=\boldsymbol{O}$。

命题 5：$\boldsymbol{A}$ 为 $m\times n$ 阶实矩阵，若 $\boldsymbol{A}^{\mathrm{T}}\boldsymbol{A}=\boldsymbol{O}$，则 $\boldsymbol{A}=\boldsymbol{O}$。

【思路】 突破“数域乘法运算规律”的惯性思维。

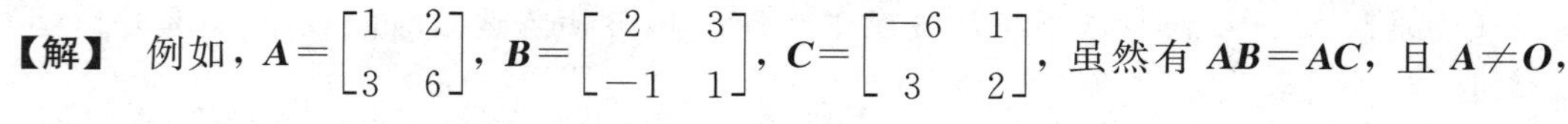

【解】 例如，$\boldsymbol{A}=\begin{bmatrix}1 & 2\\ 3 & 6\end{bmatrix}$，$\boldsymbol{B}=\begin{bmatrix}2 & 3\\ -1 & 1\end{bmatrix}$，$\boldsymbol{C}=\begin{bmatrix}-6 & 1\\ 3 & 2\end{bmatrix}$，虽然有 $\boldsymbol{AB}=\boldsymbol{AC}$，且 $\boldsymbol{A}\neq\boldsymbol{O}$，但 $\boldsymbol{B}\neq\boldsymbol{C}$。所以命题 1 和命题 2 都是错误的。

例如，$\boldsymbol{A}=\begin{bmatrix}1 & 1\\ -2 & -2\end{bmatrix}$，$\boldsymbol{B}=\begin{bmatrix}1 & -1\\ -1 & 1\end{bmatrix}$，虽然 $\boldsymbol{A}\neq\boldsymbol{O}$,$\boldsymbol{B}\neq\boldsymbol{O}$，但 $\boldsymbol{AB}=\boldsymbol{O}$。所以命题 4 也是错误的。

因为 $\boldsymbol{A}$ 可逆，于是用 $\boldsymbol{A}^{-1}$ 左乘矩阵等式 $\boldsymbol{AB}=\boldsymbol{AC}$ 两端，则有 $\boldsymbol{B}=\boldsymbol{C}$，所以命题 3 是正确的。

设矩阵 $\boldsymbol{A}^{\mathrm{T}}\boldsymbol{A}=\boldsymbol{B}$，且 $\boldsymbol{A}=\{a_{ij}\}$，$\boldsymbol{B}=\{b_{ij}\}$，则有

$$b_{11}=a_{11}^2+a_{21}^2+\cdots+a_{m1}^2$$
$$b_{22}=a_{12}^2+a_{22}^2+\cdots+a_{m2}^2$$
$$\cdots$$
$$b_{nn}=a_{1n}^2+a_{2n}^2+\cdots+a_{mn}^2$$

因为 $\boldsymbol{B}=\boldsymbol{O}$，所以 $b_{11}=b_{22}=\cdots=b_{mm}=0$，又因为矩阵 $\boldsymbol{A}$ 的所有元素 a_{ij} 全为实数，所以有 $a_{ij}=0(i=1,2,\cdots,m;j=1,2,\cdots,n)$，故 $\boldsymbol{A}=\boldsymbol{O}$。所以命题 5 是正确的。

【评注】

(1) 若 $\boldsymbol{A}$ 可逆，则存在矩阵 $\boldsymbol{A}^{-1}$，且 $\boldsymbol{A}^{-1}\boldsymbol{A}=\boldsymbol{A}\boldsymbol{A}^{-1}=\boldsymbol{E}$。

(2) 矩阵 $\boldsymbol{A}^{\mathrm{T}}$ 左乘 $\boldsymbol{A}$ 实质上是矩阵 $\boldsymbol{A}$ 的列向量组进行内积运算，$\boldsymbol{A}^{\mathrm{T}}\boldsymbol{A}$ 主对角线上的元素即为 $\boldsymbol{A}$ 的所有列向量长度的平方。

【秘籍】

(1) 要说明一个命题正确，需要加以证明；但要说明一个命题错误，只需找到一个反例即可。

(2) 初学者要打破数域中运算规律的惯性思维，比如乘法交换律、乘法消去律。

【例 1.7】 若 $\boldsymbol{A}^2-\boldsymbol{A}-4\boldsymbol{E}=\boldsymbol{O}$，证明 $\boldsymbol{A}+\boldsymbol{E}$ 可逆，并求其逆。

例 1.7

【思路】 根据已知的矩阵等式，找出新的矩阵等式 $(\boldsymbol{A}+\boldsymbol{E})(?)=\boldsymbol{E}$，其中 $(?)$ 即是答案。

【解】 根据已知条件可以得到

$$(\boldsymbol{A}-2\boldsymbol{E})(\boldsymbol{A}+\boldsymbol{E})-2\boldsymbol{E}=\boldsymbol{O},\ (\boldsymbol{A}+\boldsymbol{E})(\boldsymbol{A}-2\boldsymbol{E})-2\boldsymbol{E}=\boldsymbol{O}$$

于是有

$$\frac{(\boldsymbol{A}-2\boldsymbol{E})}{2}(\boldsymbol{A}+\boldsymbol{E})=(\boldsymbol{A}+\boldsymbol{E})\frac{(\boldsymbol{A}-2\boldsymbol{E})}{2}=\boldsymbol{E}$$

故矩阵 $\boldsymbol{A}+\boldsymbol{E}$ 可逆，其逆为

$$(\boldsymbol{A}+\boldsymbol{E})^{-1}=\frac{1}{2}(\boldsymbol{A}-2\boldsymbol{E})$$

【评注】 此题型解法归纳如下。

已知：方阵 $\boldsymbol{A}$ 的 $\boldsymbol{m}$ 次多项式等式 $a_m\boldsymbol{A}^m+\cdots+a_1\boldsymbol{A}+a_0\boldsymbol{E}=\boldsymbol{O}$。

求：关于方阵 $\boldsymbol{A}$ 的一个一次多项式的逆 $(k_1\boldsymbol{A}+k_0\boldsymbol{E})^{-1}$。

解题方法：用 m 次多项式 $a_m\boldsymbol{A}^m+\cdots+a_1\boldsymbol{A}+a_0\boldsymbol{E}$ 除以一次多项式 $k_1\boldsymbol{A}+k_0\boldsymbol{E}$，若商为 $b_{m-1}\boldsymbol{A}^{m-1}+\cdots+b_1\boldsymbol{A}+b_0\boldsymbol{E}$，余为 $k\boldsymbol{E}(k\neq0)$，则有

$$a_m\boldsymbol{A}^m+\cdots+a_1\boldsymbol{A}+a_0\boldsymbol{E}=(k_1\boldsymbol{A}+k_0\boldsymbol{E})(b_{m-1}\boldsymbol{A}^{m-1}+\cdots+b_1\boldsymbol{A}+b_0\boldsymbol{E})+k\boldsymbol{E}=\boldsymbol{O}$$

从而

$$(k_1\boldsymbol{A}+k_0\boldsymbol{E})\frac{-1}{k}(b_{m-1}\boldsymbol{A}^{m-1}+\cdots+b_1\boldsymbol{A}+b_0\boldsymbol{E})=\boldsymbol{E}$$

故

$$(k_1\boldsymbol{A}+k_0\boldsymbol{E})^{-1}=\frac{-1}{k}(b_{m-1}\boldsymbol{A}^{m-1}+\cdots+b_1\boldsymbol{A}+b_0\boldsymbol{E})$$

【例 1.8】 设 $\boldsymbol{A}$ 是 n 阶方阵，且 $\boldsymbol{A}^m=\boldsymbol{O}$（$m$ 为正整数），证明 $(\boldsymbol{E}-\boldsymbol{A})^{-1}=\boldsymbol{E}+\boldsymbol{A}+\boldsymbol{A}^2+\cdots+\boldsymbol{A}^{m-1}$。

例 1.8

【思路】 若要证明 $\boldsymbol{A}^{-1}=\boldsymbol{B}$，只需证明 $\boldsymbol{A}\boldsymbol{B}=\boldsymbol{B}\boldsymbol{A}=\boldsymbol{E}$ 即可。

【解】

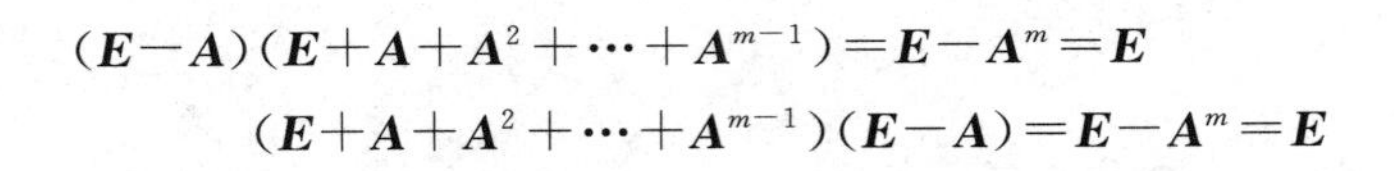

$$(\boldsymbol{E}-\boldsymbol{A})(\boldsymbol{E}+\boldsymbol{A}+\boldsymbol{A}^2+\cdots+\boldsymbol{A}^{m-1})=\boldsymbol{E}-\boldsymbol{A}^m=\boldsymbol{E}$$

$$(\boldsymbol{E}+\boldsymbol{A}+\boldsymbol{A}^2+\cdots+\boldsymbol{A}^{m-1})(\boldsymbol{E}-\boldsymbol{A})=\boldsymbol{E}-\boldsymbol{A}^m=\boldsymbol{E}$$

于是有

$$(\boldsymbol{E}-\boldsymbol{A})^{-1}=\boldsymbol{E}+\boldsymbol{A}+\boldsymbol{A}^2+\cdots+\boldsymbol{A}^{m-1}$$

【评注】 满足 $A^m=O$ 的矩阵 A 称为幂零矩阵，例如对角线元素都是0的三角矩阵就是幂零矩阵，若 $\boldsymbol{\alpha}$、$\boldsymbol{\beta}$ 为 n 维正交列向量，则 $A=\boldsymbol{\alpha\beta}^T$ 也为幂零矩阵。例如：

$$\begin{bmatrix}0&0\\ *&0\end{bmatrix}^2=O,\ \begin{bmatrix}0&0&0\\ *&0&0\\ *&*&0\end{bmatrix}^3=O,\ \begin{bmatrix}0&0&0&0\\ *&0&0&0\\ *&*&0&0\\ *&*&*&0\end{bmatrix}^4=O,\ \begin{bmatrix}3&-3&1\\6&-6&2\\9&-9&3\end{bmatrix}^2=O$$

【例 1.9】 设 A 是 n 阶矩阵，$A=E-\boldsymbol{\alpha\alpha}^T$，其中 $\boldsymbol{\alpha}$ 为 n 维非零列向量，证明：

(1) $A^2=A$ 的充要条件是 $\boldsymbol{\alpha}^T\boldsymbol{\alpha}=1$。

(2) 若 $\boldsymbol{\alpha}^T\boldsymbol{\alpha}=1$，则 A 不可逆。

例 1.9

【思路】 分清 $\boldsymbol{\alpha\alpha}^T$ 与 $\boldsymbol{\alpha}^T\boldsymbol{\alpha}$ 的区别是解决这道题目的关键。

【证明】 (1) $A^2=(E-\boldsymbol{\alpha\alpha}^T)^2=E-2\boldsymbol{\alpha\alpha}^T+\boldsymbol{\alpha\alpha}^T\boldsymbol{\alpha\alpha}^T=E-(2-\boldsymbol{\alpha}^T\boldsymbol{\alpha})\boldsymbol{\alpha\alpha}^T$

充分性：若 $\boldsymbol{\alpha}^T\boldsymbol{\alpha}=1$，则 $A^2=E-\boldsymbol{\alpha\alpha}^T=A$。

必要性：若 $A^2=A$，即 $E-(2-\boldsymbol{\alpha}^T\boldsymbol{\alpha})\boldsymbol{\alpha\alpha}^T=E-\boldsymbol{\alpha\alpha}^T$，则 $(1-\boldsymbol{\alpha}^T\boldsymbol{\alpha})\boldsymbol{\alpha\alpha}^T=O$，由于 $\boldsymbol{\alpha}\neq\mathbf{0}$，所以 $\boldsymbol{\alpha\alpha}^T\neq O$。

于是有 $\boldsymbol{\alpha}^T\boldsymbol{\alpha}=1$。

(2) 因为 $\boldsymbol{\alpha}^T\boldsymbol{\alpha}=1$，所以 $A^2=A$。假设 A 是可逆矩阵，在等式两边左乘 A^{-1}，得 $A=E$，即 $\boldsymbol{\alpha\alpha}^T=O$，这与 $\boldsymbol{\alpha}$ 为 n 维非零列向量矛盾，假设不成立，故 A 不可逆。

【评注】 反证法是线性代数证明题中常常用到的方法，利用反证法往往可以使证明变得简单明了。

【秘籍】 (1) 当命题的结论以否定的形式出现时，如“不能……”“不存在……”“不等于……”等，往往可以考虑使用反证法。

(2) 当一个证明题目有两问或两问以上时，第一问的结果可以用到后面的证明中。

【例 1.10】 设 A 是 n 阶可逆矩阵，且每一行元素之和都等于5，矩阵 A^{-1} 的每一行元素之和等于________。

例 1.10

【思路】 把“A 的每行元素之和都等于常数 k”用一个矩阵乘法等式来表述。

【解】 “A 的每行元素之和都等于常数5”

$$\Leftrightarrow\begin{bmatrix}a_{11}&a_{12}&\cdots&a_{1n}\\a_{21}&a_{22}&\cdots&a_{2n}\\ \vdots&\vdots&&\vdots\\a_{n1}&a_{n2}&\cdots&a_{nn}\end{bmatrix}\begin{bmatrix}1\\1\\ \vdots\\1\end{bmatrix}=\begin{bmatrix}5\\5\\ \vdots\\5\end{bmatrix}$$

令 $\boldsymbol{b}=\begin{bmatrix}1\\1\\ \vdots\\1\end{bmatrix}$，则有 $A\boldsymbol{b}=5\boldsymbol{b}$，由于矩阵 A 可逆，则用 A^{-1} 左乘矩阵等式两端，即有 $A^{-1}\boldsymbol{b}=\frac{1}{5}\boldsymbol{b}$，

故有“矩阵 A^{-1} 中的每行元素之和都等于 $\frac{1}{5}$”。

【评注】 要善于用矩阵等式来表述线性代数问题。

【例 1.11】　设 $\boldsymbol{A}$、$\boldsymbol{B}$ 为同阶可逆方阵，则(　　)。

(A) $\boldsymbol{AB}=\boldsymbol{BA}$

(B) 存在可逆矩阵 $\boldsymbol{P}$，使 $\boldsymbol{P}^{-1}\boldsymbol{AP}=\boldsymbol{B}$

(C) 存在可逆矩阵 $\boldsymbol{C}$，使 $\boldsymbol{C}^{\mathrm{T}}\boldsymbol{AC}=\boldsymbol{B}$

(D) 存在可逆矩阵 $\boldsymbol{P}$、$\boldsymbol{Q}$，使 $\boldsymbol{PAQ}=\boldsymbol{B}$

例 1.11

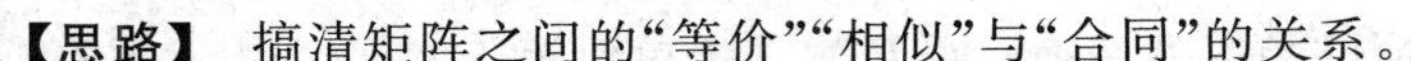

【思路】　搞清矩阵之间的“等价”“相似”与“合同”的关系。

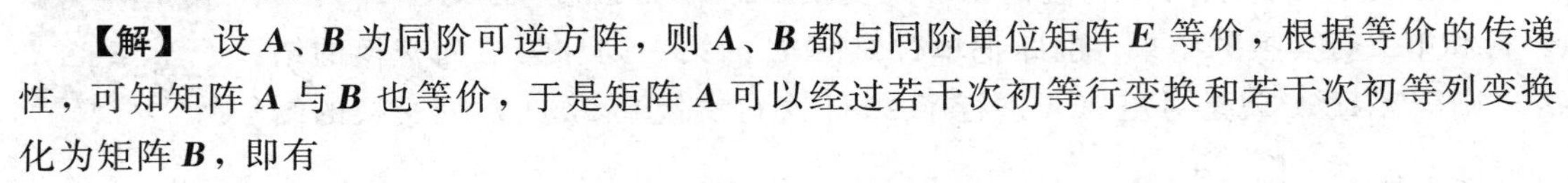

【解】　设 $\boldsymbol{A}$、$\boldsymbol{B}$ 为同阶可逆方阵，则 $\boldsymbol{A}$、$\boldsymbol{B}$ 都与同阶单位矩阵 $\boldsymbol{E}$ 等价，根据等价的传递性，可知矩阵 $\boldsymbol{A}$ 与 $\boldsymbol{B}$ 也等价，于是矩阵 $\boldsymbol{A}$ 可以经过若干次初等行变换和若干次初等列变换化为矩阵 $\boldsymbol{B}$，即有

$$\boldsymbol{P}_l\cdots\boldsymbol{P}_2\boldsymbol{P}_1\boldsymbol{A}\boldsymbol{Q}_1\boldsymbol{Q}_2\cdots\boldsymbol{Q}_t=\boldsymbol{B}$$

其中 $\boldsymbol{P}_i(i=1,\ 2,\ \cdots,\ l)$ 和 $\boldsymbol{Q}_i(i=1,\ 2,\ \cdots,\ t)$ 为对应初等方阵。令 $\boldsymbol{P}=\boldsymbol{P}_l\cdots\boldsymbol{P}_2\boldsymbol{P}_1$，$\boldsymbol{Q}=\boldsymbol{Q}_1\boldsymbol{Q}_2\cdots\boldsymbol{Q}_t$，则有 $\boldsymbol{PAQ}=\boldsymbol{B}$。所以选项(D)正确。

【评注】

(1) 若存在可逆矩阵 $\boldsymbol{P}$、$\boldsymbol{Q}$，使 $\boldsymbol{PAQ}=\boldsymbol{B}$，则称矩阵 $\boldsymbol{A}$ 与 $\boldsymbol{B}$ 等价。

(2) 若存在可逆矩阵 $\boldsymbol{P}$，使 $\boldsymbol{P}^{-1}\boldsymbol{AP}=\boldsymbol{B}$，则称矩阵 $\boldsymbol{A}$ 与 $\boldsymbol{B}$ 相似。

(3) 若存在可逆矩阵 $\boldsymbol{C}$，使 $\boldsymbol{C}^{\mathrm{T}}\boldsymbol{AC}=\boldsymbol{B}$，则称矩阵 $\boldsymbol{A}$ 与 $\boldsymbol{B}$ 合同。

相似与合同的概念将在第五章学习。

【例 1.12】　设 $\boldsymbol{A}=\begin{bmatrix}-1 & 0 & 0 & 2\\ 0 & -1 & 2 & 0\\ 0 & -2 & -1 & 0\\ -2 & 0 & 0 & -1\end{bmatrix}$，且 $\boldsymbol{B}=(\boldsymbol{A}+\boldsymbol{E})^{-1}(\boldsymbol{A}-\boldsymbol{E})$，求$(\boldsymbol{E}-\boldsymbol{B})^{-1}$。

例 1.12

【思路】　想办法把括号内的 $\boldsymbol{E}-\boldsymbol{B}$ 变成矩阵乘积的形式，才能把括号“脱掉”。

【解】　分析矩阵可知$|\boldsymbol{A}+\boldsymbol{E}|\neq 0$，即 $\boldsymbol{A}+\boldsymbol{E}$ 是可逆矩阵，于是可以把单位矩阵写成 $\boldsymbol{E}=(\boldsymbol{A}+\boldsymbol{E})^{-1}(\boldsymbol{A}+\boldsymbol{E})$。把 $\boldsymbol{E}$ 和 $\boldsymbol{B}$ 代入$(\boldsymbol{E}-\boldsymbol{B})^{-1}$，有

$$\begin{aligned}(\boldsymbol{E}-\boldsymbol{B})^{-1}&=[(\boldsymbol{A}+\boldsymbol{E})^{-1}(\boldsymbol{A}+\boldsymbol{E})-(\boldsymbol{A}+\boldsymbol{E})^{-1}(\boldsymbol{A}-\boldsymbol{E})]^{-1}\\&=[(\boldsymbol{A}+\boldsymbol{E})^{-1}(2\boldsymbol{E})]^{-1}\\&=\frac{1}{2}(\boldsymbol{A}+\boldsymbol{E})\\&=\begin{bmatrix} & & & 1\\ & & 1 & \\ & -1 & & \\ -1 & & & \end{bmatrix}\text{（空白处为 0，后文与此相同）}\end{aligned}$$

【评注】　该题考查了以下两个公式：

$$(\boldsymbol{A}^{-1})^{-1}=\boldsymbol{A},\ (k\boldsymbol{A})^{-1}=\frac{1}{k}\boldsymbol{A}^{-1}$$

【秘籍】　单位矩阵 $\boldsymbol{E}$ 就像一个“变色龙”，它可以根据周围的情况来变化自己，例如：

$\boldsymbol{E}=\boldsymbol{A}^{-1}\boldsymbol{A}$，$\boldsymbol{E}=\boldsymbol{B}\boldsymbol{B}^{-1}$，$\boldsymbol{E}=(\boldsymbol{A}+3\boldsymbol{E})^{-1}(\boldsymbol{A}+3\boldsymbol{E})$，…(假设 $\boldsymbol{A}$，$\boldsymbol{B}$，$\boldsymbol{A}+3\boldsymbol{E}$ 都可逆)

由于该题中的矩阵 $\boldsymbol{B}=(\boldsymbol{A}+\boldsymbol{E})^{-1}(\boldsymbol{A}-\boldsymbol{E})$，于是就可以把单位矩阵变为

$\boldsymbol{E}=(\boldsymbol{A}+\boldsymbol{E})^{-1}(\boldsymbol{A}+\boldsymbol{E})$。

【例 1.13】 若 $\boldsymbol{A}=\begin{bmatrix}1 & 2\\3 & 4\end{bmatrix}$，$\boldsymbol{P}=\begin{bmatrix}0 & 1\\1 & 0\end{bmatrix}$，那么 $\boldsymbol{P}^{2005}\boldsymbol{A}\boldsymbol{P}^{2004}=$ ________。

【思路】 矩阵 $\boldsymbol{P}$ 为初等矩阵，根据初等矩阵定理解题。

【解】 $\boldsymbol{PA}$ 就是对矩阵 $\boldsymbol{A}$ 进行了一次与 $\boldsymbol{P}$ 对应的初等行变换，$\boldsymbol{AP}$ 就是对矩阵 $\boldsymbol{A}$ 进行了一次与 $\boldsymbol{P}$ 对应的初等列变换，而 $\boldsymbol{P}$ 就是把单位矩阵 $\boldsymbol{E}$ 的第一行和第二行交换的结果，也即把单位矩阵 $\boldsymbol{E}$ 的第一列和第二列交换的结果，则 $\boldsymbol{P}^{2005}\boldsymbol{A}\boldsymbol{P}^{2004}$ 就是对矩阵 $\boldsymbol{A}$ 进行了 2005 次行交换和 2004 次列交换的结果，所以答案为 $\begin{bmatrix}3 & 4\\1 & 2\end{bmatrix}$。

例 1.13

【评注】 关于矩阵高次幂的问题，可参见例 1.3 评注。

【例 1.14】 设 $\boldsymbol{A}=\begin{bmatrix}a_{11} & a_{12} & a_{13}\\a_{21} & a_{22} & a_{23}\\a_{31} & a_{32} & a_{33}\end{bmatrix}$，$\boldsymbol{B}=\begin{bmatrix}a_{21} & a_{22} & a_{23}\\a_{11} & a_{12} & a_{13}\\a_{31}+a_{11} & a_{32}+a_{12} & a_{33}+a_{13}\end{bmatrix}$，

例 1.14

$\boldsymbol{P}_1=\begin{bmatrix}0 & 1 & 0\\1 & 0 & 0\\0 & 0 & 1\end{bmatrix}$，$\boldsymbol{P}_2=\begin{bmatrix}1 & 0 & 0\\0 & 1 & 0\\1 & 0 & 1\end{bmatrix}$，则必有(　　)。

(A) $\boldsymbol{AP}_1\boldsymbol{P}_2=\boldsymbol{B}$　　(B) $\boldsymbol{AP}_2\boldsymbol{P}_1=\boldsymbol{B}$　　(C) $\boldsymbol{P}_1\boldsymbol{P}_2\boldsymbol{A}=\boldsymbol{B}$　　(D) $\boldsymbol{P}_2\boldsymbol{P}_1\boldsymbol{A}=\boldsymbol{B}$

【思路】 矩阵 $\boldsymbol{P}_1$ 和 $\boldsymbol{P}_2$ 都是初等矩阵，根据初等矩阵定理解题。

【解】 选项(A)和(B)中的矩阵 $\boldsymbol{B}$ 是对矩阵 $\boldsymbol{A}$ 进行初等列变换的结果，而选项(D)的行变换次序颠倒了。选项(C)正确。

【评注】 参见例 1.15 评注。

【例 1.15】 设 $\boldsymbol{A}$ 为三阶矩阵，将矩阵 $\boldsymbol{A}$ 的第一行加到第三行得到矩阵 $\boldsymbol{B}$，再将 $\boldsymbol{B}$ 的第三列的 -1 倍加到第一列得到 $\boldsymbol{C}$，设 $\boldsymbol{P}=\begin{bmatrix}1 & 0 & 0\\0 & 1 & 0\\1 & 0 & 1\end{bmatrix}$，则 $\boldsymbol{A}$、$\boldsymbol{C}$、$\boldsymbol{P}$ 三个矩阵的关系等式为(　　)。

例 1.15

(A) $\boldsymbol{PAP}=\boldsymbol{C}$　　(B) $\boldsymbol{P}^{-1}\boldsymbol{AP}=\boldsymbol{C}$　　(C) $\boldsymbol{PAP}^{\mathrm{T}}=\boldsymbol{C}$　　(D) $\boldsymbol{PAP}^{-1}=\boldsymbol{C}$

【思路】 矩阵 $\boldsymbol{P}$ 为初等矩阵，且 $\boldsymbol{P}^{\mathrm{T}}$ 和 $\boldsymbol{P}^{-1}$ 都是初等矩阵，然后根据初等矩阵定理解题。

【解】 "将矩阵 $\boldsymbol{A}$ 的第一行加到第三行得到矩阵 $\boldsymbol{B}$"翻译成矩阵等式为

$$\begin{bmatrix}1 & 0 & 0\\0 & 1 & 0\\1 & 0 & 1\end{bmatrix}\boldsymbol{A}=\boldsymbol{B}$$

"将 $\boldsymbol{B}$ 的第三列的 -1 倍加到第一列得到 $\boldsymbol{C}$" 翻译成矩阵等式为

$$\boldsymbol{B}\begin{bmatrix}1 & 0 & 0\\0 & 1 & 0\\-1 & 0 & 1\end{bmatrix}=\boldsymbol{C}$$

而 $\boldsymbol{P}^{-1}=\begin{bmatrix}1&0&0\\0&1&0\\-1&0&1\end{bmatrix}$，于是选项(D)正确。

【评注】 本题考查了以下知识点：

(1) 已知矩阵 $\boldsymbol{A}$、$\boldsymbol{B}$ 满足 $\boldsymbol{PA}=\boldsymbol{B}$，其中 $\boldsymbol{P}$ 为初等矩阵，则矩阵 $\boldsymbol{B}$ 为矩阵 $\boldsymbol{A}$ 进行一次初等行变换的结果，而行变换的种类由初等矩阵 $\boldsymbol{P}$ 的种类决定。若初等矩阵 $\boldsymbol{P}$ 是单位矩阵 $\boldsymbol{E}$ 的第 i 行和第 j 行交换得到的，那么矩阵 $\boldsymbol{B}$ 就为矩阵 $\boldsymbol{A}$ 的第 i 行和第 j 行交换的结果。

(2) 已知矩阵 $\boldsymbol{A}$、$\boldsymbol{B}$ 满足 $\boldsymbol{AP}=\boldsymbol{B}$，其中 $\boldsymbol{P}$ 为初等矩阵，则矩阵 $\boldsymbol{B}$ 为矩阵 $\boldsymbol{A}$ 进行一次初等列变换的结果，而列变换的种类由初等矩阵 $\boldsymbol{P}$ 的种类决定。若初等矩阵 $\boldsymbol{P}$ 是单位矩阵 $\boldsymbol{E}$ 第 i 列的 k 倍加到第 j 列上得到的，那么矩阵 $\boldsymbol{B}$ 就为矩阵 $\boldsymbol{A}$ 第 i 列的 k 倍加到第 j 列上的结果。

(3) 初等矩阵的逆矩阵仍然是初等矩阵，如：

$$\begin{bmatrix}1&0&0\\0&0&1\\0&1&0\end{bmatrix}^{-1}=\begin{bmatrix}1&0&0\\0&0&1\\0&1&0\end{bmatrix},\ \begin{bmatrix}1&0&0\\0&1&0\\0&0&3\end{bmatrix}^{-1}=\begin{bmatrix}1&0&0\\0&1&0\\0&0&\frac{1}{3}\end{bmatrix},\ \begin{bmatrix}1&0&0\\0&1&0\\5&0&1\end{bmatrix}^{-1}=\begin{bmatrix}1&0&0\\0&1&0\\-5&0&1\end{bmatrix}$$

【秘籍】 初等变换及初等矩阵的知识点在各类考试中频繁出现，同学们一定要熟练掌握。

【例 1.16】 设 $\boldsymbol{A}$，$\boldsymbol{E}-\boldsymbol{A}$ 可逆，若 $\boldsymbol{B}$ 满足$(\boldsymbol{E}-(\boldsymbol{E}-\boldsymbol{A})^{-1})\boldsymbol{B}=\boldsymbol{A}$，则 $\boldsymbol{B}-\boldsymbol{A}=$________。

例 1.16

【思路】 利用 $\boldsymbol{E}$ 的“变色龙”性质解题。

【解】 因为 $\boldsymbol{E}-\boldsymbol{A}$ 可逆，所以对已知矩阵等式进行变形：

$$((\boldsymbol{E}-\boldsymbol{A})(\boldsymbol{E}-\boldsymbol{A})^{-1}-(\boldsymbol{E}-\boldsymbol{A})^{-1})\boldsymbol{B}=\boldsymbol{A}$$
$$((\boldsymbol{E}-\boldsymbol{A}-\boldsymbol{E})(\boldsymbol{E}-\boldsymbol{A})^{-1})\boldsymbol{B}=\boldsymbol{A}$$
$$((-\boldsymbol{A})(\boldsymbol{E}-\boldsymbol{A})^{-1})\boldsymbol{B}=\boldsymbol{A}$$

因为 $\boldsymbol{A}$ 可逆，所以用 $\boldsymbol{A}^{-1}$ 左乘以上等式两端，有

$$-(\boldsymbol{E}-\boldsymbol{A})^{-1}\boldsymbol{B}=\boldsymbol{E}$$

用 $\boldsymbol{E}-\boldsymbol{A}$ 左乘以上等式两端，有

$$-\boldsymbol{B}=\boldsymbol{E}-\boldsymbol{A},\quad \boldsymbol{B}-\boldsymbol{A}=-\boldsymbol{E}$$

【评注】 见例 1.12 秘籍。

习　题

1. 设 $\boldsymbol{A}=\begin{bmatrix}0&0&0&0\\1&0&0&0\\0&1&0&0\\0&0&1&0\end{bmatrix}$，求 $\boldsymbol{A}^k$。

2. 设 $\boldsymbol{A}=\begin{bmatrix}2&0&2\\0&3&0\\2&0&2\end{bmatrix}$，则 $\boldsymbol{A}^n$(n 为正整数)$=$________。

3. 已知 $\boldsymbol{\alpha}=(1, 2, 3)$，$\boldsymbol{\beta}=\left(1, \frac{1}{2}, \frac{1}{3}\right)$，设 $\boldsymbol{A}=\boldsymbol{\alpha}^{\mathrm{T}}\boldsymbol{\beta}$，则 $\boldsymbol{A}^n=$________。

4. 设 $\boldsymbol{\alpha}$ 为三维列向量，若 $\boldsymbol{\alpha}\boldsymbol{\alpha}^{\mathrm{T}}=\begin{bmatrix}1 & -1 & 1\\ -1 & 1 & -1\\ 1 & -1 & 1\end{bmatrix}$，则 $\boldsymbol{\alpha}^{\mathrm{T}}\boldsymbol{\alpha}=$________。

5. 设 $\boldsymbol{A}=\begin{bmatrix}1 & 0 & 1\\ 0 & 2 & 0\\ 1 & 0 & 1\end{bmatrix}$，而 $n\geqslant 2$ 为正整数，则 $\boldsymbol{A}^n-2\boldsymbol{A}^{n-1}=$________。

6. 设 $\boldsymbol{A}=\begin{bmatrix}0 & -1 & 0\\ 1 & 0 & 0\\ 0 & 0 & -1\end{bmatrix}$，$\boldsymbol{B}=\boldsymbol{P}^{-1}\boldsymbol{A}\boldsymbol{P}$，其中 $\boldsymbol{P}$ 为三阶可逆矩阵，则 $\boldsymbol{B}^{2004}-2\boldsymbol{A}^2=$____。

7. 求下列矩阵的逆矩阵。

(1) $\begin{bmatrix}a & b\\ c & d\end{bmatrix}(ad-bc\neq 0)$； (2) $\begin{bmatrix}1 & 0 & 1\\ 2 & 1 & 0\\ -3 & -2 & -5\end{bmatrix}$； (3) $\begin{bmatrix}1 & 2 & -3\\ 0 & 1 & 2\\ 0 & 0 & 1\end{bmatrix}$；

(4) $\begin{bmatrix}\lambda_1 & & & \\ & \lambda_2 & & \\ & & \lambda_3 & \\ & & & \lambda_4\end{bmatrix}(\lambda_1\lambda_2\lambda_3\lambda_4\neq 0)$； (5) $\begin{bmatrix}1 & 1 & 1 & 1\\ 1 & 1 & -1 & -1\\ 1 & -1 & 1 & -1\\ 1 & -1 & -1 & 1\end{bmatrix}$。

8. 设 n 阶方阵 $\boldsymbol{A}$、$\boldsymbol{B}$、$\boldsymbol{C}$ 满足关系式 $\boldsymbol{ABC}=\boldsymbol{E}$，其中 $\boldsymbol{E}$ 是 n 阶单位矩阵，则必有(　　)。

(A) $\boldsymbol{ACB}=\boldsymbol{E}$　(B) $\boldsymbol{CBA}=\boldsymbol{E}$　(C) $\boldsymbol{BAC}=\boldsymbol{E}$　(D) $\boldsymbol{BCA}=\boldsymbol{E}$

9. 设 $\boldsymbol{A}$ 为 n 阶非零矩阵，$\boldsymbol{E}$ 为 n 阶单位矩阵。若 $\boldsymbol{A}^3=\boldsymbol{O}$，则(　　)。

(A) $\boldsymbol{E}-\boldsymbol{A}$ 不可逆，$\boldsymbol{E}+\boldsymbol{A}$ 不可逆　(B) $\boldsymbol{E}-\boldsymbol{A}$ 不可逆，$\boldsymbol{E}+\boldsymbol{A}$ 可逆

(C) $\boldsymbol{E}-\boldsymbol{A}$ 可逆，$\boldsymbol{E}+\boldsymbol{A}$ 可逆　(D) $\boldsymbol{E}-\boldsymbol{A}$ 可逆，$\boldsymbol{E}+\boldsymbol{A}$ 不可逆

10. 若 n 阶方阵 $\boldsymbol{A}$ 满足 $2\boldsymbol{A}^2-3\boldsymbol{A}+5\boldsymbol{E}=\boldsymbol{O}$，则 $(\boldsymbol{A}+2\boldsymbol{E})^{-1}=$________。

11. 若 $\begin{bmatrix}0 & 1 & 0\\ 1 & 0 & 0\\ 0 & 0 & 1\end{bmatrix}\boldsymbol{X}\begin{bmatrix}1 & 0 & 0\\ 0 & 0 & 1\\ 0 & 1 & 0\end{bmatrix}=\begin{bmatrix}1 & -4 & 3\\ 2 & 0 & -1\\ 1 & -2 & 0\end{bmatrix}$，则 $\boldsymbol{X}=$__________。

12. 设 $\boldsymbol{A}=\begin{bmatrix}6 & 9 & 6\\ 6 & 3 & 5\\ 10 & 2 & 6\end{bmatrix}$，$\boldsymbol{E}$ 为三阶单位矩阵，且 $\boldsymbol{B}=(5\boldsymbol{E}-2\boldsymbol{A})(3\boldsymbol{E}+2\boldsymbol{A})^{-1}$，则 $(\boldsymbol{B}+\boldsymbol{E})^{-1}=$________。

13. 设 $\boldsymbol{A}=\begin{bmatrix}1 & 0 & 0 & 0\\ -2 & 3 & 0 & 0\\ 0 & -4 & 5 & 0\\ 0 & 0 & -6 & 7\end{bmatrix}$，$\boldsymbol{E}$ 为四阶单位矩阵，且 $\boldsymbol{B}=(\boldsymbol{E}+\boldsymbol{A})^{-1}(\boldsymbol{E}-\boldsymbol{A})$，则 $(\boldsymbol{E}+\boldsymbol{B})^{-1}=$________。

14. 已知 $\boldsymbol{A}$、$\boldsymbol{B}$ 为三阶矩阵，且满足 $2\boldsymbol{A}^{-1}\boldsymbol{B}=\boldsymbol{B}-4\boldsymbol{E}$，其中 $\boldsymbol{E}$ 是三阶单位矩阵。

(1) 证明矩阵 $\boldsymbol{A}-2\boldsymbol{E}$ 可逆。

(2) 若 $\boldsymbol{B}=\begin{bmatrix}1 & -2 & 0\\1 & 2 & 0\\0 & 0 & 2\end{bmatrix}$，求矩阵 $\boldsymbol{A}$。

15. 设 n 维向量 $\boldsymbol{\alpha}=(a, 0, \cdots, 0, a)^{\mathrm{T}}$，$a<0$，$\boldsymbol{E}$ 为 n 阶单位矩阵，矩阵 $\boldsymbol{A}=\boldsymbol{E}-\boldsymbol{\alpha}\boldsymbol{\alpha}^{\mathrm{T}}$，$\boldsymbol{B}=\boldsymbol{E}+\frac{1}{a}\boldsymbol{\alpha}\boldsymbol{\alpha}^{\mathrm{T}}$，其中 $\boldsymbol{A}$ 的逆矩阵为 $\boldsymbol{B}$，则 $a=$________。

16. 设矩阵 $\boldsymbol{A}=\begin{bmatrix}a & 1 & 0\\1 & a & -1\\0 & 1 & a\end{bmatrix}$ 且 $\boldsymbol{A}^3=\boldsymbol{O}$。

(1) 求 a 的值。

(2) 若矩阵 $\boldsymbol{X}$ 满足 $\boldsymbol{X}-\boldsymbol{X}\boldsymbol{A}^2-\boldsymbol{A}\boldsymbol{X}+\boldsymbol{A}\boldsymbol{X}\boldsymbol{A}^2=\boldsymbol{E}$，求矩阵 $\boldsymbol{X}$。

17. 设 $\boldsymbol{A}=\begin{bmatrix}1 & 4 & 11 & 20\\2 & 3 & 12 & 22\\3 & 2 & 13 & 27\\4 & 1 & 19 & 29\end{bmatrix}$，$\boldsymbol{B}=\begin{bmatrix}20 & 11 & 4 & 1\\22 & 12 & 3 & 2\\27 & 13 & 2 & 3\\29 & 19 & 1 & 4\end{bmatrix}$，$\boldsymbol{P}_1=\begin{bmatrix}1 & 0 & 0 & 0\\0 & 0 & 1 & 0\\0 & 1 & 0 & 0\\0 & 0 & 0 & 1\end{bmatrix}$，$\boldsymbol{P}_2=\begin{bmatrix}0 & 0 & 0 & 1\\0 & 1 & 0 & 0\\0 & 0 & 1 & 0\\1 & 0 & 0 & 0\end{bmatrix}$，则 $\boldsymbol{B}^{-1}$ 等于(　　)。

(A) $\boldsymbol{A}^{-1}\boldsymbol{P}_1\boldsymbol{P}_2$　　(B) $\boldsymbol{P}_1\boldsymbol{A}^{-1}\boldsymbol{P}_2$　　(C) $\boldsymbol{P}_1\boldsymbol{P}_2\boldsymbol{A}^{-1}$　　(D) $\boldsymbol{P}_2\boldsymbol{A}^{-1}\boldsymbol{P}_1$

18. 设 $\boldsymbol{A}$ 为三阶矩阵，将 $\boldsymbol{A}$ 的第二行加到第一行得到矩阵 $\boldsymbol{B}$，再将 $\boldsymbol{B}$ 的第一列的 -1 倍加到第二列得 $\boldsymbol{C}$，记 $\boldsymbol{P}=\begin{bmatrix}1 & 1 & 0\\0 & 1 & 0\\0 & 0 & 1\end{bmatrix}$，则(　　)。

(A) $\boldsymbol{C}=\boldsymbol{P}^{-1}\boldsymbol{A}\boldsymbol{P}$　　(B) $\boldsymbol{C}=\boldsymbol{P}\boldsymbol{A}\boldsymbol{P}^{-1}$　　(C) $\boldsymbol{C}=\boldsymbol{P}^{\mathrm{T}}\boldsymbol{A}\boldsymbol{P}$　　(D) $\boldsymbol{C}=\boldsymbol{P}\boldsymbol{A}\boldsymbol{P}^{\mathrm{T}}$

19. 设 $\boldsymbol{A}$ 为三阶矩阵，将 $\boldsymbol{A}$ 的第二列加到第一列得 $\boldsymbol{B}$，再交换 $\boldsymbol{B}$ 的第二行和第三行得单位矩阵，记 $\boldsymbol{P}_1=\begin{bmatrix}1 & 0 & 0\\1 & 1 & 0\\0 & 0 & 1\end{bmatrix}$，$\boldsymbol{P}_2=\begin{bmatrix}1 & 0 & 0\\0 & 0 & 1\\0 & 1 & 0\end{bmatrix}$，则 $\boldsymbol{A}=$(　　)。

(A) $\boldsymbol{P}_1\boldsymbol{P}_2$　　(B) $\boldsymbol{P}_1^{-1}\boldsymbol{P}_2$　　(C) $\boldsymbol{P}_2\boldsymbol{P}_1$　　(D) $\boldsymbol{P}_2\boldsymbol{P}_1^{-1}$

20. 设 $\boldsymbol{A}$ 为三阶矩阵，$\boldsymbol{P}$ 为三阶可逆矩阵，且 $\boldsymbol{P}^{-1}\boldsymbol{A}\boldsymbol{P}=\begin{bmatrix}1 & 0 & 0\\0 & 1 & 0\\0 & 0 & 2\end{bmatrix}$。若 $\boldsymbol{P}=(\boldsymbol{\alpha}_1, \boldsymbol{\alpha}_2, \boldsymbol{\alpha}_3)$，$\boldsymbol{Q}=(\boldsymbol{\alpha}_1+\boldsymbol{\alpha}_2, \boldsymbol{\alpha}_2, \boldsymbol{\alpha}_3)$，则 $\boldsymbol{Q}^{-1}\boldsymbol{A}\boldsymbol{Q}=$(　　)。

(A) $\begin{bmatrix}1 & 0 & 0\\0 & 2 & 0\\0 & 0 & 1\end{bmatrix}$　　(B) $\begin{bmatrix}1 & 0 & 0\\0 & 1 & 0\\0 & 0 & 2\end{bmatrix}$　　(C) $\begin{bmatrix}2 & 0 & 0\\0 & 1 & 0\\0 & 0 & 2\end{bmatrix}$　　(D) $\begin{bmatrix}2 & 0 & 0\\0 & 2 & 0\\0 & 0 & 1\end{bmatrix}$

21. 若矩阵 $\boldsymbol{A}$ 经初等列变换化成 $\boldsymbol{B}$，则(　　)。

(A) 存在矩阵 $\boldsymbol{P}$，使得 $\boldsymbol{P}\boldsymbol{A}=\boldsymbol{B}$　　(B) 存在矩阵 $\boldsymbol{P}$，使得 $\boldsymbol{B}\boldsymbol{P}=\boldsymbol{A}$

(C) 存在矩阵 $\boldsymbol{P}$，使得 $\boldsymbol{PB}=\boldsymbol{A}$　　(D) 方程组 $\boldsymbol{Ax}=\boldsymbol{0}$ 与 $\boldsymbol{Bx}=\boldsymbol{0}$ 同解

22. 已知矩阵 $\boldsymbol{A}=\begin{pmatrix}1&0&-1\\2&-1&1\\-1&2&-5\end{pmatrix}$，若下三角可逆矩阵 $\boldsymbol{P}$ 和上三角可逆矩阵 $\boldsymbol{Q}$，使 $\boldsymbol{PAQ}$ 为对角矩阵，则 $\boldsymbol{P}$，$\boldsymbol{Q}$ 可以分别取(　　)。

(A) $\begin{pmatrix}1&0&0\\0&1&0\\0&0&1\end{pmatrix}$，$\begin{pmatrix}1&0&1\\0&1&3\\0&0&1\end{pmatrix}$　　(B) $\begin{pmatrix}1&0&0\\2&-1&0\\-3&2&1\end{pmatrix}$，$\begin{pmatrix}1&0&0\\0&1&0\\0&0&1\end{pmatrix}$

(C) $\begin{pmatrix}1&0&0\\2&-1&0\\-3&2&1\end{pmatrix}$，$\begin{pmatrix}1&0&1\\0&1&3\\0&0&1\end{pmatrix}$　　(D) $\begin{pmatrix}1&0&0\\0&1&0\\1&3&1\end{pmatrix}$，$\begin{pmatrix}1&2&-3\\0&-1&2\\0&0&1\end{pmatrix}$

23. 设 $\boldsymbol{A}$ 为 3 阶矩阵，交换 $\boldsymbol{A}$ 的第二行和第三行，再将第二列的 -1 倍加到第一列，得到矩阵 $\begin{bmatrix}-2&1&-1\\1&-1&0\\-1&0&0\end{bmatrix}$，则 $\boldsymbol{A}^{-1}$ 的迹 $\mathrm{tr}(\boldsymbol{A}^{-1})=$ ________。

24. 设 $\boldsymbol{A}$，$\boldsymbol{B}$ 为 n 阶可逆矩阵，$\boldsymbol{E}$ 为 n 阶单位矩阵，$\boldsymbol{M}^*$ 是 $\boldsymbol{M}$ 的伴随矩阵，则 $\begin{pmatrix}\boldsymbol{A}&\boldsymbol{E}\\\boldsymbol{O}&\boldsymbol{B}\end{pmatrix}^*=$(　　)。

(A) $\begin{pmatrix}|\boldsymbol{A}|\boldsymbol{B}^*&-\boldsymbol{B}^*\boldsymbol{A}^*\\\boldsymbol{O}&\boldsymbol{A}^*\boldsymbol{B}^*\end{pmatrix}$　　(B) $\begin{pmatrix}|\boldsymbol{A}|\boldsymbol{B}^*&-\boldsymbol{A}^*\boldsymbol{B}^*\\\boldsymbol{O}&|\boldsymbol{B}|\boldsymbol{A}^*\end{pmatrix}$

(C) $\begin{pmatrix}|\boldsymbol{B}|\boldsymbol{A}^*&-\boldsymbol{B}^*\boldsymbol{A}^*\\\boldsymbol{O}&|\boldsymbol{A}|\boldsymbol{B}^*\end{pmatrix}$　　(D) $\begin{pmatrix}|\boldsymbol{B}|\boldsymbol{A}^*&-\boldsymbol{A}^*\boldsymbol{B}^*\\\boldsymbol{O}&|\boldsymbol{A}|\boldsymbol{B}^*\end{pmatrix}$

第二章 行 列 式

2.1 二阶和三阶行列式

二阶和三阶行列式

1. 二阶行列式

用符号$\begin{vmatrix} a_{11} & a_{12} \\ a_{21} & a_{22} \end{vmatrix}$表示算式 $a_{11}a_{22}-a_{12}a_{21}$，称为二阶行列式。例如：

$$\begin{vmatrix} 1 & 2 \\ 5 & 7 \end{vmatrix}=1\times7-2\times5=-3$$

2. 三阶行列式

用符号$\begin{vmatrix} a_{11} & a_{12} & a_{13} \\ a_{21} & a_{22} & a_{23} \\ a_{31} & a_{32} & a_{33} \end{vmatrix}$表示算式 $a_{11}a_{22}a_{33}+a_{12}a_{23}a_{31}+a_{13}a_{21}a_{32}-a_{13}a_{22}a_{31}-a_{12}a_{21}a_{33}-a_{11}a_{23}a_{32}$，称为三阶行列式。图 2.1 给出了一个计算三阶行列式的对角线法则，也称为沙路法。

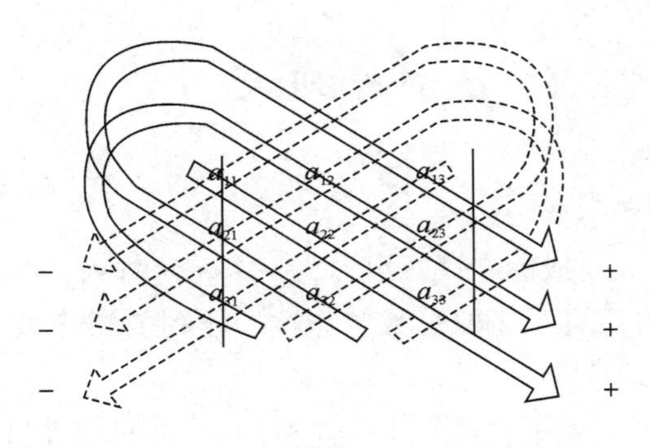

图 2.1 用沙路法求三阶行列式

例如：

$$\begin{vmatrix} 1 & 2 & 3 \\ 4 & 5 & 6 \\ 9 & 8 & 7 \end{vmatrix}=1\times5\times7+3\times4\times8+2\times6\times9-3\times5\times9-2\times4\times7-1\times6\times8=0$$

3. 行列式与矩阵的区别

(1) 本质不同：行列式的结果是一个数值，而矩阵代表的是一个数表。

(2) 符号不同：行列式两边是一对竖杠，矩阵是一对圆括号(或方括号)。

(3) 形状不同：行列式的行数与列数一定相等，即行列式一定是“正方形”；而矩阵的行数与列数可以不同。

(4) 数乘运算不同：数 k 乘行列式 D，结果为数 k 乘到行列式 D 的某一行(列)中，而数 k 乘矩阵 $\boldsymbol{A}$，结果为数 k 乘到矩阵 $\boldsymbol{A}$ 的每一个元素上。例如：

$$3\times\begin{vmatrix}1&2\\3&7\end{vmatrix}=\begin{vmatrix}3&6\\3&7\end{vmatrix},\ 3\times\begin{bmatrix}1&2\\3&7\end{bmatrix}=\begin{bmatrix}3&6\\9&21\end{bmatrix}$$

(5) “拆分”法则不同：把行列式“拆分”成两个(或两个以上)行列式，只能“拆分”其中的一行(列)，而矩阵的“拆分”法则却不同。例如：

$$\begin{vmatrix}a+x&l+i&r+u\\b+y&m+j&s+v\\c+z&n+k&t+w\end{vmatrix}=\begin{vmatrix}a&l+i&r+u\\b&m+j&s+v\\c&n+k&t+w\end{vmatrix}+\begin{vmatrix}x&l+i&r+u\\y&m+j&s+v\\z&n+k&t+w\end{vmatrix}$$

$$\begin{bmatrix}a+x&l+i&r+u\\b+y&m+j&s+v\\c+z&n+k&t+w\end{bmatrix}=\begin{bmatrix}a&l&r\\b&m&s\\c&n&t\end{bmatrix}+\begin{bmatrix}x&i&u\\y&j&v\\z&k&w\end{bmatrix}$$

(6) 相等定义不同：两个矩阵相等首先要求同型，其次要求所有对应元素都相等，而两个行列式的值相等即可判定为这两个行列式相等。例如，若矩阵 $\boldsymbol{A}=\begin{bmatrix}1&3\\2&9\end{bmatrix}$ 与 $\boldsymbol{B}=\begin{bmatrix}a&c\\b&d\end{bmatrix}$ 相等，则一定有 $a=1, b=2, c=3, d=9$；若 $|\boldsymbol{A}|=\begin{vmatrix}1&3\\2&9\end{vmatrix}=3$，$|\boldsymbol{B}|=\begin{vmatrix}1&5&6\\0&-3&7\\0&0&-1\end{vmatrix}=3$，则 $|\boldsymbol{A}|=|\boldsymbol{B}|$。

n 阶行列式

2.2 n 阶行列式

1. 排列及排列的逆序数

排列：由 1，2，…，n 组成的有序数组称为一个 n 阶排列。通常用 $p_1p_2\cdots p_n$ 来表示。

逆序数：一个排列中所有逆序的总数叫作这个排列的逆序数。通常用 $\tau(p_1p_2\cdots p_n)$ 来表示排列 $p_1p_2\cdots p_n$ 的逆序数。

例如：由 1、2、3、4、5 这 5 个数字可以组成5！种不同的排列，比如 54132 就是其中一个排列。计算排列逆序数有不同的方法，图 2.2 给出一个用“向左看 ”法求逆序数的示意图：即分析排列中的每一个数字左边比自己大的数的个数，然后求其和，即为这个排列的逆序数。

$$\begin{matrix}5&4&1&3&2\\\downarrow&\downarrow&\downarrow&\downarrow&\downarrow\\0+&1+&2+&2+&3=8\end{matrix}$$

图 2.2 “向左看”求逆序数法

2. n 阶行列式

由 n^2 个数排成 n 行 n 列，两边用一对竖线括起来，表示一个算式，记为 D，即

$$D=\begin{vmatrix} a_{11} & a_{12} & \cdots & a_{1n} \\ a_{21} & a_{22} & \cdots & a_{2n} \\ \vdots & \vdots & & \vdots \\ a_{n1} & a_{n2} & \cdots & a_{nn} \end{vmatrix}=\sum(-1)^{\tau(p_1p_2\cdots p_n)}a_{1p_1}a_{2p_2}\cdots a_{np_n}$$

式中：τ 为排列 $p_1p_2\cdots p_n$ 的逆序数；$\sum$ 表示对 1，2，…，n 的所有排列 $p_1p_2\cdots p_n$ 取和。

n 阶行列式有以下特点：

(1) 共有 $n!$ 项。

(2) 每一项是“不同行、不同列”的 n 个元素的积(或描述成：“每行每列都有”)。

(3) 每一项的正负由元素所在行和列的下标排列的逆序数决定。

例如，四阶行列式共有 4！＝24 项，每一项都是来自“不同行、不同列”的 4 个元素的积，如图 2.3(a)中圆圈所圈出来的 4 个元素。首先，按第一、第二、第三、第四行的次序写出这 4 个元素 4、7、12、14，如图 2.3(b)所示；其次，分析这 4 个元素的列号构成的排列 4312 的逆序数为 5，所以这项的值为

$$(-1)^5\times4\times7\times12\times14=-4704$$

$$\begin{pmatrix} 1 & 2 & 3 & \textcircled{4} \\ 5 & 6 & \textcircled{7} & 8 \\ \textcircled{12} & 11 & 10 & 9 \\ 13 & \textcircled{14} & 15 & 16 \end{pmatrix}$$

(a) 四阶矩阵

行号：	1	2	3	4
元素值：	4	7	12	14
列号：	4	3	1	2
逆序数：	0＋1＋2 ＋2＝5			

(b) 分析一项 $4\times7\times12\times14$ 的正负

图 2.3　分析四阶行列式的一项

2.3　简单行列式的计算

简单行列式的计算

1. 对角行列式

对角行列式的计算式如下：

$$\begin{vmatrix} a_{11} & & & \\ & a_{22} & & \\ & & \ddots & \\ & & & a_{nn} \end{vmatrix}=\prod_{i=1}^{n}a_{ii}$$

例如：

$$\begin{vmatrix} 2 & & & \\ & 3 & & \\ & & 4 & \\ & & & 5 \end{vmatrix}=2\times3\times4\times5=120$$

2. 三角行列式

三角行列式的计算式如下：

$$\begin{vmatrix} a_{11} & a_{12} & \cdots & a_{1,n-1} & a_{1n} \\ & a_{22} & \cdots & a_{2,n-1} & a_{2n} \\ & & \ddots & \vdots & \vdots \\ & & & a_{n-1,n-1} & a_{n-1,n} \\ & & & & a_{nn} \end{vmatrix} = \begin{vmatrix} a_{11} & & & & \\ a_{21} & a_{22} & & & \\ \vdots & \vdots & \ddots & & \\ a_{n-1,1} & a_{n-1,2} & \cdots & a_{n-1,n-1} & \\ a_{n1} & a_{n2} & \cdots & a_{n,n-1} & a_{nn} \end{vmatrix} = \prod_{i=1}^{n} a_{ii}$$

例如：

$$\begin{vmatrix} 1 & 2 & 3 & 4 \\ 0 & 2 & 3 & 5 \\ 0 & 0 & 7 & 8 \\ 0 & 0 & 0 & 9 \end{vmatrix} = 1\times 2\times 7\times 9 = 126$$

3. 次(副)对角行列式或三角行列式

次(副)对角行列式或三角行列式的计算式如下：

$$\begin{vmatrix} a_{11} & a_{12} & \cdots & a_{1,n-1} & a_{1n} \\ a_{21} & a_{22} & \cdots & a_{2,n-1} & \\ \vdots & \vdots & ⋰ & & \\ a_{n-1,1} & a_{n-1,2} & & & \\ a_{n1} & & & & \end{vmatrix} = \begin{vmatrix} & & & & a_{1n} \\ & & & a_{2,n-1} & a_{2n} \\ & & ⋰ & \vdots & \vdots \\ & a_{n-1,2} & \cdots & a_{n-1,n-1} & a_{n-1,n} \\ a_{n1} & a_{n2} & \cdots & a_{n,n-1} & a_{nn} \end{vmatrix}$$

$$= (-1)^{\frac{n(n-1)}{2}} a_{1n} a_{2,n-1} \cdots a_{n1}$$

例如：

$$\begin{vmatrix} 0 & 2 \\ 3 & 0 \end{vmatrix} = -6$$

$$\begin{vmatrix} 1 & 2 & 3 \\ 4 & 5 & 0 \\ 6 & 0 & 0 \end{vmatrix} = -3\times 5\times 6 = -90$$

$$\begin{vmatrix} & & & 2 \\ & & 3 & \\ & 7 & & \\ 9 & & & \end{vmatrix} = (-1)^{6} 2\times 3\times 7\times 9 = 378$$

$$\begin{vmatrix} & & & & 1 \\ & & & 2 & \\ & & 3 & & \\ & ⋰ & & & \\ n & & & & \end{vmatrix} = (-1)^{\frac{n(n-1)}{2}} n!$$

从以上举例可以发现副对角行列式(或三角行列式)的正负规律为：二、三阶为负、四、五阶为正……

2.4 行列式的性质

行列式的性质

行列式有以下六条性质。

1. 转置相等

行列式与它的转置行列式相等。例如：

$$\begin{vmatrix} 1 & 2 \\ 3 & 4 \end{vmatrix} = \begin{vmatrix} 1 & 3 \\ 2 & 4 \end{vmatrix}$$

2. 换行(列)变号

互换行列式的两行(列)，行列式变号。例如：

$$\begin{vmatrix} 1 & 2 & 3 \\ 3 & 2 & 1 \\ 9 & 9 & 1 \end{vmatrix} \xlongequal[r_1 \leftrightarrow r_2]{} - \begin{vmatrix} 3 & 2 & 1 \\ 1 & 2 & 3 \\ 9 & 9 & 1 \end{vmatrix}$$

这个性质与矩阵的第一种初等变换相对应。

3. 乘数乘行(列)

用数 k 乘行列式，等于用数 k 乘行列式的某一行(列)的所有元素。例如：

$$3 \times \begin{vmatrix} 1 & 2 & 3 \\ 3 & 2 & 1 \\ 1 & 1 & 9 \end{vmatrix} = \begin{vmatrix} 1 & 2 & 3 \\ 9 & 6 & 3 \\ 1 & 1 & 9 \end{vmatrix}$$

这个性质与矩阵的第二种初等变换相对应。

4. 倍加相等

将某行(列)的 k 倍加到另一行(列)，行列式值不变。例如：

$$\begin{vmatrix} 1 & 2 & 3 \\ 3 & 2 & 1 \\ 1 & 1 & 9 \end{vmatrix} \xlongequal[r_2 + 3r_1]{} \begin{vmatrix} 1 & 2 & 3 \\ 6 & 8 & 10 \\ 1 & 1 & 9 \end{vmatrix}$$

这个性质与矩阵的第三种初等变换相对应。

5. 拆分拆行(列)

一个行列式可以拆分为若干个行列式之和。图 2.4 给出了一个三阶行列式按第二行拆分的具体实例。需要注意的是，在拆分过程中除某一行以外，行列式的其他行都没有变化。

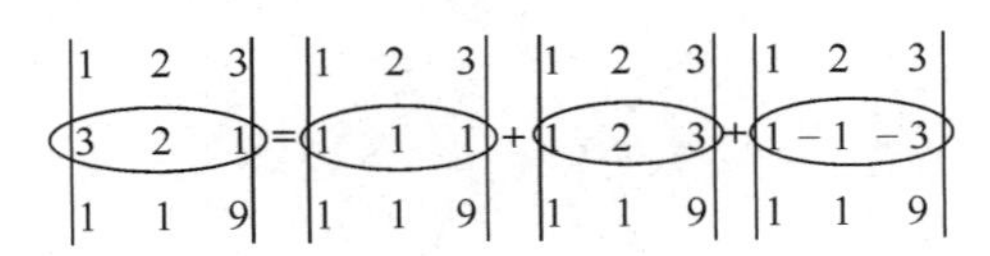

图 2.4 行列式的拆分

6. 零性质

(1) 当行列式有一行(列)全为零时，这个行列式的值为零。

(2) 当行列式有两行(列)完全相等时，这个行列式的值为零。

(3) 当行列式有两行(列)对应成比例时，这个行列式的值为零。

图 2.5 给出为零的三个具体行列式。

$$\begin{vmatrix} 1 & 2 & 3 \\ 0 & 0 & 0 \\ 7 & 8 & 9 \end{vmatrix}=0 \quad \begin{vmatrix} 1 & 2 & 3 \\ 2 & 9 & 8 \\ 1 & 2 & 3 \end{vmatrix}=0 \quad \begin{vmatrix} 1 & 2 & 3 \\ 3 & 100 & 99 \\ 2 & 4 & 6 \end{vmatrix}=0$$

图 2.5　行列式的零性质举例

2.5　行列式按行(列)展开

行列式按行(列)展开

1. 余子式和代数余子式

在 n 阶行列式中，把元素 a_{ij} 所在的第 i 行和第 j 列划去后，留下来的 $n-1$阶行列式叫作元素 a_{ij} 的余子式，记作 M_{ij}。把 $A_{ij}=(-1)^{i+j}M_{ij}$ 叫作元素 a_{ij} 的代数余子式。图 2.6 给出了一个具体的余子式和代数余子式。

$$\begin{vmatrix} 1 & 2 & 3 \\ 3 & 2 & 1 \\ 9 & 1 & 1 \end{vmatrix} \Longrightarrow M_{23}=\begin{vmatrix} 1 & 2 \\ 9 & 1 \end{vmatrix}=-17 \Longrightarrow A_{23}=(-1)^{2+3}M_{23}=17$$

图 2.6　余子式和代数余子式

2. 行列式展开定理

n 阶行列式 D 等于它的任一行(列)的各元素与其对应的代数余子式乘积之和，即

$$D=a_{i1}A_{i1}+a_{i2}A_{i2}+\cdots+a_{in}A_{in}=\sum_{k=1}^{n}a_{ik}A_{ik} \quad (i=1,2,\cdots,n)$$

或

$$D=a_{1j}A_{1j}+a_{2j}A_{2j}+\cdots+a_{nj}A_{nj}=\sum_{k=1}^{n}a_{kj}A_{kj} \quad (j=1,2,\cdots,n)$$

3. 行列式展开定理推论

n 阶行列式 D 的任一行(列)的各元素与另一行(列)对应元素的代数余子式乘积之和等于零，即

$$a_{i1}A_{j1}+a_{i2}A_{j2}+\cdots+a_{in}A_{jn}=\sum_{k=1}^{n}a_{ik}A_{jk}=0 \quad (i\neq j)$$

或

$$a_{1i}A_{1j}+a_{2i}A_{2j}+\cdots+a_{ni}A_{nj}=\sum_{k=1}^{n}a_{ki}A_{kj}=0 \quad (i\neq j)$$

综合定理和推论有：

$$\sum_{k=1}^{n}a_{ik}A_{jk}=\begin{cases} D & (i=j) \\ 0 & (i\neq j) \end{cases}$$

或

$$\sum_{k=1}^{n} a_{ki}A_{kj} = \begin{cases} D & (i=j) \\ 0 & (i \neq j) \end{cases}$$

行列式的展开定理与推论可以用以下具体示例来说明：

$$\begin{vmatrix} 1 & 2 & 3 \\ 3 & 2 & 1 \\ 9 & 1 & 1 \end{vmatrix} \xlongequal{\text{按 } r_2 \text{ 展开}} 3A_{21}+2A_{22}+A_{23}=3\times(-1)^{2+1}\begin{vmatrix} 2 & 3 \\ 1 & 1 \end{vmatrix}+$$

$$2\times(-1)^{2+2}\begin{vmatrix} 1 & 3 \\ 9 & 1 \end{vmatrix}+(-1)^{2+3}\begin{vmatrix} 1 & 2 \\ 9 & 1 \end{vmatrix}=-32$$

另外，若是第三行元素乘第二行对应的代数余子式，则有

$$9A_{21}+A_{22}+A_{23}=0$$

2.6 矩阵的行列式公式

矩阵的行列式公式

1. 分块三角行列式的公式

如果一个方阵能够分成分块上(下)三角矩阵，那么它的行列式等于其主对角线上的子矩阵的行列式之乘积，例如

$$\begin{vmatrix} \boldsymbol{A}_m & \boldsymbol{O} \\ \boldsymbol{C} & \boldsymbol{B}_n \end{vmatrix} = |\boldsymbol{A}_m||\boldsymbol{B}_n|$$

或

$$\begin{vmatrix} \boldsymbol{A}_m & \boldsymbol{C} \\ \boldsymbol{O} & \boldsymbol{B}_n \end{vmatrix} = |\boldsymbol{A}_m||\boldsymbol{B}_n|$$

图 2.7 给出了一个具体示例。

$$\begin{vmatrix} 1 & 2 & 0 & 0 & 0 \\ 3 & 4 & 0 & 0 & 0 \\ 1 & 2 & 1 & 2 & 3 \\ 1 & 3 & 3 & 2 & 1 \\ 1 & 7 & 1 & 1 & 9 \end{vmatrix} = \begin{vmatrix} 1 & 2 \\ 3 & 4 \end{vmatrix} \begin{vmatrix} 1 & 2 & 3 \\ 3 & 2 & 1 \\ 1 & 1 & 9 \end{vmatrix}$$

图 2.7　分块三角行列式的计算

2. 矩阵积的行列式公式

可以根据分块三角行列式公式来证明矩阵积的行列式公式：

$$|\boldsymbol{AB}|=|\boldsymbol{A}||\boldsymbol{B}|$$

根据以上公式可知，虽然在一般情况下，$\boldsymbol{AB}\neq\boldsymbol{BA}$，但总有：$|\boldsymbol{AB}|=|\boldsymbol{BA}|=|\boldsymbol{A}||\boldsymbol{B}|$。

3. 矩阵数乘的行列式公式

根据矩阵数乘定义及行列式的乘数乘行(列)性质，可以得到矩阵数乘的行列式公式为

$$|k\boldsymbol{A}_n|=k^n|\boldsymbol{A}_n|$$

2.7 伴随矩阵

伴随矩阵

1. 定义

n 阶方阵 $\boldsymbol{A}=(a_{ij})_{n\times n}$ 的伴随矩阵为

$$\boldsymbol{A}^*=\begin{bmatrix} A_{11} & A_{21} & \cdots & A_{n1} \\ A_{12} & A_{22} & \cdots & A_{n2} \\ \vdots & \vdots & & \vdots \\ A_{1n} & A_{2n} & \cdots & A_{nn} \end{bmatrix}$$

其中，A_{ij} 是行列式 $|\boldsymbol{A}|$ 中元素 $a_{ij}(i, j=1, 2, \cdots, n)$ 的代数余子式。注意：行列式 $|\boldsymbol{A}|$ 第 i 行第 j 列元素 a_{ij} 的代数余子式 A_{ij} 放在伴随矩阵 $\boldsymbol{A}^*$ 的第 j 行第 i 列上。

图 2.8 给出了一个三阶伴随矩阵 $\boldsymbol{A}^*$ 的构造示意图。

A =
a11 a12 a13
a21 a22 a23
a31 a32 a33
A* =
A11 A12 A13
A21 A22 A23
A31 A32 A33

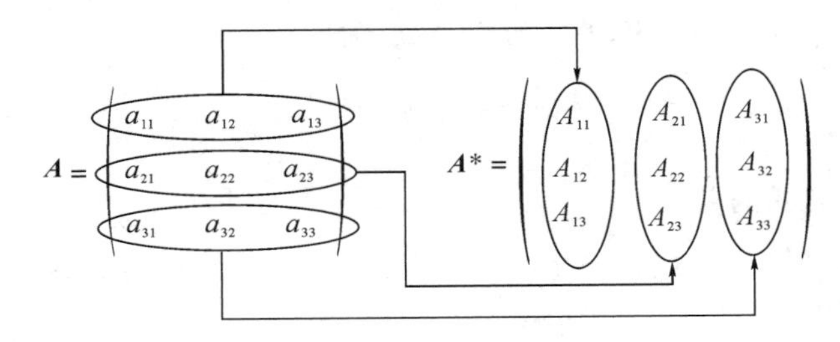

图 2.8　伴随矩阵构造示意图

2. 伴随矩阵的“母公式”

伴随矩阵的“母公式”为

$$\boldsymbol{A}\boldsymbol{A}^*=\boldsymbol{A}^*\boldsymbol{A}=|\boldsymbol{A}|\boldsymbol{E}$$

图 2.9 给出了伴随矩阵“母公式”的证明示意图。根据矩阵乘法规则及行列式按行展开定理及推论，可知矩阵 $\boldsymbol{A}$ 的第 i 行乘伴随矩阵 $\boldsymbol{A}^*$ 的 i 列对应元素积的和即为矩阵 $\boldsymbol{A}$ 的行列式 $|\boldsymbol{A}|(i=1, 2, 3)$；矩阵 $\boldsymbol{A}$ 的第 i 行乘伴随矩阵 $\boldsymbol{A}^*$ 的 j 列对应元素积的和即为 $0(i\neq j)$。

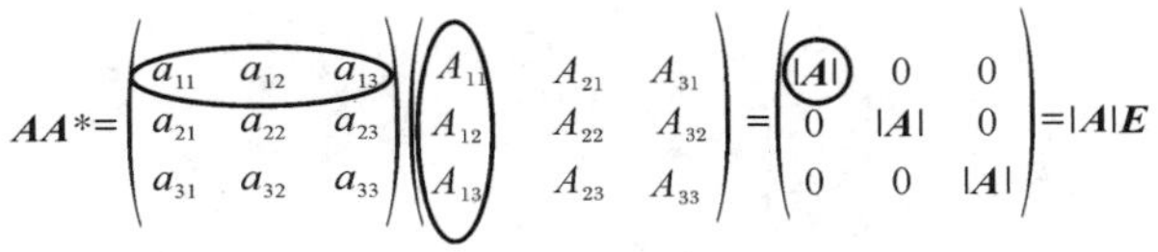

AA*=
a11 a12 a13
a21 a22 a23
a31 a32 a33
A11 A21 A31
A12 A22 A32
A13 A23 A33
=
|A| 0 0
0 |A| 0
0 0 |A|
=|A|E

图 2.9　伴随矩阵“母公式”证明示意图

由以上“母公式”可以推导出其他与伴随矩阵相关的所有公式。

3. 矩阵可逆的判定定理

根据伴随矩阵的“母公式”可以得到：若 $|\boldsymbol{A}|\neq 0$，则有：$\boldsymbol{A}\dfrac{\boldsymbol{A}^*}{|\boldsymbol{A}|}=\dfrac{\boldsymbol{A}^*}{|\boldsymbol{A}|}\boldsymbol{A}=\boldsymbol{E}$，于是矩阵 $\boldsymbol{A}$ 可逆，且 $\boldsymbol{A}^{-1}=\dfrac{1}{|\boldsymbol{A}|}\boldsymbol{A}^*$。从该公式可以看出，矩阵的逆矩阵等于其伴随矩阵的 $\dfrac{1}{|\boldsymbol{A}|}$ 倍。

根据以上求逆公式，可以进一步得到矩阵可逆的判断定理：若 $|\boldsymbol{A}|\neq 0$，则矩阵 $\boldsymbol{A}$ 可逆，且 $\boldsymbol{A}^{-1}=\dfrac{1}{|\boldsymbol{A}|}\boldsymbol{A}^*$；若 $|\boldsymbol{A}|=0$，则矩阵 $\boldsymbol{A}$ 不可逆。

4. 再谈逆矩阵的定义

根据矩阵积的行列式公式及矩阵可逆的判断定理可知：若 n 阶矩阵 $\boldsymbol{A}$ 和 $\boldsymbol{B}$ 满足 $\boldsymbol{AB}=\boldsymbol{E}$，则有 $|\boldsymbol{AB}|=|\boldsymbol{E}|$，$|\boldsymbol{A}||\boldsymbol{B}|=|\boldsymbol{E}|=1$，于是有 $|\boldsymbol{A}|\neq 0$，且 $|\boldsymbol{B}|\neq 0$，则 $\boldsymbol{A}$ 可逆，$\boldsymbol{B}$ 可逆，对 $\boldsymbol{AB}=\boldsymbol{E}$ 等式两端左乘 $\boldsymbol{A}^{-1}$，再右乘 $\boldsymbol{A}$，则有 $\boldsymbol{BA}=\boldsymbol{E}$，于是 $\boldsymbol{A}$ 与 $\boldsymbol{B}$ 互逆。

2.8　克莱姆法则

克莱姆法则

1. 克莱姆法则

若 n 个未知数 n 个方程的线性方程组

$$\begin{cases} a_{11}x_1+a_{12}x_2+\cdots+a_{1n}x_n=b_1 \\ a_{21}x_1+a_{22}x_2+\cdots+a_{2n}x_n=b_2 \\ \quad\vdots \\ a_{n1}x_1+a_{n2}x_2+\cdots+a_{nn}x_n=b_n \end{cases}$$

的系数行列式

$$D=\begin{vmatrix} a_{11} & a_{12} & \cdots & a_{1n} \\ a_{21} & a_{22} & \cdots & a_{2n} \\ \vdots & \vdots & & \vdots \\ a_{n1} & a_{n2} & \cdots & a_{nn} \end{vmatrix}\neq 0$$

则该方程组有唯一解：

$$x_1=\frac{D_1}{D},\ x_2=\frac{D_2}{D},\ \cdots,\ x_n=\frac{D_n}{D}$$

其中 $D_j(j=1,2,\cdots,n)$ 是把 D 中第 j 列的元素用方程组右端的常数项代替后所得到的 n 阶行列式，如图 2.10 所示。

$$D_j=\begin{vmatrix} a_{11} & \cdots & a_{1,j-1} & b_1 & a_{1,j+1} & \cdots & a_{1n} \\ a_{21} & \cdots & a_{2,j-1} & b_2 & a_{2,j+1} & \cdots & a_{2n} \\ \vdots & & \vdots & \vdots & \vdots & & \vdots \\ a_{n1} & \cdots & a_{n,j-1} & b_n & a_{n,j+1} & \cdots & a_{nn} \end{vmatrix}$$

（第 j 列）

图 2.10　行列式 D_j 的构造示意图

例如：$\begin{cases} x_1+x_2=8 \\ x_1-x_2=2 \end{cases}$，先计算 $D=\begin{vmatrix} 1 & 1 \\ 1 & -1 \end{vmatrix}=-2$，$D_1=\begin{vmatrix} 8 & 1 \\ 2 & -1 \end{vmatrix}=-10$，$D_2=\begin{vmatrix} 1 & 8 \\ 1 & 2 \end{vmatrix}=-6$，于是有 $x_1=\dfrac{D_1}{D}=\dfrac{-10}{-2}=5$，$x_2=\dfrac{D_2}{D}=\dfrac{-6}{-2}=3$。

2. 克莱姆法则相关定理

克莱姆法则
相关定理

针对 n 个未知数 n 个方程的线性方程组，其解的情况有以下 4 个定理。

(1) $\boldsymbol{Ax}=\boldsymbol{b}$ 有唯一解的充分必要条件是 $|\boldsymbol{A}|\neq 0$。

(2) $\boldsymbol{Ax}=\boldsymbol{b}$ 无解或有无穷多组解的充分必要条件是 $|\boldsymbol{A}|=0$。

(3) $\boldsymbol{Ax}=\boldsymbol{0}$ 只有零解的充分必要条件是 $|\boldsymbol{A}|\neq 0$。

(4) $\boldsymbol{Ax}=\boldsymbol{0}$ 有非零解的充分必要条件是$|\boldsymbol{A}|=0$。

方程组 $\boldsymbol{Ax}=\boldsymbol{0}$ 所有未知数都为零的解称为零解。方程组 $\boldsymbol{Ax}=\boldsymbol{0}$ 的所有未知数不全为零的解称为非零解。

克莱姆法则可以求解线性方程组，但其计算过程比较繁琐，所以它主要应用于判断线性方程组解的情况。

2.9 特殊行列式的计算

"一杠一星""两杠一星"行列式

1. "一杠一星"行列式

图 2.11 给出了两个具体的"一杠一星"行列式。

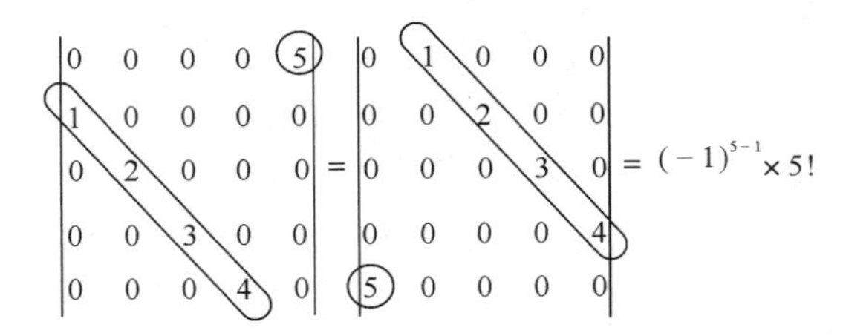

图 2.11 "一杠一星"行列式举例

2. "两杠一星"行列式

图 2.12 给出了一个具体的"两杠一星"行列式，τ_1 为 5、4、3、2、1 这五个数的列标排列 54321 的逆序数，τ_2 为 6、5、4、3、2 这五个数的列标排列 43215 的逆序数。

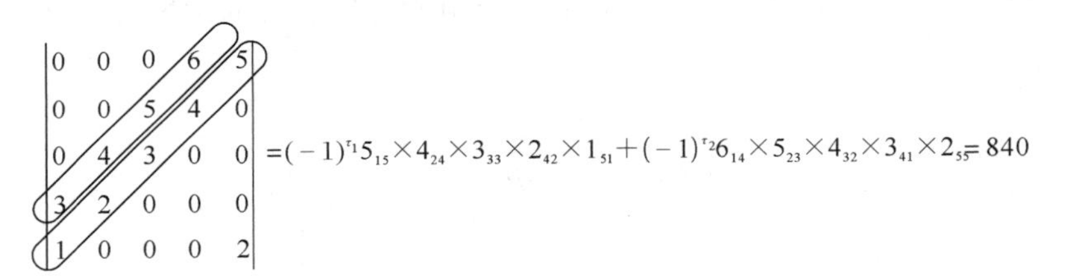

图 2.12 "两杠一星"行列式举例

3. "箭头"行列式

"箭头""弓形"行列式

图 2.13 给出了一个具体的"箭头"行列式，计算"箭头"行列式的方法就是把它化成三角行列式。

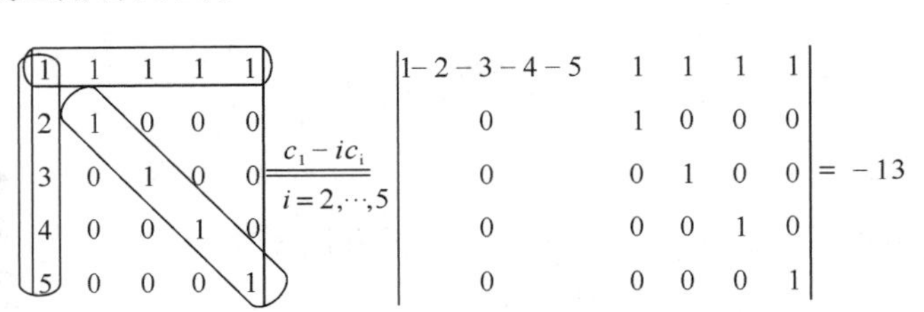

图 2.13 "箭头"行列式举例

4. “弓形”行列式

图 2.14 给出了一个具体的“弓形”行列式，其计算方法与“箭头”行列式类似。

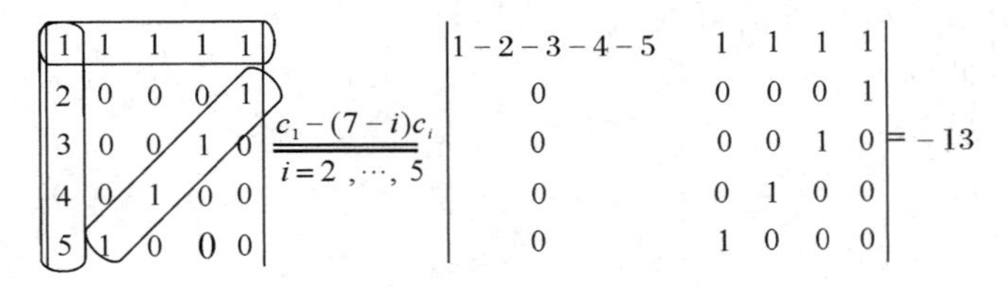

图 2.14　“弓形”行列式举例

5. “同行(列)同数”行列式

以下是一个具体的五阶“同列同数”行列式，其第 1 列都有元素 a_1，第 2 列都有元素 a_2……于是用第 1 行乘(−1)加到其他所有行中，可以把行列式化成“箭头”行列式，再进一步化成三角行列式。

“同行(列)同数”“X 形”行列式

$$
\begin{vmatrix}
a_1+1 & a_2 & a_3 & a_4 & a_5 \\
a_1 & a_2+1 & a_3 & a_4 & a_5 \\
a_1 & a_2 & a_3+1 & a_4 & a_5 \\
a_1 & a_2 & a_3 & a_4+1 & a_5 \\
a_1 & a_2 & a_3 & a_4 & a_5+1
\end{vmatrix}
\xlongequal[i=2,\cdots,5]{r_i-r_1}
\begin{vmatrix}
a_1+1 & a_2 & a_3 & a_4 & a_5 \\
-1 & 1 & 0 & 0 & 0 \\
-1 & 0 & 1 & 0 & 0 \\
-1 & 0 & 0 & 1 & 0 \\
-1 & 0 & 0 & 0 & 1
\end{vmatrix}
$$

$$
\xlongequal[i=2,\cdots,5]{c_1+c_i}
\begin{vmatrix}
\sum_{i=1}^{5} a_i+1 & a_2 & a_3 & a_4 & a_5 \\
0 & 1 & 0 & 0 & 0 \\
0 & 0 & 1 & 0 & 0 \\
0 & 0 & 0 & 1 & 0 \\
0 & 0 & 0 & 0 & 1
\end{vmatrix}
= \sum_{i=1}^{5} a_i + 1
$$

6. “X 形”行列式

图 2.15 是一个六阶“X 形”行列式，可以证明，该类行列式可以通过偶数次行、列交换化为分块对角行列式。

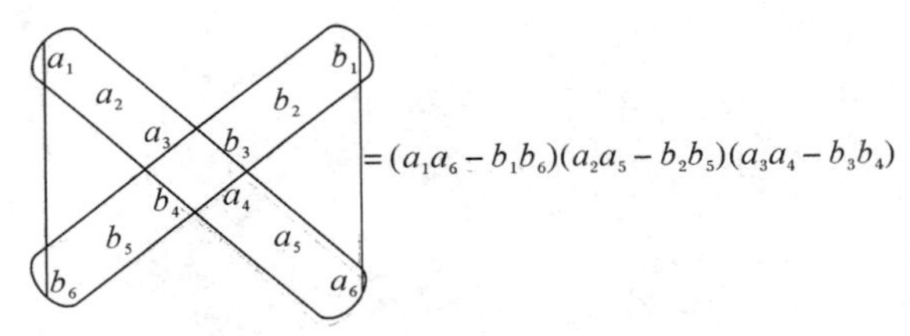

图 2.15　“X 形”行列式举例

7. “ab”矩阵行列式

“ab”矩阵行列式、范德蒙行列式

把主对角线上元素全是 a，其他位置元素全是 b 的矩阵称为“ab”矩阵。下面来计算一个五阶“ab”矩阵的行列式。

$$\begin{vmatrix} a & b & b & b & b \\ b & a & b & b & b \\ b & b & a & b & b \\ b & b & b & a & b \\ b & b & b & b & a \end{vmatrix} \xlongequal[i=2,\cdots,5]{r_1+r_i} \begin{vmatrix} a+4b & a+4b & a+4b & a+4b & a+4b \\ b & a & b & b & b \\ b & b & a & b & b \\ b & b & b & a & b \\ b & b & b & b & a \end{vmatrix}$$

$$\xlongequal{r_1/(a+4b)}(a+4b)\begin{vmatrix} 1 & 1 & 1 & 1 & 1 \\ b & a & b & b & b \\ b & b & a & b & b \\ b & b & b & a & b \\ b & b & b & b & a \end{vmatrix}$$

$$\xlongequal[i=2,\cdots,5]{r_i-br_1}(a+4b)\begin{vmatrix} 1 & 1 & 1 & 1 & 1 \\ 0 & a-b & 0 & 0 & 0 \\ 0 & 0 & a-b & 0 & 0 \\ 0 & 0 & 0 & a-b & 0 \\ 0 & 0 & 0 & 0 & a-b \end{vmatrix}$$

$$=(a-b)^4(a+4b)$$

根据以上计算结果可知，n 阶“ab”矩阵的行列式为：$(a-b)^{n-1}[a+(n-1)b]$。

8. 范德蒙行列式

范德蒙行列式是一个非常重要的行列式。图 2.16 给出了范德蒙行列式的元素特点及计算结果规律。

关键行；关键行的 2 次幂；关键行的 3 次幂；关键行的 4 次幂

$$\begin{vmatrix} 1 & 1 & 1 & 1 & 1 \\ a_1 & a_2 & a_3 & a_4 & a_5 \\ a_1^2 & a_2^2 & a_3^2 & a_4^2 & a_5^2 \\ a_1^3 & a_2^3 & a_3^3 & a_4^3 & a_5^3 \\ a_1^4 & a_2^4 & a_3^4 & a_4^4 & a_5^4 \end{vmatrix} = \begin{aligned}&(a_5-a_4)\cdot(a_5-a_3)\cdot(a_5-a_2)\cdot(a_5-a_1)\\ &\cdot(a_4-a_3)\cdot(a_4-a_2)\cdot(a_4-a_1)\\ &\cdot(a_3-a_2)\cdot(a_3-a_1)\\ &\cdot(a_2-a_1)\end{aligned}$$

图 2.16　范德蒙行列式举例

n 阶范德蒙行列式的计算结果用连乘符号表示为

$$\begin{vmatrix} 1 & 1 & 1 & \cdots & 1 \\ a_1 & a_2 & a_3 & \cdots & a_n \\ a_1^2 & a_2^2 & a_3^2 & \cdots & a_n^2 \\ \vdots & \vdots & \vdots & & \vdots \\ a_1^{n-1} & a_2^{n-1} & a_3^{n-1} & \cdots & a_n^{n-1} \end{vmatrix} = \prod_{n\geqslant i>j\geqslant 1}(a_i-a_j)$$

对角(副对角)
矩阵相关公式

2.10 对角(副对角)矩阵相关公式

1. 对角矩阵的公式

针对对角矩阵，有以下 4 个公式。

(1) 对角矩阵的乘积公式：

$$\begin{bmatrix} a_1 & & & \\ & a_2 & & \\ & & \ddots & \\ & & & a_n \end{bmatrix}\begin{bmatrix} b_1 & & & \\ & b_2 & & \\ & & \ddots & \\ & & & b_n \end{bmatrix}=\begin{bmatrix} a_1 b_1 & & & \\ & a_2 b_2 & & \\ & & \ddots & \\ & & & a_n b_n \end{bmatrix}$$

(2) 对角矩阵的幂公式：

$$\begin{bmatrix} a_1 & & & \\ & a_2 & & \\ & & \ddots & \\ & & & a_n \end{bmatrix}^n=\begin{bmatrix} a_1^n & & & \\ & a_2^n & & \\ & & \ddots & \\ & & & a_n^n \end{bmatrix}$$

(3) 对角矩阵的逆公式：

$$\begin{bmatrix} a_1 & & & \\ & a_2 & & \\ & & \ddots & \\ & & & a_n \end{bmatrix}^{-1}=\begin{bmatrix} a_1^{-1} & & & \\ & a_2^{-1} & & \\ & & \ddots & \\ & & & a_n^{-1} \end{bmatrix}$$

从以上 3 个公式可以看出：两个对角矩阵的乘积依然是对角矩阵，对角矩阵的幂依然是对角矩阵，对角矩阵的逆矩阵还是对角矩阵。

(4) 对角矩阵的行列式公式：

$$\begin{vmatrix} a_1 & & & \\ & a_2 & & \\ & & \ddots & \\ & & & a_n \end{vmatrix}=\prod_{i=1}^{n} a_i$$

2. 副对角矩阵的公式

(1) 副对角矩阵的逆公式：

$$\begin{bmatrix} & & & a_1 \\ & & a_2 & \\ & \iddots & & \\ a_n & & & \end{bmatrix}^{-1}=\begin{bmatrix} & & & a_n^{-1} \\ & & \iddots & \\ & a_2^{-1} & & \\ a_1^{-1} & & & \end{bmatrix}$$

这个公式需要注意的是，除副对角线上元素取倒数运算外，它们的位置也发生了转换。

(2) 副对角矩阵的行列式公式：

$$\begin{vmatrix} & & & a_1 \\ & & a_2 & \\ & \iddots & & \\ a_n & & & \end{vmatrix} = (-1)^{\frac{n(n-1)}{2}} \prod_{i=1}^{n} a_i$$

2.11 分块对角(副对角)矩阵相关公式

分块对角(副对角)矩阵相关公式

1. 分块对角矩阵

分块对角矩阵与对角矩阵类似，有以下公式。

(1) 分块对角矩阵的幂公式：

$$\begin{bmatrix} \boldsymbol{A}_1 & & & \\ & \boldsymbol{A}_2 & & \\ & & \ddots & \\ & & & \boldsymbol{A}_n \end{bmatrix}^k = \begin{bmatrix} \boldsymbol{A}_1^k & & & \\ & \boldsymbol{A}_2^k & & \\ & & \ddots & \\ & & & \boldsymbol{A}_n^k \end{bmatrix}$$

(2) 分块对角矩阵的逆公式：

$$\begin{bmatrix} \boldsymbol{A}_1 & & & \\ & \boldsymbol{A}_2 & & \\ & & \ddots & \\ & & & \boldsymbol{A}_n \end{bmatrix}^{-1} = \begin{bmatrix} \boldsymbol{A}_1^{-1} & & & \\ & \boldsymbol{A}_2^{-1} & & \\ & & \ddots & \\ & & & \boldsymbol{A}_n^{-1} \end{bmatrix} (\boldsymbol{A}_i \text{ 为可逆矩阵}, i=1, 2, \cdots, n)$$

(3) 分块对角矩阵的行列式公式：

$$|\boldsymbol{A}| = \begin{vmatrix} \boldsymbol{A}_1 & & & \\ & \boldsymbol{A}_2 & & \\ & & \ddots & \\ & & & \boldsymbol{A}_n \end{vmatrix} = |\boldsymbol{A}_1|\,|\boldsymbol{A}_2|\cdots|\boldsymbol{A}_n|$$

2. 分块副对角矩阵

(1) 分块副对角矩阵的逆公式：

$$\begin{bmatrix} & & \boldsymbol{A}_1 \\ & \boldsymbol{A}_2 & \\ \iddots & & \\ \boldsymbol{A}_n & & \end{bmatrix}^{-1} = \begin{bmatrix} & & \boldsymbol{A}_n^{-1} \\ & \iddots & \\ \boldsymbol{A}_2^{-1} & & \\ \boldsymbol{A}_1^{-1} & & \end{bmatrix} (\boldsymbol{A}_i \text{ 为可逆矩阵}, i=1, 2, \cdots, n)$$

(2) 分块副对角矩阵的行列式公式：

$$\begin{vmatrix} & \boldsymbol{A}_n \\ \boldsymbol{B}_m & \end{vmatrix} = (-1)^{mn} |\boldsymbol{A}|\,|\boldsymbol{B}|$$

2.12 矩阵运算规律

1. 矩阵乘法运算规律

矩阵乘法运算规律满足“空间位置不能变，时间次序可以变”。如以下运算(假设以下运算都是可行的)：

矩阵运算规律

(1) $AB \neq BA$。

(2) $A(B+C)=AB+AC$。

(3) $(AB)C=A(BC)$。

(4) $(AB)^4=ABABABAB=A(BABABA)B=A(BA)^3B$。

2. 矩阵乘法运算与“上标运算”相结合

把转置运算、伴随运算、逆运算及幂运算统称为矩阵的“上标运算”。矩阵乘法运算与转置、伴随及逆运算相结合，其运算规律类似，可以归纳为：脱括号、“戴上帽子”变位置，即

$$(AB)^T=B^TA^T,\ (AB)^*=B^*A^*,\quad (AB)^{-1}=B^{-1}A^{-1}$$

利用矩阵乘法运算规律可以把 AB 的 k 次幂转换为 BA 的 $k-1$ 次幂：

$$(AB)^k=A(BA)^{k-1}B$$

3. 矩阵“上标运算”特点

任意两个“上标运算”可以调换先后运算次序，设 α、β 分别代表两个不同的“上标运算”，则有

$$(A^\alpha)^\beta=(A^\beta)^\alpha$$

例如：$(A^T)^{-1}=(A^{-1})^T$，$(A^*)^{-1}=(A^{-1})^*$，等等。

2.13 矩阵八类运算公式归纳

矩阵八类运算公式归纳

表 2.1 把矩阵分为八类运算，表中符号“√”代表纵横两种运算间有运算公式。例如 $(A+B)^{-1}$、$(A+B)^*$ 和 $|A+B|$ 就没有相应的运算公式。

表 2.1　矩阵的八类运算表

	加法运算	数乘运算	乘法运算	幂运算	转置运算	逆运算	伴随运算	行列式运算
加法运算	√							
数乘运算	√	√						
乘法运算	√	√	√					
幂运算	√	√	√	√				
转置运算	√	√	√	√	√			
逆运算		√	√	√	√	√		
伴随运算		√	√	√	√	√	√	
行列式运算		√	√	√	√	√	√	

1. 加法运算公式

设 $\boldsymbol{A}$、$\boldsymbol{B}$、$\boldsymbol{C}$ 为同型矩阵，则有

$$\boldsymbol{A}+\boldsymbol{B}=\boldsymbol{B}+\boldsymbol{A}$$

$$(\boldsymbol{A}+\boldsymbol{B})+\boldsymbol{C}=\boldsymbol{A}+(\boldsymbol{B}+\boldsymbol{C})$$

2. 数乘运算公式

设 $\boldsymbol{A}$、$\boldsymbol{B}$ 为同型矩阵，k 为数，则有

$$k(\boldsymbol{A}+\boldsymbol{B})=k\boldsymbol{A}+k\boldsymbol{B}$$

$$(k+l)\boldsymbol{A}=k\boldsymbol{A}+l\boldsymbol{A}$$

$$(kl)\boldsymbol{A}=k(l\boldsymbol{A})$$

3. 乘法运算公式

设 $\boldsymbol{A}$、$\boldsymbol{B}$、$\boldsymbol{C}$ 为矩阵，k 为数，则有(假设以下运算都是可行的)

$$\boldsymbol{A}(\boldsymbol{B}+\boldsymbol{C})=\boldsymbol{AB}+\boldsymbol{AC},\ (\boldsymbol{B}+\boldsymbol{C})\boldsymbol{A}=\boldsymbol{BA}+\boldsymbol{CA}$$

$$k(\boldsymbol{AB})=(k\boldsymbol{A})\boldsymbol{B}=\boldsymbol{A}(k\boldsymbol{B})$$

$$(\boldsymbol{AB})\boldsymbol{C}=\boldsymbol{A}(\boldsymbol{BC})$$

$$\boldsymbol{AE}=\boldsymbol{EA}=\boldsymbol{A}$$

4. 幂运算公式

设 $\boldsymbol{A}$ 为 n 阶方阵，$\boldsymbol{E}$ 为 n 阶单位矩阵，k 为数，则有

$$(\boldsymbol{E}+\boldsymbol{A})^k=\boldsymbol{E}+\mathrm{C}_k^1\boldsymbol{A}+\mathrm{C}_k^2\boldsymbol{A}^2+\cdots+\mathrm{C}_k^k\boldsymbol{A}^k \text{(矩阵的“二项式”定理)}$$

因为矩阵 $\boldsymbol{A}$ 和 $\boldsymbol{E}$ 是可交换的(即 $\boldsymbol{AE}=\boldsymbol{EA}$)，所以二项式定理成立。

还有以下公式：

$$(k\boldsymbol{A})^l=k^l\boldsymbol{A}^l$$

$$\boldsymbol{A}^k\boldsymbol{A}^l=\boldsymbol{A}^{k+l}$$

$$(\boldsymbol{A}^k)^l=\boldsymbol{A}^{kl}$$

设 $\boldsymbol{A}$ 为 $m\times n$ 矩阵，$\boldsymbol{B}$ 为 $n\times m$ 矩阵，则有

$$(\boldsymbol{AB})^k=\boldsymbol{A}(\boldsymbol{BA})^{k-1}\boldsymbol{B}$$

5. 转置运算公式

设 $\boldsymbol{A}$、$\boldsymbol{B}$ 为矩阵，k 为数，则有(假设以下运算都是可行的)

$$(\boldsymbol{A}+\boldsymbol{B})^{\mathrm{T}}=\boldsymbol{A}^{\mathrm{T}}+\boldsymbol{B}^{\mathrm{T}}$$

$$(k\boldsymbol{A})^{\mathrm{T}}=k\boldsymbol{A}^{\mathrm{T}}$$

$$(\boldsymbol{AB})^{\mathrm{T}}=\boldsymbol{B}^{\mathrm{T}}\boldsymbol{A}^{\mathrm{T}}$$

$$(\boldsymbol{A}^k)^{\mathrm{T}}=(\boldsymbol{A}^{\mathrm{T}})^k$$

$$(\boldsymbol{A}^{\mathrm{T}})^{\mathrm{T}}=\boldsymbol{A}$$

6. 逆运算公式

设 $\boldsymbol{A}$、$\boldsymbol{B}$ 为可逆矩阵，则有(假设以下运算都是可行的)

$$(k\boldsymbol{A})^{-1}=k^{-1}\mathrm{A}^{-1}\quad (k\neq 0)$$

$$(\boldsymbol{AB})^{-1}=\boldsymbol{B}^{-1}\boldsymbol{A}^{-1}$$

$$(\boldsymbol{A}^k)^{-1}=(\boldsymbol{A}^{-1})^k$$

$$(\boldsymbol{A}^{\mathrm{T}})^{-1}=(\boldsymbol{A}^{-1})^{\mathrm{T}}$$

7. 伴随运算公式

设方阵 $\boldsymbol{A}$ 的伴随矩阵为 $\boldsymbol{A}^*$，则有伴随矩阵的“母公式”：

$$\boldsymbol{A}\boldsymbol{A}^*=\boldsymbol{A}^*\boldsymbol{A}=|\boldsymbol{A}|\boldsymbol{E}$$

从该“母公式”出发可以推导出以下各公式：

$$\boldsymbol{A}^*=|\boldsymbol{A}|\boldsymbol{A}^{-1},\ \boldsymbol{A}^{-1}=\frac{1}{|\boldsymbol{A}|}\boldsymbol{A}^*\quad（设矩阵 \boldsymbol{A} 可逆）$$

$$(k\boldsymbol{A})^*=k^{n-1}\boldsymbol{A}^*（k 是数，\boldsymbol{A} 为 n 阶方阵）$$

$$(\boldsymbol{A}\boldsymbol{B})^*=\boldsymbol{B}^*\boldsymbol{A}^*$$

$$(\boldsymbol{A}^k)^*=(\boldsymbol{A}^*)^k,\ (\boldsymbol{A}^{\mathrm{T}})^*=(\boldsymbol{A}^*)^{\mathrm{T}}$$

$$(\boldsymbol{A}^{-1})^*=(\boldsymbol{A}^*)^{-1}=\frac{\boldsymbol{A}}{|\boldsymbol{A}|}\quad（设矩阵 \boldsymbol{A} 可逆）$$

$$(\boldsymbol{A}^*)^*=|\boldsymbol{A}|^{n-2}\boldsymbol{A}（\boldsymbol{A} 为 n 阶方阵）$$

8. 矩阵的行列式运算公式

设 $\boldsymbol{A}$ 为 n 阶方阵，k 为数，则有(假设以下运算都是可行的)

$$|k\boldsymbol{A}|=k^n|\boldsymbol{A}|$$

$$|\boldsymbol{A}\boldsymbol{B}|=|\boldsymbol{A}||\boldsymbol{B}|$$

$$|\boldsymbol{A}^k|=|\boldsymbol{A}|^k$$

$$|\boldsymbol{A}^{\mathrm{T}}|=|\boldsymbol{A}|$$

$$|\boldsymbol{A}^{-1}|=|\boldsymbol{A}|^{-1}\quad（设矩阵 \boldsymbol{A} 可逆）$$

$$|\boldsymbol{A}^*|=|\boldsymbol{A}|^{n-1}$$

2.14 典型例题分析

例 2.1

【例 2.1】 n 阶行列式 $\begin{vmatrix} 0 & 1 & 0 & \cdots & 0 \\ 0 & 0 & 2 & \cdots & 0 \\ \vdots & \vdots & \vdots & \ddots & \vdots \\ 0 & 0 & 0 & \cdots & n-1 \\ n & 0 & 0 & \cdots & 0 \end{vmatrix}=$________。

【思路】 发现行列式只有 n 个非零元素，于是考虑用行列式定义计算。

【解】 根据 n 阶行列式定义可知，n 阶行列式由 $n!$ 项组成，其中每一项都是 n 个元素的乘积，而该行列式只有 n 个非零元素，且这 n 个元素刚好满足“不同行不同列”的条件，其中元素 $1, 2, \cdots, n-1, n$ 的行标为自然排列，其列标排列为 $23\cdots n1$，该排列的逆序数为 $n-1$，则行列式值为：$(-1)^{n-1}n!$。

【评注】 “一杠一星”行列式共有四种不同的形状，如图 2.17 所示。所谓“一杠”，是指与主(副)对角线平行且相邻的一条直线；所谓“一星”，是指离该直线距离最远的一个元素。该类行列式元素的特点是在“一杠”和“一星”处的元素不为零，其余元素都为零。n 阶“一杠一星”行列式的值为行列式中所有非零元素的乘积，其符号为$(-1)^{\tau}$。若“一杠”与主对角线平行，如图 2.17 的(a)和(b)，则 $\tau=n-1$；若“一杠”与副对角线平行，如图 2.17 的(c)和(d)，则 $\tau=\frac{(n-1)(n-2)}{2}$。

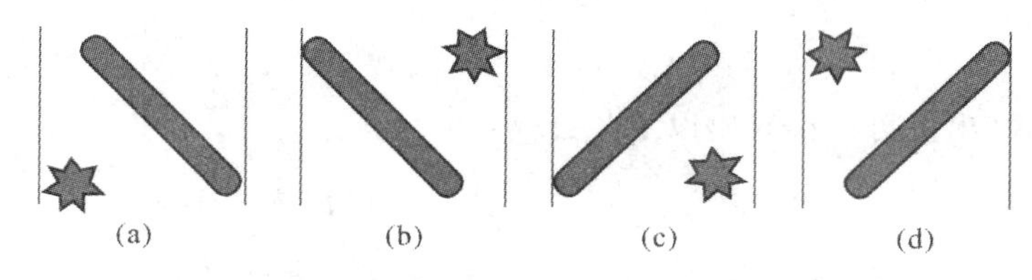

图 2.17 “一杠一星”行列式示意

【秘籍】 给特殊行列式起一个通俗形象的名字，非常有利于同学们记忆、交流和归纳总结。

【例 2.2】 n 阶行列式 $D=\begin{vmatrix} a & b & & & \\ & a & b & & \\ & & a & \ddots & \\ & & & \ddots & b \\ b & & & & a \end{vmatrix}=$________。(行列式中空白处为零，后文与此相同)

【思路】 该行列式中的零仍然较多，于是联想到定义法。

【解】 根据行列式定义，可以分析出，在 n 阶行列式的 $n!$ 项中，只有两项非零，一项是 a^n，另一项是 b^n，a^n 符号为正，b^n 的符号为 $(-1)^\tau$，其中 τ 为排列 $23\cdots n1$ 的逆序数，于是本题答案为 $a^n+(-1)^{n-1}b^n$。

例 2.2

【评注】 该类行列式称为“两杠一星”行列式，如图 2.18 所示。它的计算结果只有两项，其中一项是对角线(或副对角线)元素的乘积，另一项是对角线元素之外 n 个元素的乘积，其正负要根据这些元素的位置确定。

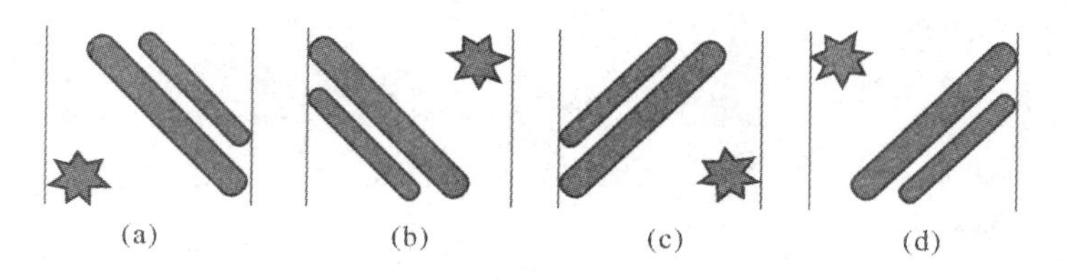

图 2.18 “两杠一星”行列式示意

【例 2.3】 已知 $\prod_{i=2}^{n} a_i \neq 0$，计算 n 阶行列式 $D=\begin{vmatrix} a_1 & b & b & \cdots & b \\ b & a_2 & & & \\ b & & a_3 & & \\ \vdots & & & \ddots & \\ b & & & & a_n \end{vmatrix}$。

【思路】 根据行列式的“倍加不变”性质，利用主对角线元素 $a_2, a_3, \cdots, a_n$ 把第一列的所有元素 b 都消为 0，从而把原行列式化简为上三角行列式。

例 2.3

【解】
$$D=\begin{vmatrix} a_1 & b & b & \cdots & b \\ b & a_2 & & & \\ b & & a_3 & & \\ \vdots & & & \ddots & \\ b & & & & a_n \end{vmatrix} \xlongequal[i=2,\cdots,n]{c_1-\frac{b}{a_i}c_i} \begin{vmatrix} a_1-\sum\limits_{i=2}^{n}\frac{b^2}{a_i} & b & b & \cdots & b \\ & a_2 & & & \\ & & a_3 & & \\ & & & \ddots & \\ & & & & a_n \end{vmatrix}$$
$$=\left(a_1-\sum_{i=2}^{n}\frac{b^2}{a_i}\right)\prod_{i=2}^{n}a_i$$

【评注】 该类行列式称为“爪形”行列式。其求解方法是利用主(副)对角线元素消去非零列(行)的 $n-1$ 个元素，最后化简为三角行列式。图 2.19 给出了“爪形”行列式示意图。

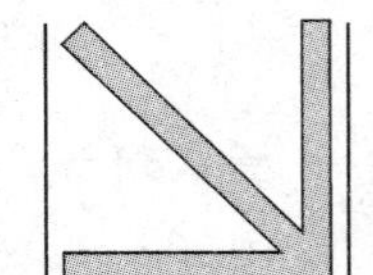
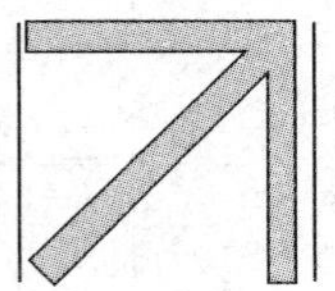
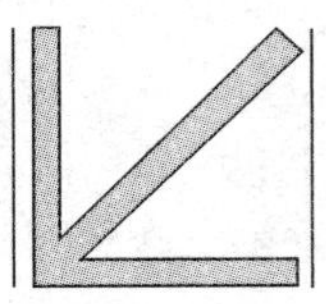

图 2.19 “爪形”行列式示意

【例 2.4】 计算 n 阶行列式
$$\begin{vmatrix} 1 & 2 & 3 & \cdots & n-1 & n \\ 1 & -1 & & & & \\ & 2 & -2 & & & \\ & & 3 & \ddots & & \\ & & & \ddots & 2-n & \\ & & & & n-1 & 1-n \end{vmatrix}。$$

例 2.4

【思路】 根据行列式的“倍加不变”性质，利用主对角线元素把与主对角线平行位置的元素都消为 0，从而把原行列式化简为上三角行列式。

【解】
$$\begin{vmatrix} 1 & 2 & 3 & \cdots & n-1 & n \\ 1 & -1 & & & & \\ & 2 & -2 & & & \\ & & 3 & \ddots & & \\ & & & \ddots & 2-n & \\ & & & & n-1 & 1-n \end{vmatrix}$$
$$\xlongequal[i=n,\,n-1,\,\cdots,\,2]{c_{i-1}+c_i} \begin{vmatrix} \sum\limits_{i=1}^{n}i & \sum\limits_{i=2}^{n}i & \sum\limits_{i=3}^{n}i & \cdots & 2n-1 & n \\ & -1 & & & & \\ & & -2 & & & \\ & & & \ddots & & \\ & & & & 2-n & \\ & & & & & 1-n \end{vmatrix}$$
$$=(-1)^{n-1}\frac{(n+1)!}{2}$$

【评注】 该类行列式称为“类爪形”行列式。它可以利用“逐行(列)相加”技巧进行求解。该题运用了把后1列加到前1列，从第n列开始，一直到第2列的方法。在利用该技巧时，同学们一定要注意逐行(列)相加的空间方向，还要注意逐行(列)相加的时间次序。

【例2.5】 计算n阶行列式$D=\begin{vmatrix} 4 & 3 & \cdots & 3 & 3 \\ 3 & 4 & \cdots & 3 & 3 \\ \vdots & \vdots & & \vdots & \vdots \\ 3 & 3 & \cdots & 4 & 3 \\ 3 & 3 & \cdots & 3 & 4 \end{vmatrix}$。

例2.5

【思路】 行列式的每一列之和都为$3(n-1)+4$，故把所有行都加到第1行中，即可把公因式$3(n-1)+4$提到行列式符号之外，再利用元素全为1的第一行对其他行进行化简。

【解】
$$D=\begin{vmatrix} 4 & 3 & \cdots & 3 & 3 \\ 3 & 4 & \cdots & 3 & 3 \\ \vdots & \vdots & & \vdots & \vdots \\ 3 & 3 & \cdots & 4 & 3 \\ 3 & 3 & \cdots & 3 & 4 \end{vmatrix} \xlongequal[i=2,3,\cdots,n]{r_1+r_i} (3n+1)\begin{vmatrix} 1 & 1 & \cdots & 1 & 1 \\ 3 & 4 & \cdots & 3 & 3 \\ \vdots & \vdots & & \vdots & \vdots \\ 3 & 3 & \cdots & 4 & 3 \\ 3 & 3 & \cdots & 3 & 4 \end{vmatrix}$$

$$\xlongequal[i=2,3,\cdots,n]{r_i-3r_1} (3n+1)\begin{vmatrix} 1 & 1 & \cdots & 1 & 1 \\ & 1 & & & \\ & & \ddots & & \\ & & & 1 & \\ & & & & 1 \end{vmatrix}$$

$$=3n+1$$

【评注】 该类行列式称为“ab”行列式。它的特点是：主对角线元素全是a，其他元素全是b。

【秘籍】 若$|\boldsymbol{A}|$为“ab”行列式，则$|\boldsymbol{A}|=[a+(n-1)b](a-b)^{n-1}$。

【例2.6】 计算n阶行列式$D=\begin{vmatrix} 1 & 3 & 3 & \cdots & 3 \\ 3 & 2 & 3 & \cdots & 3 \\ 3 & 3 & 3 & \cdots & 3 \\ \vdots & \vdots & \vdots & & \vdots \\ 3 & 3 & 3 & \cdots & n \end{vmatrix}$。

例2.6

【思路】 行列式除主对角线以外其余元素全是3，而第3行元素也全是3，于是考虑用第3行来化简行列式。

【解】
$$D\xlongequal[i=1,2,4,\cdots,n]{r_i-r_3}\begin{vmatrix} -2 & & & & & \\ & -1 & & & & \\ 3 & 3 & 3 & 3 & \cdots & 3 \\ & & & 1 & & \\ & & & & \ddots & \\ & & & & & n-3 \end{vmatrix}=6(n-3)!$$

【评注】 该行列式称为“类ab”行列式，解题过程的最后一步用到了行列式定义的知识点，同学们要熟练掌握。

例 2.7

【例 2.7】 设 $\boldsymbol{\alpha}_1,\boldsymbol{\alpha}_2,\cdots,\boldsymbol{\alpha}_n$ 为 n 维列向量，$\boldsymbol{\beta}_1=\boldsymbol{\alpha}_1+\boldsymbol{\alpha}_2$，$\boldsymbol{\beta}_2=\boldsymbol{\alpha}_2+\boldsymbol{\alpha}_3$，$\cdots$，$\boldsymbol{\beta}_n=\boldsymbol{\alpha}_n+\boldsymbol{\alpha}_1$，矩阵 $\boldsymbol{A}=(\boldsymbol{\alpha}_1,\boldsymbol{\alpha}_2,\cdots,\boldsymbol{\alpha}_n)$，$\boldsymbol{B}=(\boldsymbol{\beta}_1,\boldsymbol{\beta}_2,\cdots,\boldsymbol{\beta}_n)$，若 $|\boldsymbol{A}|=1003$，求 $|\boldsymbol{B}|$ 的值。

【思路】 用矩阵等式来表示两个向量组之间的关系。

【解】 根据已知条件，有以下矩阵等式：

$$\begin{aligned}\boldsymbol{B}&=(\boldsymbol{\alpha}_1+\boldsymbol{\alpha}_2,\boldsymbol{\alpha}_2+\boldsymbol{\alpha}_3,\cdots,\boldsymbol{\alpha}_n+\boldsymbol{\alpha}_1)\\&=(\boldsymbol{\alpha}_1,\boldsymbol{\alpha}_2,\cdots,\boldsymbol{\alpha}_n)\begin{bmatrix}1&&&&&1\\1&1&&&&\\&1&1&&&\\&&\ddots&\ddots&&\\&&&1&1&\\&&&&1&1\end{bmatrix}\\&=\boldsymbol{AP}\end{aligned}$$

对以上等式两端取行列式，有 $|\boldsymbol{B}|=|\boldsymbol{A}|\ |\boldsymbol{P}|$，其中 $|\boldsymbol{P}|$ 是“两杠一星”行列式，且有

$$|\boldsymbol{P}|=1+(-1)^{n+1}=\begin{cases}2, & n\text{ 为奇数}\\0, & n\text{ 为偶数}\end{cases}$$

故

$$|\boldsymbol{B}|=\begin{cases}2006, & n\text{ 为奇数}\\0, & n\text{ 为偶数}\end{cases}$$

【评注】 学会用矩阵等式来描述线性代数内涵是学好线性代数的关键。

例 2.8

【例 2.8】 设四阶矩阵 $\boldsymbol{A}=(\boldsymbol{\alpha}_1,\boldsymbol{\alpha}_2,\boldsymbol{\alpha}_3,\boldsymbol{\xi})$，$\boldsymbol{B}=(\boldsymbol{\alpha}_1,\boldsymbol{\alpha}_2,\boldsymbol{\alpha}_3,\boldsymbol{\eta})$，其中 $\boldsymbol{\alpha}_1$、$\boldsymbol{\alpha}_2$、$\boldsymbol{\alpha}_3$、$\boldsymbol{\xi}$、$\boldsymbol{\eta}$ 为四维列向量，且 $|\boldsymbol{A}|=2$，$|\boldsymbol{B}|=3$，求 $|\boldsymbol{A}+\boldsymbol{B}|$ 的值。

【思路】 利用矩阵加法规则和行列式性质解题。

【解】 $\boldsymbol{A}+\boldsymbol{B}=(2\boldsymbol{\alpha}_1,2\boldsymbol{\alpha}_2,2\boldsymbol{\alpha}_3,\boldsymbol{\xi}+\boldsymbol{\eta})$，根据行列式的“乘数乘行(列)”“拆分拆行(列)”性质有

$$|\boldsymbol{A}+\boldsymbol{B}|=8\ |\boldsymbol{\alpha}_1,\boldsymbol{\alpha}_2,\boldsymbol{\alpha}_3,\boldsymbol{\xi}|+8\ |\boldsymbol{\alpha}_1,\boldsymbol{\alpha}_2,\boldsymbol{\alpha}_3,\boldsymbol{\eta}|$$

又因为 $|\boldsymbol{A}|=2$，$|\boldsymbol{B}|=3$，故 $|\boldsymbol{A}+\boldsymbol{B}|=40$。

【评注】 很多初学同学常常把矩阵加法运算和行列式的“拆分拆行(列)”性质混淆，以下是该题用到的两个等式：

$$(\boldsymbol{\alpha}_1,\boldsymbol{\alpha}_2,\boldsymbol{\alpha}_3,\boldsymbol{\xi})+(\boldsymbol{\alpha}_1,\boldsymbol{\alpha}_2,\boldsymbol{\alpha}_3,\boldsymbol{\eta})=(2\boldsymbol{\alpha}_1,2\boldsymbol{\alpha}_2,2\boldsymbol{\alpha}_3,\boldsymbol{\xi}+\boldsymbol{\eta})$$

$$|\boldsymbol{\alpha}_1,\boldsymbol{\alpha}_2,\boldsymbol{\alpha}_3,\boldsymbol{\xi}|+|\boldsymbol{\alpha}_1,\boldsymbol{\alpha}_2,\boldsymbol{\alpha}_3,\boldsymbol{\eta}|=|\boldsymbol{\alpha}_1,\boldsymbol{\alpha}_2,\boldsymbol{\alpha}_3,\boldsymbol{\xi}+\boldsymbol{\eta}|$$

例 2.9

【例 2.9】 设行列式 $|\boldsymbol{A}|=\begin{vmatrix}7&6&1&1\\2&0&6&6\\1&0&2&8\\0&8&1&1\end{vmatrix}$，求：

(1) $A_{41}+3A_{43}+3A_{44}$；

(2) $2A_{41}+A_{43}+A_{44}$。

【思路】 求行列式某行(列)的代数余子式之和，就联想到行列式按行(列)展开的定理及定理推论。

【解】 (1) 根据行列式按行展开定理的推论，分析行列式$|\boldsymbol{A}|$的第 2 行元素和第 4 行元素的代数余子式，有 $2A_{41}+0A_{42}+6A_{43}+6A_{44}=0$，则 $A_{41}+3A_{43}+3A_{44}=0$。

(2) 根据题意，可以构造一个新的行列式$|\boldsymbol{B}|$：

$$|\boldsymbol{B}|=\begin{vmatrix}7&6&1&1\\2&0&6&6\\1&0&2&8\\2&0&1&1\end{vmatrix}$$

$|\boldsymbol{B}|$的第 4 行元素分别为 2、0、1、1，除第 4 行以外，行列式$|\boldsymbol{B}|$与行列式$|\boldsymbol{A}|$的其他元素都相同，所以行列式$|\boldsymbol{A}|$与行列式$|\boldsymbol{B}|$第 4 行元素的所有代数余子式是对应相等的，于是有

$$|\boldsymbol{B}|=\begin{vmatrix}7&6&1&1\\2&0&6&6\\1&0&2&8\\2&0&1&1\end{vmatrix}\xlongequal{\text{按第 4 行展开}}2A_{41}+A_{43}+A_{44}$$

而

$$|\boldsymbol{B}|=\begin{vmatrix}7&6&1&1\\2&0&6&6\\1&0&2&8\\2&0&1&1\end{vmatrix}\xlongequal{\text{按第 2 列展开}}-6\begin{vmatrix}2&6&6\\1&2&8\\2&1&1\end{vmatrix}=-360$$

则

$$2A_{41}+A_{43}+A_{44}=-360$$

【评注】 行列式按行展开定理及推论是同学们必须熟练掌握的重点内容。行列式$|\boldsymbol{A}|$与行列式$|\boldsymbol{B}|$虽然不同，但它们第 4 行各个元素的代数余子式是对应相等的，这是解答本题第(2)问的关键。

【例 2.10】 求行列式 $D_4=\begin{vmatrix}5x&1&2&3\\x&x&1&2\\1&2&x&3\\x&1&2&2x\end{vmatrix}$ 的展开式中 x^3 和 x^4 的系数。

例 2.10

【思路】 通过行列式性质把 D_4 中包含 x 的元素尽量变少。

【解】 $$D_4\xlongequal{c_1-c_2}\begin{vmatrix}5x-1&1&2&3\\0&x&1&2\\-1&2&x&3\\x-1&1&2&2x\end{vmatrix}\xlongequal{c_1-\frac{1}{2}c_4}\begin{vmatrix}5x-2.5&1&2&3\\-1&x&1&2\\-2.5&2&x&3\\-1&1&2&2x\end{vmatrix}$$

根据行列式定义可知，x^3 和 x^4 的系数分别为-5 和 10。

【评注】 通过行列式“倍和相等”的性质把行列式中的 x 变少，再根据行列式定义：四阶行列式是 4！项的代数和，其中每一项是 4 个元素的乘积，这 4 个元素要满足“不同行不同列”，最后得到本题答案。

【例 2.11】 计算 n 阶行列式 $D=\begin{vmatrix} a_1 & a_2 & \cdots & a_{n-1} & 1+a_n \\ a_1 & a_2 & \cdots & 1+a_{n-1} & a_n \\ \vdots & \vdots & & \vdots & \vdots \\ a_1 & 1+a_2 & \cdots & a_{n-1} & a_n \\ 1+a_1 & a_2 & \cdots & a_{n-1} & a_n \end{vmatrix}$。

【思路】 每一行的和都是 $1+\sum\limits_{i=1}^{n}a_i$，所以可以把 2 至 n 列都加到第 1 列，把公因子提到行列式外，然后用第 1 列化简行列式。

【解】

例 2.11

$$D\xlongequal[i=2,3,\cdots,n]{c_1+c_i}\left(1+\sum_{i=1}^{n}a_i\right)\begin{vmatrix} 1 & a_2 & \cdots & a_{n-1} & 1+a_n \\ 1 & a_2 & \cdots & 1+a_{n-1} & a_n \\ \vdots & \vdots & & \vdots & \vdots \\ 1 & 1+a_2 & \cdots & a_{n-1} & a_n \\ 1 & a_2 & \cdots & a_{n-1} & a_n \end{vmatrix}$$

$$\xlongequal[i=2,3,\cdots,n]{c_i-a_ic_1}\left(1+\sum_{i=1}^{n}a_i\right)\begin{vmatrix} 1 & 0 & \cdots & 0 & 1 \\ 1 & 0 & \cdots & 1 & 0 \\ \vdots & \vdots & & \vdots & \vdots \\ 1 & 1 & \cdots & 0 & 0 \\ 1 & 0 & \cdots & 0 & 0 \end{vmatrix}$$

$$=(-1)^{\frac{n(n-1)}{2}}\left(1+\sum_{i=1}^{n}a_i\right)$$

【评注】 该题行列式既是“同列同数”行列式，又是“行和相等”行列式，于是其求解方法与例 2.5 中的“ab”行列式方法一致。

【例 2.12】 计算 n 阶行列式：

例 2.12

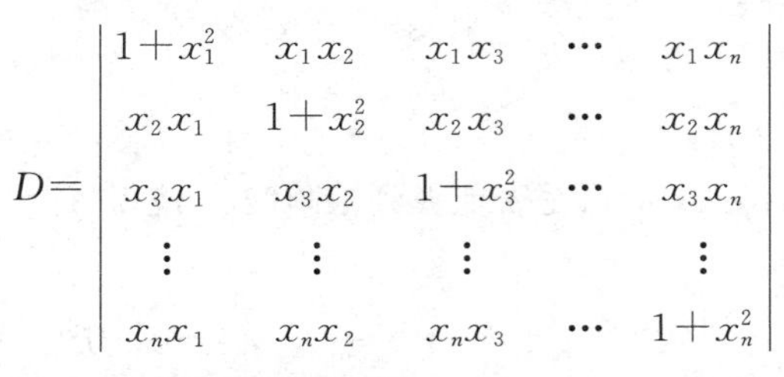

$$D=\begin{vmatrix} 1+x_1^2 & x_1x_2 & x_1x_3 & \cdots & x_1x_n \\ x_2x_1 & 1+x_2^2 & x_2x_3 & \cdots & x_2x_n \\ x_3x_1 & x_3x_2 & 1+x_3^2 & \cdots & x_3x_n \\ \vdots & \vdots & \vdots & & \vdots \\ x_nx_1 & x_nx_2 & x_nx_3 & \cdots & 1+x_n^2 \end{vmatrix}$$

【思路】 该行列式的每一列都有相同的特点：第 1 列都有 x_1，第 2 列都有 x_2……第 n 列都有 x_n，故考虑用“加边法”来化简行列式。

【解】 在原行列式基础上加一行$(1, x_1, x_2, \cdots, x_n)$，加一列$(1, 0, 0, \cdots, 0)^{\mathrm{T}}$，根据行列式第一列展开定理有

$$D=\begin{vmatrix}1 & x_1 & x_2 & x_3 & \cdots & x_n\\ 0 & 1+x_1^2 & x_1x_2 & x_1x_3 & \cdots & x_1x_n\\ 0 & x_2x_1 & 1+x_2^2 & x_2x_3 & \cdots & x_2x_n\\ 0 & x_3x_1 & x_3x_2 & 1+x_3^2 & \cdots & x_3x_n\\ \vdots & \vdots & \vdots & \vdots & & \vdots\\ 0 & x_nx_1 & x_nx_2 & x_nx_3 & \cdots & 1+x_n^2\end{vmatrix}$$

$$\xlongequal[i=1,2,\cdots,n]{r_{i+1}-x_ir_1}\begin{vmatrix}1 & x_1 & x_2 & x_3 & \cdots & x_n\\ -x_1 & 1 & & & & \\ -x_2 & & 1 & & & \\ -x_3 & & & 1 & & \\ \vdots & & & & \ddots & \\ -x_n & & & & & 1\end{vmatrix}$$

$$\xlongequal[i=2,3,\cdots,n+1]{c_1+x_{i-1}c_i}\begin{vmatrix}1+\sum_{i=1}^{n}x_i^2 & x_1 & x_2 & x_3 & \cdots & x_n\\ & 1 & & & & \\ & & 1 & & & \\ & & & 1 & & \\ & & & & \ddots & \\ & & & & & 1\end{vmatrix}$$

$$=1+\sum_{i=1}^{n}x_i^2$$

【评注】 该类行列式称为“同列同数”行列式，它的特点是每一列都有相同的元素。可以用“加边法”先化简为“爪形”行列式，再进一步化为上三角行列式。

【例 2.13】 设 $\boldsymbol{A}$ 为 n 阶矩阵，且 $\boldsymbol{A}^3=\boldsymbol{O}$，则(　　)。

例 2.13

(A) $\boldsymbol{E}-\boldsymbol{A}$ 不可逆，$\boldsymbol{E}+\boldsymbol{A}$ 不可逆，$\boldsymbol{A}$ 不可逆

(B) $\boldsymbol{E}-\boldsymbol{A}$ 不可逆，$\boldsymbol{E}+\boldsymbol{A}$ 可逆，$\boldsymbol{A}$ 不可逆

(C) $\boldsymbol{E}-\boldsymbol{A}$ 可逆，$\boldsymbol{E}+\boldsymbol{A}$ 可逆，$\boldsymbol{A}$ 可逆

(D) $\boldsymbol{E}-\boldsymbol{A}$ 可逆，$\boldsymbol{E}+\boldsymbol{A}$ 可逆，$\boldsymbol{A}$ 不可逆

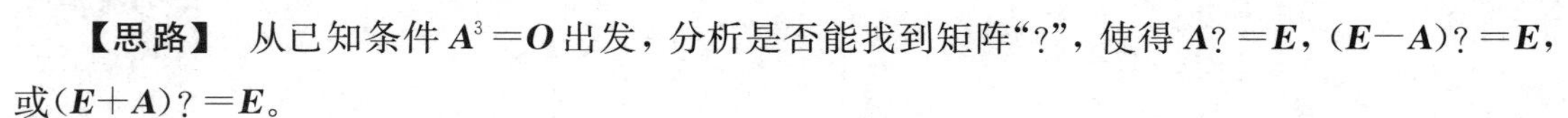
【思路】 从已知条件 $\boldsymbol{A}^3=\boldsymbol{O}$ 出发，分析是否能找到矩阵“?”，使得 $\boldsymbol{A}?=\boldsymbol{E}$，$(\boldsymbol{E}-\boldsymbol{A})?=\boldsymbol{E}$，或 $(\boldsymbol{E}+\boldsymbol{A})?=\boldsymbol{E}$。

【解】 因为 $\boldsymbol{A}^3=\boldsymbol{O}$，两边取行列式有 $|\boldsymbol{A}|^3=|\boldsymbol{O}|$，于是 $|\boldsymbol{A}|=0$，所以 $\boldsymbol{A}$ 不可逆。

由于 $\boldsymbol{A}^3=\boldsymbol{O}$，则有 $\boldsymbol{A}^3+\boldsymbol{E}=\boldsymbol{E}$ 和 $\boldsymbol{A}^3-\boldsymbol{E}=-\boldsymbol{E}$，于是有

$$(\boldsymbol{A}+\boldsymbol{E})(\boldsymbol{A}^2-\boldsymbol{A}+\boldsymbol{E})=\boldsymbol{E}$$

$$(\boldsymbol{A}-\boldsymbol{E})(\boldsymbol{A}^2+\boldsymbol{A}+\boldsymbol{E})=-\boldsymbol{E}$$

则矩阵 $\boldsymbol{E}-\boldsymbol{A}$ 和 $\boldsymbol{E}+\boldsymbol{A}$ 都可逆。故(D)选项正确。

【评注】 由于 $\boldsymbol{AE}=\boldsymbol{EA}$，因此有以下公式：

$$\boldsymbol{A}^3-\boldsymbol{E}=(\boldsymbol{A}-\boldsymbol{E})(\boldsymbol{A}^2+\boldsymbol{A}+\boldsymbol{E}),\ \boldsymbol{A}^3+\boldsymbol{E}=(\boldsymbol{A}+\boldsymbol{E})(\boldsymbol{A}^2-\boldsymbol{A}+\boldsymbol{E})$$

【秘籍】 本题可以用选择题的解题技巧快速解答。构造满足 $\boldsymbol{A}^3=\boldsymbol{O}$ 的矩阵：$\boldsymbol{A}=\boldsymbol{O}$ 或 $\boldsymbol{A}=\begin{bmatrix}0&0&0\\1&0&0\\3&2&0\end{bmatrix}$，显然有：$\boldsymbol{E}-\boldsymbol{A}$ 和 $\boldsymbol{E}+\boldsymbol{A}$ 都可逆。

【例 2.14】 设矩阵 $\boldsymbol{A}=(a_{ij})_{3\times3}$，满足 $\boldsymbol{A}^{\mathrm{T}}=\boldsymbol{A}^*$，且 $a_{11}=a_{12}=a_{13}>0$，求 a_{11}。

例 2.14

【思路】 利用伴随矩阵母公式 $\boldsymbol{AA}^*=|\boldsymbol{A}|\boldsymbol{E}$ 进行解题。

【解】 根据伴随矩阵母公式 $\boldsymbol{AA}^*=|\boldsymbol{A}|\boldsymbol{E}$，及已知条件 $\boldsymbol{A}^{\mathrm{T}}=\boldsymbol{A}^*$，知 $\boldsymbol{AA}^{\mathrm{T}}=|\boldsymbol{A}|\boldsymbol{E}$，即

$$\begin{pmatrix}a_{11}&a_{12}&a_{13}\\a_{21}&a_{22}&a_{23}\\a_{31}&a_{32}&a_{33}\end{pmatrix}\begin{pmatrix}a_{11}&a_{21}&a_{31}\\a_{12}&a_{22}&a_{32}\\a_{13}&a_{23}&a_{33}\end{pmatrix}=\begin{pmatrix}|\boldsymbol{A}|&&\\&|\boldsymbol{A}|&\\&&|\boldsymbol{A}|\end{pmatrix}$$

于是有

$$a_{11}^2+a_{12}^2+a_{13}^2=|\boldsymbol{A}|$$

另一方面，对等式 $\boldsymbol{AA}^{\mathrm{T}}=|\boldsymbol{A}|\boldsymbol{E}$ 两边取行列式，有

$$|\boldsymbol{A}|\,|\boldsymbol{A}^{\mathrm{T}}|=|\boldsymbol{A}|^3|\boldsymbol{E}|$$

$$|\boldsymbol{A}|^2(|\boldsymbol{A}|-1)=0$$

则 $|\boldsymbol{A}|=0$ 或 $|\boldsymbol{A}|=1$。

又因为 $a_{11}=a_{12}=a_{13}>0$，所以 $|\boldsymbol{A}|=1$，于是 $3a_{11}^2=1$，则 $a_{11}=\dfrac{\sqrt{3}}{3}$。

【评注】 该题考查了以下知识点：

(1) 伴随矩阵母公式 $\boldsymbol{AA}^*=\boldsymbol{A}^*\boldsymbol{A}=|\boldsymbol{A}|\boldsymbol{E}$。

(2) $|\boldsymbol{AB}|=|\boldsymbol{A}|\ |\boldsymbol{B}|$。

(3) $|\boldsymbol{A}^{\mathrm{T}}|=|\boldsymbol{A}|$。

(4) $|k\boldsymbol{A}_n|=k^n|\boldsymbol{A}_n|$。

(5) $\boldsymbol{AA}^{\mathrm{T}}$ 的主对角线元素分别为矩阵 $\boldsymbol{A}$ 的行向量长度的平方。

【秘籍】 所有关于伴随矩阵的公式都可以由评注中公式(1)推出，所以同学们要牢记该公式。

【例 2.15】 计算 n 阶行列式

例 2.15

$$D=\begin{vmatrix}a_1^{n-1}&a_2^{n-1}&a_3^{n-1}&\cdots&a_n^{n-1}\\a_1^{n-2}b_1&a_2^{n-2}b_2&a_3^{n-2}b_3&\cdots&a_n^{n-2}b_n\\\vdots&\vdots&\vdots&&\vdots\\a_1b_1^{n-2}&a_2b_2^{n-2}&a_3b_3^{n-2}&\cdots&a_nb_n^{n-2}\\b_1^{n-1}&b_2^{n-1}&b_3^{n-1}&\cdots&b_n^{n-1}\end{vmatrix}$$

其中 $a_i\neq0$，$i=1,2,\cdots,n$。

【思路】 观察行列式元素都有高次幂，联想范德蒙行列式。

【解】

$$D\xlongequal[i=1,2,\cdots,n]{c_i\times\frac{1}{a_i^{n-1}}}\left(\prod_{i=1}^{n}a_i^{n-1}\right)\begin{vmatrix}1 & 1 & 1 & \cdots & 1\\ \frac{b_1}{a_1} & \frac{b_2}{a_2} & \frac{b_3}{a_3} & \cdots & \frac{b_n}{a_n}\\ \left(\frac{b_1}{a_1}\right)^2 & \left(\frac{b_2}{a_2}\right)^2 & \left(\frac{b_3}{a_3}\right)^2 & \cdots & \left(\frac{b_n}{a_n}\right)^2\\ \vdots & \vdots & \vdots & & \vdots\\ \left(\frac{b_1}{a_1}\right)^{n-1} & \left(\frac{b_2}{a_2}\right)^{n-1} & \left(\frac{b_3}{a_3}\right)^{n-1} & \cdots & \left(\frac{b_n}{a_n}\right)^{n-1}\end{vmatrix}$$

$$=\left(\prod_{i=1}^{n}a_i^{n-1}\right)\prod_{n\geqslant i>j\geqslant 1}\left(\frac{b_i}{a_i}-\frac{b_j}{a_j}\right)$$

【评注】 范德蒙行列式的第2行(列)是它的核心行(列)，它的第 i 行(列)是核心行(列)的 $(i-1)$ 次方。同学们要熟练掌握范德蒙行列式元素的结构特点和运算结果。

【例2.16】 已知齐次线性方程组 $\begin{cases}\lambda x_1+x_2+x_3+x_4=0\\ x_1+\lambda x_2+x_3+x_4=0\\ x_1+x_2+\lambda x_3+x_4=0\\ x_1+x_2+x_3+\lambda x_4=0\end{cases}$ 有非零解，求 λ。

例2.16

【思路】 根据克莱姆法则的相关定理计算。

【解】 方程组的系数矩阵 $\boldsymbol{A}$ 为"ab"矩阵，计算得到 $|\boldsymbol{A}|=(3+\lambda)(\lambda-1)^3$。

因为齐次线性方程组 $\boldsymbol{Ax}=\boldsymbol{0}$ 有非零解，根据克莱姆法则相关定理知 $|\boldsymbol{A}|=(3+\lambda)(\lambda-1)^3=0$，则 $\lambda=-3$ 或 $\lambda=1$。

【评注】 该题考查以下知识点：

(1) $\boldsymbol{A}_n\boldsymbol{x}=\boldsymbol{0}$ 有非零解的充分必要条件是 $|\boldsymbol{A}_n|=0$。

(2) "ab"矩阵行列式计算公式见例2.5评注及秘籍。

【例2.17】 设矩阵 $\boldsymbol{A}$、$\boldsymbol{B}$ 满足 $\boldsymbol{A}^*\boldsymbol{BA}=2\boldsymbol{BA}-4\boldsymbol{E}$，其中

$$\boldsymbol{A}=\begin{bmatrix}1 & 0 & 0\\ 0 & 1 & 0\\ 0 & 0 & -2\end{bmatrix}$$

例2.17

求 $\boldsymbol{B}$。

【思路】 求矩阵 $\boldsymbol{B}$，则要把含有矩阵 $\boldsymbol{B}$ 的项合并，而 $\boldsymbol{A}^*\boldsymbol{BA}$ 却把 $\boldsymbol{B}$"包围"着，所以首先要把矩阵 $\boldsymbol{B}$"剥离"出来。

【解】 因为 $|\boldsymbol{A}|=-2\neq0$，所以矩阵 $\boldsymbol{A}$ 可逆，对等式 $\boldsymbol{A}^*\boldsymbol{BA}=2\boldsymbol{BA}-4\boldsymbol{E}$ 两端左乘 $\boldsymbol{A}$，右乘 $\boldsymbol{A}^{-1}$，有

$$\boldsymbol{AA}^*\boldsymbol{BAA}^{-1}=2\boldsymbol{ABAA}^{-1}-4\boldsymbol{AEA}^{-1}$$

$$-2\boldsymbol{B}=2\boldsymbol{AB}-4\boldsymbol{E}$$

$$\boldsymbol{B}=2(\boldsymbol{A}+\boldsymbol{E})^{-1}=\begin{bmatrix}1 & 0 & 0\\ 0 & 1 & 0\\ 0 & 0 & -2\end{bmatrix}$$

【评注】 该题中的矩阵 $\boldsymbol{B}$ 被“包围”在两个矩阵中，如何把矩阵 $\boldsymbol{B}$“剥离”出来是解决该题的关键。本题利用了公式 $\boldsymbol{AA}^*=|\boldsymbol{A}|\boldsymbol{E}$ 和 $\boldsymbol{AA}^{-1}=\boldsymbol{E}$。

【秘籍】 在化简矩阵方程时，有一个技巧是“**从左看，从右看，相同矩阵是关键**”，下面给出 3 个例子。

(1) 若矩阵 $\boldsymbol{A}$ 可逆，且 $\boldsymbol{AXA}=\boldsymbol{XA}+2\boldsymbol{A}$，求 $\boldsymbol{X}$。

从右向左看，如图 2.20 所示，看见了 3 个 $\boldsymbol{A}$，所以对等式两端右乘 $\boldsymbol{A}^{-1}$，则有 $\boldsymbol{AX}=\boldsymbol{X}+2\boldsymbol{E}$，再进一步求解 $\boldsymbol{X}$。

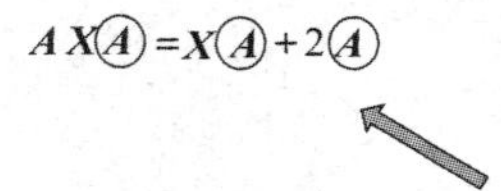

图 2.20　从右向左观察矩阵等式

(2) 若矩阵 $\boldsymbol{A}$ 可逆，且 $\boldsymbol{A}^*\boldsymbol{XA}=\boldsymbol{A}^{-1}+2\boldsymbol{A}^{-1}\boldsymbol{X}$，求 $\boldsymbol{X}$。

从左向右看，如图 2.21 所示，可以看到两个 $\boldsymbol{A}^{-1}$ 和一个 $\boldsymbol{A}^*$，所以对等式两端左乘 $\boldsymbol{A}$，则有 $|\boldsymbol{A}|\boldsymbol{XA}=\boldsymbol{E}+2\boldsymbol{X}$，再进一步求解 $\boldsymbol{X}$。

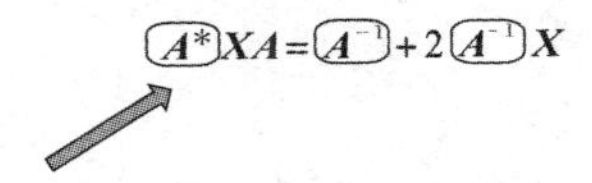

图 2.21　从左向右观察矩阵等式

(3) 若矩阵 $\boldsymbol{A}$ 可逆，且 $\boldsymbol{AXA}^{-1}=\boldsymbol{AX}+3\boldsymbol{E}$，求 $\boldsymbol{X}$。

从左向右看，可以看到两个 $\boldsymbol{A}$，所以对等式两端左乘 $\boldsymbol{A}^{-1}$，则有 $\boldsymbol{XA}^{-1}=\boldsymbol{X}+3\boldsymbol{A}^{-1}$，此时，再从右向左看，又可以看到两个 $\boldsymbol{A}^{-1}$，故对矩阵等式两端再右乘 $\boldsymbol{A}$，则有 $\boldsymbol{X}=\boldsymbol{XA}+3\boldsymbol{E}$，再进一步求 $\boldsymbol{X}$。

【例 2.18】 设 $\boldsymbol{A}$、$\boldsymbol{B}$ 是 n 阶方阵，已知 $|\boldsymbol{A}|=2$，$|\boldsymbol{E}+\boldsymbol{AB}|=3$，求 $|\boldsymbol{E}+\boldsymbol{BA}|$。

例 2.18

【思路】 找出矩阵 $\boldsymbol{E}+\boldsymbol{AB}$ 和矩阵 $\boldsymbol{E}+\boldsymbol{BA}$ 的等式关系，然后在等式两端同取行列式。

【解】 因为 $|\boldsymbol{A}|=2$，所以矩阵 $\boldsymbol{A}$ 可逆，有

$$\boldsymbol{E}+\boldsymbol{BA}=\boldsymbol{A}^{-1}(\boldsymbol{E}+\boldsymbol{AB})\boldsymbol{A}$$

等式两端取行列式，有

$$|\boldsymbol{E}+\boldsymbol{BA}|=|\boldsymbol{A}^{-1}(\boldsymbol{E}+\boldsymbol{AB})\boldsymbol{A}|=|\boldsymbol{A}^{-1}||\boldsymbol{E}+\boldsymbol{AB}||\boldsymbol{A}|=|\boldsymbol{E}+\boldsymbol{AB}|=3$$

【评注】 矩阵的行列式公式较多，但没有“$|\boldsymbol{A}+\boldsymbol{B}|=\cdots$”公式，所以要充分利用已知条件，找出已知矩阵与所求矩阵之间的等式关系，然后等式两边取行列式，从而得到答案。本题还考察了以下知识点：

(1) $|\boldsymbol{ABC}|=|\boldsymbol{A}||\boldsymbol{B}||\boldsymbol{C}|$。

(2) $|\boldsymbol{A}^{-1}|=|\boldsymbol{A}|^{-1}$。

【秘籍】 建立已知矩阵和未知矩阵之间的等式关系是解决本类题目的关键，以下再给出三个例子。

(1) 设 $\boldsymbol{A}$、$\boldsymbol{B}$ 为三阶矩阵，且 $|\boldsymbol{A}|=3$，$|\boldsymbol{B}|=2$，$|\boldsymbol{A}^{-1}+\boldsymbol{B}|=2$，求 $|\boldsymbol{A}+\boldsymbol{B}^{-1}|$。

可以构造矩阵等式：$\boldsymbol{A}(\boldsymbol{A}^{-1}+\boldsymbol{B})\boldsymbol{B}^{-1}=\boldsymbol{B}^{-1}+\boldsymbol{A}$，然后等式两端取行列式即可得解。

(2) 已知 $\boldsymbol{A}$、$\boldsymbol{B}$、$\boldsymbol{A}+\boldsymbol{B}$ 都是可逆矩阵，证明 $\boldsymbol{A}^{-1}+\boldsymbol{B}^{-1}$ 可逆。

可以构造矩阵等式：$\boldsymbol{A}(\boldsymbol{A}^{-1}+\boldsymbol{B}^{-1})\boldsymbol{B}=\boldsymbol{A}+\boldsymbol{B}$，然后等式两端取行列式即可得证。

(3) 已知矩阵 $\boldsymbol{A}$ 和 $\boldsymbol{AB}-\boldsymbol{E}$ 都可逆，证明 $\boldsymbol{BA}-\boldsymbol{E}$ 可逆。

可以构造矩阵等式：$\boldsymbol{A}(\boldsymbol{BA}-\boldsymbol{E})=(\boldsymbol{AB}-\boldsymbol{E})\boldsymbol{A}$，然后等式两端取行列式即可得证。

【例 2.19】 已知 $\boldsymbol{A}$、$\boldsymbol{B}$ 为三阶矩阵，满足 $\boldsymbol{A}^2\boldsymbol{B}+\boldsymbol{A}-\boldsymbol{B}=\boldsymbol{E}$，且

$$\boldsymbol{A}=\begin{bmatrix}1&0&1\\0&2&0\\3&0&1\end{bmatrix}$$

例 2.19

求 $|\boldsymbol{B}|$。

【思路】 合并矩阵 $\boldsymbol{B}$，利用 $\boldsymbol{A}-\boldsymbol{E}$ 可逆，消去矩阵 $\boldsymbol{A}-\boldsymbol{E}$。

【解】 根据已知条件有

$$(\boldsymbol{A}^2-\boldsymbol{E})\boldsymbol{B}=\boldsymbol{E}-\boldsymbol{A},\ (\boldsymbol{A}-\boldsymbol{E})(\boldsymbol{A}+\boldsymbol{E})\boldsymbol{B}=-(\boldsymbol{A}-\boldsymbol{E})$$

因为矩阵 $\boldsymbol{A}-\boldsymbol{E}=\begin{bmatrix}0&0&1\\0&1&0\\3&0&0\end{bmatrix}$，$|\boldsymbol{A}-\boldsymbol{E}|=-3\neq0$，于是 $\boldsymbol{A}-\boldsymbol{E}$ 可逆，用$(\boldsymbol{A}-\boldsymbol{E})^{-1}$左乘等式两端，有

$$(\boldsymbol{A}+\boldsymbol{E})\boldsymbol{B}=-\boldsymbol{E}$$

两边取行列式，有

$$|(\boldsymbol{A}+\boldsymbol{E})\boldsymbol{B}|=|-\boldsymbol{E}|,\ |\boldsymbol{A}+\boldsymbol{E}||\boldsymbol{B}|=(-1)^3|\boldsymbol{E}|,\ |\boldsymbol{B}|=-|\boldsymbol{A}+\boldsymbol{E}|^{-1}=-\frac{1}{3}$$

【评注】 本题考查以下知识点：

(1) 矩阵消去律：若 $\boldsymbol{AB}=\boldsymbol{AC}$，且 $\boldsymbol{A}$ 可逆，则 $\boldsymbol{B}=\boldsymbol{C}$。

(2) $|\boldsymbol{AB}|=|\boldsymbol{A}||\boldsymbol{B}|$。

(3) $|k\boldsymbol{A}_n|=k^n|\boldsymbol{A}|$。

【例 2.20】 设 $\boldsymbol{A}$ 为四阶方阵，且 $|\boldsymbol{A}|=3$，$\boldsymbol{A}^*$ 为 $\boldsymbol{A}$ 的伴随矩阵，则 $|(2\boldsymbol{A})^*-21\boldsymbol{A}^{-1}|=$________。

例 2.20

【思路】 把 $\boldsymbol{A}^*$ 变换为 $\boldsymbol{A}^{-1}$，合并后再脱行列式号。

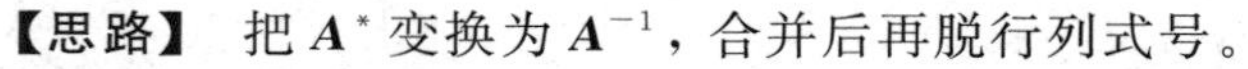

【解】 根据公式$(2\boldsymbol{A})^*=|2\boldsymbol{A}|(2\boldsymbol{A})^{-1}$及$|\boldsymbol{A}|=3$，有

$$\begin{aligned}|(2\boldsymbol{A})^*-21\boldsymbol{A}^{-1}|&=||2\boldsymbol{A}|(2\boldsymbol{A})^{-1}-21\boldsymbol{A}^{-1}|=|2^4|\boldsymbol{A}|2^{-1}\boldsymbol{A}^{-1}-21\boldsymbol{A}^{-1}|\\&=|3\boldsymbol{A}^{-1}|=3^4|\boldsymbol{A}|^{-1}=27\end{aligned}$$

【评注】 本题考察了以下公式：

(1) $\boldsymbol{A}^*=|\boldsymbol{A}|\boldsymbol{A}^{-1}$($\boldsymbol{A}$ 为可逆方阵)。

(2) $|k\boldsymbol{A}|=k^n|\boldsymbol{A}|$ ($\boldsymbol{A}$ 为 n 阶方阵)。

(3) $(k\boldsymbol{A})^{-1}=\frac{1}{k}\boldsymbol{A}^{-1}(k\neq0)$。

(4) $|\boldsymbol{A}^{-1}|=|\boldsymbol{A}|^{-1}$。

【秘籍】 从评注的公式(1)可以看出，$\boldsymbol{A}^{-1}$ 和 $\boldsymbol{A}^*$ 就差一个系数 $|\boldsymbol{A}|$，当 $|\boldsymbol{A}|=1$ 时，$\boldsymbol{A}^{-1}=\boldsymbol{A}^*$。

【例 2.21】 设 $\boldsymbol{A}$ 为三阶矩阵，$|\boldsymbol{A}|=3$，$\boldsymbol{A}^*$ 为 $\boldsymbol{A}$ 的伴随矩阵，若交换 $\boldsymbol{A}$ 的第 1 行与第 2 行得矩阵 $\boldsymbol{B}$，则 $|\boldsymbol{BA}^*|=$________。

【思路】 分析 $|\boldsymbol{A}|$ 与 $|\boldsymbol{B}|$ 的关系及 $|\boldsymbol{A}|$ 与 $|\boldsymbol{A}^*|$ 的关系。

【解】 由行列式性质"换行变号"知：$|\boldsymbol{B}|=-|\boldsymbol{A}|=-3$，而 $|\boldsymbol{A}^*|=|\boldsymbol{A}|^{3-1}=9$，从而有

$$|\boldsymbol{BA}^*|=|\boldsymbol{B}||\boldsymbol{A}^*|=(-3)\times 9=-27$$

例 2.21

【评注】 本题考察了以下公式和知识点：

(1) $|\boldsymbol{AB}|=|\boldsymbol{A}||\boldsymbol{B}|$。

(2) $|\boldsymbol{A}^*|=|\boldsymbol{A}|^{n-1}$($\boldsymbol{A}$ 为 n 阶矩阵)。

(3) 行列式"换行变号"。

【例 2.22】 已知 $\boldsymbol{A}=\begin{bmatrix}0&0&0&\frac{1}{5}\\\frac{1}{2}&0&0&0\\0&\frac{1}{3}&0&0\\0&0&\frac{1}{4}&0\end{bmatrix}$，那么行列式 $|\boldsymbol{A}|$ 的所有元素的代数余子式之和为________。

【思路】 行列式 $|\boldsymbol{A}|$ 的所有元素的代数余子式之和就是矩阵 $\boldsymbol{A}$ 的伴随矩阵 $\boldsymbol{A}^*$ 的所有元素之和，故只要求得伴随矩阵 $\boldsymbol{A}^*$ 即可。

例 2.22

【解】 根据分块矩阵的行列式公式，有

$$|\boldsymbol{A}|=\begin{vmatrix}0&0&0&\frac{1}{5}\\\frac{1}{2}&0&0&0\\0&\frac{1}{3}&0&0\\0&0&\frac{1}{4}&0\end{vmatrix}=(-1)^{1\times 3}\frac{1}{5}\begin{vmatrix}\frac{1}{2}&0&0\\0&\frac{1}{3}&0\\0&0&\frac{1}{4}\end{vmatrix}=-\frac{1}{5!}$$

根据分块矩阵的求逆公式，有

$$\boldsymbol{A}^{-1}=\begin{bmatrix}0&0&0&\frac{1}{5}\\\frac{1}{2}&0&0&0\\0&\frac{1}{3}&0&0\\0&0&\frac{1}{4}&0\end{bmatrix}^{-1}=\begin{bmatrix}0&2&0&0\\0&0&3&0\\0&0&0&4\\5&0&0&0\end{bmatrix}$$

根据伴随矩阵公式，有

$$\boldsymbol{A}^*=|\boldsymbol{A}|\boldsymbol{A}^{-1}=-\frac{1}{5!}\begin{bmatrix}0&2&0&0\\0&0&3&0\\0&0&0&4\\5&0&0&0\end{bmatrix}$$

则

$$\sum A_{ij}=-\frac{1}{5!}(2+3+4+5)=-\frac{7}{60}$$

【评注】 本题考查了以下公式和伴随矩阵的概念:

(1) $\begin{bmatrix} & & & \boldsymbol{A}_1 \\ & & \boldsymbol{A}_2 & \\ & \iddots & & \\ \boldsymbol{A}_n & & & \end{bmatrix}^{-1}=\begin{bmatrix} & & & \boldsymbol{A}_n^{-1} \\ & & \iddots & \\ & \boldsymbol{A}_2^{-1} & & \\ \boldsymbol{A}_1^{-1} & & & \end{bmatrix}$, $\boldsymbol{A}_i$都为可逆矩阵,$i=1, 2, \cdots, n$。

(2) $\begin{vmatrix} & \boldsymbol{A}_n \\ \boldsymbol{B}_m & \end{vmatrix}=(-1)^{mn}|\boldsymbol{A}||\boldsymbol{B}|$。

(3) $\boldsymbol{A}^*=|\boldsymbol{A}|\boldsymbol{A}^{-1}$($\boldsymbol{A}$为可逆矩阵)。

例 2.23

【例 2.23】 已知 $\boldsymbol{A}$ 是三阶矩阵,$\boldsymbol{\alpha}_1$、$\boldsymbol{\alpha}_2$、$\boldsymbol{\alpha}_3$ 是三维列向量,且 $|\boldsymbol{\alpha}_1, \boldsymbol{\alpha}_2, \boldsymbol{\alpha}_3|\neq 0$。$\boldsymbol{A\alpha}_1=\boldsymbol{\alpha}_2-2\boldsymbol{\alpha}_3$,$\boldsymbol{A\alpha}_2=3\boldsymbol{\alpha}_1+\boldsymbol{\alpha}_2$,$\boldsymbol{A\alpha}_3=\boldsymbol{\alpha}_1-\boldsymbol{\alpha}_2-\boldsymbol{\alpha}_3$,求行列式$|\boldsymbol{A}|$。

【思路】 用向量组 $\boldsymbol{\alpha}_1$、$\boldsymbol{\alpha}_2$、$\boldsymbol{\alpha}_3$ 来线性表示向量组 $\boldsymbol{A\alpha}_1$、$\boldsymbol{A\alpha}_2$、$\boldsymbol{A\alpha}_3$,然后等式两边取行列式。

【解】 把已知条件 $\boldsymbol{A\alpha}_1=\boldsymbol{\alpha}_2-2\boldsymbol{\alpha}_3$, $\boldsymbol{A\alpha}_2=3\boldsymbol{\alpha}_1+\boldsymbol{\alpha}_2$, $\boldsymbol{A\alpha}_3=\boldsymbol{\alpha}_1-\boldsymbol{\alpha}_2-\boldsymbol{\alpha}_3$ 合并为一个矩阵等式:

$$(\boldsymbol{A\alpha}_1, \boldsymbol{A\alpha}_2, \boldsymbol{A\alpha}_3)=(\boldsymbol{\alpha}_2-2\boldsymbol{\alpha}_3, 3\boldsymbol{\alpha}_1+\boldsymbol{\alpha}_2, \boldsymbol{\alpha}_1-\boldsymbol{\alpha}_2-\boldsymbol{\alpha}_3)$$

进一步写成分块矩阵乘积形式:

$$\boldsymbol{A}(\boldsymbol{\alpha}_1, \boldsymbol{\alpha}_2, \boldsymbol{\alpha}_3)=(\boldsymbol{\alpha}_1, \boldsymbol{\alpha}_2, \boldsymbol{\alpha}_3)\begin{bmatrix} 0 & 3 & 1 \\ 1 & 1 & -1 \\ -2 & 0 & -1 \end{bmatrix}$$

对等式两边取行列式,有

$$|\boldsymbol{A}||\boldsymbol{\alpha}_1, \boldsymbol{\alpha}_2, \boldsymbol{\alpha}_3|=\begin{vmatrix} 0 & 3 & 1 \\ 1 & 1 & -1 \\ -2 & 0 & -1 \end{vmatrix}|\boldsymbol{\alpha}_1, \boldsymbol{\alpha}_2, \boldsymbol{\alpha}_3|$$

因为$|\boldsymbol{\alpha}_1, \boldsymbol{\alpha}_2, \boldsymbol{\alpha}_3|\neq 0$,所以

$$|\boldsymbol{A}|=\begin{vmatrix} 0 & 3 & 1 \\ 1 & 1 & -1 \\ -2 & 0 & -1 \end{vmatrix}=11$$

【评注】 此题的解法较多,但分块矩阵乘法运算是一个应用很广的方法,同学们要熟练地掌握用矩阵等式来描述线性代数内涵的方法。

【例 2.24】 设 $\boldsymbol{A}=(a_{ij})$为 3 阶矩阵,A_{ij} 为 a_{ij} 的代数余子式,若 $\boldsymbol{A}$ 的每行元素之和均为 2,且$|\boldsymbol{A}|=3$,则 $A_{11}+A_{21}+A_{31}=$________。

【思路】 从代数余子式之和,联想到 $\boldsymbol{A}$ 的伴随矩阵$\boldsymbol{A}^*$。

【解】 因为 $\boldsymbol{A}$ 的每行元素之和均为 2,所以有以下矩阵等式:

例 2.24

$$A\begin{bmatrix}1\\1\\1\end{bmatrix}=\begin{bmatrix}2\\2\\2\end{bmatrix}$$

用 A 的伴随矩阵 A^* 左乘以上等式两端，有

$$A^*A\begin{bmatrix}1\\1\\1\end{bmatrix}=A^*\begin{bmatrix}2\\2\\2\end{bmatrix}$$

因为 $A^*A=|A|E$，$|A|=3$，所以有

$$A^*\begin{bmatrix}1\\1\\1\end{bmatrix}=\frac{|A|}{2}\begin{bmatrix}1\\1\\1\end{bmatrix}=\frac{3}{2}\begin{bmatrix}1\\1\\1\end{bmatrix}=\begin{bmatrix}3/2\\3/2\\3/2\end{bmatrix}$$

因为 $A^*=\begin{bmatrix}A_{11} & A_{21} & A_{31}\\A_{12} & A_{22} & A_{32}\\A_{13} & A_{23} & A_{33}\end{bmatrix}$，所以 $A_{11}+A_{21}+A_{31}=\dfrac{3}{2}$。

【评注】 (1) 善于用矩阵等式来描述线性代数问题。

(2) 伴随矩阵 A^* 是由 $|A|$ 的代数余子式构成的。

(3) 要熟记伴随矩阵母公式：$A^*A=AA^*=|A|E$。

习 题

1. 行列式 $\begin{vmatrix}ab & -ac & -ae\\-bd & cd & -de\\-bf & -cf & -ef\end{vmatrix}=$________。

2. 行列式 $\begin{vmatrix}0 & a & b & 0\\a & 0 & 0 & b\\0 & c & d & 0\\c & 0 & 0 & d\end{vmatrix}=$(　　)。

(A) $(ad-bc)^2$　　(B) $-(ad-bc)^2$　　(C) $a^2d^2-b^2c^2$　　(D) $b^2c^2-a^2d^2$

3. 行列式 $\begin{vmatrix}\lambda & -1 & 0 & 0\\0 & \lambda & -1 & 0\\0 & 0 & \lambda & -1\\4 & 3 & 2 & \lambda+1\end{vmatrix}=$________。

4. 记行列式 $\begin{vmatrix}x-2 & x-1 & x-2 & x-3\\2x-2 & 2x-1 & 2x-2 & 2x-3\\3x-3 & 3x-2 & 4x-5 & 3x-5\\4x & 4x-3 & 5x-7 & 4x-3\end{vmatrix}$ 为 $f(x)$，则方程 $f(x)=0$ 的根的个数为(　　)。

(A) 1　　(B) 2　　(C) 3　　(D) 4

5. 行列式$\begin{vmatrix} a & -1 & 0 & 0 \\ 1 & b & -1 & 0 \\ 0 & 1 & c & -1 \\ 0 & 0 & 1 & d \end{vmatrix}=$________。

6. 计算四阶行列式$D=\begin{vmatrix} a+1 & 1 & 1 & 1 \\ -1 & a-1 & -1 & -1 \\ 1 & 1 & a+1 & 1 \\ -1 & -1 & -1 & a-1 \end{vmatrix}$的值。

7. 若行列式$D=\begin{vmatrix} -8 & 7 & 4 & 3 \\ 6 & -2 & 3 & -1 \\ 1 & 1 & 1 & 1 \\ 4 & 3 & -7 & 5 \end{vmatrix}$，则$D$中第一行元素的代数余子式之和为______。

8. 方程$\begin{vmatrix} 1 & 1 & 1 & 1 \\ 1 & -2 & 2 & x \\ 1 & 4 & 4 & x^2 \\ 1 & -8 & 8 & x^3 \end{vmatrix}=0$的根为(　　)。

(A) 1，2，3　　(B) 1，2，-2　　(C) 0，1，2　　(D) 1，-1，2

9. 行列式$\begin{vmatrix} a^2 & (a+1)^2 & (a+2)^2 & (a+3)^2 \\ b^2 & (b+1)^2 & (b+2)^2 & (b+3)^2 \\ c^2 & (c+1)^2 & (c+2)^2 & (c+3)^2 \\ d^2 & (d+1)^2 & (d+2)^2 & (d+3)^2 \end{vmatrix}=$(　　)。

(A) 8　　(B) 2　　(C) 0　　(D) -6

10. 若$|\boldsymbol{A}|=\begin{vmatrix} -1 & 0 & x & 1 \\ 1 & 1 & -1 & -1 \\ 1 & -1 & 1 & -1 \\ 1 & -1 & -1 & 1 \end{vmatrix}$，则$|\boldsymbol{A}|$中$x$的一次项系数是(　　)。

(A) 1　　(B) -1　　(C) 4　　(D) -4

11. 四阶行列式$\begin{vmatrix} a_1 & 0 & 0 & b_1 \\ 0 & a_2 & b_2 & 0 \\ 0 & b_3 & a_3 & 0 \\ b_4 & 0 & 0 & a_4 \end{vmatrix}$的值等于(　　)。

(A) $a_1a_2a_3a_4-b_1b_2b_3b_4$　　(B) $(a_1a_2-b_1b_2)(a_3a_4-b_3b_4)$

(C) $a_1a_2a_3a_4+b_1b_2b_3b_4$　　(D) $(a_2a_3-b_2b_3)(a_1a_4-b_1b_4)$

12. 设n阶矩阵$\boldsymbol{A}=\begin{bmatrix} 0 & 1 & 1 & \cdots & 1 & 1 \\ 1 & 0 & 1 & \cdots & 1 & 1 \\ 1 & 1 & 0 & \cdots & 1 & 1 \\ \vdots & \vdots & \vdots & & \vdots & \vdots \\ 1 & 1 & 1 & \cdots & 0 & 1 \\ 1 & 1 & 1 & \cdots & 1 & 0 \end{bmatrix}$，则$|\boldsymbol{A}|=$________。

13. 计算行列式 $D=\begin{vmatrix} -a_1 & a_1 & 0 & \cdots & 0 & 0 \\ 0 & -a_2 & a_2 & \cdots & 0 & 0 \\ 0 & 0 & -a_3 & \cdots & 0 & 0 \\ \vdots & \vdots & \vdots & & \vdots & \vdots \\ 0 & 0 & 0 & \cdots & -a_n & a_n \\ 1 & 1 & 1 & \cdots & 1 & 1 \end{vmatrix}$ 的值。

14. n 阶行列式 $\begin{vmatrix} 2 & 0 & \cdots & 0 & 2 \\ -1 & 2 & \cdots & 0 & 2 \\ \vdots & \vdots & & \vdots & \vdots \\ 0 & 0 & \cdots & 2 & 2 \\ 0 & 0 & \cdots & -1 & 2 \end{vmatrix}=$________。

15. 证明 $\begin{vmatrix} 1+a_1 & 1 & \cdots & 1 \\ 1 & 1+a_2 & \cdots & 1 \\ \vdots & \vdots & & \vdots \\ 1 & 1 & \cdots & 1+a_n \end{vmatrix}=\left(1+\sum_{i=1}^{n}\frac{1}{a_i}\right)\prod_{i=1}^{n}a_i$。

16. 已知 $\boldsymbol{A}=\begin{bmatrix} 1 & 1 & 1 & \cdots & 1 \\ a_1 & a_2 & a_3 & \cdots & a_n \\ a_1^2 & a_2^2 & a_3^2 & \cdots & a_n^2 \\ \vdots & \vdots & \vdots & & \vdots \\ a_1^{n-1} & a_2^{n-1} & a_3^{n-1} & \cdots & a_n^{n-1} \end{bmatrix}$，$\boldsymbol{x}=\begin{bmatrix} x_1 \\ x_2 \\ x_3 \\ \vdots \\ x_n \end{bmatrix}$，$\boldsymbol{b}=\begin{bmatrix} 1 \\ 1 \\ 1 \\ \vdots \\ 1 \end{bmatrix}$，其中 $a_i(i=1, 2, \cdots, n)$各不相同，则线性方程组 $\boldsymbol{A}^{\mathrm{T}}\boldsymbol{x}=\boldsymbol{b}$ 的解是________。

17. 设 $\boldsymbol{A}$、$\boldsymbol{B}$ 均为二阶矩阵，$\boldsymbol{A}^*$、$\boldsymbol{B}^*$ 分别为 $\boldsymbol{A}$、$\boldsymbol{B}$ 的伴随矩阵。若$|\boldsymbol{A}|=2$，$|\boldsymbol{B}|=3$，则分块矩阵$\begin{bmatrix} \boldsymbol{O} & \boldsymbol{A} \\ \boldsymbol{B} & \boldsymbol{O} \end{bmatrix}$的伴随矩阵为

(A) $\begin{bmatrix} \boldsymbol{O} & 3\boldsymbol{B}^* \\ 2\boldsymbol{A}^* & \boldsymbol{O} \end{bmatrix}$　　(B) $\begin{bmatrix} \boldsymbol{O} & 2\boldsymbol{B}^* \\ 3\boldsymbol{A}^* & \boldsymbol{O} \end{bmatrix}$

(C) $\begin{bmatrix} \boldsymbol{O} & 3\boldsymbol{A}^* \\ 2\boldsymbol{B}^* & \boldsymbol{O} \end{bmatrix}$　　(D) $\begin{bmatrix} \boldsymbol{O} & 2\boldsymbol{A}^* \\ 3\boldsymbol{B}^* & \boldsymbol{O} \end{bmatrix}$

18. 设 $\boldsymbol{A}=\begin{bmatrix} 1 & 0 & 0 \\ 2 & 2 & 0 \\ 3 & 4 & 5 \end{bmatrix}$，$\boldsymbol{A}^*$ 是 $\boldsymbol{A}$ 的伴随矩阵，则$(\boldsymbol{A}^*)^{-1}=$________。

19. 设 $\boldsymbol{A}$ 是任一 $n(n\geqslant 3)$阶方阵，$\boldsymbol{A}^*$ 是 $\boldsymbol{A}$ 的伴随矩阵，又 k 为常数，且 $k\neq 0$，$k\neq \pm 1$，则必有$(k\boldsymbol{A})^*=$(　　)。

(A) $k\boldsymbol{A}^*$　　(B) $k^{n-1}\boldsymbol{A}^*$　　(C) $k^n\boldsymbol{A}^*$　　(D) $k^{-1}\boldsymbol{A}^*$

20. 设矩阵 $\boldsymbol{A}=\begin{bmatrix} 2 & 1 \\ -1 & 2 \end{bmatrix}$，$\boldsymbol{E}$ 为二阶单位矩阵，矩阵 $\boldsymbol{B}$ 满足 $\boldsymbol{BA}=\boldsymbol{B}+2\boldsymbol{E}$，则 $|\boldsymbol{B}|=$________。

21. 设$\boldsymbol{A}=(a_{ij})$是三阶非零矩阵,$|\boldsymbol{A}|$为$\boldsymbol{A}$的行列式,A_{ij}为a_{ij}的代数余子式,若$a_{ij}+A_{ij}=0(i,j=1,2,3)$,则$|\boldsymbol{A}|=$________。

22. 设$\boldsymbol{A}$为n阶矩阵,满足$\boldsymbol{A}\boldsymbol{A}^{\mathrm{T}}=\boldsymbol{E}$,$|\boldsymbol{A}|<0$,求$|\boldsymbol{A}+\boldsymbol{E}|$。

23. 设$\boldsymbol{A}$、$\boldsymbol{B}$为三阶矩阵,且$|\boldsymbol{A}|=3$,$|\boldsymbol{B}|=2$,$|\boldsymbol{A}^{-1}+\boldsymbol{B}|=2$,则$|\boldsymbol{A}+\boldsymbol{B}^{-1}|$________。

24. 已知$\boldsymbol{\alpha}_1$、$\boldsymbol{\alpha}_2$、$\boldsymbol{\alpha}_3$为3个三维列向量,三阶方阵$\boldsymbol{A}=(\boldsymbol{\alpha}_1,\boldsymbol{\alpha}_2,\boldsymbol{\alpha}_3)$,$\boldsymbol{B}=(\boldsymbol{\alpha}_1+\boldsymbol{\alpha}_2+\boldsymbol{\alpha}_3,\boldsymbol{\alpha}_2+\boldsymbol{\alpha}_3,\boldsymbol{\alpha}_3)$,$\boldsymbol{C}=(\boldsymbol{\alpha}_1-\boldsymbol{\alpha}_2,\boldsymbol{\alpha}_2-\boldsymbol{\alpha}_3,\boldsymbol{\alpha}_3-\boldsymbol{\alpha}_1)$,且$\boldsymbol{A}$为可逆矩阵,则( )。

(A) $\boldsymbol{B}$和$\boldsymbol{C}$都可逆
(B) $\boldsymbol{B}$可逆,$\boldsymbol{C}$不可逆
(C) $\boldsymbol{B}$不可逆,$\boldsymbol{C}$可逆
(D) $\boldsymbol{B}$和$\boldsymbol{C}$都不可逆

25. 多项式$f(x)=\begin{vmatrix} x & x & 1 & 2x \\ 1 & x & 2 & -1 \\ 2 & 1 & x & 1 \\ 2 & -1 & 1 & x \end{vmatrix}$中的$x^3$项的系数为________。

第三章　矩阵的秩与线性方程组

3.1　矩阵秩的定义

矩阵秩的定义

1. k 阶子式

$m\times n$ 矩阵 $\boldsymbol{A}$ 的任意 k 行与任意 k 列交叉处的 k^2 个元素构成的 k 阶行列式称为矩阵 $\boldsymbol{A}$ 的 k 阶子式。显然矩阵 $\boldsymbol{A}$ 共有 $C_m^k C_n^k$ 个 k 阶子式。

图 3.1 给出一个 3×4 矩阵 $\boldsymbol{A}$ 的 1 个二阶子式。

$$\boldsymbol{A}=\begin{pmatrix}1&2&3&4\\4&3&2&1\\0&3&7&9\end{pmatrix}\Rightarrow\begin{vmatrix}2&4\\3&9\end{vmatrix}$$

图 3.1　矩阵 $\boldsymbol{A}$ 的 1 个二阶子式示意图

2. 矩阵的秩

若矩阵 $\boldsymbol{A}$ 的某一个 k 阶子式 D 不等于零，而 $\boldsymbol{A}$ 的所有 $k+1$ 阶子式全为零，那么 D 称为 $\boldsymbol{A}$ 的最高阶非零子式，数 k 称为矩阵 $\boldsymbol{A}$ 的秩，记作 $R(\boldsymbol{A})$。并规定零矩阵的秩等于 0。

3. 与秩相关的几个矩阵

(1) 行满秩矩阵：矩阵的秩等于其行数的矩阵。

(2) 列满秩矩阵：矩阵的秩等于其列数的矩阵。

(3) 满秩矩阵：若 n 阶矩阵 $\boldsymbol{A}$ 的行列式 $|\boldsymbol{A}|\neq 0$，则 $\boldsymbol{A}$ 的秩等于 n，称其为满秩矩阵。显然满秩矩阵就是可逆矩阵，也称非奇异矩阵。

(4) 降秩矩阵：若 n 阶矩阵 $\boldsymbol{A}$ 的行列式 $|\boldsymbol{A}|=0$，则 $\boldsymbol{A}$ 的秩小于 n，称其为降秩矩阵。显然降秩矩阵就是不可逆矩阵，也称奇异矩阵。

(5) 行阶梯矩阵：满足两个条件，① 如果有零行(元素全为 0 的行)，则零行位于非零行的下方；② 每一行第一个非零元素前面的零的个数逐行增加。

任意一个矩阵 $\boldsymbol{A}$ 总可以经过若干次初等行变换化为行阶梯矩阵。图 3.2 给出了 3 个行阶梯矩阵的示意图，图 3.3 又给出了 2 个反例。

$$\begin{pmatrix}1&2&3&4\\0&3&4&5\\0&0&3&9\end{pmatrix}\quad\begin{pmatrix}5&4&3&2&1\\0&0&2&3&4\\0&0&0&0&7\end{pmatrix}\quad\begin{pmatrix}5&6&7&8\\0&3&4&5\\0&0&0&0\end{pmatrix}$$

图 3.2　行阶梯矩阵示意图

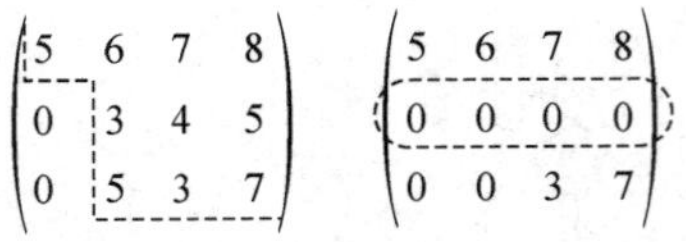

$$\begin{pmatrix} 5 & 6 & 7 & 8 \\ 0 & 3 & 4 & 5 \\ 0 & 5 & 3 & 7 \end{pmatrix} \quad \begin{pmatrix} 5 & 6 & 7 & 8 \\ 0 & 0 & 0 & 0 \\ 0 & 0 & 3 & 7 \end{pmatrix}$$

图 3.3　非行阶梯矩阵示意图

(6) 行最简形矩阵：满足两个条件，① 是一个行阶梯矩阵；② 每一行的第一个非零元素为 1，且这个元素所在列的其他元素都是 0。

任意一个矩阵 $\boldsymbol{A}$ 总可以经过若干次初等行变换化为行最简形矩阵。图 3.4 给出了一个具体的行最简形矩阵。

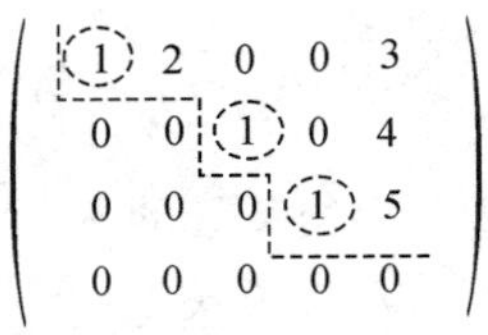

$$\begin{pmatrix} 1 & 2 & 0 & 0 & 3 \\ 0 & 0 & 1 & 0 & 4 \\ 0 & 0 & 0 & 1 & 5 \\ 0 & 0 & 0 & 0 & 0 \end{pmatrix}$$

图 3.4　行最简形矩阵示意图

(7) 标准形矩阵：把分块矩阵 $\boldsymbol{F}=\begin{bmatrix} \boldsymbol{E}_r & \boldsymbol{O} \\ \boldsymbol{O} & \boldsymbol{O} \end{bmatrix}$ 的形式称为标准形，任意秩为 r 的矩阵 $\boldsymbol{A}$ 总能够经过若干次初等变换(行变换和列变换)化为标准形 $\boldsymbol{F}=\begin{bmatrix} \boldsymbol{E}_r & \boldsymbol{O} \\ \boldsymbol{O} & \boldsymbol{O} \end{bmatrix}$。

3.2　矩阵秩的求法

矩阵秩的求法

1. 初等变换不改变矩阵秩的定理

因为初等变换不改变矩阵的秩，所以，若矩阵 $\boldsymbol{A}$ 与矩阵 $\boldsymbol{B}$ 等价，则有 $R(\boldsymbol{A})=R(\boldsymbol{B})$，即"等价则等秩"。

2. 求矩阵秩的方法

通过寻找矩阵的最高阶非零子式来确定矩阵的秩是一个比较繁琐的过程。根据初等变换不改变矩阵秩的定理，可以通过初等行变换把矩阵 $\boldsymbol{A}$ 化为行阶梯矩阵 $\boldsymbol{B}$，而矩阵 $\boldsymbol{B}$ 的非零行数就是矩阵 $\boldsymbol{B}$ 的秩，也就是矩阵 $\boldsymbol{A}$ 的秩。图 3.5 给出了构造行阶梯矩阵最高阶非零子式的示意图。

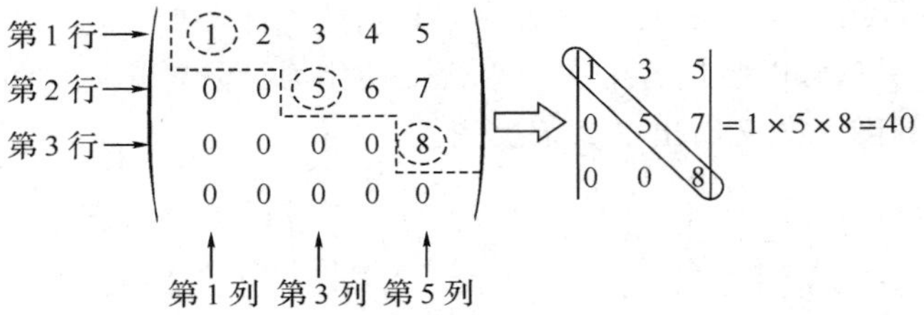

第 1 行、第 2 行、第 3 行；第 1 列、第 3 列、第 5 列

$$\begin{pmatrix} 1 & 2 & 3 & 4 & 5 \\ 0 & 0 & 5 & 6 & 7 \\ 0 & 0 & 0 & 0 & 8 \\ 0 & 0 & 0 & 0 & 0 \end{pmatrix} \Rightarrow \begin{vmatrix} 1 & 3 & 5 \\ 0 & 5 & 7 \\ 0 & 0 & 8 \end{vmatrix}=1\times5\times8=40$$

图 3.5　构造行阶梯矩阵最高阶非零子式示意图

3.3　矩阵秩的性质

矩阵秩的性质

矩阵的秩是线性代数的难点和重点，有很多相关性质和定理。

1. 秩是非负整数

矩阵 $\boldsymbol{A}$ 的秩就是它最高阶非零子式的阶数，或者是把它化成行阶梯矩阵的非零行数，所以它永远不会是负数，即 $R(\boldsymbol{A})\geqslant 0$。

2. 零矩阵的秩为零

规定零矩阵 $\boldsymbol{O}$ 的秩为 0。所以，若 $R(\boldsymbol{A})=0$，则 $\boldsymbol{A}=\boldsymbol{O}$。

3. 秩不大于矩阵“尺寸”

根据矩阵秩的定义，显然矩阵 $\boldsymbol{A}$ 的秩不大于其“尺寸”，即

$$R(\boldsymbol{A}_{m\times n})\leqslant m；R(\boldsymbol{A}_{m\times n})\leqslant n$$

4. 转置、数乘秩不变换

$$R(\boldsymbol{A}^{\mathrm{T}})=R(\boldsymbol{A})；R(k\boldsymbol{A})=R(\boldsymbol{A})\quad (k\text{ 是数，且 }k\neq 0)$$

5. 初等变换秩不变

矩阵 $\boldsymbol{A}$ 经过有限次初等变换（行或列）变为 $\boldsymbol{B}$，那么 $\boldsymbol{A}$ 与 $\boldsymbol{B}$ 的秩相等。并有以下定理：若 $\boldsymbol{P}$、$\boldsymbol{Q}$ 为可逆矩阵，则

$$R(\boldsymbol{PA})=R(\boldsymbol{AQ})=R(\boldsymbol{PAQ})=R(\boldsymbol{A})$$

6. 部分的秩不大于整体的秩

矩阵 $\boldsymbol{A}$ 和 $\boldsymbol{B}$ 分别是分块矩阵 $(\boldsymbol{A},\boldsymbol{B})$ 的一部分，那么有：$R(\boldsymbol{A},\boldsymbol{B})\geqslant R(\boldsymbol{A})$，$R(\boldsymbol{A},\boldsymbol{B})\geqslant R(\boldsymbol{B})$。

7. 和的秩不大于秩的和

矩阵和的秩不会超过矩阵秩的和：$R(\boldsymbol{A}+\boldsymbol{B})\leqslant R(\boldsymbol{A})+R(\boldsymbol{B})$。

8. 合并的秩不大于秩的和

把矩阵 $\boldsymbol{A}$ 和 $\boldsymbol{B}$ 合并为一个分块矩阵 $(\boldsymbol{A},\boldsymbol{B})$，那么有合并矩阵的秩不会超过矩阵秩的和：$R(\boldsymbol{A},\boldsymbol{B})\leqslant R(\boldsymbol{A})+R(\boldsymbol{B})$。

9. 矩阵越乘秩越小

矩阵乘积的秩不会大于其中任意一个矩阵的秩：$R(\boldsymbol{AB})\leqslant R(\boldsymbol{A})$；$R(\boldsymbol{AB})\leqslant R(\boldsymbol{B})$。若 $\boldsymbol{A}$ 列满秩，则 $R(\boldsymbol{AB})=R(\boldsymbol{B})$。若 $\boldsymbol{B}$ 行满秩，则 $R(\boldsymbol{AB})=R(\boldsymbol{A})$。

10. 关于 $\boldsymbol{AB}=\boldsymbol{O}$ 的秩

根据公式 $R(\boldsymbol{AB})\geqslant R(\boldsymbol{A})+R(\boldsymbol{B})-n$，当 $\boldsymbol{AB}=\boldsymbol{O}$ 时，有 $R(\boldsymbol{A})+R(\boldsymbol{B})\leqslant n$。

11. 方阵的秩

针对 n 阶矩阵，有以下结论：

$|\boldsymbol{A}|\neq 0 \Leftrightarrow \boldsymbol{A}$ 是满秩矩阵($R(\boldsymbol{A})=n$)$\Leftrightarrow \boldsymbol{A}$ 是可逆矩阵$\Leftrightarrow \boldsymbol{A}$ 是非奇异矩阵。

$|\boldsymbol{A}|=0 \Leftrightarrow \boldsymbol{A}$ 是降秩矩阵($R(\boldsymbol{A})<n$)$\Leftrightarrow \boldsymbol{A}$ 是不可逆矩阵$\Leftrightarrow \boldsymbol{A}$ 是奇异矩阵。

12. 伴随矩阵的秩

n 阶矩阵 $\boldsymbol{A}$ 的伴随矩阵 $\boldsymbol{A}^*$ 的秩只有以下三种情况:

$$R(\boldsymbol{A}^*)=\begin{cases} n, & R(\boldsymbol{A})=n \\ 1, & R(\boldsymbol{A})=n-1 \\ 0, & R(\boldsymbol{A})<n-1 \end{cases}$$

13. 分块矩阵的秩

设 $\boldsymbol{A}$、$\boldsymbol{B}$、$\boldsymbol{C}$、$\boldsymbol{D}$ 均为 n 阶矩阵,$\boldsymbol{O}$ 为 n 阶零矩阵,则

(1) $R(\boldsymbol{A})+R(\boldsymbol{B})+R(\boldsymbol{C})\geqslant R\begin{pmatrix}\boldsymbol{A} & \boldsymbol{O}\\ \boldsymbol{C} & \boldsymbol{B}\end{pmatrix}\geqslant R(\boldsymbol{A})+R(\boldsymbol{B})$

$R(\boldsymbol{A})+R(\boldsymbol{B})+R(\boldsymbol{D})\geqslant R\begin{pmatrix}\boldsymbol{D} & \boldsymbol{A}\\ \boldsymbol{B} & \boldsymbol{O}\end{pmatrix}\geqslant R(\boldsymbol{A})+R(\boldsymbol{B})$

(2) $R\begin{pmatrix}\boldsymbol{A} & \boldsymbol{O}\\ \boldsymbol{O} & \boldsymbol{B}\end{pmatrix}=R\begin{pmatrix}\boldsymbol{O} & \boldsymbol{A}\\ \boldsymbol{B} & \boldsymbol{O}\end{pmatrix}=R(\boldsymbol{A})+R(\boldsymbol{B})$

3.4 利用初等行变换解线性方程组

利用初等行变换解线性方程组

1. 线性方程组与矩阵

在学习矩阵乘法运算时,知道线性方程组可以抽象成矩阵形式 $\boldsymbol{Ax}=\boldsymbol{b}$。

(1) 非齐次线性方程组与增广矩阵。当常数向量非零($\boldsymbol{b}\neq\boldsymbol{0}$)时,称方程组 $\boldsymbol{Ax}=\boldsymbol{b}$ 为非齐次线性方程组,其中,$(\boldsymbol{A},\boldsymbol{b})$称为增广矩阵。一个非齐次线性方程组 $\boldsymbol{Ax}=\boldsymbol{b}$ 与一个增广矩阵 $(\boldsymbol{A},\boldsymbol{b})$一一对应,我们常常通过研究增广矩阵来分析非齐次线性方程组的解。

(2) 齐次线性方程组与系数矩阵。当常数向量 $\boldsymbol{b}=\boldsymbol{0}$ 时,称方程组 $\boldsymbol{Ax}=\boldsymbol{0}$ 为齐次线性方程组,其中,$\boldsymbol{A}$ 称为系数矩阵。一个齐次线性方程组 $\boldsymbol{Ax}=\boldsymbol{0}$ 与一个系数矩阵 $\boldsymbol{A}$ 一一对应,我们常常通过研究系数矩阵来分析齐次线性方程组的解。

2. 利用初等行变换解线性方程组

用高斯消元法解非齐次线性方程组的过程实质上就是对增广矩阵进行初等行变换的过程。

(1) 针对非齐次线性方程组 $\boldsymbol{Ax}=\boldsymbol{b}$,有

$$(\boldsymbol{A},\boldsymbol{b})\xrightarrow{\text{初等行变换}}(\boldsymbol{C},\boldsymbol{d})\ (\text{其中}(\boldsymbol{C},\boldsymbol{d})\text{是行最简形矩阵})$$

方程组 $\boldsymbol{Ax}=\boldsymbol{b}$ 与方程组 $\boldsymbol{Cx}=\boldsymbol{d}$ 同解。

(2) 针对齐次线性方程组 $\boldsymbol{Ax}=\boldsymbol{0}$,有

$$\boldsymbol{A}\xrightarrow{\text{初等行变换}}\boldsymbol{B}\ (\text{其中 }\boldsymbol{B}\text{ 为行最简形矩阵})$$

方程组 $\boldsymbol{Ax}=\boldsymbol{0}$ 与方程组 $\boldsymbol{Bx}=\boldsymbol{0}$ 同解。

下一节给出用初等行变换解方程组的一个实例。

3.5　利用初等行变换解非齐次线性方程组举例

利用初等行变换解非齐次线性方程组举例

例　求非齐次线性方程组$\begin{cases}2x_1+3x_2+4x_3=20\\x_1+2x_2+3x_3=14\\3x_1+5x_2+6x_3=31\end{cases}$的解。

解　对非齐次线性方程组 $\boldsymbol{Ax}=\boldsymbol{b}$ 的增广矩阵进行初等行变换，将其化为行最简形。

$$(\boldsymbol{A},\boldsymbol{b})=\begin{bmatrix}2&3&4&20\\1&2&3&14\\3&5&6&31\end{bmatrix}\xrightarrow{r_1\leftrightarrow r_2}\begin{bmatrix}1&2&3&14\\2&3&4&20\\3&5&6&31\end{bmatrix}\xrightarrow[r_3-3r_1]{r_2-2r_1}\begin{bmatrix}1&2&3&14\\0&-1&-2&-8\\0&-1&-3&-11\end{bmatrix}$$

$$\xrightarrow{(-1)\times r_2}\begin{bmatrix}1&2&3&14\\0&1&2&8\\0&-1&-3&-11\end{bmatrix}\xrightarrow[r_3+r_2]{r_1-2r_2}\begin{bmatrix}1&0&-1&-2\\0&1&2&8\\0&0&-1&-3\end{bmatrix}$$

$$\xrightarrow{(-1)\times r_3}\begin{bmatrix}1&0&-1&-2\\0&1&2&8\\0&0&1&3\end{bmatrix}\xrightarrow[r_2-2r_3]{r_1+r_3}\begin{bmatrix}1&0&0&1\\0&1&0&2\\0&0&1&3\end{bmatrix}=(\boldsymbol{C},\boldsymbol{d})$$

$$\boldsymbol{Cx}=\boldsymbol{d}\Rightarrow\begin{cases}x_1=1\\x_2=2\\x_3=3\end{cases}$$

因为 $\boldsymbol{Ax}=\boldsymbol{b}$ 与 $\boldsymbol{Cx}=\boldsymbol{d}$ 同解，所以 $\boldsymbol{Ax}=\boldsymbol{b}$ 的解也为$\begin{cases}x_1=1\\x_2=2\\x_3=3\end{cases}$。

3.6　线性方程组解的判定

1. 非齐次线性方程组解的判定

非齐次线性方程组解的判定

非齐次线性方程组的解有三种不同的情况：无解、有唯一解和有无穷组解。以下分别根据系数矩阵和增广矩阵的秩来研究非齐次线性方程组解的情况。

(1) $\boldsymbol{A}_{m\times n}\boldsymbol{x}=\boldsymbol{b}$ 无解$\Leftrightarrow R(\boldsymbol{A})\neq R((\boldsymbol{A},\boldsymbol{b}))$。

把增广矩阵$(\boldsymbol{A},\boldsymbol{b})$经过初等行变换化为行最简形时，若 $R(\boldsymbol{A})\neq R((\boldsymbol{A},\boldsymbol{b}))$，则必有一行为$(0,0,\cdots,0,1)$，其对应的是一个矛盾方程：$0x_1+0x_2+\cdots+0x_n=1$，所以方程组无解。

(2) $\boldsymbol{A}_{m\times n}\boldsymbol{x}=\boldsymbol{b}$ 有唯一解 $\Leftrightarrow R(\boldsymbol{A})=R((\boldsymbol{A},\boldsymbol{b}))=n$。

增广矩阵的秩就是把其化为行阶梯矩阵的非零行数，即是方程组的约束条件数，而矩阵 $\boldsymbol{A}$ 的列数是方程组未知数的个数，于是当方程组约束条件数 $R((\boldsymbol{A},\boldsymbol{b}))$ 等于未知数个数 n 时，方程组就只能有唯一解了。

(3) $\boldsymbol{A}_{m\times n}\boldsymbol{x}=\boldsymbol{b}$ 有无穷多解 $\Leftrightarrow R(\boldsymbol{A})=R((\boldsymbol{A},\boldsymbol{b}))<n$。

在没有矛盾方程的前提下 $R(\boldsymbol{A})=R((\boldsymbol{A},\ \boldsymbol{b}))$，当方程组约束条件数 $R((\boldsymbol{A},\ \boldsymbol{b}))$ 小于未知数个数 n 时，方程组就有多解了。

(4) 若 $\boldsymbol{A}$ 为方阵，则有克莱姆法则相关定理：

$|\boldsymbol{A}|=0 \Leftrightarrow \boldsymbol{Ax}=\boldsymbol{b}$ 有无穷组解或无解。

$|\boldsymbol{A}|\neq 0 \Leftrightarrow \boldsymbol{Ax}=\boldsymbol{b}$ 有唯一解。

(5) $R(\boldsymbol{A}_{m\times n})=m \Rightarrow \boldsymbol{A}_{m\times n}\boldsymbol{x}=\boldsymbol{b}$ 有解。

由于 $m=R(\boldsymbol{A}_{m\times n})\leqslant R((\boldsymbol{A},\ \boldsymbol{b})_{m\times(n+1)})\leqslant m$，于是 $R(\boldsymbol{A})=R((\boldsymbol{A},\ \boldsymbol{b}))=m$，则 $\boldsymbol{A}_{m\times n}\boldsymbol{x}=\boldsymbol{b}$ 有解。

2. 齐次线性方程组解的判定

(1) 齐次线性方程组 $\boldsymbol{Ax}=\boldsymbol{0}$ 一定有解。

因为齐次线性方程组 $\boldsymbol{Ax}=\boldsymbol{0}$ 一定有零解，即所有未知数都为零。

齐次线性方程组解的判定

(2) $\boldsymbol{A}_{m\times n}\boldsymbol{x}=\boldsymbol{0}$ 只有零解 $\Leftrightarrow R(\boldsymbol{A})=n$。

当方程组约束条件数 $R(\boldsymbol{A})$ 等于未知数个数 n 时，方程组就只能有零解了。

(3) $\boldsymbol{A}_{m\times n}\boldsymbol{x}=\boldsymbol{0}$ 有非零解 $\Leftrightarrow R(\boldsymbol{A})<n$。

当方程组约束条件数 $R(\boldsymbol{A})$ 小于未知数个数 n 时，方程组就有非零解了。

(4) 若 $m<n$，则 $\boldsymbol{A}_{m\times n}\boldsymbol{x}=\boldsymbol{0}$ 一定有非零解。

因为 $R(\boldsymbol{A}_{m\times n})\leqslant m<n$，所 $\boldsymbol{A}_{m\times n}\boldsymbol{x}=\boldsymbol{0}$ 有非零解。

例如，方程组 $\begin{cases} ax_1+bx_2+cx_3=0 \\ mx_1+nx_2+lx_3=0 \end{cases}$ 有 3 个未知数，而约束条件最多是 2 个，所以一定有无穷组解，即一定有非零解。

(5) 若 $\boldsymbol{A}$ 为方阵，则有克莱姆法则相关定理：

$|\boldsymbol{A}|=0 \Leftrightarrow \boldsymbol{Ax}=\boldsymbol{0}$ 有非零解。

$|\boldsymbol{A}|\neq 0 \Leftrightarrow \boldsymbol{Ax}=\boldsymbol{0}$ 只有零解。

3.7 典型例题分析

【例 3.1】 已知 $a_i(i=1,\ 2,\ \cdots,\ n)$ 不全为零，$b_i(i=1,\ 2,\ \cdots,\ n)$ 不全为零。求矩阵

$$\boldsymbol{A}=\begin{bmatrix} a_1b_1 & a_1b_2 & \cdots & a_1b_n \\ a_2b_1 & a_2b_2 & \cdots & a_2b_n \\ \vdots & \vdots & & \vdots \\ a_nb_1 & a_nb_2 & \cdots & a_nb_n \end{bmatrix}$$ 的秩。

例 3.1

【思路】 分析矩阵 $\boldsymbol{A}$ 元素特点，发现可以把它拆分成两个向量的乘积。

【解】 $\boldsymbol{A}=\begin{pmatrix} a_1 \\ a_2 \\ \vdots \\ a_n \end{pmatrix}(b_1,b_2,\cdots,b_n)$，所以 $R(\boldsymbol{A})\leqslant R((b_1,b_2,\cdots,b_n))=1$，又知 $a_i(i=1,\ 2,$

…，n)不全为零，$b_i(i=1,2,\cdots,n)$不全为零，所以矩阵 $\boldsymbol{A}$ 不为零矩阵，则 $R(\boldsymbol{A})=1$。

【评注】 本题考查以下知识点：

(1) $R(\boldsymbol{AB})\leqslant R(\boldsymbol{A})$；$R(\boldsymbol{AB})\leqslant R(\boldsymbol{B})$。

(2) R(向量)$\leqslant 1$。

(3) $R(\boldsymbol{O})=0$；若 $\boldsymbol{A}\neq\boldsymbol{O}$，则 $R(\boldsymbol{A})\neq 0$。

【秘籍】 (1) 秩为 1 的方阵一定可以拆成一个列向量与一个行向量的乘积。

(2) 若 $\boldsymbol{A}=\boldsymbol{\alpha\beta}^{\mathrm{T}}$，其中 $\boldsymbol{\alpha}$、$\boldsymbol{\beta}$ 是 n 维列向量，则 $R(\boldsymbol{A})\leqslant 1$。

【例 3.2】 已知矩阵 $\boldsymbol{A}=\begin{bmatrix} k & 2 & 2 & 2 \\ 2 & k & 2 & 2 \\ 2 & 2 & k & 2 \\ 2 & 2 & 2 & k \end{bmatrix}$，且 $R(\boldsymbol{A})=3$，则 $k=$ ____。

例 3.2

【思路】 先计算“ab”行列式的值。

【解】 根据“ab”行列式计算公式知，$|\boldsymbol{A}|=(6+k)(k-2)^3$，因为 $R(\boldsymbol{A})=3<4$，所以 $|\boldsymbol{A}|=0$。计算得：当 $k=2$ 时，$R(\boldsymbol{A})=1$；当 $k=-6$ 时，$R(\boldsymbol{A})=3$。故 $k=-6$。

【评注】 本题考查以下知识点：

(1) “ab”行列式公式：$|\boldsymbol{A}|=[(n-1)b+a](a-b)^{n-1}$(见例 2.5)。

(2) $\boldsymbol{A}$ 为降秩矩阵 $\Leftrightarrow$ $|\boldsymbol{A}|=0$。

【例 3.3】 若 $\boldsymbol{A}$ 为 n 阶方阵，$\boldsymbol{A}^*$ 为 $\boldsymbol{A}$ 的伴随矩阵，证明：

$$R(\boldsymbol{A}^*)=\begin{cases} n, & R(\boldsymbol{A})=n \\ 1, & R(\boldsymbol{A})=n-1 \\ 0, & R(\boldsymbol{A})<n-1 \end{cases}$$

例 3.3

【思路】 从伴随矩阵母公式 $\boldsymbol{AA}^*=\boldsymbol{A}^*\boldsymbol{A}=|\boldsymbol{A}|\boldsymbol{E}$ 出发进行解题。

【证明】 (1) 若 $R(\boldsymbol{A})=n$，则 $|\boldsymbol{A}|\neq 0$，对公式 $\boldsymbol{AA}^*=|\boldsymbol{A}|\boldsymbol{E}$ 两端取行列式，有 $|\boldsymbol{A}||\boldsymbol{A}^*|=|\boldsymbol{A}|^n|\boldsymbol{E}|\neq 0$，所以 $|\boldsymbol{A}^*|\neq 0$，故 $R(\boldsymbol{A}^*)=n$。

(2) 若 $R(\boldsymbol{A})=n-1$，则矩阵 $\boldsymbol{A}$ 中至少存在一个 $n-1$ 阶非零子式，即行列式 $|\boldsymbol{A}|$ 至少有一个不为零的代数余子式，故 $R(\boldsymbol{A}^*)\geqslant 1$。另一方面，$R(\boldsymbol{A})=n-1<n$，则 $|\boldsymbol{A}|=0$，根据公式 $\boldsymbol{AA}^*=|\boldsymbol{A}|\boldsymbol{E}$，有 $\boldsymbol{AA}^*=\boldsymbol{O}$，则 $R(\boldsymbol{A})+R(\boldsymbol{A}^*)\leqslant n$，把 $R(\boldsymbol{A})=n-1$ 代入，则有 $R(\boldsymbol{A}^*)\leqslant 1$。综上所述，$R(\boldsymbol{A}^*)=1$。

(3) 若 $R(\boldsymbol{A})<n-1$，则 $\boldsymbol{A}$ 中所有 $n-1$ 阶子式全为 0，即行列式 $|\boldsymbol{A}|$ 的所有代数余子式均为 0，即 $\boldsymbol{A}^*=\boldsymbol{O}$，故 $R(\boldsymbol{A}^*)=0$。

【评注】 这是一道非常经典的题目，在此题的证明过程中，运用了以下概念和公式：

(1) $R(\boldsymbol{A}_n)=n\Leftrightarrow|\boldsymbol{A}|\neq 0$；$R(\boldsymbol{A}_n)<n\Leftrightarrow|\boldsymbol{A}|=0$。

(2) $\boldsymbol{AA}^*=\boldsymbol{A}^*\boldsymbol{A}=|\boldsymbol{A}|\boldsymbol{E}$。

(3) $|\boldsymbol{AB}|=|\boldsymbol{A}||\boldsymbol{B}|$。

(4) 伴随矩阵 $\boldsymbol{A}^*$ 由 $|\boldsymbol{A}|$ 的代数余子式构成，而 $|\boldsymbol{A}|$ 的余子式就是矩阵 $\boldsymbol{A}$ 的某一个 $n-1$ 阶子式。

(5) $R(\boldsymbol{A})=0\Leftrightarrow\boldsymbol{A}=\boldsymbol{O}$。

(6) 若 n 阶方阵 $\boldsymbol{A}$、$\boldsymbol{B}$ 满足 $\boldsymbol{AB}=\boldsymbol{O}$，则有 $R(\boldsymbol{A})+R(\boldsymbol{B})\leqslant n$。

【秘籍】 该题的结论可以作为公式，被频繁用于各类考试中。

例 3.4

【例 3.4】 若 n 阶方阵 $\boldsymbol{A}$ 满足 $\boldsymbol{A}^2=\boldsymbol{A}$，证明：$R(\boldsymbol{A})+R(\boldsymbol{A}-\boldsymbol{E})=n$。

【思路】 分别证明 $R(\boldsymbol{A})+R(\boldsymbol{A}-\boldsymbol{E})\geqslant n$ 和 $R(\boldsymbol{A})+R(\boldsymbol{A}-\boldsymbol{E})\leqslant n$。

【证明】 $R(\boldsymbol{A})+R(\boldsymbol{A}-\boldsymbol{E})=R(\boldsymbol{A})+R(\boldsymbol{E}-\boldsymbol{A})\geqslant R(\boldsymbol{A}+\boldsymbol{E}-\boldsymbol{A})=R(\boldsymbol{E})=n$。

又因为 $\boldsymbol{A}^2=\boldsymbol{A}$，则有 $\boldsymbol{A}(\boldsymbol{A}-\boldsymbol{E})=\boldsymbol{O}$，于是 $R(\boldsymbol{A})+R(\boldsymbol{A}-\boldsymbol{E})\leqslant n$。

综上所述，$R(\boldsymbol{A})+R(\boldsymbol{A}-\boldsymbol{E})=n$。

【评注】 此题考查了以下矩阵秩的公式：

(1) $R(k\boldsymbol{P})=R(\boldsymbol{P})$，其中 k 为非零数。

(2) $R(\boldsymbol{P})+R(\boldsymbol{Q})\geqslant R(\boldsymbol{P}+\boldsymbol{Q})$。

(3) 设 $\boldsymbol{P}$ 为 $m\times n$ 矩阵，$\boldsymbol{Q}$ 为 $n\times s$ 矩阵，且满足 $\boldsymbol{PQ}=\boldsymbol{O}$，则 $R(\boldsymbol{P})+R(\boldsymbol{Q})\leqslant n$。

【秘籍】 若 n 阶矩阵 $\boldsymbol{A}$ 满足 $(\boldsymbol{A}-a\boldsymbol{E})(\boldsymbol{A}-b\boldsymbol{E})=\boldsymbol{O}$，且 $a\neq b$，则有 $R(\boldsymbol{A}-a\boldsymbol{E})+R(\boldsymbol{A}-b\boldsymbol{E})=n$。

例 3.5

【例 3.5】 分析以下命题，则(　　)。

命题 1：若 $\boldsymbol{A}$ 是 3×5 矩阵，则方程组 $\boldsymbol{Ax}=\boldsymbol{0}$ 一定有非零解。

命题 2：若发现方程组 $\boldsymbol{A}_n\boldsymbol{x}=\boldsymbol{b}$ 有两个不同的解，则有 $|\boldsymbol{A}|=0$。

命题 3：设 $\boldsymbol{A}$ 为 $m\times n$ 矩阵，$\boldsymbol{B}$ 为 $n\times m$ 矩阵，当 $m>n$ 时，方程组 $(\boldsymbol{AB})\boldsymbol{x}=\boldsymbol{0}$ 一定有非零解。

命题 4：设 $\boldsymbol{A}$ 是 n 阶矩阵，若对任意 n 维列向量 $\boldsymbol{\xi}$，均有 $\boldsymbol{A\xi}=\boldsymbol{0}$，则矩阵 $\boldsymbol{A}$ 的秩是 0。

命题 5：设 $\boldsymbol{A}$ 是 n 阶矩阵，若对任意 n 维列向量 $\boldsymbol{b}$，线性方程组 $\boldsymbol{Ax}=\boldsymbol{b}$ 均有解，则矩阵 $\boldsymbol{A}$ 的秩是 n。

(A) 只有 3 个命题正确　　　　(B) 只有 4 个命题正确

(C) 只有 2 个命题正确　　　　(D) 5 个命题都正确

【思路】 根据线性方程组解的判断定理逐个分析。

【解】 (1) $R(\boldsymbol{A})\leqslant 3<5$，则 $\boldsymbol{Ax}=\boldsymbol{0}$ 有非零解。

(2) 因为方程组发现有 2 个解，一定就是无穷组解，故 $R(\boldsymbol{A})<n$，则 $|\boldsymbol{A}|=0$。

(3) $R(\boldsymbol{AB})\leqslant R(\boldsymbol{A})\leqslant n<m$，则方程组 $(\boldsymbol{AB})\boldsymbol{x}=\boldsymbol{0}$ 有非零解。

(4) 因为对任意 n 维列向量 $\boldsymbol{\xi}$，均有 $\boldsymbol{A\xi}=\boldsymbol{0}$，则 $\boldsymbol{Ae}_i=\boldsymbol{0}(i=1,2,\cdots,n)$，写成矩阵等式有 $(\boldsymbol{Ae}_1,\boldsymbol{Ae}_2,\cdots,\boldsymbol{Ae}_n)=(\boldsymbol{0},\boldsymbol{0},\cdots,\boldsymbol{0})$，$\boldsymbol{A}(\boldsymbol{e}_1,\boldsymbol{e}_2,\cdots,\boldsymbol{e}_n)=(\boldsymbol{0},\boldsymbol{0},\cdots,\boldsymbol{0})$，$\boldsymbol{AE}=\boldsymbol{O}$，$\boldsymbol{A}=\boldsymbol{O}$，$R(\boldsymbol{A})=0$。

(5) 因为对任意 n 维列向量 $\boldsymbol{b}$，线性方程组 $\boldsymbol{Ax}=\boldsymbol{b}$ 均有解，则 $\boldsymbol{Ax}=\boldsymbol{e}_i$ 有解，其中 $i=1,2,\cdots,n$，设 $\boldsymbol{\eta}_i$ 是方程组 $\boldsymbol{Ax}=\boldsymbol{e}_i$ 的解，则有 $(\boldsymbol{A\eta}_1,\boldsymbol{A\eta}_2,\cdots,\boldsymbol{A\eta}_n)=(\boldsymbol{e}_1,\boldsymbol{e}_2,\cdots,\boldsymbol{e}_n)$，$\boldsymbol{A}(\boldsymbol{\eta}_1,\boldsymbol{\eta}_2,\cdots,\boldsymbol{\eta}_n)=(\boldsymbol{e}_1,\boldsymbol{e}_2,\cdots,\boldsymbol{e}_n)$，$\boldsymbol{AC}=\boldsymbol{E}$，$n=R(\boldsymbol{E})=R(\boldsymbol{AC})\leqslant R(\boldsymbol{A})\leqslant n$，于是 $R(\boldsymbol{A})=n$。

综上所述，选项(D)正确。

【评注】 本题考查了以下知识点：

(1) $R(\boldsymbol{A}_{m\times n})\leqslant m$，　$R(\boldsymbol{A}_{m\times n})\leqslant n$。

(2) $R(\boldsymbol{A}_{m\times n})<n\Leftrightarrow$ 方程组 $\boldsymbol{A}_{m\times n}\boldsymbol{x}=\boldsymbol{0}$ 有非零解。

(3) $R(\boldsymbol{A}_{m\times n})=R([\boldsymbol{A}_{m\times n},\boldsymbol{b}])<n\Leftrightarrow$ 方程组 $\boldsymbol{A}_{m\times n}\boldsymbol{x}=\boldsymbol{b}$ 有多解。

(4) $R(\boldsymbol{A}_n)<n\Leftrightarrow|\boldsymbol{A}|=0$。

(5) $R(\boldsymbol{AB})\leqslant R(\boldsymbol{A})$，$R(\boldsymbol{AB})\leqslant R(\boldsymbol{B})$。

【秘籍】 在线性代数的考题中，常常会出现“任意”一词，“变任意为特殊”是求解该类问题的关键。命题4和命题5的证明技巧都是用“特殊”的基本单位向量 $\boldsymbol{e}_i$ 来替代“任意”向量，然后写出对应的矩阵等式，进而得证。

【例3.6】 $\boldsymbol{A}$ 是 $m\times n$ 矩阵，证明 $R(\boldsymbol{A})=m$ 的充要条件是存在 $n\times m$ 矩阵 $\boldsymbol{B}$，使得 $\boldsymbol{AB}=\boldsymbol{E}$。

例3.6

【思路】 通过分析非齐次线性方程组 $\boldsymbol{Ax}=\boldsymbol{e}_i$ 解的情况进行证明。

【证明】 充分性：若 $\boldsymbol{A}_{m\times n}\boldsymbol{B}_{n\times m}=\boldsymbol{E}_m$，则有 $m=R(\boldsymbol{E})=R(\boldsymbol{AB})\leqslant R(\boldsymbol{A})\leqslant m$，所以 $R(\boldsymbol{A})=m$。

必要性：若 $R(\boldsymbol{A})=m$，则非齐次线性方程组 $\boldsymbol{Ax}=\boldsymbol{e}_i$ 有解，其中 $i=1,2,\cdots,m$，设 $\boldsymbol{b}_i$ 是方程组 $\boldsymbol{Ax}=\boldsymbol{e}_i$ 的解，则有 $(\boldsymbol{Ab}_1,\boldsymbol{Ab}_2,\cdots,\boldsymbol{Ab}_m)=(\boldsymbol{e}_1,\boldsymbol{e}_2,\cdots,\boldsymbol{e}_m)$，$\boldsymbol{A}(\boldsymbol{b}_1,\boldsymbol{b}_2,\cdots,\boldsymbol{b}_m)=(\boldsymbol{e}_1,\boldsymbol{e}_2,\cdots,\boldsymbol{e}_m)$，令 $\boldsymbol{B}=(\boldsymbol{b}_1,\boldsymbol{b}_2,\cdots,\boldsymbol{b}_m)$，则有 $\boldsymbol{AB}=\boldsymbol{E}$。

【评注】 该题考查了以下知识点：

(1) $R(\boldsymbol{A}_{m\times n})\leqslant m$，$R(\boldsymbol{A}_{m\times n})\leqslant n$。

(2) $R(\boldsymbol{AB})\leqslant R(\boldsymbol{A})$，$R(\boldsymbol{AB})\leqslant R(\boldsymbol{B})$。

(3) $R(\boldsymbol{A}_{m\times n})=m \Rightarrow$ 方程组 $\boldsymbol{A}_{m\times n}\boldsymbol{x}=\boldsymbol{b}$ 有解。

【秘籍】 若矩阵 $\boldsymbol{A}$ 行满秩，则 $\boldsymbol{Ax}=\boldsymbol{b}$ 一定有解。该知识点频繁出现在各类考试中，同学们一定要牢记。该知识点可以从以下两个角度来理解。

(1) 因为 $m\geqslant R((\boldsymbol{A}_{m\times n},\boldsymbol{b}))\geqslant R(\boldsymbol{A}_{m\times n})=m$，所以 $R((\boldsymbol{A}_{m\times n},\boldsymbol{b}))=R(\boldsymbol{A}_{m\times n})=m$，于是 $\boldsymbol{A}_{m\times n}\boldsymbol{x}=\boldsymbol{b}$ 有解。

(2) 当 $R(\boldsymbol{A}_{m\times n})=m$ 时，对增广矩阵 $(\boldsymbol{A}_{m\times n},\boldsymbol{b})$ 进行初等行变换，就不会出现 $(0,0,\cdots,0,k)(k\neq 0)$ 这样的行，所以没有矛盾方程，于是方程组 $\boldsymbol{A}_{m\times n}\boldsymbol{x}=\boldsymbol{b}$ 一定有解。

【例3.7】 设 $\boldsymbol{A}$、$\boldsymbol{B}$、$\boldsymbol{C}$ 均为 n 阶矩阵，$\boldsymbol{ABC}=\boldsymbol{O}$，$\boldsymbol{E}$ 为 n 阶单位矩阵，记矩阵 $\begin{pmatrix}\boldsymbol{O} & \boldsymbol{A}\\ \boldsymbol{BC} & \boldsymbol{E}\end{pmatrix}$，$\begin{pmatrix}\boldsymbol{AB} & \boldsymbol{C}\\ \boldsymbol{O} & \boldsymbol{E}\end{pmatrix}$，$\begin{pmatrix}\boldsymbol{E} & \boldsymbol{AB}\\ \boldsymbol{AB} & \boldsymbol{O}\end{pmatrix}$ 的秩分别为 r_1，r_2，r_3，则(　　)。

例3.7

(A) $r_1\leqslant r_2\leqslant r_3$　　　(B) $r_1\leqslant r_3\leqslant r_2$

(C) $r_3\leqslant r_1\leqslant r_2$　　　(D) $r_2\leqslant r_1\leqslant r_3$

【思路】 通过分块矩阵的初等变换把矩阵化为分块对角矩阵。

【解】 因为 $\begin{pmatrix}\boldsymbol{E} & -\boldsymbol{A}\\ \boldsymbol{O} & \boldsymbol{E}\end{pmatrix}\begin{pmatrix}\boldsymbol{O} & \boldsymbol{A}\\ \boldsymbol{BC} & \boldsymbol{E}\end{pmatrix}=\begin{pmatrix}-\boldsymbol{ABC} & \boldsymbol{O}\\ \boldsymbol{BC} & \boldsymbol{E}\end{pmatrix}=\begin{pmatrix}\boldsymbol{O} & \boldsymbol{O}\\ \boldsymbol{BC} & \boldsymbol{E}\end{pmatrix}$，所以 $r_1=R\begin{pmatrix}\boldsymbol{O} & \boldsymbol{A}\\ \boldsymbol{BC} & \boldsymbol{E}\end{pmatrix}=R\begin{pmatrix}\boldsymbol{O} & \boldsymbol{O}\\ \boldsymbol{BC} & \boldsymbol{E}\end{pmatrix}=n$。

因为 $\begin{pmatrix}\boldsymbol{E} & -\boldsymbol{C}\\ \boldsymbol{O} & \boldsymbol{E}\end{pmatrix}\begin{pmatrix}\boldsymbol{AB} & \boldsymbol{C}\\ \boldsymbol{O} & \boldsymbol{E}\end{pmatrix}=\begin{pmatrix}\boldsymbol{AB} & \boldsymbol{O}\\ \boldsymbol{O} & \boldsymbol{E}\end{pmatrix}$，所以 $r_2=R\begin{pmatrix}\boldsymbol{AB} & \boldsymbol{C}\\ \boldsymbol{O} & \boldsymbol{E}\end{pmatrix}=R\begin{pmatrix}\boldsymbol{AB} & \boldsymbol{O}\\ \boldsymbol{O} & \boldsymbol{E}\end{pmatrix}=R(\boldsymbol{AB})+n$。

因为 $\begin{pmatrix}\boldsymbol{E} & \boldsymbol{O}\\ -\boldsymbol{AB} & \boldsymbol{E}\end{pmatrix}\begin{pmatrix}\boldsymbol{E} & \boldsymbol{AB}\\ \boldsymbol{AB} & \boldsymbol{O}\end{pmatrix}\begin{pmatrix}\boldsymbol{E} & -\boldsymbol{AB}\\ \boldsymbol{O} & \boldsymbol{E}\end{pmatrix}=\begin{pmatrix}\boldsymbol{E} & \boldsymbol{O}\\ \boldsymbol{O} & -(\boldsymbol{AB})^2\end{pmatrix}$，所以 $r_3=R\begin{pmatrix}\boldsymbol{E} & \boldsymbol{AB}\\ \boldsymbol{AB} & \boldsymbol{O}\end{pmatrix}=R\begin{pmatrix}\boldsymbol{E} & \boldsymbol{O}\\ \boldsymbol{O} & -(\boldsymbol{AB})^2\end{pmatrix}=R((\boldsymbol{AB})^2)+n$。

又因为 $R((\boldsymbol{AB})^2)\leqslant R(\boldsymbol{AB})$，所以 $r_1\leqslant r_3\leqslant r_2$。

【评注】 本题考查以下知识点：

（1）分块矩阵的初等行变换：

$$\begin{pmatrix} \boldsymbol{O} & \boldsymbol{A} \\ \boldsymbol{BC} & \boldsymbol{E} \end{pmatrix} \xrightarrow{r_1 - \boldsymbol{A}r_2} \begin{pmatrix} -\boldsymbol{ABC} & \boldsymbol{O} \\ \boldsymbol{BC} & \boldsymbol{E} \end{pmatrix}$$

该分块矩阵的初等行变换与以下矩阵等式等价：

$$\begin{pmatrix} \boldsymbol{E} & -\boldsymbol{A} \\ \boldsymbol{O} & \boldsymbol{E} \end{pmatrix}\begin{pmatrix} \boldsymbol{O} & \boldsymbol{A} \\ \boldsymbol{BC} & \boldsymbol{E} \end{pmatrix} = \begin{pmatrix} -\boldsymbol{ABC} & \boldsymbol{O} \\ \boldsymbol{BC} & \boldsymbol{E} \end{pmatrix}$$

（2）分块矩阵的初等列变换：

$$\begin{pmatrix} \boldsymbol{E} & \boldsymbol{AB} \\ \boldsymbol{AB} & \boldsymbol{O} \end{pmatrix} \xrightarrow{c_2 - c_1\boldsymbol{AB}} \begin{pmatrix} \boldsymbol{E} & \boldsymbol{O} \\ \boldsymbol{AB} & -(\boldsymbol{AB})^2 \end{pmatrix}$$

该分块矩阵的初等列变换与以下矩阵等式等价：

$$\begin{pmatrix} \boldsymbol{E} & \boldsymbol{AB} \\ \boldsymbol{AB} & \boldsymbol{O} \end{pmatrix}\begin{pmatrix} \boldsymbol{E} & -\boldsymbol{AB} \\ \boldsymbol{O} & \boldsymbol{E} \end{pmatrix} = \begin{pmatrix} \boldsymbol{E} & \boldsymbol{O} \\ \boldsymbol{AB} & -(\boldsymbol{AB})^2 \end{pmatrix}$$

（3）$R\begin{pmatrix} \boldsymbol{A} & \boldsymbol{O} \\ \boldsymbol{O} & \boldsymbol{B} \end{pmatrix} = R\begin{pmatrix} \boldsymbol{O} & \boldsymbol{A} \\ \boldsymbol{B} & \boldsymbol{O} \end{pmatrix} = R(\boldsymbol{A}) + R(\boldsymbol{B})$。

（4）$R(\boldsymbol{A}^2) \leqslant R(\boldsymbol{A})$。

习　题

1. 设 $\boldsymbol{A} = \begin{bmatrix} 1 & 2 & -2 \\ 4 & t & 3 \\ 3 & -1 & 1 \end{bmatrix}$，$\boldsymbol{B}$ 为三阶非零矩阵，且 $\boldsymbol{AB}=\boldsymbol{O}$，则 $t=$________。

2. 设矩阵 $\boldsymbol{A} = \begin{bmatrix} 0 & 1 & 0 & 0 \\ 0 & 0 & 1 & 0 \\ 0 & 0 & 0 & 1 \\ 0 & 0 & 0 & 0 \end{bmatrix}$，则 $\boldsymbol{A}^3$ 的秩为________。

3. 设 $\boldsymbol{A}$ 为 $m \times n$ 矩阵，$\boldsymbol{B}$ 为 $n \times m$ 矩阵，$\boldsymbol{E}$ 为 m 阶单位矩阵。若 $\boldsymbol{AB}=\boldsymbol{E}$，则（　　）。

(A) $R(\boldsymbol{A})=m$，$R(\boldsymbol{B})=m$　　(B) $R(\boldsymbol{A})=m$，$R(\boldsymbol{B})=n$

(C) $R(\boldsymbol{A})=n$，$R(\boldsymbol{B})=m$　　(D) $R(\boldsymbol{A})=n$，$R(\boldsymbol{B})=n$

4. 设 $\boldsymbol{A}$、$\boldsymbol{B}$ 为 n 阶矩阵，记 $R(\boldsymbol{X})$ 为矩阵 $\boldsymbol{X}$ 的秩，$(\boldsymbol{X}, \boldsymbol{Y})$ 表示分块矩阵，则（　　）。

(A) $R(\boldsymbol{A}, \boldsymbol{AB}) = R(\boldsymbol{A})$　　(B) $R(\boldsymbol{A}, \boldsymbol{BA}) = R(\boldsymbol{A})$

(C) $R(\boldsymbol{A}, \boldsymbol{B}) = \max\{R(\boldsymbol{A}), R(\boldsymbol{B})\}$　　(D) $R(\boldsymbol{A}, \boldsymbol{B}) = R(\boldsymbol{A}^{\mathrm{T}}, \boldsymbol{B}^{\mathrm{T}})$

5. 设 $\boldsymbol{A}$ 是 4×3 矩阵，且 $R(\boldsymbol{A})=2$，而 $\boldsymbol{B} = \begin{bmatrix} 1 & 0 & 2 \\ 0 & 2 & 0 \\ -1 & 0 & 3 \end{bmatrix}$，则 $R(\boldsymbol{AB})=$________。

6. 设 $\boldsymbol{A}$ 为 4×3 矩阵，且 $\boldsymbol{A}$ 的秩 $R(\boldsymbol{A})=3$，$\boldsymbol{B} = \begin{bmatrix} 2 & 1 & 0 \\ 1 & 1 & 1 \\ 0 & 1 & 2 \end{bmatrix}$，则 $R(\boldsymbol{AB})=$（　　）。

(A) 3　　(B) 2　　(C) 1　　(D) 0

7. 设 $n(n\geqslant 3)$ 阶矩阵 $\boldsymbol{A}=\begin{bmatrix} 1 & a & a & \cdots & a \\ a & 1 & a & \cdots & a \\ a & a & 1 & \cdots & a \\ \vdots & \vdots & \vdots & \ddots & \vdots \\ a & a & a & \cdots & 1 \end{bmatrix}$，若矩阵 $\boldsymbol{A}$ 的秩为 $n-1$，则 a 必为(　　)。

(A) 1　　(B) $\frac{1}{1-n}$　　(C) -1　　(D) $\frac{1}{n-1}$

8. 设三阶矩阵 $\boldsymbol{A}=\begin{bmatrix} a & b & b \\ b & a & b \\ b & b & a \end{bmatrix}$，若 $\boldsymbol{A}$ 的伴随矩阵的秩等于 1，则必有(　　)。

(A) $a=b$ 或 $a+2b=0$　　(B) $a=b$ 或 $a+2b\neq 0$

(C) $a\neq b$ 且 $a+2b=0$　　(D) $a\neq b$ 且 $a+2b\neq 0$

9. 设 $\boldsymbol{A}$ 是 $m\times n$ 矩阵，$\boldsymbol{B}$ 是 $n\times m$ 矩阵，则(　　)。

(A) 当 $m>n$ 时，必有行列式 $|\boldsymbol{AB}|\neq 0$

(B) 当 $m>n$ 时，必有行列式 $|\boldsymbol{AB}|=0$

(C) 当 $n>m$ 时，必有行列式 $|\boldsymbol{AB}|\neq 0$

(D) 当 $n>m$ 时，必有行列式 $|\boldsymbol{AB}|=0$

10. 分析以下命题。(　　)

① 齐次线性方程组 $\boldsymbol{A}_{3\times 4}\boldsymbol{x}=\boldsymbol{0}$ 一定有非零解。

② 齐次线性方程组 $\boldsymbol{A}_{4\times 3}\boldsymbol{x}=\boldsymbol{0}$ 只有零解。

③ 非齐次线性方程组 $\boldsymbol{A}_{3\times 4}\boldsymbol{x}=\boldsymbol{b}$ 一定有无穷组解。

④ 非齐次线性方程组 $\boldsymbol{A}_{3\times 3}\boldsymbol{x}=\boldsymbol{b}$ 一定有唯一解。

(A) 只有①正确　　(B) 只有①和③正确

(C) 全部命题都正确　　(D) ②和④正确

11. 已知 $R(\boldsymbol{A}_{m\times n})=m$，分析以下命题。(　　)

① 齐次线性方程组 $\boldsymbol{A}_{m\times n}\boldsymbol{x}=\boldsymbol{0}$ 一定有非零解。

② 齐次线性方程组 $\boldsymbol{A}_{m\times n}\boldsymbol{x}=\boldsymbol{0}$ 一定只有零解。

③ 非齐次线性方程组 $\boldsymbol{A}_{m\times n}\boldsymbol{x}=\boldsymbol{b}$ 一定有解。

④ 非齐次线性方程组 $\boldsymbol{A}_{m\times n}\boldsymbol{x}=\boldsymbol{b}$ 一定有唯一解。

(A) 只有①正确　　(B) 只有②正确

(C) 只有③正确　　(D) ②和④正确

12. 设 $\boldsymbol{Ax}=\boldsymbol{0}$ 是非齐次线性方程组 $\boldsymbol{Ax}=\boldsymbol{b}$ 的导出组，分析以下命题。(　　)

① 若 $\boldsymbol{Ax}=\boldsymbol{b}$ 有唯一解，则 $\boldsymbol{Ax}=\boldsymbol{0}$ 只有零解。

② 若 $\boldsymbol{Ax}=\boldsymbol{b}$ 有无穷多组解，则 $\boldsymbol{Ax}=\boldsymbol{0}$ 有非零解。

③ 若 $\boldsymbol{Ax}=\boldsymbol{0}$ 只有零解，则 $\boldsymbol{Ax}=\boldsymbol{b}$ 有唯一解。

④ 若 $\boldsymbol{Ax}=\boldsymbol{0}$ 有非零解，则 $\boldsymbol{Ax}=\boldsymbol{b}$ 有无穷多组解。

(A) 只有①正确　　(B) 只有①和②正确

(C) 只有①、②和③正确　　(D) 都正确

13. 设矩阵 $\boldsymbol{A}=\begin{bmatrix}1 & 1 & 1\\ 1 & a & a^2\\ 1 & b & b^2\end{bmatrix}$，$\boldsymbol{b}=\begin{bmatrix}1\\ 2\\ 4\end{bmatrix}$，则线性方程组 $\boldsymbol{Ax}=\boldsymbol{b}$ 解的情况为(　　)。

(A) 无解　　(B) 有解

(C) 有无穷多解或无解　　(D) 有唯一解或无解

第四章　向量组的线性相关性

4.1　向量与向量组的概念

向量与向量组的概念

1. n 维向量

由 n 个数组成的有序数组 $\boldsymbol{\alpha}=(a_1,a_2,\cdots,a_n)$ 或 $\boldsymbol{\alpha}=\begin{bmatrix}a_1\\a_2\\\vdots\\a_n\end{bmatrix}$ 称为 n 维向量。前者为行向量，后者为列向量，a_i 称为 n 维向量 $\boldsymbol{\alpha}$ 的第 i 个分量。

向量就是只有一行或只有一列的矩阵。

2. 向量的线性运算

向量的加法与数乘运算称为向量的线性运算。因为向量就是特殊的矩阵，所以向量运算满足矩阵运算规律。

3. 向量组

若干个同维向量构成的一组向量称为向量组。

4. 矩阵与向量组

设 $m\times n$ 矩阵 $\boldsymbol{A}=\begin{bmatrix}a_{11}&a_{12}&\cdots&a_{1n}\\a_{21}&a_{22}&\cdots&a_{2n}\\\vdots&\vdots&&\vdots\\a_{m1}&a_{m2}&\cdots&a_{mn}\end{bmatrix}$，按行分块，可以将 $\boldsymbol{A}$ 看作是 m 个 n 维行向量构成的向量组；按列分块，可以将 $\boldsymbol{A}$ 看作是 n 个 m 维列向量构成的向量组。

例如，3×4 的矩阵 $\boldsymbol{A}$ 既可以看成 3 个四维行向量，也可以看成 4 个三维列向量，如图 4.1 所示。

$$\boldsymbol{A}=\begin{pmatrix}1&2&3&4\\2&3&4&5\\6&7&9&7\end{pmatrix}\qquad \boldsymbol{A}=\begin{pmatrix}1&2&3&4\\2&3&4&5\\6&7&9&7\end{pmatrix}$$

(a) 行向量组　　(b) 列向量组

图 4.1　矩阵与 2 个向量组

5. 线性组合与线性表示

设 $\boldsymbol{\alpha}_1,\boldsymbol{\alpha}_2,\cdots,\boldsymbol{\alpha}_m,\boldsymbol{\beta}$ 是 n 维向量组，若 $\boldsymbol{\beta}=k_1\boldsymbol{\alpha}_1+k_2\boldsymbol{\alpha}_2+\cdots+k_m\boldsymbol{\alpha}_m$，则称 $\boldsymbol{\beta}$ 是 $\boldsymbol{\alpha}_1,\boldsymbol{\alpha}_2,\cdots,\boldsymbol{\alpha}_m$ 的线

性组合，也称$\boldsymbol{\beta}$可由$\boldsymbol{\alpha}_1,\boldsymbol{\alpha}_2,\cdots,\boldsymbol{\alpha}_m$线性表示，其中$k_1,k_2,\cdots,k_m$称为组合系数。

例如，若$\boldsymbol{\alpha}_1=\begin{bmatrix}1\\2\\3\end{bmatrix}$，$\boldsymbol{\alpha}_2=\begin{bmatrix}1\\1\\1\end{bmatrix}$，$\boldsymbol{\alpha}_3=\begin{bmatrix}1\\4\\7\end{bmatrix}$，显然有$3\boldsymbol{\alpha}_1-2\boldsymbol{\alpha}_2=\boldsymbol{\alpha}_3$，则可以称$\boldsymbol{\alpha}_3$是$\boldsymbol{\alpha}_1$和$\boldsymbol{\alpha}_2$的线性组合，也可以称$\boldsymbol{\alpha}_3$可由$\boldsymbol{\alpha}_1$和$\boldsymbol{\alpha}_2$线性表示。

6. n维基本单位向量组

向量组$\boldsymbol{\varepsilon}_1=\begin{bmatrix}1\\0\\\vdots\\0\end{bmatrix}$，$\boldsymbol{\varepsilon}_2=\begin{bmatrix}0\\1\\\vdots\\0\end{bmatrix}$，$\cdots$，$\boldsymbol{\varepsilon}_n=\begin{bmatrix}0\\0\\\vdots\\1\end{bmatrix}$称为$n$维基本单位向量组。$n$阶单位矩阵$\boldsymbol{E}$的列(行)向量组就是一个$n$维基本单位向量组。任意$n$维向量$\boldsymbol{\alpha}$都可以由基本单位向量组线性表示。

例如，任意三维向量$\boldsymbol{\alpha}=\begin{bmatrix}6\\2\\1\end{bmatrix}$总可以由三维基本单位向量组线性表示，即$\boldsymbol{\alpha}=6\boldsymbol{\varepsilon}_1+2\boldsymbol{\varepsilon}_2+1\boldsymbol{\varepsilon}_3$。

7. 零向量

所有分量全为零的向量称为零向量。零向量可以由任意一个向量组来线性表示。例如：$0\boldsymbol{\alpha}_1+0\boldsymbol{\varepsilon}_2+0\boldsymbol{\alpha}_3=\boldsymbol{0}$。

4.2 向量组间的线性表示

向量组间的线性表示

1. 向量组间线性表示的概念

设有两个向量组$T_1:\boldsymbol{\alpha}_1,\boldsymbol{\alpha}_2,\cdots,\boldsymbol{\alpha}_m$和$T_2:\boldsymbol{\beta}_1,\boldsymbol{\beta}_2,\cdots,\boldsymbol{\beta}_n$，若向量组$T_2$中的每一个向量都可由向量组$T_1$线性表示，则称向量组$T_2$可由向量组$T_1$线性表示。

2. 用矩阵等式表述向量组间线性表示

例如：有两个向量组$\boldsymbol{\alpha}_1$，$\boldsymbol{\alpha}_2$，$\boldsymbol{\alpha}_3$和$\boldsymbol{\beta}_1$，$\boldsymbol{\beta}_2$。已知$\boldsymbol{\beta}_1=\boldsymbol{\alpha}_1+\boldsymbol{\alpha}_2+\boldsymbol{\alpha}_3$，$\boldsymbol{\beta}_2=2\boldsymbol{\alpha}_1-\boldsymbol{\alpha}_2+7\boldsymbol{\alpha}_3$，于是可以有矩阵等式：$(\boldsymbol{\beta}_1,\boldsymbol{\beta}_2)=(\boldsymbol{\alpha}_1,\boldsymbol{\alpha}_2,\boldsymbol{\alpha}_3)\begin{bmatrix}1&2\\1&-1\\1&7\end{bmatrix}$。

3. 一个向量组可以由自己线性表示

任意向量组$\boldsymbol{\alpha}_1,\boldsymbol{\alpha}_2,\cdots,\boldsymbol{\alpha}_m$总能由自己线性表示，如$\boldsymbol{\alpha}_i=0\boldsymbol{\alpha}_1+\cdots+1\boldsymbol{\alpha}_i+\cdots+0\boldsymbol{\alpha}_m$，$i=1,2,\cdots,m$。

4.3 线性方程组的五种表示方法

线性方程组的五种表示方法

研究线性方程组是线性代数的重要问题，矩阵是求解线性方程组的核心工具，而向量是研究线性方程组的重要手段。以下分别给出用矩阵和向量来表示线性方程组的各种形式。

1. 代数形式

线性方程组的代数表示形式如下：

$$\begin{cases} a_{11}x_1+a_{12}x_2+\cdots+a_{1n}x_n=b_1 \\ a_{21}x_1+a_{22}x_2+\cdots+a_{2n}x_n=b_2 \\ \quad\vdots \\ a_{m1}x_1+a_{m2}x_2+\cdots+a_{mn}x_n=b_m \end{cases}$$

2. 具体矩阵形式

线性方程组的具体矩阵表示形式如下：

$$\begin{bmatrix} a_{11} & a_{12} & \cdots & a_{1n} \\ a_{21} & a_{22} & \cdots & a_{2n} \\ \vdots & \vdots & & \vdots \\ a_{m1} & a_{m2} & \cdots & a_{mn} \end{bmatrix}\begin{bmatrix} x_1 \\ x_2 \\ \vdots \\ x_n \end{bmatrix}=\begin{bmatrix} b_1 \\ b_2 \\ \vdots \\ b_m \end{bmatrix}$$

3. 抽象矩阵形式

线性方程组的抽象矩阵表示形式如下：

$$\boldsymbol{A}\boldsymbol{x}=\boldsymbol{\beta}$$

其中：

$$\boldsymbol{A}=\begin{bmatrix} a_{11} & a_{12} & \cdots & a_{1n} \\ a_{21} & a_{22} & \cdots & a_{2n} \\ \vdots & \vdots & & \vdots \\ a_{m1} & a_{m2} & \cdots & a_{mn} \end{bmatrix},\ \boldsymbol{x}=\begin{bmatrix} x_1 \\ x_2 \\ \vdots \\ x_n \end{bmatrix},\ \boldsymbol{\beta}=\begin{bmatrix} b_1 \\ b_2 \\ \vdots \\ b_m \end{bmatrix}$$

4. 分块矩阵形式

线性方程组的分块矩阵表示形式如下：

$$(\boldsymbol{\alpha}_1,\boldsymbol{\alpha}_2,\cdots,\boldsymbol{\alpha}_n)\begin{bmatrix} x_1 \\ x_2 \\ \vdots \\ x_n \end{bmatrix}=\boldsymbol{\beta}$$

其中 $\boldsymbol{\alpha}_j=\begin{bmatrix} a_{1j} \\ a_{2j} \\ \vdots \\ a_{mj} \end{bmatrix}$ 为矩阵 $\boldsymbol{A}$ 的第 j 列，$\boldsymbol{\beta}=\begin{bmatrix} b_1 \\ b_2 \\ \vdots \\ b_m \end{bmatrix}$。

5. 向量形式

线性方程组的向量表示形式如下：

$$x_1\boldsymbol{\alpha}_1+x_2\boldsymbol{\alpha}_2+\cdots+x_n\boldsymbol{\alpha}_n=\boldsymbol{\beta}$$

例如，非齐次线性方程组 $\begin{cases} 9x_1+3x_2+2x_3=12 \\ 6x_1+6x_2+10x_3=28 \end{cases}$ 可以根据矩阵乘法运算规则写成具体

的矩阵形式：

$$\begin{bmatrix}9&3&2\\6&6&10\end{bmatrix}\begin{bmatrix}x_1\\x_2\\x_3\end{bmatrix}=\begin{bmatrix}12\\28\end{bmatrix}$$

令 $\boldsymbol{A}=\begin{bmatrix}9&3&2\\6&6&10\end{bmatrix}$，$\boldsymbol{x}=\begin{bmatrix}x_1\\x_2\\x_3\end{bmatrix}$，$\boldsymbol{b}=\begin{bmatrix}12\\28\end{bmatrix}$，则进一步可以写成抽象的矩阵形式：

$$\boldsymbol{Ax}=\boldsymbol{b}$$

若把矩阵 $\boldsymbol{A}$ 按列分块，令 $\boldsymbol{\alpha}_1=\begin{bmatrix}9\\6\end{bmatrix}$，$\boldsymbol{\alpha}_2=\begin{bmatrix}3\\6\end{bmatrix}$，$\boldsymbol{\alpha}_3=\begin{bmatrix}2\\10\end{bmatrix}$，则可以写成以下分块矩阵形式：

$$(\boldsymbol{\alpha}_1,\boldsymbol{\alpha}_2,\boldsymbol{\alpha}_3)\begin{bmatrix}x_1\\x_2\\x_3\end{bmatrix}=\boldsymbol{b}$$

最后可以写成向量形式：

$$x_1\boldsymbol{\alpha}_1+x_2\boldsymbol{\alpha}_2+x_3\boldsymbol{\alpha}_3=\boldsymbol{b}$$

4.4 用方程组的向量表示形式来分析线性方程组

从线性方程组的向量表示形式出发，可以得出以下结论：

(1) 向量 $\boldsymbol{\beta}$ 可以由向量组 $\boldsymbol{\alpha}_1,\boldsymbol{\alpha}_2,\cdots,\boldsymbol{\alpha}_n$ 线性表示$\Leftrightarrow$ 非齐次线性方程组 $x_1\boldsymbol{\alpha}_1+x_2\boldsymbol{\alpha}_2+\cdots+x_n\boldsymbol{\alpha}_n=\boldsymbol{\beta}$ 有解$\Leftrightarrow R(\boldsymbol{\alpha}_1,\boldsymbol{\alpha}_2,\cdots,\boldsymbol{\alpha}_n)=R(\boldsymbol{\alpha}_1,\boldsymbol{\alpha}_2,\cdots,\boldsymbol{\alpha}_n,\boldsymbol{\beta})$。

(2) 向量 $\boldsymbol{\beta}$ 不能由向量组 $\boldsymbol{\alpha}_1,\boldsymbol{\alpha}_2,\cdots,\boldsymbol{\alpha}_n$ 线性表示$\Leftrightarrow$非齐次线性方程组 $x_1\boldsymbol{\alpha}_1+x_2\boldsymbol{\alpha}_2+\cdots+x_n\boldsymbol{\alpha}_n=\boldsymbol{\beta}$ 无解$\Leftrightarrow R(\boldsymbol{\alpha}_1,\boldsymbol{\alpha}_2,\cdots,\boldsymbol{\alpha}_n)<R(\boldsymbol{\alpha}_1,\boldsymbol{\alpha}_2,\cdots,\boldsymbol{\alpha}_n,\boldsymbol{\beta})$。

用方程组的向量表示形式来分析线性方程组

4.5 向量组线性相关和线性无关的定义

1. 线性相关

对于向量组 $\boldsymbol{\alpha}_1,\boldsymbol{\alpha}_2,\cdots,\boldsymbol{\alpha}_m$，若存在一组不全为零的数 $k_1,k_2,\cdots,k_m$，使得

$$k_1\boldsymbol{\alpha}_1+k_2\boldsymbol{\alpha}_2+\cdots+k_m\boldsymbol{\alpha}_m=\boldsymbol{0}$$

则称向量组 $\boldsymbol{\alpha}_1,\boldsymbol{\alpha}_2,\cdots,\boldsymbol{\alpha}_m$ 线性相关。

向量组线性相关和线性无关的定义

2. 线性无关

对于向量组 $\boldsymbol{\alpha}_1,\boldsymbol{\alpha}_2,\cdots,\boldsymbol{\alpha}_m$，仅当 $k_1=k_2=\cdots=k_m=0$ 时，才有

$$k_1\boldsymbol{\alpha}_1+k_2\boldsymbol{\alpha}_2+\cdots+k_m\boldsymbol{\alpha}_m=\boldsymbol{0}$$

则称向量组 $\boldsymbol{\alpha}_1,\boldsymbol{\alpha}_2,\cdots,\boldsymbol{\alpha}_m$ 线性无关。

例如，当 $\boldsymbol{\alpha}_1=\begin{bmatrix}1\\2\\3\end{bmatrix}$，$\boldsymbol{\alpha}_2=\begin{bmatrix}1\\1\\1\end{bmatrix}$，$\boldsymbol{\alpha}_3=\begin{bmatrix}1\\4\\7\end{bmatrix}$时，有 $3\boldsymbol{\alpha}_1-2\boldsymbol{\alpha}_2-\boldsymbol{\alpha}_3=\boldsymbol{0}$，称 $\boldsymbol{\alpha}_1$，$\boldsymbol{\alpha}_2$，$\boldsymbol{\alpha}_3$ 线性相关。

例如，当 $\boldsymbol{\varepsilon}_1=\begin{bmatrix}1\\0\\0\end{bmatrix}$，$\boldsymbol{\varepsilon}_2=\begin{bmatrix}0\\1\\0\end{bmatrix}$，$\boldsymbol{\varepsilon}_3=\begin{bmatrix}0\\0\\1\end{bmatrix}$ 时，分析向量等式 $x_1\boldsymbol{\varepsilon}_1+x_2\boldsymbol{\varepsilon}_2+x_3\boldsymbol{\varepsilon}_3=\mathbf{0}$，发现只有当 $x_1=x_2=x_3=0$ 时，等式才成立，则称 $\boldsymbol{\varepsilon}_1$，$\boldsymbol{\varepsilon}_2$，$\boldsymbol{\varepsilon}_3$ 线性无关。

4.6　向量组线性相关性与齐次线性方程组

向量组线性相关性与齐次线性方程组

分析线性相关的定义表述："若存在一组不全为零的数 $k_1,k_2,\cdots,k_m$，使得 $k_1\boldsymbol{\alpha}_1+k_2\boldsymbol{\alpha}_2+\cdots+k_m\boldsymbol{\alpha}_m=\mathbf{0}$"，其含义就是齐次线性方程组 $x_1\boldsymbol{\alpha}_1+x_2\boldsymbol{\alpha}_2+\cdots+x_m\boldsymbol{\alpha}_m=\mathbf{0}$ 有非零解。分析线性无关的定义表述："仅当 $k_1=k_2=\cdots=k_m=0$ 时，才有 $k_1\boldsymbol{\alpha}_1+k_2\boldsymbol{\alpha}_2+\cdots+k_m\boldsymbol{\alpha}_m=\mathbf{0}$"，其含义就是齐次线性方程组 $x_1\boldsymbol{\alpha}_1+x_2\boldsymbol{\alpha}_2+\cdots+x_m\boldsymbol{\alpha}_m=\mathbf{0}$ 只有零解。于是有以下结论。

1. 线性相关

向量组 $\boldsymbol{\alpha}_1,\boldsymbol{\alpha}_2,\cdots,\boldsymbol{\alpha}_m$ 线性相关$\Leftrightarrow$ 齐次线性方程组 $x_1\boldsymbol{\alpha}_1+x_2\boldsymbol{\alpha}_2+\cdots+x_m\boldsymbol{\alpha}_m=\mathbf{0}$ 有非零解$\Leftrightarrow$ $R(\boldsymbol{\alpha}_1,\boldsymbol{\alpha}_2,\cdots,\boldsymbol{\alpha}_m)<m$。

例如，线性方程组$\begin{cases}x_1+x_2+x_3=0\\2x_1+x_2+4x_3=0\\3x_1+x_2+7x_3=0\end{cases}$的系数矩阵 $\boldsymbol{A}$ 的列向量组 $\boldsymbol{\alpha}_1=\begin{bmatrix}1\\2\\3\end{bmatrix}$，$\boldsymbol{\alpha}_2=\begin{bmatrix}1\\1\\1\end{bmatrix}$，$\boldsymbol{\alpha}_3=\begin{bmatrix}1\\4\\7\end{bmatrix}$，满足 $3\boldsymbol{\alpha}_1-2\boldsymbol{\alpha}_2-\boldsymbol{\alpha}_3=\mathbf{0}$，即 $\boldsymbol{\alpha}_1,\boldsymbol{\alpha}_2,\boldsymbol{\alpha}_3$ 是线性相关的，另一方面，$\begin{cases}x_1=3\\x_2=-2\\x_3=-1\end{cases}$是方程组的一组非零解。

2. 线性无关

向量组 $\boldsymbol{\alpha}_1,\boldsymbol{\alpha}_2,\cdots,\boldsymbol{\alpha}_m$ 线性无关$\Leftrightarrow$ 齐次线性方程组 $x_1\boldsymbol{\alpha}_1+x_2\boldsymbol{\alpha}_2+\cdots+x_m\boldsymbol{\alpha}_m=\mathbf{0}$ 只有零解$\Leftrightarrow$ $R(\boldsymbol{\alpha}_1,\boldsymbol{\alpha}_2,\cdots,\boldsymbol{\alpha}_m)=m$。

根据以上结论，既可以通过齐次线性方程组 $\boldsymbol{A}\boldsymbol{x}=\mathbf{0}$ 解的情况来判断系数矩阵 $\boldsymbol{A}$ 的列向量组的线性相关性，也可以通过矩阵 $\boldsymbol{A}$ 的列向量组的线性相关性来分析齐次线性方程组 $\boldsymbol{A}\boldsymbol{x}=\mathbf{0}$ 解的情况。

4.7　向量组线性相关性的形象理解

向量组线性相关性的形象理解

从字面上形象分析向量组线性相关的"相关"一词，可以理解为"存在一种关系"；线性无关的"无关"一词，可以理解为"没有任何关系"。于是有以下两个定理。

1. 线性相关定理

向量组 $\boldsymbol{\alpha}_1,\boldsymbol{\alpha}_2,\cdots,\boldsymbol{\alpha}_m$ $(m\geqslant 2)$线性相关的充要条件是其中至少有一个向量可以由其余向量线性表示。

该定理可描述为：若向量组线性相关，则向量之间一定存在某种线性表示的关系。

例如，向量组 $\boldsymbol{\alpha}_1=\begin{bmatrix}1\\2\\3\end{bmatrix}$，$\boldsymbol{\alpha}_2=\begin{bmatrix}1\\1\\1\end{bmatrix}$，$\boldsymbol{\alpha}_3=\begin{bmatrix}1\\4\\7\end{bmatrix}$，其中 $\boldsymbol{\alpha}_3=3\boldsymbol{\alpha}_1-2\boldsymbol{\alpha}_2$，所以 $\boldsymbol{\alpha}_1,\boldsymbol{\alpha}_2,\boldsymbol{\alpha}_3$ 线性相关。

2. 线性无关定理

向量组 $\boldsymbol{\alpha}_1,\boldsymbol{\alpha}_2,\cdots,\boldsymbol{\alpha}_m(m\geqslant 2)$线性无关的充要条件是其中任意一个向量都不能由其余向量线性表示。

该定理可描述为:若向量组线性无关，则向量之间一定没有任何线性表示的关系。

例如，向量组 $\boldsymbol{\varepsilon}_1=\begin{bmatrix}1\\0\\0\end{bmatrix}$，$\boldsymbol{\varepsilon}_2=\begin{bmatrix}0\\1\\0\end{bmatrix}$，$\boldsymbol{\varepsilon}_3=\begin{bmatrix}0\\0\\1\end{bmatrix}$，分析任意一个向量都不能被其余向量线性表示，则 $\boldsymbol{\varepsilon}_1$，$\boldsymbol{\varepsilon}_2$，$\boldsymbol{\varepsilon}_3$ 线性无关。

4.8 特殊向量组的线性相关性

1. 基本单位向量组线性无关

特殊向量组的线性相关性

例如，三维基本单位向量组 $\boldsymbol{\varepsilon}_1=\begin{bmatrix}1\\0\\0\end{bmatrix}$，$\boldsymbol{\varepsilon}_2=\begin{bmatrix}0\\1\\0\end{bmatrix}$，$\boldsymbol{\varepsilon}_3=\begin{bmatrix}0\\0\\1\end{bmatrix}$线性无关。

2. 含有零向量的向量组线性相关

例如，向量组 $\boldsymbol{\alpha}_1=\begin{bmatrix}1\\2\\3\end{bmatrix}$，$\boldsymbol{\alpha}_2=\begin{bmatrix}1\\1\\1\end{bmatrix}$，$\boldsymbol{\alpha}_3=\begin{bmatrix}0\\0\\0\end{bmatrix}$，因为 $\boldsymbol{\alpha}_3=0\boldsymbol{\alpha}_1+0\boldsymbol{\alpha}_2$，所以 $\boldsymbol{\alpha}_1,\boldsymbol{\alpha}_2,\boldsymbol{\alpha}_3$ 线性相关。

3. 只含有一个向量的向量组

(1) 若 $\boldsymbol{\alpha}\neq\mathbf{0}$，则 $\boldsymbol{\alpha}$ 线性无关。

(2) 若 $\boldsymbol{\alpha}=\mathbf{0}$，则 $\boldsymbol{\alpha}$ 线性相关。

4. 含有两个向量的向量组

若两个向量对应元素成比例，则线性相关，否则线性无关。

例如，向量组 $\boldsymbol{\alpha}_1=\begin{bmatrix}1\\2\\3\end{bmatrix}$，$\boldsymbol{\alpha}_2=\begin{bmatrix}2\\4\\6\end{bmatrix}$线性相关；向量组 $\boldsymbol{\beta}_1=\begin{bmatrix}1\\2\\3\end{bmatrix}$，$\boldsymbol{\beta}_2=\begin{bmatrix}2\\4\\7\end{bmatrix}$线性无关。

5. n 个 n 维向量组

可以通过行列式来分析 n 个 n 维向量组的线性相关性。

(1) $|\boldsymbol{A}|=0\Leftrightarrow \boldsymbol{A}\boldsymbol{x}=\mathbf{0}$ 有非零解$\Leftrightarrow\boldsymbol{A}$ 的列向量组线性相关。

(2) $|\boldsymbol{A}|\neq 0\Leftrightarrow \boldsymbol{A}\boldsymbol{x}=\mathbf{0}$ 只有零解$\Leftrightarrow\boldsymbol{A}$ 的列向量组线性无关。

例如，$\begin{vmatrix} 1 & 3 & 7 \\ 2 & 2 & 7 \\ 3 & 1 & 7 \end{vmatrix}=0$，则方程组$\begin{cases} x_1+3x_2+7x_3=0 \\ 2x_1+2x_2+7x_3=0 \\ 3x_1+1x_2+7x_3=0 \end{cases}$有非零解，于是向量组 $\boldsymbol{\alpha}_1=\begin{bmatrix}1\\2\\3\end{bmatrix}$，$\boldsymbol{\alpha}_2=\begin{bmatrix}3\\2\\1\end{bmatrix}$，$\boldsymbol{\alpha}_3=\begin{bmatrix}7\\7\\7\end{bmatrix}$线性相关。

例如，$\begin{vmatrix} 1 & 3 & 7 \\ 2 & 2 & 7 \\ 3 & 1 & 8 \end{vmatrix}\neq 0$，则方程组$\begin{cases} x_1+3x_2+7x_3=0 \\ 2x_1+2x_2+7x_3=0 \\ 3x_1+1x_2+8x_3=0 \end{cases}$只有零解，于是向量组 $\boldsymbol{\alpha}_1=\begin{bmatrix}1\\2\\3\end{bmatrix}$，$\boldsymbol{\alpha}_2=\begin{bmatrix}3\\2\\1\end{bmatrix}$，$\boldsymbol{\alpha}_3=\begin{bmatrix}7\\7\\8\end{bmatrix}$线性无关。

6. m 个 n 维向量($m>n$)

当 $m>n$ 时，m 个 n 维向量必线性相关。

例如，齐次线性方程组$\begin{cases} ax_1+bx_2+cx_3=0 \\ mx_1+nx_2+kx_3=0 \end{cases}$的系数矩阵 $\boldsymbol{A}$ 为 2 行 3 列，于是有 $R(\boldsymbol{A})\leqslant 2<3$，故方程组有非零解，那么 3 个二维向量 $\boldsymbol{\alpha}_1=\begin{bmatrix}a\\m\end{bmatrix}$，$\boldsymbol{\alpha}_2=\begin{bmatrix}b\\n\end{bmatrix}$，$\boldsymbol{\alpha}_3=\begin{bmatrix}c\\k\end{bmatrix}$一定是线性相关的。

4.9　向量组的部分与整体定理

向量组的部分与整体定理

1. 线性无关

若向量组 T 线性无关，则向量组 T 的任意部分向量组也线性无关。也可以描述为：整体线性无关则部分线性无关。

例如，若 $\boldsymbol{\alpha}_1,\boldsymbol{\alpha}_2,\boldsymbol{\alpha}_3$ 线性无关，则 $\boldsymbol{\alpha}_1,\boldsymbol{\alpha}_2$ 线性无关，$\boldsymbol{\alpha}_2,\boldsymbol{\alpha}_3$ 线性无关。

2. 线性相关

若向量组 T 的一部分向量组线性相关，则向量组 T 线性相关。也可以描述为：部分线性相关则整体线性相关。

例如，若 $\boldsymbol{\alpha}_1,\boldsymbol{\alpha}_2,\boldsymbol{\alpha}_3$ 线性相关，则 $\boldsymbol{\alpha}_1,\boldsymbol{\alpha}_2,\boldsymbol{\alpha}_3,\boldsymbol{\alpha}_4$ 线性相关。

注意以上两个命题都是“单向”的。

4.10　向量组的延伸与缩短

向量组的延伸与缩短

设有两个向量组：

T_1：$\boldsymbol{\alpha}_j=(a_{1j},a_{2j},\cdots,a_{rj})^{\mathrm{T}}\quad(j=1,2,\cdots,m)$

T_2：$\boldsymbol{\beta}_j=(a_{1j},a_{2j},\cdots,a_{rj},a_{r+1,j},\cdots,a_{nj})^{\mathrm{T}}\quad(j=1,2,\cdots,m)$

其中向量组 T_2 称为向量组 T_1 的“延伸组”，向量组 T_1 称为向量组 T_2 的“缩短组”。

1. 线性相关

若向量组 T_2(延伸组)线性相关，则向量组 T_1(缩短组)线性相关。也可以描述为：“长”线性相关，则“短”线性相关。

例如，已知向量组 $\boldsymbol{\alpha}_1=\begin{bmatrix}1\\2\\3\end{bmatrix}$，$\boldsymbol{\alpha}_2=\begin{bmatrix}2\\4\\6\end{bmatrix}$线性相关，则有 $\boldsymbol{\beta}_1=\begin{bmatrix}1\\2\end{bmatrix}$，$\boldsymbol{\beta}_2=\begin{bmatrix}2\\4\end{bmatrix}$一定也线性相关。

2. 线性无关

若向量组 T_1(缩短组)线性无关，则向量组 T_2(延伸组)线性无关。也可以描述为：“短”线性无关，则“长”线性无关。

例如，已知向量组 $\boldsymbol{\alpha}_1=\begin{bmatrix}1\\2\\3\end{bmatrix}$，$\boldsymbol{\alpha}_2=\begin{bmatrix}3\\2\\1\end{bmatrix}$，$\boldsymbol{\alpha}_3=\begin{bmatrix}6\\7\\7\end{bmatrix}$线性无关，则有 $\boldsymbol{\beta}_1=\begin{bmatrix}1\\2\\3\\a\end{bmatrix}$，$\boldsymbol{\beta}_2=\begin{bmatrix}3\\2\\1\\b\end{bmatrix}$，$\boldsymbol{\beta}_3=\begin{bmatrix}6\\7\\7\\c\end{bmatrix}$一定也线性无关。

注意以上两个命题都是“单向”的。

4.11 一个向量与一个向量组定理

一个向量与一个向量组定理

1. 定理

若向量组 $\boldsymbol{\alpha}_1,\boldsymbol{\alpha}_2,\cdots,\boldsymbol{\alpha}_n$ 线性无关，而向量组 $\boldsymbol{\alpha}_1,\boldsymbol{\alpha}_2,\cdots,\boldsymbol{\alpha}_n,\boldsymbol{\beta}$ 线性相关，则向量 $\boldsymbol{\beta}$ 一定可以由向量组 $\boldsymbol{\alpha}_1,\boldsymbol{\alpha}_2,\cdots,\boldsymbol{\alpha}_n$ 线性表示，且表示方法唯一。

2. 证明

若 $\boldsymbol{\alpha}_1,\boldsymbol{\alpha}_2,\cdots,\boldsymbol{\alpha}_n$ 线性无关，则方程组 $x_1\boldsymbol{\alpha}_1+x_2\boldsymbol{\alpha}_2+\cdots+x_n\boldsymbol{\alpha}_n=\boldsymbol{0}$ 只有零解，因此

$$R(\boldsymbol{\alpha}_1,\boldsymbol{\alpha}_2,\cdots,\boldsymbol{\alpha}_n)=n$$

又 $\boldsymbol{\alpha}_1,\boldsymbol{\alpha}_2,\cdots,\boldsymbol{\alpha}_n,\boldsymbol{\beta}$ 线性相关，则方程组 $x_1\boldsymbol{\alpha}_1+x_2\boldsymbol{\alpha}_2+\cdots+x_n\boldsymbol{\alpha}_n+x_{n+1}\boldsymbol{\beta}=\boldsymbol{0}$ 有非零解，因此

$$R(\boldsymbol{\alpha}_1,\boldsymbol{\alpha}_2,\cdots,\boldsymbol{\alpha}_n,\boldsymbol{\beta})<n+1$$

又因为

$$n=R(\boldsymbol{\alpha}_1,\boldsymbol{\alpha}_2,\cdots,\boldsymbol{\alpha}_n)\leqslant R(\boldsymbol{\alpha}_1,\boldsymbol{\alpha}_2,\cdots,\boldsymbol{\alpha}_n,\boldsymbol{\beta})<n+1$$

所以有

$$R(\boldsymbol{\alpha}_1,\boldsymbol{\alpha}_2,\cdots,\boldsymbol{\alpha}_n)=R(\boldsymbol{\alpha}_1,\boldsymbol{\alpha}_2,\cdots,\boldsymbol{\alpha}_n,\boldsymbol{\beta})=n$$

故方程组 $x_1\boldsymbol{\alpha}_1+x_2\boldsymbol{\alpha}_2+\cdots+x_n\boldsymbol{\alpha}_n=\boldsymbol{\beta}$ 有唯一解，即向量 $\boldsymbol{\beta}$ 一定可以由向量组 $\boldsymbol{\alpha}_1,\boldsymbol{\alpha}_2,\cdots,\boldsymbol{\alpha}_n$ 唯一地线性表示。

4.12　向量组的极大线性无关组及秩

极大线性无关组（极大无关组）

1. 极大无关组定义

设向量组 T 的一个部分组 $\boldsymbol{\alpha}_1,\boldsymbol{\alpha}_2,\cdots,\boldsymbol{\alpha}_r$ 满足：

(1) $\boldsymbol{\alpha}_1,\boldsymbol{\alpha}_2,\cdots,\boldsymbol{\alpha}_r$ 线性无关。

(2) 向量组 T 中任意一个向量都可以由 $\boldsymbol{\alpha}_1,\boldsymbol{\alpha}_2,\cdots,\boldsymbol{\alpha}_r$ 线性表示。

则称 $\boldsymbol{\alpha}_1,\boldsymbol{\alpha}_2,\cdots,\boldsymbol{\alpha}_r$ 是向量组 T 的一个极大线性无关组，简称极大无关组。

2. 极大无关组举例

分析向量组 T_1：$\begin{bmatrix}1\\0\end{bmatrix}$，$\begin{bmatrix}0\\1\end{bmatrix}$，$\begin{bmatrix}3\\3\end{bmatrix}$，$\begin{bmatrix}1\\5\end{bmatrix}$，$\begin{bmatrix}2\\9\end{bmatrix}$，显然$\begin{bmatrix}1\\0\end{bmatrix}$，$\begin{bmatrix}0\\1\end{bmatrix}$是 T_1 的一个极大无关组。而向量组$\begin{bmatrix}1\\5\end{bmatrix}$，$\begin{bmatrix}2\\9\end{bmatrix}$线性无关，且 3 个二维向量的向量组$\begin{bmatrix}1\\5\end{bmatrix}$，$\begin{bmatrix}2\\9\end{bmatrix}$，$\begin{bmatrix}a\\b\end{bmatrix}$一定线性相关，于是$\begin{bmatrix}1\\5\end{bmatrix}$，$\begin{bmatrix}2\\9\end{bmatrix}$可以线性表示 T_1 中任意一个向量，故$\begin{bmatrix}1\\5\end{bmatrix}$，$\begin{bmatrix}2\\9\end{bmatrix}$也是 T_1 的一个极大无关组。其实 T_1 中的任意两个向量都是它的一个极大无关组。

分析向量组 T_2：$\begin{bmatrix}1\\0\\0\end{bmatrix}$，$\begin{bmatrix}0\\2\\0\end{bmatrix}$，$\begin{bmatrix}1\\2\\3\end{bmatrix}$，其极大无关组就是 T_2 本身。

分析向量组 T_3：$\begin{bmatrix}1\\0\\0\end{bmatrix}$，$\begin{bmatrix}0\\1\\0\end{bmatrix}$，$\begin{bmatrix}0\\0\\1\end{bmatrix}$，$\begin{bmatrix}0\\0\\0\end{bmatrix}$，其极大无关组为$\begin{bmatrix}1\\0\\0\end{bmatrix}$，$\begin{bmatrix}0\\1\\0\end{bmatrix}$，$\begin{bmatrix}0\\0\\1\end{bmatrix}$。

分析向量组 T_4：$\begin{bmatrix}1\\0\\0\end{bmatrix}$，$\begin{bmatrix}0\\1\\0\end{bmatrix}$，$\begin{bmatrix}0\\0\\1\end{bmatrix}$，$\begin{bmatrix}1\\2\\3\end{bmatrix}$，同 T_1 类似，T_4 的任意 3 个向量都是它的一个极大无关组。

综上所述，向量组 T_2 和 T_3 的极大无关组是唯一的，而向量组 T_1 和 T_4 的极大无关组是不唯一的。

3. 向量组秩的定义

向量组的秩

向量组 $\boldsymbol{\alpha}_1,\boldsymbol{\alpha}_2,\cdots,\boldsymbol{\alpha}_m$ 的极大线性无关组所含向量个数，称为该向量组的秩，记作 $R(\boldsymbol{\alpha}_1,\boldsymbol{\alpha}_2,\cdots,\boldsymbol{\alpha}_m)$。

根据向量组秩的定义，可以得到以上讨论的四个向量组 T_1、T_2、T_3 和 T_4 的秩分别为：2、3、3、3。

4. 特殊向量组的秩

(1) R(零向量组)$=0$。

规定只含零向量的向量组的秩为 0。

(2) R(n 维基本单位向量组)$=n$。

例如，三维基本单位向量组 $\begin{bmatrix}1\\0\\0\end{bmatrix}$，$\begin{bmatrix}0\\1\\0\end{bmatrix}$，$\begin{bmatrix}0\\0\\1\end{bmatrix}$ 的秩为 3。

4.13 向量组的秩与向量的个数

向量组的秩与向量的个数

因为向量组的秩就是其极大无关组所含向量的个数，所以有以下结论。

1. 秩不会大于其“尺寸”

向量组的秩不会大于其所含向量的个数，即

$$R(\boldsymbol{\alpha}_1,\boldsymbol{\alpha}_2,\cdots,\boldsymbol{\alpha}_m)\leqslant m$$

2. 降秩则相关

$$R(\boldsymbol{\alpha}_1,\boldsymbol{\alpha}_2,\cdots,\boldsymbol{\alpha}_m)<m \Leftrightarrow \text{向量组 } \boldsymbol{\alpha}_1,\boldsymbol{\alpha}_2,\cdots,\boldsymbol{\alpha}_m \text{ 线性相关}$$

3. 满秩则无关

$$R(\boldsymbol{\alpha}_1,\boldsymbol{\alpha}_2,\cdots,\boldsymbol{\alpha}_m)=m \Leftrightarrow \text{向量组 } \boldsymbol{\alpha}_1,\boldsymbol{\alpha}_2,\cdots,\boldsymbol{\alpha}_m \text{ 线性无关}$$

分析 4.12 节中的 T_1、T_2、T_3和 T_4 4 个向量组，只有 T_2 的秩刚好等于其所含向量的个数，所以 T_2 是线性无关的；而其他 3 个向量组的秩都小于其所含向量的个数，所以都是线性相关的。

4.14 “三秩相等”定理

“三秩相等”定理

1. 定理

虽然矩阵和向量组是两个不同的概念，其秩也有不同的定义，矩阵的秩是矩阵最高阶非零子式的阶数，而向量组的秩是其极大无关组所含向量的个数。但它们之间也存在相互的联系，一个矩阵既可以看成一个行向量组，也可以看成一个列向量组。可以证明矩阵的秩等于其行向量组的秩，也等于其列向量组的秩，即“三秩相等定理”。

例如，已知矩阵 $\boldsymbol{A}=\begin{bmatrix}1&2&3&4\\4&3&2&1\\2&1&0&-1\end{bmatrix}$，则有行向量组 $\boldsymbol{\alpha}_1=(1,2,3,4)$，$\boldsymbol{\alpha}_2=(4,3,2,1)$，$\boldsymbol{\alpha}_3=(2,1,0,-1)$ 和列向量组 $\boldsymbol{\beta}_1=\begin{bmatrix}1\\4\\2\end{bmatrix}$，$\boldsymbol{\beta}_2=\begin{bmatrix}2\\3\\1\end{bmatrix}$，$\boldsymbol{\beta}_3=\begin{bmatrix}3\\2\\0\end{bmatrix}$，$\boldsymbol{\beta}_4=\begin{bmatrix}4\\1\\-1\end{bmatrix}$，根据三秩相等定理有

$$R(\boldsymbol{A})=R(\boldsymbol{\alpha}_1,\boldsymbol{\alpha}_2,\boldsymbol{\alpha}_3)=R(\boldsymbol{\beta}_1,\boldsymbol{\beta}_2,\boldsymbol{\beta}_3,\boldsymbol{\beta}_4)$$

2. 矩阵的满秩与降秩

根据“三秩相等”定理知：

(1) 若 n 阶矩阵 $\boldsymbol{A}$ 行(列)满秩，则 $\boldsymbol{A}$ 也列(行)满秩。

(2) 若 n 阶矩阵 $\boldsymbol{A}$ 行(列)降秩，则 $\boldsymbol{A}$ 也列(行)降秩。

(3) n 阶矩阵 $\boldsymbol{A}$ 的行向量组与列向量组有相同的线性相关性。

(4) 若 $m<n$，则 $m\times n$ 矩阵 $\boldsymbol{A}$ 列降秩。

(5) 若 $m<n$，则 $m\times n$ 矩阵 $\boldsymbol{A}$ 列向量组线性相关。

3. 向量组秩的求法

根据“三秩相等”定理，有以下求向量组秩的方法：对列向量组构成的矩阵 $\boldsymbol{A}=(\boldsymbol{\alpha}_1,\boldsymbol{\alpha}_2,\cdots,\boldsymbol{\alpha}_m)$ 进行初等行变换，当化为行阶梯矩阵 $\boldsymbol{B}=(\boldsymbol{\beta}_1,\boldsymbol{\beta}_2,\cdots,\boldsymbol{\beta}_m)$ 时，有 $R(\boldsymbol{\alpha}_1,\boldsymbol{\alpha}_2,\cdots,\boldsymbol{\alpha}_m)=R(\boldsymbol{A})=R(\boldsymbol{B})=\boldsymbol{B}$ 的非零行数。

4.15　向量组的等价

向量组的等价

1. 向量组等价的定义

若向量组 T_1：$\boldsymbol{\alpha}_1,\boldsymbol{\alpha}_2,\cdots,\boldsymbol{\alpha}_m$ 与向量组 T_2：$\boldsymbol{\beta}_1,\boldsymbol{\beta}_2,\cdots,\boldsymbol{\beta}_n$ 可以相互线性表示，那么称向量组 T_1 与向量组 T_2 等价。

等价具有传递性：若 T_1 与 T_2 等价，且 T_2 与 T_3 等价，则 T_1 与 T_3 也等价。

2. 等价的向量组

(1) 向量组与其极大无关组等价。设 T_1 是向量组 T 的一个极大无关组，所以 T_1 可以线性表示 T 中的所有向量；另一方面，T_1 是 T 的一部分，当然 T 可以线性表示 T_1。故 T_1 与 T 等价。

(2) 向量组的任意两个极大无关组等价。设 T_1 和 T_2 是向量组 T 的两个极大无关组，则 T 与 T_1 等价，且 T 与 T_2 等价，根据等价的传递性知 T_1 与 T_2 等价。

4.16　向量组间的线性表示与秩的定理

向量组间的线性表示与秩的定理

1. 定理

(1) 若向量组 $\boldsymbol{\alpha}_1,\boldsymbol{\alpha}_2,\cdots,\boldsymbol{\alpha}_m$ 可由向量组 $\boldsymbol{\beta}_1,\boldsymbol{\beta}_2,\cdots,\boldsymbol{\beta}_n$ 线性表示，则

$$R(\boldsymbol{\alpha}_1,\boldsymbol{\alpha}_2,\cdots,\boldsymbol{\alpha}_m)\leqslant R(\boldsymbol{\beta}_1,\boldsymbol{\beta}_2,\cdots,\boldsymbol{\beta}_n)$$

向量组的秩就是极大无关组所含向量的个数，可以把秩形象地理解为向量组的“能力”或“级别”，若向量组甲能线性表示乙，说明甲的“能力”或“级别”不会小于乙，即：$R(甲)\geqslant R(乙)$。

(2) 若向量组 $\boldsymbol{\alpha}_1,\boldsymbol{\alpha}_2,\cdots,\boldsymbol{\alpha}_m$ 与向量组 $\boldsymbol{\beta}_1,\boldsymbol{\beta}_2,\cdots,\boldsymbol{\beta}_n$ 等价，则

$$R(\boldsymbol{\alpha}_1,\boldsymbol{\alpha}_2,\cdots,\boldsymbol{\alpha}_m)=R(\boldsymbol{\beta}_1,\boldsymbol{\beta}_2,\cdots,\boldsymbol{\beta}_n)$$

若向量组甲和乙可以相互线性表示，那么它们的“能力”或“级别”就一致，于是有 $R(甲)=R(乙)$。

2. 向量组等价与矩阵等价

(1) 概念上的区别。

矩阵和向量组是两个不同的概念，矩阵等价和向量组等价也有不同的定义。若矩阵 $\boldsymbol{A}$

经过若干次初等变换化为$\boldsymbol{B}$，那么矩阵$\boldsymbol{A}$与$\boldsymbol{B}$等价。若向量组T_1与向量组T_2可以相互线性表示，则向量组T_1与T_2等价。

(2) 相互关系。

若矩阵$\boldsymbol{A}$与$\boldsymbol{B}$同型，且$\boldsymbol{A}$的列向量组与$\boldsymbol{B}$的列向量组等价，则矩阵$\boldsymbol{A}$与$\boldsymbol{B}$等价。

例如，若列向量组$\boldsymbol{\alpha}_1,\boldsymbol{\alpha}_2,\boldsymbol{\alpha}_3$与$\boldsymbol{\beta}_1,\boldsymbol{\beta}_2,\boldsymbol{\beta}_3$等价，则矩阵$\boldsymbol{A}=(\boldsymbol{\alpha}_1,\boldsymbol{\alpha}_2,\boldsymbol{\alpha}_3)$与$\boldsymbol{B}=(\boldsymbol{\beta}_1,\boldsymbol{\beta}_2,\boldsymbol{\beta}_3)$等价。

注意该命题的逆命题不成立，例如，矩阵$\boldsymbol{A}=\begin{bmatrix}1 & 2\\0 & 0\end{bmatrix}$与$\boldsymbol{B}=\begin{bmatrix}0 & 0\\1 & 7\end{bmatrix}$等价，但它们的列向量组$\boldsymbol{\alpha}_1=\begin{bmatrix}1\\0\end{bmatrix}$，$\boldsymbol{\alpha}_2=\begin{bmatrix}2\\0\end{bmatrix}$与$\boldsymbol{\beta}_1=\begin{bmatrix}0\\1\end{bmatrix}$，$\boldsymbol{\beta}_2=\begin{bmatrix}0\\7\end{bmatrix}$不等价。

(3) 等价与等秩。

针对向量组T_1和T_2，有以下“单向”结论：

$$T_1\text{与}T_2\text{等价}\Rightarrow R(T_1)=R(T_2)$$

针对同型矩阵$\boldsymbol{A}$和$\boldsymbol{B}$，有以下“双向”结论：

$$\boldsymbol{A}\text{与}\boldsymbol{B}\text{等价}\Leftrightarrow R(\boldsymbol{A})=R(\boldsymbol{B})$$

4.17 向量组的“紧凑性”与“臃肿性”

向量组的“紧凑性”与“臃肿性”

1. 向量组的“紧凑性”

线性无关向量组可以形象地理解为“紧凑”的，没有“多余”的向量，即任何一个向量都不能由其余向量线性表示，各个向量都有自己的“特色”。

2. 向量组的“臃肿性”

线性相关向量组可以形象地理解为“臃肿”的，总有“多余”的向量，即至少存在一个向量能由其余向量线性表示，这个向量可以形象地理解为“多余”的。

3. 向量组“臃肿性”和“紧凑性”的相关定理

从向量组的“臃肿性”与“紧凑性”概念出发，有以下三个定理。

(1) 若向量组$\boldsymbol{\beta}_1,\boldsymbol{\beta}_2,\cdots,\boldsymbol{\beta}_t$可以由向量组$\boldsymbol{\alpha}_1,\boldsymbol{\alpha}_2,\cdots,\boldsymbol{\alpha}_s$线性表示，且$s<t$，则向量组$\boldsymbol{\beta}_1,\boldsymbol{\beta}_2,\cdots,\boldsymbol{\beta}_t$线性相关。

例如，若向量组$\boldsymbol{\beta}_1,\boldsymbol{\beta}_2,\boldsymbol{\beta}_3,\boldsymbol{\beta}_4$可由向量组$\boldsymbol{\alpha}_1,\boldsymbol{\alpha}_2,\boldsymbol{\alpha}_3$线性表示，那么$\boldsymbol{\beta}_1,\boldsymbol{\beta}_2,\boldsymbol{\beta}_3,\boldsymbol{\beta}_4$一定线性相关。

证明：因为向量组$\boldsymbol{\beta}_1,\boldsymbol{\beta}_2,\boldsymbol{\beta}_3,\boldsymbol{\beta}_4$可由向量组$\boldsymbol{\alpha}_1,\boldsymbol{\alpha}_2,\boldsymbol{\alpha}_3$线性表示，所以有$R(\boldsymbol{\beta}_1,\boldsymbol{\beta}_2,\boldsymbol{\beta}_3,\boldsymbol{\beta}_4)\leqslant R(\boldsymbol{\alpha}_1,\boldsymbol{\alpha}_2,\boldsymbol{\alpha}_3)$，而$R(\boldsymbol{\alpha}_1,\boldsymbol{\alpha}_2,\boldsymbol{\alpha}_3)\leqslant 3<4$，故$R(\boldsymbol{\beta}_1,\boldsymbol{\beta}_2,\boldsymbol{\beta}_3,\boldsymbol{\beta}_4)<4$，于是向量组$\boldsymbol{\beta}_1,\boldsymbol{\beta}_2,\boldsymbol{\beta}_3,\boldsymbol{\beta}_4$线性相关。

形象上理解：3个向量$\boldsymbol{\alpha}_1,\boldsymbol{\alpha}_2,\boldsymbol{\alpha}_3$能把4个向量$\boldsymbol{\beta}_1,\boldsymbol{\beta}_2,\boldsymbol{\beta}_3,\boldsymbol{\beta}_4$线性表示，那么$\boldsymbol{\beta}_1,\boldsymbol{\beta}_2,\boldsymbol{\beta}_3,\boldsymbol{\beta}_4$一定是“臃肿的”，有“多余”的。

(2) 若向量组$\boldsymbol{\beta}_1,\boldsymbol{\beta}_2,\cdots,\boldsymbol{\beta}_t$可以由向量组$\boldsymbol{\alpha}_1,\boldsymbol{\alpha}_2,\cdots,\boldsymbol{\alpha}_s$线性表示，且向量组$\boldsymbol{\beta}_1,\boldsymbol{\beta}_2,\cdots,\boldsymbol{\beta}_t$线性无关，则$s\geqslant t$。

(3) 若向量组$\boldsymbol{\beta}_1,\boldsymbol{\beta}_2,\cdots,\boldsymbol{\beta}_t$与向量组$\boldsymbol{\alpha}_1,\boldsymbol{\alpha}_2,\cdots,\boldsymbol{\alpha}_s$可以相互线性表示，且两个向量组都

线性无关，则 $t=s$。

4.18　向量组的秩和极大无关组的求解

向量组的秩和
极大无关组的求解

1. 定理

矩阵 $\boldsymbol{A}$ 经初等行变换化为 $\boldsymbol{B}$，则

(1) 矩阵 $\boldsymbol{A}$ 与 $\boldsymbol{B}$ 对应的任何列向量构成的向量组有相同的线性相关性。

(2) 矩阵 $\boldsymbol{A}$ 的行向量组与 $\boldsymbol{B}$ 的行向量组等价。

2. 向量组极大无关组的求法

根据以上定理可以得到，向量组极大无关组的求解及由极大无关组线性表示其余向量的方法如下：

对列向量组构成的矩阵 $\boldsymbol{A}=(\boldsymbol{\alpha}_1,\boldsymbol{\alpha}_2,\cdots,\boldsymbol{\alpha}_m)$ 进行初等行变换，当化为行最简形矩阵 $\boldsymbol{B}=(\boldsymbol{\beta}_1,\boldsymbol{\beta}_2,\cdots,\boldsymbol{\beta}_m)$ 时，矩阵 $\boldsymbol{B}$ 非零行的第一个非零元素所在的列组成的向量组即为 $\boldsymbol{B}$ 的一个极大无关组，而其余列向量可以很容易地由该极大无关组线性表示。$\boldsymbol{A}$ 的极大无关组及其余向量由极大无关组的线性表示也随之求得。

例如，已知向量组 $\boldsymbol{A}=(\boldsymbol{\alpha}_1,\boldsymbol{\alpha}_2,\boldsymbol{\alpha}_3,\boldsymbol{\alpha}_4,\boldsymbol{\alpha}_5)=\begin{bmatrix}1&3&2&9&6\\1&4&3&3&-2\\0&0&0&2&2\\2&8&6&1&-9\end{bmatrix}$，求向量组的一个极大无关组，并用该极大无关组线性表示其余向量。

首先对 $\boldsymbol{A}$ 进行初等行变换：

$$\boldsymbol{A}\xrightarrow{\text{初等行变换}}\boldsymbol{B}=(\boldsymbol{\beta}_1,\boldsymbol{\beta}_2,\boldsymbol{\beta}_3,\boldsymbol{\beta}_4,\boldsymbol{\beta}_5)=\begin{bmatrix}1&0&-1&0&3\\0&1&1&0&-2\\0&0&0&1&1\\0&0&0&0&0\end{bmatrix}$$

$\boldsymbol{B}$ 的极大无关组为 $\boldsymbol{\beta}_1$，$\boldsymbol{\beta}_2$，$\boldsymbol{\beta}_4$，显然有 $\boldsymbol{\beta}_3=-\boldsymbol{\beta}_1+\boldsymbol{\beta}_2$，$\boldsymbol{\beta}_5=3\boldsymbol{\beta}_1-2\boldsymbol{\beta}_2+\boldsymbol{\beta}_4$。所以 $\boldsymbol{A}$ 的极大无关组为 $\boldsymbol{\alpha}_1$，$\boldsymbol{\alpha}_2$，$\boldsymbol{\alpha}_4$，而 $\boldsymbol{\alpha}_3=-\boldsymbol{\alpha}_1+\boldsymbol{\alpha}_2$，$\boldsymbol{\alpha}_5=3\boldsymbol{\alpha}_1-2\boldsymbol{\alpha}_2+\boldsymbol{\alpha}_4$。

4.19　向量空间的定义(仅数学一要求)

向量空间的定义

1. 定义

设 V 是 n 维向量构成的非空集合，且满足：

(1) 对任意 $\boldsymbol{\alpha}$，$\boldsymbol{\beta}\in V$，有 $\boldsymbol{\alpha}+\boldsymbol{\beta}\in V$ (V 对向量加法运算封闭)。

(2) 对任意 $\boldsymbol{\alpha}\in V$ 和任意数 k，有 $k\boldsymbol{\alpha}\in V$ (V 对向量数乘运算封闭)。

则称集合 V 为向量空间。

2. 举例

$V_1=\{(1,y,z)^{\mathrm{T}}\mid y,z\in\mathbf{R}\}$：$V_1$ 不满足向量加法封闭性，所以 V_1 不是向量空间。

$V_2=\{(x,0,z)^T|x,z\in\mathbf{R}\}$：$V_2$ 满足向量加法和数乘的封闭性，所以 V_2 是向量空间。

$V_3=\{(x,y,z)^T|x,y,z\in\mathbf{R}$,且满足 $x+y+z=1\}$：V_3 不满足向量加法封闭性，所以 V_3 不是向量空间。

$V_4=\{(x,y,z)^T|x,y,z\in\mathbf{R}$,且满足 $x+y+z=0\}$：V_4 满足向量加法和数乘的封闭性，所以 V_4 是向量空间。

$V_5=\{\boldsymbol{x}=\lambda\boldsymbol{\alpha}+\mu\boldsymbol{\beta}|\lambda,\mu\in\mathbf{R}\}$($\boldsymbol{\alpha}$, $\boldsymbol{\beta}$ 为 n 维线性无关向量组)：V_5 满足向量加法和数乘的封闭性，所以 V_5 是向量空间。

4.20 向量空间的基与维数(仅数学一要求)

向量空间的基与维数

1. 定义

设 V 是向量空间，$\boldsymbol{\alpha}_1,\boldsymbol{\alpha}_2,\cdots,\boldsymbol{\alpha}_m\in V$，且满足：

(1) $\boldsymbol{\alpha}_1,\boldsymbol{\alpha}_2,\cdots,\boldsymbol{\alpha}_m$ 线性无关。

(2) V 中任一向量都可以由 $\boldsymbol{\alpha}_1,\boldsymbol{\alpha}_2,\cdots,\boldsymbol{\alpha}_m$ 线性表示。

则称 $\boldsymbol{\alpha}_1,\boldsymbol{\alpha}_2,\cdots,\boldsymbol{\alpha}_m$ 为向量空间 V 的一组基，m 称为 V 的维数，记为 $\dim(V)=m$。

向量空间的基相当于一个向量组的极大无关组；向量空间的维数相当于向量组的秩。

2. 举例

$V_2=\{(x,0,z)^T|x,z\in\mathbf{R}\}$：空间 V_2 的一组基为 $(1,0,0)^T$，$(0,0,1)^T$，V_2 的维数是 2。

$V_4=\{(x,y,z)^T|x,y,z\in\mathbf{R}$, 且满足 $x+y+z=0\}$：空间 V_4 的一组基为 $(-1,1,0)^T$，$(-1,0,1)^T$，V_4 的维数是 2。

$V_5=\{\boldsymbol{x}=\lambda\boldsymbol{\alpha}+\mu\boldsymbol{\beta}|\lambda,\mu\in\mathbf{R}\}$($\boldsymbol{\alpha}$, $\boldsymbol{\beta}$ 为 n 维线性无关向量组)：空间 V_5 的一组基为 $\boldsymbol{\alpha}$, $\boldsymbol{\beta}$, V_5 的维数是 2。

3. 向量的维数与向量空间的维数

向量的维数是指向量所含元素的个数，而向量空间的维数是这个空间一个基所含向量的个数。

例如以上讨论的 V_2、V_4 和 V_5 都是二维向量空间，其中 V_2 和 V_4 中的向量是三维向量，V_5 中的向量是 n 维向量。

若一个向量空间的向量都是 n 维向量，那么这个向量空间的最高可能维数是 n。

4.21 n 维实向量空间 $\mathbf{R}^n$(仅数学一要求)

n 维实向量空间 $\mathbf{R}^n$

1. 定义

所有 n 维实向量构成的集合是一个向量空间，称为 n 维实向量空间 $\mathbf{R}^n$。

例如所有三维实向量构成的集合，显然该集合对向量加法和数乘是封闭的，所以该集合就是一个向量空间，把它称为三维实向量空间 $\mathbf{R}^3$。

2. n 维实向量空间 $\mathbf{R}^n$ 的基

(1) n 维基本单位向量组 $\boldsymbol{\varepsilon}_1,\boldsymbol{\varepsilon}_2,\cdots,\boldsymbol{\varepsilon}_n$ 是 $\mathbf{R}^n$ 的一组基。

例如，$\boldsymbol{\varepsilon}_1=\begin{bmatrix}1\\0\\0\end{bmatrix}$，$\boldsymbol{\varepsilon}_2=\begin{bmatrix}0\\1\\0\end{bmatrix}$，$\boldsymbol{\varepsilon}_3=\begin{bmatrix}0\\0\\1\end{bmatrix}$是三维实向量空间 $\mathbf{R}^3$ 的一组基。

(2) n 个线性无关的 n 维实向量是 $\mathbf{R}^n$ 的一组基。

例如，若三维列向量 $\boldsymbol{\alpha}_1,\boldsymbol{\alpha}_2,\boldsymbol{\alpha}_3$ 线性无关，设 $\boldsymbol{\beta}$ 是 $\mathbf{R}^3$ 的任意一个向量，则 4 个三维向量 $\boldsymbol{\alpha}_1$，$\boldsymbol{\alpha}_2,\boldsymbol{\alpha}_3$，$\boldsymbol{\beta}$ 必相关，于是 $\boldsymbol{\beta}$ 可以由 $\boldsymbol{\alpha}_1,\boldsymbol{\alpha}_2,\boldsymbol{\alpha}_3$ 唯一地线性表示，所以 $\boldsymbol{\alpha}_1,\boldsymbol{\alpha}_2,\boldsymbol{\alpha}_3$ 是 $\mathbf{R}^3$ 的一组基。

(3) n 阶可逆矩阵的列(行)向量组是 $\mathbf{R}^n$ 的一组基。

例如，三阶矩阵 $\boldsymbol{A}$ 满足 $|\boldsymbol{A}|\neq 0$，即 $\boldsymbol{A}$ 可逆，那么 $\boldsymbol{A}$ 的 3 个三维列(行)向量组线性无关，则它是 $\mathbf{R}^3$ 的一组基。

4.22　向量在基下的坐标(仅数学一要求)

向量在基下的坐标

1. 定义

设 $\boldsymbol{\alpha}_1,\boldsymbol{\alpha}_2,\cdots,\boldsymbol{\alpha}_m$ 是 m 维向量空间 V 的一组基，对 $\boldsymbol{\beta}\in V$，有 $\boldsymbol{\beta}=x_1\boldsymbol{\alpha}_1+x_2\boldsymbol{\alpha}_2+\cdots+x_m\boldsymbol{\alpha}_m$，组合系数构成的向量 $(x_1,x_2,\cdots,x_m)^{\mathrm{T}}$ 称为 $\boldsymbol{\beta}$ 在基 $\boldsymbol{\alpha}_1,\boldsymbol{\alpha}_2,\cdots,\boldsymbol{\alpha}_m$ 下的坐标。

一个向量在同一个基下的坐标是唯一的，但在不同基下的坐标一般是不同的。

2. 举例

设 $\boldsymbol{\alpha}_1,\boldsymbol{\alpha}_2,\boldsymbol{\alpha}_3$ 是向量空间 V 中的一组基，而 V 的某向量 $\boldsymbol{\beta}$ 可以由 $\boldsymbol{\alpha}_1,\boldsymbol{\alpha}_2,\boldsymbol{\alpha}_3$ 线性表示为

$$\boldsymbol{\beta}=2\boldsymbol{\alpha}_1-\boldsymbol{\alpha}_2+5\boldsymbol{\alpha}_3$$

则 $\boldsymbol{\beta}=(\boldsymbol{\alpha}_1,\boldsymbol{\alpha}_2,\boldsymbol{\alpha}_3)\begin{bmatrix}2\\-1\\5\end{bmatrix}$，其中 $\begin{bmatrix}2\\-1\\5\end{bmatrix}$ 即为 $\boldsymbol{\beta}$ 在基 $\boldsymbol{\alpha}_1,\boldsymbol{\alpha}_2,\boldsymbol{\alpha}_3$ 下的坐标。

4.23　过渡矩阵(仅数学一要求)

过渡矩阵

1. 定义

设 $\boldsymbol{\alpha}_1,\boldsymbol{\alpha}_2,\cdots,\boldsymbol{\alpha}_m$ 和 $\boldsymbol{\beta}_1,\boldsymbol{\beta}_2,\cdots,\boldsymbol{\beta}_m$ 都是向量空间 V 的基，它们存在以下关系式：

$$(\boldsymbol{\beta}_1,\boldsymbol{\beta}_2,\cdots,\boldsymbol{\beta}_m)=(\boldsymbol{\alpha}_1,\boldsymbol{\alpha}_2,\cdots,\boldsymbol{\alpha}_m)\begin{bmatrix}c_{11} & c_{12} & \cdots & c_{1m}\\ c_{21} & c_{22} & \cdots & c_{2m}\\ \vdots & \vdots & & \vdots\\ c_{m1} & c_{m2} & \cdots & c_{mm}\end{bmatrix}=(\boldsymbol{\alpha}_1,\boldsymbol{\alpha}_2,\cdots,\boldsymbol{\alpha}_m)\boldsymbol{C}$$

其中，矩阵 $\boldsymbol{C}$ 称为从基 $\boldsymbol{\alpha}_1,\boldsymbol{\alpha}_2,\cdots,\boldsymbol{\alpha}_m$ 到基 $\boldsymbol{\beta}_1,\boldsymbol{\beta}_2,\cdots,\boldsymbol{\beta}_m$ 的过渡矩阵。

过渡矩阵是表述两组基之间线性表示关系的矩阵。

2. 举例

已知 $\boldsymbol{\alpha}_1=\begin{bmatrix}0\\-1\end{bmatrix}$, $\boldsymbol{\alpha}_2=\begin{bmatrix}2\\0\end{bmatrix}$ 和 $\boldsymbol{\beta}_1=\begin{bmatrix}2\\4\end{bmatrix}$, $\boldsymbol{\beta}_2=\begin{bmatrix}6\\8\end{bmatrix}$ 是二维实向量空间 $\mathbf{R}^2$ 的两组基，这两组基有线性表示关系：$\boldsymbol{\beta}_1=(-4)\boldsymbol{\alpha}_1+\boldsymbol{\alpha}_2$，$\boldsymbol{\beta}_2=(-8)\boldsymbol{\alpha}_1+3\boldsymbol{\alpha}_2$，写成矩阵等式关系为

$$(\boldsymbol{\beta}_1,\boldsymbol{\beta}_2)=(\boldsymbol{\alpha}_1,\boldsymbol{\alpha}_2)\begin{bmatrix}-4&-8\\1&3\end{bmatrix}$$

其中矩阵 $\begin{bmatrix}-4&-8\\1&3\end{bmatrix}$ 称为从基 $\boldsymbol{\alpha}_1,\boldsymbol{\alpha}_2$ 到基 $\boldsymbol{\beta}_1,\boldsymbol{\beta}_2$ 的过渡矩阵。

4.24 向量的内积

向量的内积

设 n 维列向量 $\boldsymbol{\alpha}=(a_1,a_2,\cdots,a_n)^{\mathrm{T}}$ 和 $\boldsymbol{\beta}=(b_1,b_2,\cdots,b_n)^{\mathrm{T}}$，称数 $a_1b_1+a_2b_2+\cdots+a_nb_n$ 为向量 $\boldsymbol{\alpha}$ 与 $\boldsymbol{\beta}$ 的内积，记作 $(\boldsymbol{\alpha},\boldsymbol{\beta})$ 或 $[\boldsymbol{\alpha},\boldsymbol{\beta}]$。向量的内积在不同场合也可以称为数量积或点积。

根据矩阵乘法法则，有 $(\boldsymbol{\alpha},\boldsymbol{\beta})=\boldsymbol{\alpha}^{\mathrm{T}}\boldsymbol{\beta}=\boldsymbol{\beta}^{\mathrm{T}}\boldsymbol{\alpha}$。

例如，设 $\boldsymbol{\alpha}=\begin{bmatrix}1\\2\\3\end{bmatrix}$，$\boldsymbol{\beta}=\begin{bmatrix}3\\1\\2\end{bmatrix}$，则它们的内积为 $(\boldsymbol{\alpha},\boldsymbol{\beta})=\boldsymbol{\alpha}^{\mathrm{T}}\boldsymbol{\beta}=\boldsymbol{\beta}^{\mathrm{T}}\boldsymbol{\alpha}=1\times3+2\times1+3\times2=11$。

4.25 向量的长度

向量的长度

1. 向量的几何含义

一个二维向量可以理解为二维平面上的一个有方向的线段。一个三维向量可以理解为三维平面上的一个有方向的线段。图 4.2 给出了一个二维向量 $\boldsymbol{\alpha}=\begin{bmatrix}1\\2\end{bmatrix}$ 的几何含义。

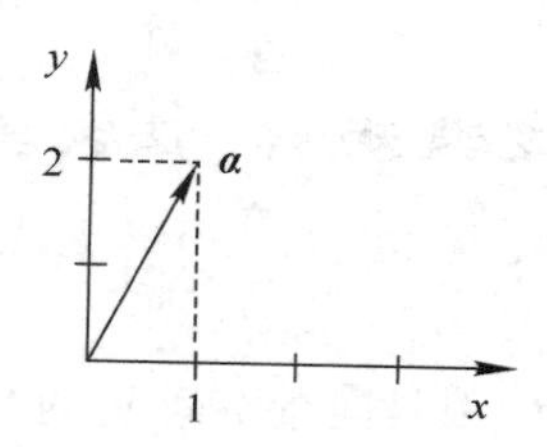

图 4.2　二维向量几何含义

2. 向量的长度

根据二维和三维向量的几何含义，可以得到 n 维向量长度的计算公式。

设向量 $\boldsymbol{\alpha}=(a_1,a_2,\cdots,a_n)^{\mathrm{T}}$，称数 $\sqrt{(\boldsymbol{\alpha},\boldsymbol{\alpha})}=\sqrt{a_1^2+a_2^2+\cdots+a_n^2}$ 为向量 $\boldsymbol{\alpha}$ 的长度(或范数)，记作 $\|\boldsymbol{\alpha}\|$。

只有零向量的长度为零，非零向量的长度总是正的。

例如，向量 $\boldsymbol{\alpha}=(1,2)^{\mathrm{T}}$ 的长度为 $\sqrt{(\boldsymbol{\alpha},\boldsymbol{\alpha})}=\sqrt{1^2+2^2}=\sqrt{5}$，向量 $\boldsymbol{\beta}=(2,3,7)^{\mathrm{T}}$ 的长度为 $\sqrt{(\boldsymbol{\beta},\boldsymbol{\beta})}=\sqrt{2^2+3^2+7^2}=\sqrt{62}$。

3. 单位化

把长度为 1 的向量称为单位向量。例如 $(1,0,0)^{\mathrm{T}}$，$(0,1,0)^{\mathrm{T}}$，$(0,0,1)^{\mathrm{T}}$，$\left(0,\frac{1}{\sqrt{2}},\frac{1}{\sqrt{2}}\right)^{\mathrm{T}}$ 都是单位向量。

把非零向量化为与之方向相同的单位向量的过程称为单位化：$\boldsymbol{\alpha}\rightarrow\frac{\boldsymbol{\alpha}}{\sqrt{(\boldsymbol{\alpha},\boldsymbol{\alpha})}}$。例如，把向量 $\boldsymbol{\alpha}=(1,2)^{\mathrm{T}}$ 单位化后的结果为 $\frac{1}{\sqrt{5}}(1,2)^{\mathrm{T}}$，把向量 $\boldsymbol{\beta}=(2,3,7)^{\mathrm{T}}$ 单位化后的结果为 $\frac{1}{\sqrt{62}}(2,3,7)^{\mathrm{T}}$。

4.26　向量的夹角

向量的夹角

1. 向量夹角的定义

设 $\boldsymbol{\alpha}$、$\boldsymbol{\beta}$ 是 n 维非零向量，称 $\theta=\arccos\frac{(\boldsymbol{\alpha},\boldsymbol{\beta})}{\|\boldsymbol{\alpha}\|\,\|\boldsymbol{\beta}\|}$ 为 n 维向量 $\boldsymbol{\alpha}$、$\boldsymbol{\beta}$ 的夹角，记作 $\langle\boldsymbol{\alpha},\boldsymbol{\beta}\rangle$。

若 $(\boldsymbol{\alpha},\boldsymbol{\beta})=0$，则称 $\boldsymbol{\alpha}$ 与 $\boldsymbol{\beta}$ 正交(垂直)。

零向量与任意向量都正交。

2. 正交向量组

(1) 定义：两两正交的非零向量组称为正交向量组。

例如，基本单位向量组 $\boldsymbol{\varepsilon}_1=(1,0,0)^{\mathrm{T}}$，$\boldsymbol{\varepsilon}_2=(0,1,0)^{\mathrm{T}}$，$\boldsymbol{\varepsilon}_3=(0,0,1)^{\mathrm{T}}$ 是正交向量组；向量组 $\boldsymbol{\alpha}_1=(1,0,0)^{\mathrm{T}}$，$\boldsymbol{\alpha}_2=(0,1,1)^{\mathrm{T}}$，$\boldsymbol{\alpha}_3=(0,-1,1)^{\mathrm{T}}$ 也是正交向量组。

(2) 定理：正交向量组必线性无关。

例如，$\boldsymbol{\alpha}_1,\boldsymbol{\alpha}_2,\boldsymbol{\alpha}_3$ 为两两正交的非零列向量，设 $k_1\boldsymbol{\alpha}_1+k_2\boldsymbol{\alpha}_2+k_3\boldsymbol{\alpha}_3=\mathbf{0}$，用 $\boldsymbol{\alpha}_1^{\mathrm{T}}$ 左乘矩阵等式两端，有 $\boldsymbol{\alpha}_1^{\mathrm{T}}(k_1\boldsymbol{\alpha}_1+k_2\boldsymbol{\alpha}_2+k_3\boldsymbol{\alpha}_3)=\boldsymbol{\alpha}_1^{\mathrm{T}}\mathbf{0}$，因为 $\boldsymbol{\alpha}_1^{\mathrm{T}}\boldsymbol{\alpha}_1=\|\boldsymbol{\alpha}_1\|^2$，$\boldsymbol{\alpha}_1^{\mathrm{T}}\boldsymbol{\alpha}_2=\boldsymbol{\alpha}_1^{\mathrm{T}}\boldsymbol{\alpha}_3=\mathbf{0}$，则有 $k_1\|\boldsymbol{\alpha}_1\|^2=0$，又因为 $\|\boldsymbol{\alpha}_1\|\neq0$，所以有 $k_1=0$，同理可以证明 $k_2=k_3=0$，于是向量组 $\boldsymbol{\alpha}_1$，$\boldsymbol{\alpha}_2,\boldsymbol{\alpha}_3$ 线性无关。

3. 正交基及规范正交基(或标准正交基)(仅数学一要求)

正交基及规范正交基(或标准正交基)

若向量空间 V 的基 $\boldsymbol{\alpha}_1,\boldsymbol{\alpha}_2,\cdots,\boldsymbol{\alpha}_m$ 为正交向量组，则该基称为正交基。

若向量空间 V 的基 $\boldsymbol{\alpha}_1,\boldsymbol{\alpha}_2,\cdots,\boldsymbol{\alpha}_m$ 为正交基，且基中每个向量都是单位向量，那么该基称为规范正交基(或标准正交基)。

例如，$\boldsymbol{\varepsilon}_1=(1,0,0)^{\mathrm{T}}$，$\boldsymbol{\varepsilon}_2=(0,1,0)^{\mathrm{T}}$，$\boldsymbol{\varepsilon}_3=(0,0,1)^{\mathrm{T}}$ 是 $\mathbf{R}^3$ 的一个标准正交基；$\boldsymbol{\alpha}_1=(1,0,0)^{\mathrm{T}}$，$\boldsymbol{\alpha}_2=\left(0,\frac{1}{\sqrt{2}},\frac{1}{\sqrt{2}}\right)^{\mathrm{T}}$，$\boldsymbol{\alpha}_3=\left(0,-\frac{1}{\sqrt{2}},\frac{1}{\sqrt{2}}\right)^{\mathrm{T}}$ 也是 $\mathbf{R}^3$ 的一个标准正交基。

4. 施密特正交化

施密特正交化

设 $\boldsymbol{\alpha}_1,\boldsymbol{\alpha}_2,\cdots,\boldsymbol{\alpha}_m$ 是向量空间 V 的一组基，从基 $\boldsymbol{\alpha}_1,\boldsymbol{\alpha}_2,\cdots,\boldsymbol{\alpha}_m$ 出发，找出空间 V 的一组规范正交基 $\xi_1,\xi_2,\cdots,\xi_m$，这个过程称为规范正交化。

施密特正交化公式如下：

$$\boldsymbol{\beta}_1=\boldsymbol{\alpha}_1$$

$$\boldsymbol{\beta}_2=\boldsymbol{\alpha}_2-\frac{(\boldsymbol{\alpha}_2,\boldsymbol{\beta}_1)}{(\boldsymbol{\beta}_1,\boldsymbol{\beta}_1)}\boldsymbol{\beta}_1$$

$$\vdots$$

$$\boldsymbol{\beta}_m=\boldsymbol{\alpha}_m-\frac{(\boldsymbol{\alpha}_m,\boldsymbol{\beta}_1)}{(\boldsymbol{\beta}_1,\boldsymbol{\beta}_1)}\boldsymbol{\beta}_1-\frac{(\boldsymbol{\alpha}_m,\boldsymbol{\beta}_2)}{(\boldsymbol{\beta}_2,\boldsymbol{\beta}_2)}\boldsymbol{\beta}_2-\cdots-\frac{(\boldsymbol{\alpha}_m,\boldsymbol{\beta}_{m-1})}{(\boldsymbol{\beta}_{m-1},\boldsymbol{\beta}_{m-1})}\boldsymbol{\beta}_{m-1}$$

可以证明，$\boldsymbol{\beta}_1,\boldsymbol{\beta}_2,\cdots,\boldsymbol{\beta}_m$ 两两正交，且 $\boldsymbol{\beta}_1,\boldsymbol{\beta}_2,\cdots,\boldsymbol{\beta}_k$ 与 $\boldsymbol{\alpha}_1,\boldsymbol{\alpha}_2,\cdots,\boldsymbol{\alpha}_k$ 等价，其中 $1\leqslant k\leqslant m$。

用施密特正交化法可以把向量空间的一组基化为正交基，再进一步可以把正交基 $\boldsymbol{\beta}_1,\boldsymbol{\beta}_2,\cdots,\boldsymbol{\beta}_m$ 单位化：

$$\xi_1=\frac{1}{\|\boldsymbol{\beta}_1\|}\boldsymbol{\beta}_1,\xi_2=\frac{1}{\|\boldsymbol{\beta}_2\|}\boldsymbol{\beta}_2,\cdots,\xi_m=\frac{1}{\|\boldsymbol{\beta}_m\|}\boldsymbol{\beta}_m$$

4.27 正交矩阵

正交矩阵

1. 正交矩阵的定义

如果 n 阶实方阵 $\boldsymbol{A}$ 满足 $\boldsymbol{A}^{\mathrm{T}}\boldsymbol{A}=\boldsymbol{E}$，则称 $\boldsymbol{A}$ 为正交矩阵。

正交矩阵的行(列)向量是两两正交的单位向量。

例如，单位矩阵 $\boldsymbol{E}$ 就是一个正交矩阵，矩阵 $\boldsymbol{A}=\begin{bmatrix}1 & 0 & 0\\ 0 & \frac{1}{\sqrt{2}} & -\frac{1}{\sqrt{2}}\\ 0 & \frac{1}{\sqrt{2}} & \frac{1}{\sqrt{2}}\end{bmatrix}$ 也是一个正交矩阵。

2. 正交矩阵的性质

从正交矩阵的定义式 $\boldsymbol{A}^{\mathrm{T}}\boldsymbol{A}=\boldsymbol{E}$ 出发，可以证明正交矩阵的以下性质：

(1) $|\boldsymbol{A}|=\pm1$。

(2) 若 $\boldsymbol{A}$ 为正交矩阵，则 $\boldsymbol{A}^{\mathrm{T}}$、$\boldsymbol{A}^{-1}$、$\boldsymbol{A}^{*}$、$\boldsymbol{A}^{k}$($k$ 为大于 0 的整数)也是正交矩阵。

(3) 若 $\boldsymbol{A}$、$\boldsymbol{B}$ 都为正交矩阵，则 $\boldsymbol{AB}$ 及 $\boldsymbol{BA}$ 也是正交矩阵。

(4) n 阶方阵 $\boldsymbol{A}$ 为正交矩阵 $\Leftrightarrow$ $\boldsymbol{A}$ 的列(行)向量组是 $\mathbf{R}^n$ 的一组标准正交基。

(5) 正交变换“3 不变”：设向量 $\boldsymbol{\alpha},\boldsymbol{\beta}\in\mathbf{R}^n$，$\boldsymbol{A}$ 为 n 阶正交矩阵，则有

$$(\boldsymbol{A\alpha},\boldsymbol{A\beta})=(\boldsymbol{\alpha},\boldsymbol{\beta})$$

$$\langle\boldsymbol{A\alpha},\boldsymbol{A\beta}\rangle=\langle\boldsymbol{\alpha},\boldsymbol{\beta}\rangle$$

$$\|\boldsymbol{A\alpha}\|=\|\boldsymbol{\alpha}\|,\ \|\boldsymbol{A\beta}\|=\|\boldsymbol{\beta}\|$$

即正交变换不改变向量的内积、夹角和长度。

4.28　解向量与自由变量

解向量与
自由变量

通过以下线性方程组的求解来介绍解向量和自由变量的概念。

例如，分析齐次线性方程组$\begin{cases}x_1+2x_2+5x_3=0\\2x_1+3x_2+4x_3=0\\3x_1+5x_2+9x_3=0\end{cases}$，对系数矩阵进行初等行变换，有$\boldsymbol{A}=\begin{bmatrix}1&2&5\\2&3&4\\3&5&9\end{bmatrix}\xrightarrow{\text{初等行变换}}\begin{bmatrix}1&0&-7\\0&1&6\\0&0&0\end{bmatrix}$，未知数个数是3，方程组约束条件$R(\boldsymbol{A})$是2，3－2＝1，于是有1个自由变量，选$x_3$为自由变量，当$x_3=1$时，有$\boldsymbol{x}=\begin{bmatrix}x_1\\x_2\\x_3\end{bmatrix}=\begin{bmatrix}7\\-6\\1\end{bmatrix}$，其中向量$\begin{bmatrix}7\\-6\\1\end{bmatrix}$是方程组的一个解，称为解向量。

又如，分析齐次线性方程组$\begin{cases}x_1+x_2+x_3+x_4=0\\2x_1+3x_2+4x_3+x_4=0\\3x_1+4x_2+5x_3+2x_4=0\end{cases}$，对系数矩阵进行初等行变换，有$\boldsymbol{A}=\begin{bmatrix}1&1&1&1\\2&3&4&1\\3&4&5&2\end{bmatrix}\xrightarrow{\text{初等行变换}}\begin{bmatrix}1&0&-1&2\\0&1&2&-1\\0&0&0&0\end{bmatrix}$，未知数个数是4，方程组约束条件R($\boldsymbol{A}$)是2，4－2＝2，于是有2个自由变量，选$x_3$和$x_4$为自由变量，当$x_3=k_1, x_4=k_2$时，有$\boldsymbol{x}=\begin{bmatrix}x_1\\x_2\\x_3\\x_4\end{bmatrix}=\begin{bmatrix}k_1-2k_2\\-2k_1+k_2\\k_1\\k_2\end{bmatrix}$，其中向量$\begin{bmatrix}k_1-2k_2\\-2k_1+k_2\\k_1\\k_2\end{bmatrix}$是方程组的解向量。

以上分别给出了具体的解向量和带参数的解向量，下面给出一个抽象解向量的情况：若$\boldsymbol{\xi}$是$\boldsymbol{Ax}=\boldsymbol{b}$的解向量$\Leftrightarrow \boldsymbol{A\xi}=\boldsymbol{b}$。

4.29　齐次线性方程组解向量的性质

齐次线性方程组
解向量的性质

1. 性质1

若$\boldsymbol{\xi}_1$，$\boldsymbol{\xi}_2$是齐次线性方程组$\boldsymbol{Ax}=\boldsymbol{0}$的两个解向量，则$\boldsymbol{\xi}_1+\boldsymbol{\xi}_2$也是$\boldsymbol{Ax}=\boldsymbol{0}$的解向量。

因为$\boldsymbol{A\xi}_1=\boldsymbol{0}$，$\boldsymbol{A\xi}_2=\boldsymbol{0}$，所以有$\boldsymbol{A}(\boldsymbol{\xi}_1+\boldsymbol{\xi}_2)=\boldsymbol{A}\boldsymbol{\xi}_1+\boldsymbol{A}\boldsymbol{\xi}_2=\boldsymbol{0}$，故有$\boldsymbol{\xi}_1+\boldsymbol{\xi}_2$也是$\boldsymbol{Ax}=\boldsymbol{0}$的解向量。

2. 性质 2

若 $\boldsymbol{\xi}$ 是齐次线性方程组 $\boldsymbol{Ax}=\boldsymbol{0}$ 的解向量，k 为任意常数，则 $k\boldsymbol{\xi}$ 也是 $\boldsymbol{Ax}=\boldsymbol{0}$ 的解向量。因为 $\boldsymbol{A\xi}=\boldsymbol{0}$，所以有 $\boldsymbol{A}(k\boldsymbol{\xi})=k\boldsymbol{A\xi}=\boldsymbol{0}$，故有 $k\boldsymbol{\xi}$ 也是 $\boldsymbol{Ax}=0$ 的解向量。

3. 线性组合

综合性质 1 和性质 2 有：若 $\boldsymbol{\xi}_1$，$\boldsymbol{\xi}_2$ 是齐次线性方程组 $\boldsymbol{Ax}=\boldsymbol{0}$ 的两个解向量，则 $k_1\boldsymbol{\xi}_1+k_2\boldsymbol{\xi}_2$ 也是 $\boldsymbol{Ax}=\boldsymbol{0}$ 的解向量。其中 k_1，k_2 是任意一组常数。

因为 $\boldsymbol{A\xi}_1=\boldsymbol{0}$，$\boldsymbol{A\xi}_2=\boldsymbol{0}$，所以有 $\boldsymbol{A}(k_1\boldsymbol{\xi}_1+k_2\boldsymbol{\xi}_2)=k_1\boldsymbol{A\xi}_1+k_2\boldsymbol{A\xi}_2=\boldsymbol{0}$，故有 $k_1\boldsymbol{\xi}_1+k_2\boldsymbol{\xi}_2$ 也是 $\boldsymbol{Ax}=\boldsymbol{0}$ 的解向量。

4.30 齐次线性方程组的基础解系及通解

齐次线性方程组的基础解系及通解

1. 齐次线性方程组的基础解系

齐次线性方程组 $\boldsymbol{Ax}=\boldsymbol{0}$ 解集的极大无关组称为 $\boldsymbol{Ax}=\boldsymbol{0}$ 的基础解系。若向量组 $\boldsymbol{\xi}_1$，$\boldsymbol{\xi}_2$，…，$\boldsymbol{\xi}_t$ 同时满足以下三个条件：

(1) $\boldsymbol{\xi}_1$，$\boldsymbol{\xi}_2$，…，$\boldsymbol{\xi}_t$ 都是 $\boldsymbol{Ax}=\boldsymbol{0}$ 的解向量；

(2) $\boldsymbol{\xi}_1$，$\boldsymbol{\xi}_2$，…，$\boldsymbol{\xi}_t$ 线性无关；

(3) $\boldsymbol{Ax}=\boldsymbol{0}$ 的任意一个解向量都可以由 $\boldsymbol{\xi}_1$，$\boldsymbol{\xi}_2$，…，$\boldsymbol{\xi}_t$ 线性表示。

则 $\boldsymbol{\xi}_1$，$\boldsymbol{\xi}_2$，…，$\boldsymbol{\xi}_t$ 是方程组 $\boldsymbol{Ax}=\boldsymbol{0}$ 的一组基础解系。

定理：齐次线性方程组 $\boldsymbol{A}_{m\times n}\boldsymbol{x}=\boldsymbol{0}$ 基础解系所含向量的个数为：$n-R(\boldsymbol{A})$。其中，n 代表方程组未知数的个数，$R(\boldsymbol{A})$ 代表方程组约束条件的个数，所以 $n-R(\boldsymbol{A})$ 为方程组自由变量的个数，也是基础解系所含向量的个数。

2. 齐次线性方程组的通解

设 $\boldsymbol{\xi}_1$，$\boldsymbol{\xi}_2$，…，$\boldsymbol{\xi}_{n-r}$ 是 $\boldsymbol{A}_{m\times n}\boldsymbol{x}=\boldsymbol{0}$ 的一个基础解系，则 $k_1\boldsymbol{\xi}_1+k_2\boldsymbol{\xi}_2+\cdots+k_{n-r}\boldsymbol{\xi}_{n-r}$ 是 $\boldsymbol{A}_{m\times n}\boldsymbol{x}=\boldsymbol{0}$ 的通解，其中 k_1，k_2，…，k_{n-r} 是任意一组常数。

例 1 求齐次线性方程组 $\begin{cases}x_1+2x_2+5x_3=0\\2x_1+3x_2+4x_3=0\\3x_1+5x_2+9x_3=0\end{cases}$ 的通解。

解 $\boldsymbol{A}=\begin{bmatrix}1&2&5\\2&3&4\\3&5&9\end{bmatrix}\xrightarrow{\text{初等行变换}}\begin{bmatrix}1&0&-7\\0&1&6\\0&0&0\end{bmatrix}$，$3-R(\boldsymbol{A})=1$，当自由变量 $x_3=1$ 时，基础解系为 $\begin{bmatrix}7\\-6\\1\end{bmatrix}$，其通解为 $k\begin{bmatrix}7\\-6\\1\end{bmatrix}$，$k$ 为任意常数。

例 2 求齐次线性方程组 $\begin{cases}x_1+x_2+x_3+x_4=0\\2x_1+3x_2+4x_3+x_4=0\\3x_1+4x_2+5x_3+2x_4=0\end{cases}$ 的通解。

解　$A=\begin{bmatrix}1&1&1&1\\2&3&4&1\\3&4&5&2\end{bmatrix}\xrightarrow{\text{初等行变换}}\begin{bmatrix}1&0&-1&2\\0&1&2&-1\\0&0&0&0\end{bmatrix}$，$4-R(A)=2$，当自由变量 $x_3=1$，$x_4=0$，及 $x_3=0$，$x_4=1$ 时，基础解系为 $\begin{bmatrix}1\\-2\\1\\0\end{bmatrix}$，$\begin{bmatrix}-2\\1\\0\\1\end{bmatrix}$，其通解为 $k_1\begin{bmatrix}1\\-2\\1\\0\end{bmatrix}+k_2\begin{bmatrix}-2\\1\\0\\1\end{bmatrix}$，$k_1$、$k_2$ 为任意常数。

4.31　解空间(仅数学一要求)

解空间

1. 解空间

齐次线性方程组 $\boldsymbol{Ax}=\mathbf{0}$ 所有解向量构成了一个向量集合 V，根据齐次线性方程组解向量的性质 1 知 V 对向量加法是封闭的，根据齐次线性方程组解向量的性质 2 知 V 对向量数乘也是封闭的，故 V 是一个向量空间，V 称为齐次线性方程组 $\boldsymbol{Ax}=\mathbf{0}$ 解向量空间，或解空间。

注：非齐次线性方程组 $\boldsymbol{Ax}=\boldsymbol{b}$ 所有解向量构成的向量集合不满足向量加法和数乘的封闭性，所以非齐次线性方程组 $\boldsymbol{Ax}=\boldsymbol{b}$ 的解集就不是向量空间。

2. 解空间的基

若 $\boldsymbol{\xi}_1$，$\boldsymbol{\xi}_2$，…，$\boldsymbol{\xi}_t$ 是齐次线性方程组 $\boldsymbol{Ax}=\mathbf{0}$ 一个基础解系，显然 $\boldsymbol{\xi}_1$，$\boldsymbol{\xi}_2$，…，$\boldsymbol{\xi}_t$ 就是 $\boldsymbol{Ax}=\mathbf{0}$ 解空间的一组基。

3. 解空间的维数

针对齐次线性方程组 $\boldsymbol{A}_{m\times n}\boldsymbol{x}=\mathbf{0}$，$n$ 代表未知数的个数，$R(\boldsymbol{A})$ 代表方程组约束条件的个数，所以 $n-R(\boldsymbol{A})$ 为方程组自由变量的个数，也是 $\boldsymbol{A}_{m\times n}\boldsymbol{x}=\mathbf{0}$ 基础解系所含向量的个数，同时也是 $\boldsymbol{A}_{m\times n}\boldsymbol{x}=\mathbf{0}$ 解空间的维数。

4.32　非齐次线性方程组解的性质

非齐次线性方程组解的性质

1. 导出组

把齐次线性方程组 $\boldsymbol{Ax}=\mathbf{0}$ 称为非齐次线性方程组 $\boldsymbol{Ax}=\boldsymbol{b}$ 的导出组。(注：两个方程组的等号左端必须完全相同。)

2. 非齐次线性方程组及其导出组解的性质

(1) 若 $\boldsymbol{\eta}_1$、$\boldsymbol{\eta}_2$ 是非齐次线性方程组 $\boldsymbol{Ax}=\boldsymbol{b}$ 的两个解，则 $\boldsymbol{\eta}_1-\boldsymbol{\eta}_2$ 是其导出组 $\boldsymbol{Ax}=\mathbf{0}$ 的解。

因为 $\boldsymbol{A\eta}_1=\boldsymbol{b}$，$\boldsymbol{A\eta}_2=\boldsymbol{b}$，所以有 $\boldsymbol{A}(\boldsymbol{\eta}_1-\boldsymbol{\eta}_2)=\boldsymbol{A\eta}_1-\boldsymbol{A\eta}_2=\boldsymbol{b}-\boldsymbol{b}=\mathbf{0}$，故有 $\boldsymbol{\eta}_1-\boldsymbol{\eta}_2$ 是其导出组 $\boldsymbol{Ax}=\mathbf{0}$ 的解。

(2) 若 $\boldsymbol{\eta}$ 是非齐次线性方程组 $\boldsymbol{Ax}=\boldsymbol{b}$ 的解，$\boldsymbol{\xi}$ 是其导出组 $\boldsymbol{Ax}=\mathbf{0}$ 的解，则 $\boldsymbol{\eta}+\boldsymbol{\xi}$ 是 $\boldsymbol{Ax}=\boldsymbol{b}$ 的解。

因为 $\boldsymbol{A\eta}=\boldsymbol{b}$，$\boldsymbol{A\xi}=\mathbf{0}$，所以有 $\boldsymbol{A}(\boldsymbol{\eta}+\boldsymbol{\xi})=\boldsymbol{A\eta}+\boldsymbol{A\xi}=\boldsymbol{b}+\mathbf{0}=\boldsymbol{b}$，故有 $\boldsymbol{\eta}+\boldsymbol{\xi}$ 是 $\boldsymbol{Ax}=\boldsymbol{b}$ 的解。

4.33 非齐次线性方程组的通解

非齐次线性
方程组的通解

设 $\boldsymbol{\eta}$ 是非齐次线性方程组 $\boldsymbol{A}_{m\times n}\boldsymbol{x}=\boldsymbol{b}$ 的特解，$\boldsymbol{\xi}_1,\boldsymbol{\xi}_2,\cdots,\boldsymbol{\xi}_{n-r}$ 是其导出组 $\boldsymbol{A}_{m\times n}\boldsymbol{x}=\boldsymbol{0}$ 的一个基础解系，则 $\boldsymbol{A}_{m\times n}\boldsymbol{x}=\boldsymbol{b}$ 的通解为 $\boldsymbol{x}=\boldsymbol{\eta}+k_1\boldsymbol{\xi}_1+k_2\boldsymbol{\xi}_2+\cdots+k_{n-r}\boldsymbol{\xi}_{n-r}$，其中 $k_1,k_2,\cdots,k_{n-r}$ 是任意一组常数。

在非齐次线性方程组 $\boldsymbol{A}_{m\times n}\boldsymbol{x}=\boldsymbol{b}$ 解向量的集合中最多可以找到 $n-R(\boldsymbol{A})+1$ 个线性无关的解向量(参见例 4.18)。

例 求非齐次线性方程组 $\begin{cases}x_1+x_2+x_3+x_4=1\\2x_1+3x_2+4x_3+x_4=8\\3x_1+4x_2+5x_3+2x_4=9\end{cases}$ 的通解。

解 $(\boldsymbol{A},\boldsymbol{b})=\begin{bmatrix}1&1&1&1&1\\2&3&4&1&8\\3&4&5&2&9\end{bmatrix}\xrightarrow{\text{初等行变换}}\begin{bmatrix}1&0&-1&2&-5\\0&1&2&-1&6\\0&0&0&0&0\end{bmatrix}$

$\boldsymbol{A}\boldsymbol{x}=\boldsymbol{b}$ 的导出组 $\boldsymbol{A}\boldsymbol{x}=\boldsymbol{0}$ 的基础解系为 $\begin{bmatrix}1\\-2\\1\\0\end{bmatrix}$，$\begin{bmatrix}-2\\1\\0\\1\end{bmatrix}$。当自由变量 $x_3=0$，$x_4=0$ 时，

$\boldsymbol{A}\boldsymbol{x}=\boldsymbol{b}$ 的特解为 $\begin{bmatrix}-5\\6\\0\\0\end{bmatrix}$。

于是 $\boldsymbol{A}\boldsymbol{x}=\boldsymbol{b}$ 的通解为 $k_1\begin{bmatrix}1\\-2\\1\\0\end{bmatrix}+k_2\begin{bmatrix}-2\\1\\0\\1\end{bmatrix}+\begin{bmatrix}-5\\6\\0\\0\end{bmatrix}$，$k_1$，$k_2$ 为任意常数。

4.34 典型例题分析

例 4.1

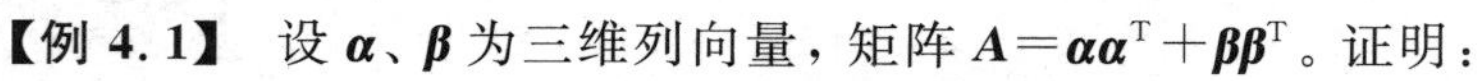

【例 4.1】 设 $\boldsymbol{\alpha}$、$\boldsymbol{\beta}$ 为三维列向量，矩阵 $\boldsymbol{A}=\boldsymbol{\alpha}\boldsymbol{\alpha}^{\mathrm{T}}+\boldsymbol{\beta}\boldsymbol{\beta}^{\mathrm{T}}$。证明：

(1) 秩 $R(\boldsymbol{A})\leqslant 2$。

(2) 若 $\boldsymbol{\alpha}$、$\boldsymbol{\beta}$ 线性相关，则 $R(\boldsymbol{A})<2$。

【思路】 利用矩阵秩的定理和向量组线性相关的知识点解题。

【证明】 (1) 根据矩阵秩的定理有：

$$R(\boldsymbol{A})=R(\boldsymbol{\alpha}\boldsymbol{\alpha}^{\mathrm{T}}+\boldsymbol{\beta}\boldsymbol{\beta}^{\mathrm{T}})\leqslant R(\boldsymbol{\alpha}\boldsymbol{\alpha}^{\mathrm{T}})+R(\boldsymbol{\beta}\boldsymbol{\beta}^{\mathrm{T}})\leqslant R(\boldsymbol{\alpha})+R(\boldsymbol{\beta})\leqslant 2$$

(2) 若 $\boldsymbol{\alpha}$、$\boldsymbol{\beta}$ 线性相关，则存在不全为零的数 k_1、k_2，使得 $k_1\boldsymbol{\alpha}+k_2\boldsymbol{\beta}=\boldsymbol{0}$。不妨假设 $k_2\neq 0$，则有 $\boldsymbol{\beta}=\dfrac{-k_1}{k_2}\boldsymbol{\alpha}$，于是有

$$R(\boldsymbol{A})=R(\boldsymbol{\alpha}\boldsymbol{\alpha}^{\mathrm{T}}+\boldsymbol{\beta}\boldsymbol{\beta}^{\mathrm{T}})=R\left(\left(1+\frac{k_1^2}{k_2^2}\right)\boldsymbol{\alpha}\boldsymbol{\alpha}^{\mathrm{T}}\right)=R(\boldsymbol{\alpha}\boldsymbol{\alpha}^{\mathrm{T}})\leqslant R(\boldsymbol{\alpha})\leqslant 1<2$$

【评注】 本题考查以下知识点：

(1) $R(\boldsymbol{A}+\boldsymbol{B})\leqslant R(\boldsymbol{A})+R(\boldsymbol{B})$。

(2) $R(\boldsymbol{AB})\leqslant R(\boldsymbol{A})$，$R(\boldsymbol{AB})\leqslant R(\boldsymbol{A})$。

(3) $R(k\boldsymbol{A})=R(\boldsymbol{A})$，$k\neq 0$。

(4) R(向量)$\leqslant 1$。

(5) 两个向量 $\boldsymbol{\alpha}$、$\boldsymbol{\beta}$ 线性相关，则一定存在 $\boldsymbol{\alpha}=k\boldsymbol{\beta}$ 或 $\boldsymbol{\beta}=k\boldsymbol{\alpha}$ 的关系。

【例 4.2】 $\boldsymbol{A}$、$\boldsymbol{B}$ 为两个非零矩阵，且 $\boldsymbol{AB}=\boldsymbol{O}$，则 $\boldsymbol{A}$ 的行向量组________，$\boldsymbol{A}$ 的列向量组________；$\boldsymbol{B}$ 的行向量组________，$\boldsymbol{B}$ 的列向量组______。(填写："线性相关""线性无关"或"线性相关性无法判断")

【思路】 分析齐次线性方程组 $\boldsymbol{Ax}=\boldsymbol{0}$ 解的情况。

例 4.2

【解】 因为 $\boldsymbol{AB}=\boldsymbol{O}$，所以矩阵 $\boldsymbol{B}$ 的所有列向量都是齐次线性方程组 $\boldsymbol{Ax}=\boldsymbol{0}$的解向量，又因为矩阵 $\boldsymbol{B}$ 是非零矩阵，所以方程组 $\boldsymbol{Ax}=\boldsymbol{0}$ 有非零解，于是 $R(\boldsymbol{A})$小于 $\boldsymbol{A}$ 的列数，则矩阵 $\boldsymbol{A}$ 的列向量组线性相关。

对矩阵等式 $\boldsymbol{AB}=\boldsymbol{O}$ 两端取转置，有 $\boldsymbol{B}^{\mathrm{T}}\boldsymbol{A}^{\mathrm{T}}=\boldsymbol{O}$，于是矩阵 $\boldsymbol{A}^{\mathrm{T}}$ 的所有列向量都是齐次线性方程组 $\boldsymbol{B}^{\mathrm{T}}\boldsymbol{x}=\boldsymbol{0}$ 的解向量，同样有 $\boldsymbol{A}^{\mathrm{T}}$ 是非零矩阵，所以方程组 $\boldsymbol{B}^{\mathrm{T}}\boldsymbol{x}=\boldsymbol{0}$有非零解，可知 $R(\boldsymbol{B}^{\mathrm{T}})$小于 $\boldsymbol{B}^{\mathrm{T}}$ 的列数，又因为 $R(\boldsymbol{B}^{\mathrm{T}})=R(\boldsymbol{B})$，而 $\boldsymbol{B}^{\mathrm{T}}$ 的列数就等于 $\boldsymbol{B}$ 的行数，所以矩阵 $\boldsymbol{B}$ 的行向量组线性相关。

由于没有给出矩阵 $\boldsymbol{A}$ 和 $\boldsymbol{B}$ 的尺寸，因此矩阵 $\boldsymbol{A}$ 的行向量组和 $\boldsymbol{B}$ 的列向量组的线性相关性无法判断。

【评注】 本题考查以下知识点：

(1) 若 $\boldsymbol{AB}=\boldsymbol{O}$，则矩阵 $\boldsymbol{B}$ 的所有列向量都是齐次线性方程组 $\boldsymbol{Ax}=\boldsymbol{0}$ 的解向量。

(2) $\boldsymbol{Ax}=\boldsymbol{0}$ 有非零解$\Leftrightarrow R(\boldsymbol{A})$小于 $\boldsymbol{A}$ 的列数。

(3) $R(\boldsymbol{\alpha}_1,\boldsymbol{\alpha}_2,\cdots,\boldsymbol{\alpha}_r)<r\Leftrightarrow$向量组 $\boldsymbol{\alpha}_1,\boldsymbol{\alpha}_2,\cdots,\boldsymbol{\alpha}_r$ 线性相关。

(4) $R(\boldsymbol{A}^{\mathrm{T}})=R(\boldsymbol{A})$。

(5) $(\boldsymbol{AB})^{\mathrm{T}}=\boldsymbol{B}^{\mathrm{T}}\boldsymbol{A}^{\mathrm{T}}$。

【例 4.3】 已知向量组 $\boldsymbol{\alpha}_1,\boldsymbol{\alpha}_2,\boldsymbol{\alpha}_3,\boldsymbol{\alpha}_4$ 线性相关，向量组 $\boldsymbol{\alpha}_2,\boldsymbol{\alpha}_3,\boldsymbol{\alpha}_4,\boldsymbol{\alpha}_5$ 线性无关。证明：

(1) $\boldsymbol{\alpha}_1$ 可以由向量组 $\boldsymbol{\alpha}_2,\boldsymbol{\alpha}_3,\boldsymbol{\alpha}_4,\boldsymbol{\alpha}_5$ 线性表示。

(2) $\boldsymbol{\alpha}_5$ 不能由向量组 $\boldsymbol{\alpha}_1,\boldsymbol{\alpha}_2,\boldsymbol{\alpha}_3,\boldsymbol{\alpha}_4$ 线性表示。

例 4.3

【思路】 证明线性表示，联想到"一个向量与一个向量组"的定理；证明"不能……"，联想到反证法。

【证明】 (1) 因为向量组 $\boldsymbol{\alpha}_2,\boldsymbol{\alpha}_3,\boldsymbol{\alpha}_4,\boldsymbol{\alpha}_5$ 线性无关，所以它的部分组 $\boldsymbol{\alpha}_2,\boldsymbol{\alpha}_3,\boldsymbol{\alpha}_4$ 也线性无关，又因为向量组 $\boldsymbol{\alpha}_1,\boldsymbol{\alpha}_2,\boldsymbol{\alpha}_3,\boldsymbol{\alpha}_4$ 线性相关，所以 $\boldsymbol{\alpha}_1$ 可以由向量组 $\boldsymbol{\alpha}_2,\boldsymbol{\alpha}_3,\boldsymbol{\alpha}_4$ 唯一地线性表示，当然 $\boldsymbol{\alpha}_1$ 也可以由向量组 $\boldsymbol{\alpha}_2,\boldsymbol{\alpha}_3,\boldsymbol{\alpha}_4,\boldsymbol{\alpha}_5$ 线性表示。

(2) 反证法，设 $\boldsymbol{\alpha}_5$ 能由向量组 $\boldsymbol{\alpha}_1,\boldsymbol{\alpha}_2,\boldsymbol{\alpha}_3,\boldsymbol{\alpha}_4$ 线性表示，则有

$$\boldsymbol{\alpha}_5=k_1\boldsymbol{\alpha}_1+k_2\boldsymbol{\alpha}_2+k_3\boldsymbol{\alpha}_3+k_4\boldsymbol{\alpha}_4$$

前面已经证明 $\boldsymbol{\alpha}_1$ 可以由向量组 $\boldsymbol{\alpha}_2,\boldsymbol{\alpha}_3,\boldsymbol{\alpha}_4$ 线性表示，即 $\boldsymbol{\alpha}_1=l_2\boldsymbol{\alpha}_2+l_3\boldsymbol{\alpha}_3+l_4\boldsymbol{\alpha}_4$，于是有

$$\boldsymbol{\alpha}_5=k_1(l_2\boldsymbol{\alpha}_2+l_3\boldsymbol{\alpha}_3+l_4\boldsymbol{\alpha}_4)+k_2\boldsymbol{\alpha}_2+k_3\boldsymbol{\alpha}_3+k_4\boldsymbol{\alpha}_4$$

上式说明 $\boldsymbol{\alpha}_5$ 可以由向量组 $\boldsymbol{\alpha}_2,\boldsymbol{\alpha}_3,\boldsymbol{\alpha}_4$ 线性表示，这与已知条件向量组 $\boldsymbol{\alpha}_2,\boldsymbol{\alpha}_3,\boldsymbol{\alpha}_4,\boldsymbol{\alpha}_5$ 线性无关矛盾，故 $\boldsymbol{\alpha}_5$ 不能由向量组 $\boldsymbol{\alpha}_1,\boldsymbol{\alpha}_2,\boldsymbol{\alpha}_3,\boldsymbol{\alpha}_4$ 线性表示。

【评注】 本题考查以下知识点：

(1)“部分与整体”定理：若向量组整体线性无关，则向量组的部分组也线性无关。

(2)“一个向量与一个向量组”定理：若向量组 $\boldsymbol{\alpha}_1,\boldsymbol{\alpha}_2,\cdots,\boldsymbol{\alpha}_n$ 线性无关，而向量组 $\boldsymbol{\alpha}_1,\boldsymbol{\alpha}_2,\cdots,\boldsymbol{\alpha}_n,\boldsymbol{\beta}$ 线性相关，则向量 $\boldsymbol{\beta}$ 一定可以由向量组 $\boldsymbol{\alpha}_1,\boldsymbol{\alpha}_2,\cdots,\boldsymbol{\alpha}_n$ 唯一地线性表示。

【秘籍】 (1) 讨论一个向量是否可以由一个向量组线性表示时，往往联想到“一个向量与一个向量组”的定理。

(2) 当证明“不能……”时，往往联想到反证法。

【例 4.4】 设列向量组 $\boldsymbol{\alpha}_1,\boldsymbol{\alpha}_2,\cdots,\boldsymbol{\alpha}_n$ 线性无关，令 $\boldsymbol{\beta}_1=\boldsymbol{\alpha}_1+\boldsymbol{\alpha}_2$，$\boldsymbol{\beta}_2=\boldsymbol{\alpha}_2+\boldsymbol{\alpha}_3$，…，$\boldsymbol{\beta}_{n-1}=\boldsymbol{\alpha}_{n-1}+\boldsymbol{\alpha}_n$，$\boldsymbol{\beta}_n=\boldsymbol{\alpha}_n+\boldsymbol{\alpha}_1$。判断向量组 $\boldsymbol{\beta}_1,\boldsymbol{\beta}_2,\cdots,\boldsymbol{\beta}_n$ 的线性相关性。

例 4.4

【思路】 用矩阵等式来描述两个向量组之间的线性表示关系。

【解】 根据题意知，向量组 $\boldsymbol{\beta}_1,\boldsymbol{\beta}_2,\cdots,\boldsymbol{\beta}_n$ 可以由向量组 $\boldsymbol{\alpha}_1,\boldsymbol{\alpha}_2,\cdots,\boldsymbol{\alpha}_n$ 线性表示，线性表示的矩阵等式如下：

$$(\boldsymbol{\beta}_1,\boldsymbol{\beta}_2,\cdots,\boldsymbol{\beta}_n)=(\boldsymbol{\alpha}_1,\boldsymbol{\alpha}_2,\cdots,\boldsymbol{\alpha}_n)\begin{bmatrix}1&0&\cdots&\cdots&0&1\\1&1&\cdots&\cdots&0&0\\0&1&\ddots&&0&0\\\vdots&\vdots&\ddots&\ddots&\vdots&\vdots\\0&0&\cdots&\ddots&1&0\\0&0&\cdots&\cdots&1&1\end{bmatrix}$$

令 $(\boldsymbol{\beta}_1,\boldsymbol{\beta}_2,\cdots,\boldsymbol{\beta}_n)=\boldsymbol{B}$，$(\boldsymbol{\alpha}_1,\boldsymbol{\alpha}_2,\cdots,\boldsymbol{\alpha}_n)=\boldsymbol{A}$，系数矩阵为 $\boldsymbol{C}$，则有 $\boldsymbol{B}=\boldsymbol{AC}$，而 $|\boldsymbol{C}|=1+(-1)^{n-1}$。

当 n 为奇数时，$|\boldsymbol{C}|\neq0$，矩阵 $\boldsymbol{C}$ 可逆，于是有 $\boldsymbol{BC}^{-1}=\boldsymbol{A}$，即向量组 $\boldsymbol{\beta}_1,\boldsymbol{\beta}_2,\cdots,\boldsymbol{\beta}_n$ 也能线性表示向量组 $\boldsymbol{\alpha}_1,\boldsymbol{\alpha}_2,\cdots,\boldsymbol{\alpha}_n$，那么这两个向量组等价，则有 $R(\boldsymbol{\beta}_1,\boldsymbol{\beta}_2,\cdots,\boldsymbol{\beta}_n)=R(\boldsymbol{\alpha}_1,\boldsymbol{\alpha}_2,\cdots,\boldsymbol{\alpha}_n)=n$，故 $\boldsymbol{\beta}_1,\boldsymbol{\beta}_2,\cdots,\boldsymbol{\beta}_n$ 线性无关。

当 n 为偶数时，$|\boldsymbol{C}|=0$，于是有 $R(\boldsymbol{\beta}_1,\boldsymbol{\beta}_2,\cdots,\boldsymbol{\beta}_n)=R(\boldsymbol{B})=R(\boldsymbol{AC})\leqslant R(\boldsymbol{C})<n$，故 $\boldsymbol{\beta}_1,\boldsymbol{\beta}_2,\cdots,\boldsymbol{\beta}_n$ 线性相关。

【评注】 (1) 向量组 T_1 与向量组 T_2 等价 $\Rightarrow R(T_2)=R(T_1)$。

(2) $R(\boldsymbol{AB})\leqslant R(\boldsymbol{A})$，$R(\boldsymbol{AB})\leqslant R(\boldsymbol{B})$。

(3) $R(T)=T$ 所含向量个数 $\Leftrightarrow$ 向量组 T 线性无关。$R(T)<T$ 所含向量个数 $\Leftrightarrow$ 向量组 T 线性相关。

【秘籍】 用矩阵等式来描述线性代数内涵是学好线性代数的关键，例如：

(1) 若矩阵 $\boldsymbol{B}$ 的列向量组可以由矩阵 $\boldsymbol{A}$ 的列向量组线性表示，则一定存在矩阵 $\boldsymbol{P}$，使得 $\boldsymbol{B}=\boldsymbol{AP}$。

(2) 若存在矩阵等式 $\boldsymbol{A}=\boldsymbol{BC}$，那么有两个结论：“矩阵 $\boldsymbol{A}$ 的列向量组可以由矩阵 $\boldsymbol{B}$ 的列向量组线性表示”及“矩阵 $\boldsymbol{A}$ 的行向量组可以由矩阵 $\boldsymbol{C}$ 的行向量组线性表示”。

例如：设 $\boldsymbol{A}=\begin{bmatrix}7&-5&0\\1&8&-7\\4&9&-9\end{bmatrix}$，$\boldsymbol{B}=\begin{bmatrix}1&2&3\\2&-2&1\\3&-2&2\end{bmatrix}$，$\boldsymbol{C}=\begin{bmatrix}4&1&-1\\3&-3&2\\-1&0&-1\end{bmatrix}$，存在矩阵等式 $\boldsymbol{A}=\boldsymbol{BC}$，则矩阵 $\boldsymbol{A}$ 和 $\boldsymbol{B}$ 的列向量组间的线性表示关系可以理解为

$$(\boldsymbol{\alpha}_1,\boldsymbol{\alpha}_2,\boldsymbol{\alpha}_3)=(\boldsymbol{\beta}_1,\boldsymbol{\beta}_2,\boldsymbol{\beta}_3)\begin{bmatrix}4&1&-1\\3&-3&2\\-1&0&-1\end{bmatrix}$$

矩阵 $\boldsymbol{A}$ 和 $\boldsymbol{C}$ 的行向量组间的线性表示关系可以理解为

$$\begin{bmatrix}\boldsymbol{\xi}_1\\\boldsymbol{\xi}_2\\\boldsymbol{\xi}_3\end{bmatrix}=\begin{bmatrix}1&2&3\\2&-2&1\\3&-2&2\end{bmatrix}\begin{bmatrix}\boldsymbol{\gamma}_1\\\boldsymbol{\gamma}_2\\\boldsymbol{\gamma}_3\end{bmatrix}$$

例 4.5

【例 4.5】 设四维向量组 $\boldsymbol{\alpha}_1=(1+a,1,1,1)^{\mathrm{T}}$，$\boldsymbol{\alpha}_2=(2,\ 2+a,2,2)^{\mathrm{T}}$，$\boldsymbol{\alpha}_3=(3,\ 3,\ 3+a,3)^{\mathrm{T}}$，$\boldsymbol{\alpha}_4=(4,\ 4,\ 4,\ 4+a)^{\mathrm{T}}$。

(1) 问 a 为何值时，$\boldsymbol{\alpha}_1,\boldsymbol{\alpha}_2,\boldsymbol{\alpha}_3,\boldsymbol{\alpha}_4$ 线性相关？

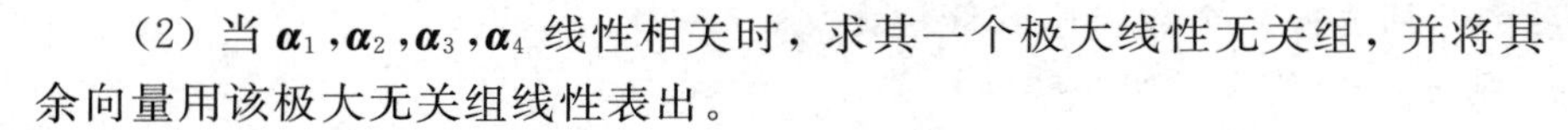

(2) 当 $\boldsymbol{\alpha}_1,\boldsymbol{\alpha}_2,\boldsymbol{\alpha}_3,\boldsymbol{\alpha}_4$ 线性相关时，求其一个极大线性无关组，并将其余向量用该极大无关组线性表出。

【思路】 4 个四维列向量，可以联想到四阶行列式。

【解】 (1) 计算 4 个四维列向量所构成的四阶行列式：

$$\begin{vmatrix}1+a&2&3&4\\1&2+a&3&4\\1&2&3+a&4\\1&2&3&4+a\end{vmatrix}\xlongequal[i=2,3,4]{c_1+c_i}(10+a)\begin{vmatrix}1&2&3&4\\1&2+a&3&4\\1&2&3+a&4\\1&2&3&4+a\end{vmatrix}$$

$$\xlongequal[i=2,3,4]{c_i-ic_1}(10+a)\begin{vmatrix}1&0&0&0\\1&a&0&0\\1&0&a&0\\1&0&0&a\end{vmatrix}=(10+a)a^3$$

当 $a=0$ 或 $a=-10$ 时，$\boldsymbol{\alpha}_1,\boldsymbol{\alpha}_2,\boldsymbol{\alpha}_3,\boldsymbol{\alpha}_4$ 线性相关。

(2) 当 $a=0$ 时，显然 $\boldsymbol{\alpha}_1$ 是向量组 $\boldsymbol{\alpha}_1,\boldsymbol{\alpha}_2,\boldsymbol{\alpha}_3,\boldsymbol{\alpha}_4$ 的一个极大无关组，$\boldsymbol{\alpha}_2=2\boldsymbol{\alpha}_1,\boldsymbol{\alpha}_3=3\boldsymbol{\alpha}_1,\boldsymbol{\alpha}_4=4\boldsymbol{\alpha}_1$。

当 $a=-10$ 时，$(\boldsymbol{\alpha}_1,\boldsymbol{\alpha}_2,\boldsymbol{\alpha}_3,\boldsymbol{\alpha}_4)=\begin{bmatrix}-9&2&3&4\\1&-8&3&4\\1&2&-7&4\\1&2&3&-6\end{bmatrix}\to\begin{bmatrix}1&0&0&-1\\0&1&0&-1\\0&0&1&-1\\0&0&0&0\end{bmatrix}$，于是有 $\boldsymbol{\alpha}_1,\boldsymbol{\alpha}_2,\boldsymbol{\alpha}_3$ 是 $\boldsymbol{\alpha}_1,\boldsymbol{\alpha}_2,\boldsymbol{\alpha}_3,\boldsymbol{\alpha}_4$ 的一个极大无关组，$\boldsymbol{\alpha}_4=-\boldsymbol{\alpha}_1-\boldsymbol{\alpha}_2-\boldsymbol{\alpha}_3$。

【评注】 本题考查了以下知识点：

(1) $|\boldsymbol{A}_n|=0\Leftrightarrow\boldsymbol{A}$ 的列(行)向量组线性相关。

$|\boldsymbol{A}_n|\neq0\Leftrightarrow\boldsymbol{A}$ 的列(行)向量组线性无关。

(2) 求列向量组 $\boldsymbol{\alpha}_1,\boldsymbol{\alpha}_2,\cdots,\boldsymbol{\alpha}_m$ 极大无关组的方法，就是对矩阵 $\boldsymbol{A}=(\boldsymbol{\alpha}_1,\boldsymbol{\alpha}_2,\cdots,\boldsymbol{\alpha}_m)$ 进行初等行变换化为行最简形 $\boldsymbol{B}=(\boldsymbol{\beta}_1,\boldsymbol{\beta}_2,\cdots,\boldsymbol{\beta}_m)$，向量组 $\boldsymbol{\beta}_1,\boldsymbol{\beta}_2,\cdots,\boldsymbol{\beta}_m$ 与 $\boldsymbol{\alpha}_1,\boldsymbol{\alpha}_2,\cdots,\boldsymbol{\alpha}_m$ 有相同的线性相关性。

例 4.6

【例 4.6】 证明：n 维向量组 $\boldsymbol{\alpha}_1,\boldsymbol{\alpha}_2,\cdots,\boldsymbol{\alpha}_n$ 线性无关的充要条件是任意 n 维向量都可以由向量组 $\boldsymbol{\alpha}_1,\boldsymbol{\alpha}_2,\cdots,\boldsymbol{\alpha}_n$ 线性表示。

【思路】 构造 $n+1$ 个 n 维向量；用“特殊”向量替代“任意”向量。

【证明】 充分性：已知任意 n 维向量都可以由向量组 $\boldsymbol{\alpha}_1,\boldsymbol{\alpha}_2,\cdots,\boldsymbol{\alpha}_n$ 线性表示，则 n 维基本单位向量组 $\boldsymbol{\varepsilon}_1,\boldsymbol{\varepsilon}_2,\cdots,\boldsymbol{\varepsilon}_n$ 可由 $\boldsymbol{\alpha}_1,\boldsymbol{\alpha}_2,\cdots,\boldsymbol{\alpha}_n$ 线性表示，于是有

$$n\geqslant R(\boldsymbol{\alpha}_1,\boldsymbol{\alpha}_2,\cdots,\boldsymbol{\alpha}_n)\geqslant R(\boldsymbol{\varepsilon}_1,\boldsymbol{\varepsilon}_2,\cdots,\boldsymbol{\varepsilon}_n)=n$$

所以 $R(\boldsymbol{\alpha}_1,\boldsymbol{\alpha}_2,\cdots,\boldsymbol{\alpha}_n)=n$，则向量组 $\boldsymbol{\alpha}_1,\boldsymbol{\alpha}_2,\cdots,\boldsymbol{\alpha}_n$ 线性无关。

必要性：已知 n 维向量组 $\boldsymbol{\alpha}_1,\boldsymbol{\alpha}_2,\cdots,\boldsymbol{\alpha}_n$ 线性无关，设 $\boldsymbol{\beta}$ 是任意 n 维列向量，而向量组 $\boldsymbol{\alpha}_1,\boldsymbol{\alpha}_2,\cdots,\boldsymbol{\alpha}_n,\boldsymbol{\beta}$ 是 $n+1$ 个 n 维向量，所以向量组 $\boldsymbol{\alpha}_1,\boldsymbol{\alpha}_2,\cdots,\boldsymbol{\alpha}_n,\boldsymbol{\beta}$ 线性相关，则 $\boldsymbol{\beta}$ 可以由向量组 $\boldsymbol{\alpha}_1,\boldsymbol{\alpha}_2,\cdots,\boldsymbol{\alpha}_n$ 线性表示。

【评注】 本题考查以下知识点：(设 T_1 和 T_2 是两个向量组)

(1) 若 T_1 可以被 T_2 线性表示，则 $R(T_1)\leqslant R(T_2)$。

(2) $R(T_1)\leqslant T_1$ 所含向量个数。

(3) 若 $R(T_1)=T_1$ 所含向量个数，则 T_1 线性无关。

(4) 若 $m>n$，则 m 个 n 维向量组必线性相关。

(5) 若向量组 $\boldsymbol{\alpha}_1,\boldsymbol{\alpha}_2,\cdots,\boldsymbol{\alpha}_n$ 线性无关，而向量组 $\boldsymbol{\alpha}_1,\boldsymbol{\alpha}_2,\cdots,\boldsymbol{\alpha}_n,\boldsymbol{\beta}$ 线性相关，则向量 $\boldsymbol{\beta}$ 一定可以由向量组 $\boldsymbol{\alpha}_1,\boldsymbol{\alpha}_2,\cdots,\boldsymbol{\alpha}_n$ 唯一地线性表示。

【秘籍】 用"基本单位向量"充当"任意向量"往往可以快速解题。

【例 4.7】 分析以下命题，正确的是(　　)。

例 4.7

(A) 一个向量 $(a,b,c,d)^{\mathrm{T}}$ 构成的向量组一定线性无关

(B) 若列向量组 $\boldsymbol{\alpha}_1,\boldsymbol{\alpha}_2,\cdots,\boldsymbol{\alpha}_m$ 线性相关，则 $\boldsymbol{\alpha}_1$ 一定可以由其余向量线性表示

(C) 若 $\boldsymbol{\alpha}_1,\boldsymbol{\alpha}_2,\boldsymbol{\alpha}_3$ 都为三维列向量，且它们任意两个向量之间的夹角都为 $\theta(\theta\neq 0^\circ)$，那么向量组 $\boldsymbol{\alpha}_1,\boldsymbol{\alpha}_2,\boldsymbol{\alpha}_3$ 线性无关

(D) 已知列向量组 $\boldsymbol{\alpha}_1,\boldsymbol{\alpha}_2,\cdots,\boldsymbol{\alpha}_n$ 线性无关，非零列向量 $\boldsymbol{\beta}$ 与 $\boldsymbol{\alpha}_i$ 正交$(i=1,2,\cdots,n)$，则 $\boldsymbol{\beta},\boldsymbol{\alpha}_1,\boldsymbol{\alpha}_2,\cdots,\boldsymbol{\alpha}_n$ 线性无关

【思路】 找出反例来阐述命题的错误。

【解】 (A) 当 $a=b=c=d=0$ 时，显然零向量是线性相关的。

(B) 向量组 $\boldsymbol{\alpha}_1,\boldsymbol{\alpha}_2,\cdots,\boldsymbol{\alpha}_m$ 线性相关，那么该向量组中至少有一个向量可以由其余向量线性表示，但不一定是所有向量都能被其余向量线性表示。例如，向量组 $\begin{bmatrix}1\\0\\0\end{bmatrix},\begin{bmatrix}0\\1\\0\end{bmatrix},\begin{bmatrix}0\\3\\0\end{bmatrix}$ 线性相关，但向量 $\begin{bmatrix}1\\0\\0\end{bmatrix}$ 不能被另外两个向量线性表示。

(C) 从三维向量的几何意义出发，若 $\boldsymbol{\alpha}_1,\boldsymbol{\alpha}_2,\boldsymbol{\alpha}_3$ 线性相关，则它们共面。而在同一个平面上的三个向量，两两夹角相同的情况只有两种，其一是两两夹角都为 0°，其二是两两夹角都为 120°，所以当 $\theta=120^\circ$ 时，$\boldsymbol{\alpha}_1,\boldsymbol{\alpha}_2,\boldsymbol{\alpha}_3$ 刚好共面，即向量组 $\boldsymbol{\alpha}_1,\boldsymbol{\alpha}_2,\boldsymbol{\alpha}_3$ 线性相关。

(D) 证：令

$$k_0\boldsymbol{\beta}+k_1\boldsymbol{\alpha}_1+k_2\boldsymbol{\alpha}_2+\cdots+k_n\boldsymbol{\alpha}_n=\mathbf{0}$$

由于 $\boldsymbol{\beta}$ 与 $\boldsymbol{\alpha}_i$ 正交，即有 $\boldsymbol{\beta}^{\mathrm{T}}\boldsymbol{\alpha}_i=\mathbf{0}(i=1,2,\cdots,n)$，用 $\boldsymbol{\beta}^{\mathrm{T}}$ 左乘以上等式的两端，得

$$k_0\|\boldsymbol{\beta}\|^2=0$$

而$\boldsymbol{\beta}$为非零向量，故有$k_0=0$，则

$$k_1\boldsymbol{\alpha}_1+k_2\boldsymbol{\alpha}_2+\cdots+k_n\boldsymbol{\alpha}_n=\mathbf{0}$$

而向量组$\boldsymbol{\alpha}_1,\boldsymbol{\alpha}_2,\cdots,\boldsymbol{\alpha}_n$线性无关，于是有$k_1=k_2=\cdots=k_n=0$，即$k_0=k_1=k_2=\cdots=k_n=0$，所以向量组$\boldsymbol{\beta},\boldsymbol{\alpha}_1,\boldsymbol{\alpha}_2,\cdots,\boldsymbol{\alpha}_n$线性无关。

综上所述，选项(D)正确。

【评注】 该题考查了以下知识点：

(1) 只有一个非零向量的向量组线性无关。

(2) 包含零向量组的向量组线性相关。

(3) 若向量组线性相关，则至少有一个向量可以被其余向量线性表示。

(4) $\boldsymbol{\alpha}_1,\boldsymbol{\alpha}_2$线性相关$\Leftrightarrow\boldsymbol{\alpha}_1,\boldsymbol{\alpha}_2$共线；$\boldsymbol{\alpha}_1,\boldsymbol{\alpha}_2,\boldsymbol{\alpha}_3$线性相关$\Leftrightarrow\boldsymbol{\alpha}_1,\boldsymbol{\alpha}_2,\boldsymbol{\alpha}_3$共面。

(5) $\boldsymbol{\beta}$与$\boldsymbol{\alpha}$正交$\Leftrightarrow\boldsymbol{\beta}^{\mathrm{T}}\boldsymbol{\alpha}=0$。

【秘籍】 向量组的线性相关性是线性代数的重点和难点，其概念比较抽象，同学们要从多角度去理解，把向量组线性相关性的“定义”“形象含义”“几何意义”“与方程组的关系”及“与秩的关系”等概念联系起来理解。

【例 4.8】 分析下列命题，则(　　)。

例 4.8

① 若向量组$\boldsymbol{\alpha}_1,\boldsymbol{\alpha}_2,\boldsymbol{\alpha}_3$可以由向量组$\boldsymbol{\beta}_1,\boldsymbol{\beta}_2$线性表示，则向量组$\boldsymbol{\alpha}_1,\boldsymbol{\alpha}_2,\boldsymbol{\alpha}_3$线性相关。

② 若n维基本单位向量组$\boldsymbol{\varepsilon}_1,\boldsymbol{\varepsilon}_2\cdots,\boldsymbol{\varepsilon}_n$可以由向量组$\boldsymbol{\alpha}_1,\boldsymbol{\alpha}_2,\cdots,\boldsymbol{\alpha}_m$线性表示，那么$m\geqslant n$。

③ 若n维向量组$\boldsymbol{\alpha}_1,\boldsymbol{\alpha}_2,\cdots,\boldsymbol{\alpha}_m$的秩为3，而$n$维向量组$\boldsymbol{\beta}_1,\boldsymbol{\beta}_2,\cdots,\boldsymbol{\beta}_s$的秩为2，则向量组$\boldsymbol{\beta}_1,\boldsymbol{\beta}_2,\cdots,\boldsymbol{\beta}_s$可以由向量组$\boldsymbol{\alpha}_1,\boldsymbol{\alpha}_2,\cdots,\boldsymbol{\alpha}_m$线性表示。

④ 若向量组$\boldsymbol{\alpha}_1,\boldsymbol{\alpha}_2,\boldsymbol{\alpha}_3$线性无关，向量组$\boldsymbol{\beta}_1,\boldsymbol{\beta}_2$线性无关，则向量组$\boldsymbol{\alpha}_1,\boldsymbol{\alpha}_2,\boldsymbol{\alpha}_3,\boldsymbol{\beta}_1,\boldsymbol{\beta}_2$也线性无关。

⑤ 若向量组$\boldsymbol{\alpha}_1,\boldsymbol{\alpha}_2,\cdots,\boldsymbol{\alpha}_m$两两线性无关，则向量组$\boldsymbol{\alpha}_1,\boldsymbol{\alpha}_2,\cdots,\boldsymbol{\alpha}_m$线性无关。

(A) 只有①正确　　　　(B) 只有①和②正确

(C) 只有①、②和③正确　　　　(D) 都正确

【思路】 从“向量组间的线性表示与秩的关系定理”出发解题。

【解】 ① 向量组$\boldsymbol{\alpha}_1,\boldsymbol{\alpha}_2,\boldsymbol{\alpha}_3$可以由向量组$\boldsymbol{\beta}_1,\boldsymbol{\beta}_2$线性表示，则有

$$R(\boldsymbol{\alpha}_1,\boldsymbol{\alpha}_2,\boldsymbol{\alpha}_3)\leqslant R(\boldsymbol{\beta}_1,\boldsymbol{\beta}_2)\leqslant 2<3$$

则向量组$\boldsymbol{\alpha}_1,\boldsymbol{\alpha}_2,\boldsymbol{\alpha}_3$线性相关。

② 向量组$\boldsymbol{\varepsilon}_1,\boldsymbol{\varepsilon}_2\cdots,\boldsymbol{\varepsilon}_n$可以由向量组$\boldsymbol{\alpha}_1,\boldsymbol{\alpha}_2,\cdots,\boldsymbol{\alpha}_m$线性表示，则有

$$m\geqslant R(\boldsymbol{\alpha}_1,\boldsymbol{\alpha}_2,\cdots,\boldsymbol{\alpha}_m)\geqslant R(\boldsymbol{\varepsilon}_1,\boldsymbol{\varepsilon}_2\cdots,\boldsymbol{\varepsilon}_n)=n$$

于是有$m\geqslant n$。

③ 例如：向量组$(1,0,0,0)^{\mathrm{T}}$，$(0,1,0,0)^{\mathrm{T}}$，$(0,0,1,0)^{\mathrm{T}}$的秩为3，而向量组$(0,0,1,2)^{\mathrm{T}}$，$(0,0,2,3)^{\mathrm{T}}$的秩为2，显然任何一个向量组都不能线性表示另一个。

若把该命题中的所有n维向量都改为三维向量，那么命题是正确的。因为三维向量组的秩为3，所以该向量组的一个极大无关组即为三维向量空间$\mathbf{R}^3$的一组基，它当然可以线性表示任意一个三维向量。

④ 例如：向量组$(1,0,0)^{\mathrm{T}}$，$(0,1,0)^{\mathrm{T}}$，$(0,0,1)^{T}$线性无关，向量组$(1,2,3)^{\mathrm{T}}$，

$(2,1,6)^T$ 线性无关，而向量组 $(1,0,0)^T$，$(0,1,0)^T$，$(0,0,1)^T$，$(1,2,3)^T$，$(2,1,6)^T$ 是5个三维向量，所以线性相关。

⑤ 若向量组 $\boldsymbol{\alpha}_1,\boldsymbol{\alpha}_2,\cdots,\boldsymbol{\alpha}_m$ 线性无关，根据“向量组的部分与整体”定理可知，向量组 $\boldsymbol{\alpha}_1,\boldsymbol{\alpha}_2,\cdots,\boldsymbol{\alpha}_m$ 两两线性无关。但反过来说，若向量组 $\boldsymbol{\alpha}_1,\boldsymbol{\alpha}_2,\cdots,\boldsymbol{\alpha}_m$ 两两线性无关，而向量组 $\boldsymbol{\alpha}_1,\boldsymbol{\alpha}_2,\cdots,\boldsymbol{\alpha}_m$ 不一定线性无关。例如，两两线性无关的向量组 $\begin{bmatrix}1\\0\end{bmatrix},\begin{bmatrix}0\\1\end{bmatrix},\begin{bmatrix}2\\3\end{bmatrix}$ 却是线性相关的。

综上所述，本题的正确命题只有①和②，故选(B)。

【评注】 本题考查了以下知识点：

(1) 向量组 T_1 可以由向量组 T_2 线性表示 $\Rightarrow R(T_2)\geqslant R(T_1)$。注意该命题的单向性，所以命题③是错误的。

(2) 向量组所含向量的个数$\geqslant$向量组的秩时，有以下结论：

向量组所含向量的个数$>$向量组的秩 $\Leftrightarrow$ 向量组线性相关。

向量组所含向量的个数$=$量组的秩 $\Leftrightarrow$ 向量组线性无关。

(3) 若 $m>n$，则 m 个 n 维向量必线性相关。

【秘籍】 针对命题①，同学们可以形象地理解为：“三个人”$\boldsymbol{\alpha}_1,\boldsymbol{\alpha}_2,\boldsymbol{\alpha}_3$ 被“两个人”$\boldsymbol{\beta}_1,\boldsymbol{\beta}_2$“打败”(线性表示)，显然这“三个人”$\boldsymbol{\alpha}_1,\boldsymbol{\alpha}_2,\boldsymbol{\alpha}_3$ 是“臃肿的，虚弱的”，即是线性相关的。

【例 4.9】 设向量组 $\boldsymbol{\alpha}_1,\boldsymbol{\alpha}_2,\boldsymbol{\alpha}_3$ 为 $\mathbf{R}^3$ 的一组基，$\boldsymbol{\beta}_1=2\boldsymbol{\alpha}_1+2k\boldsymbol{\alpha}_3$，$\boldsymbol{\beta}_2=2\boldsymbol{\alpha}_2$，$\boldsymbol{\beta}_3=\boldsymbol{\alpha}_1+(k+1)\boldsymbol{\alpha}_3$。

(1) 证明向量组 $\boldsymbol{\beta}_1,\boldsymbol{\beta}_2,\boldsymbol{\beta}_3$ 为 $\mathbf{R}^3$ 的一组基。

(2) 当 k 为何值时，存在非零向量 $\boldsymbol{\xi}$ 在基 $\boldsymbol{\alpha}_1,\boldsymbol{\alpha}_2,\boldsymbol{\alpha}_3$ 与基 $\boldsymbol{\beta}_1,\boldsymbol{\beta}_2,\boldsymbol{\beta}_3$ 下的坐标相同，并求所有的 $\boldsymbol{\xi}$。

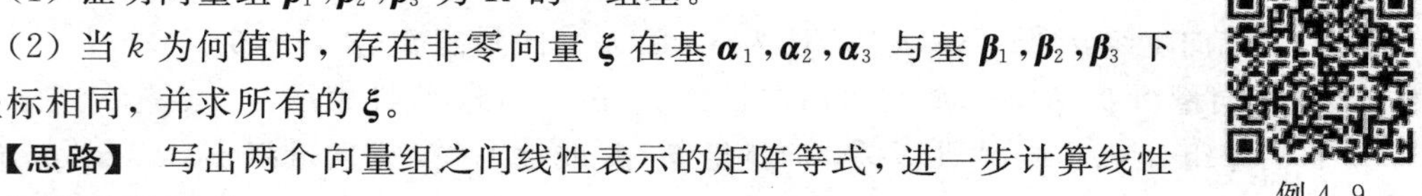

例 4.9

【思路】 写出两个向量组之间线性表示的矩阵等式，进一步计算线性表示矩阵的行列式。

【解】 (1) 根据已知条件可以写出向量组 $\boldsymbol{\beta}_1,\boldsymbol{\beta}_2,\boldsymbol{\beta}_3$ 由 $\boldsymbol{\alpha}_1,\boldsymbol{\alpha}_2,\boldsymbol{\alpha}_3$ 线性表示的矩阵等式：

$$(\boldsymbol{\beta}_1,\boldsymbol{\beta}_2,\boldsymbol{\beta}_3)=(\boldsymbol{\alpha}_1,\boldsymbol{\alpha}_2,\boldsymbol{\alpha}_3)\begin{bmatrix}2&0&1\\0&2&0\\2k&0&k+1\end{bmatrix}$$

令 $\boldsymbol{B}=(\boldsymbol{\beta}_1,\boldsymbol{\beta}_2,\boldsymbol{\beta}_3)$，$\boldsymbol{A}=(\boldsymbol{\alpha}_1,\boldsymbol{\alpha}_2,\boldsymbol{\alpha}_3)$，$\boldsymbol{P}=\begin{bmatrix}2&0&1\\0&2&0\\2k&0&k+1\end{bmatrix}$，则有 $\boldsymbol{B}=\boldsymbol{AP}$。

因为 $|\boldsymbol{P}|=4\neq0$，所以向量组 $\boldsymbol{\beta}_1,\boldsymbol{\beta}_2,\boldsymbol{\beta}_3$ 与 $\boldsymbol{\alpha}_1,\boldsymbol{\alpha}_2,\boldsymbol{\alpha}_3$ 等价，故 $\boldsymbol{\beta}_1,\boldsymbol{\beta}_2,\boldsymbol{\beta}_3$ 也为 $\mathbf{R}^3$ 的一组基。

(2) 设向量 $\boldsymbol{\xi}$ 在基 $\boldsymbol{\alpha}_1,\boldsymbol{\alpha}_2,\boldsymbol{\alpha}_3$ 与基 $\boldsymbol{\beta}_1,\boldsymbol{\beta}_2,\boldsymbol{\beta}_3$ 下的坐标都为 $\boldsymbol{x}=(x_1,x_2,x_3)^T$，则有

$$\boldsymbol{\xi}=(\boldsymbol{\alpha}_1,\boldsymbol{\alpha}_2,\boldsymbol{\alpha}_3)\begin{bmatrix}x_1\\x_2\\x_3\end{bmatrix}=(\boldsymbol{\beta}_1,\boldsymbol{\beta}_2,\boldsymbol{\beta}_3)\begin{bmatrix}x_1\\x_2\\x_3\end{bmatrix}$$

把 $\boldsymbol{B}=\boldsymbol{AP}$ 代入以上等式，有

$$(\boldsymbol{AP}-\boldsymbol{A})\boldsymbol{x}=\boldsymbol{0}$$

因为向量组 $\boldsymbol{\alpha}_1,\boldsymbol{\alpha}_2,\boldsymbol{\alpha}_3$ 为 $\mathbf{R}^3$ 的一组基，所以 $\boldsymbol{A}$ 可逆，于是用 $\boldsymbol{A}^{-1}$ 左乘以上等式两端，有

$$(\boldsymbol{P}-\boldsymbol{E})\boldsymbol{x}=\boldsymbol{0}$$

因为 $\boldsymbol{\xi}$ 为非零向量，它的坐标 $\boldsymbol{x}$ 也一定是非零向量，所以以上齐次线性方程组有非零解，于是有

$$|\boldsymbol{P}-\boldsymbol{E}|=\begin{vmatrix}1 & 0 & 1\\ 0 & 1 & 0\\ 2k & 0 & k\end{vmatrix}=0$$

解得 $k=0$。

当 $k=0$ 时，齐次线性方程组 $(\boldsymbol{P}-\boldsymbol{E})\boldsymbol{x}=\boldsymbol{0}$ 的通解为

$$\boldsymbol{x}=\begin{bmatrix}x_1\\ x_2\\ x_3\end{bmatrix}=\lambda\begin{bmatrix}-1\\ 0\\ 1\end{bmatrix}，\lambda \text{ 为任意常数}$$

于是非零向量 $\boldsymbol{\xi}$ 为

$$\boldsymbol{\xi}=(\boldsymbol{\alpha}_1,\boldsymbol{\alpha}_2,\boldsymbol{\alpha}_3)\begin{bmatrix}x_1\\ x_2\\ x_3\end{bmatrix}=\lambda(-\boldsymbol{\alpha}_1+\boldsymbol{\alpha}_3)，\lambda\in\mathbf{R}，\lambda\neq 0$$

【评注】 本题考查以下知识点：

(1) 若 3 个三维向量 $\boldsymbol{\alpha}_1,\boldsymbol{\alpha}_2,\boldsymbol{\alpha}_3$ 线性无关，则它一定是 $\mathbf{R}^3$ 的一组基。

(2) 若向量组 $\boldsymbol{\alpha}_1,\boldsymbol{\alpha}_2,\boldsymbol{\alpha}_3$ 为 $\mathbf{R}^3$ 的一组基，且 $\boldsymbol{\xi}=(\boldsymbol{\alpha}_1,\boldsymbol{\alpha}_2,\boldsymbol{\alpha}_3)\begin{bmatrix}x_1\\ x_2\\ x_3\end{bmatrix}$，则 $\boldsymbol{x}=\begin{bmatrix}x_1\\ x_2\\ x_3\end{bmatrix}$ 是 $\boldsymbol{\xi}$ 在基 $\boldsymbol{\alpha}_1,\boldsymbol{\alpha}_2,\boldsymbol{\alpha}_3$ 下的坐标。

【例 4.10】 设 $\boldsymbol{A}=(a_{ij})_{3\times 3}$ 是正交矩阵，且 $\boldsymbol{b}=(1,0,0)^{\mathrm{T}}$，$a_{11}=1$，则线性方程组 $\boldsymbol{Ax}=\boldsymbol{b}$ 的解为________。

【思路】 根据正交矩阵的列(行)向量都是单位向量的定理，写出矩阵 $\boldsymbol{A}$ 的第一行和第一列。

例 4.10

【解】 因为 $\boldsymbol{A}$ 是正交矩阵，所以 $\boldsymbol{A}$ 的每一个行向量和列向量都是单位向量，于是矩阵 $\boldsymbol{A}$ 可以写为

$$\boldsymbol{A}=\begin{bmatrix}1 & 0 & 0\\ 0 & a & c\\ 0 & b & d\end{bmatrix}，\text{又因为 } \boldsymbol{A}^{-1}=\boldsymbol{A}^{\mathrm{T}}=\begin{bmatrix}1 & 0 & 0\\ 0 & a & b\\ 0 & c & d\end{bmatrix}，\text{于是方程组 } \boldsymbol{Ax}=\boldsymbol{b} \text{ 的解为}$$

$$\boldsymbol{x}=\boldsymbol{A}^{-1}\boldsymbol{b}=\boldsymbol{A}^{\mathrm{T}}\boldsymbol{b}=\begin{bmatrix}1 & 0 & 0\\ 0 & a & b\\ 0 & c & d\end{bmatrix}\begin{bmatrix}1\\ 0\\ 0\end{bmatrix}=\begin{bmatrix}1\\ 0\\ 0\end{bmatrix}$$

【评注】 本题考查知识点如下：

(1) $\boldsymbol{A}$ 为正交矩阵 $\Leftrightarrow$ $\boldsymbol{A}$ 的列(行)向量组是两两正交的单位向量。

(2) $\boldsymbol{A}$ 为正交矩阵 $\Leftrightarrow$ $\boldsymbol{A}^{-1}=\boldsymbol{A}^{\mathrm{T}}$。

【秘籍】 本题根据正交矩阵的特点，仅仅从 $a_{11}=1$ 这一个元素值就可以确定 $\boldsymbol{A}$ 的 5 个元素，而另外 4 个元素的值恰好不影响方程组的解。

【例 4.11】 已知四维列向量组 $\boldsymbol{\alpha}_1,\boldsymbol{\alpha}_2,\boldsymbol{\alpha}_3$ 线性无关，且与四维列向量组 $\boldsymbol{\beta}_1,\boldsymbol{\beta}_2$ 均正交，证明 $\boldsymbol{\beta}_1,\boldsymbol{\beta}_2$ 线性相关。

【思路】 根据已知条件写出矩阵等式。

【证明】 因为向量组 $\boldsymbol{\beta}_1,\boldsymbol{\beta}_2$ 与向量组 $\boldsymbol{\alpha}_1,\boldsymbol{\alpha}_2,\boldsymbol{\alpha}_3$ 正交，则有 $\boldsymbol{\beta}_i^{\mathrm{T}}\boldsymbol{\alpha}_j=0$ $(i=1,2;\ j=1,2,3)$，可以进一步写成矩阵等式 $\begin{bmatrix}\boldsymbol{\beta}_1^{\mathrm{T}}\\ \boldsymbol{\beta}_2^{\mathrm{T}}\end{bmatrix}(\boldsymbol{\alpha}_1,\boldsymbol{\alpha}_2,\boldsymbol{\alpha}_3)=\begin{bmatrix}0&0&0\\0&0&0\end{bmatrix}$，令 $\boldsymbol{B}=\begin{bmatrix}\boldsymbol{\beta}_1^{\mathrm{T}}\\ \boldsymbol{\beta}_2^{\mathrm{T}}\end{bmatrix}$，$\boldsymbol{A}=(\boldsymbol{\alpha}_1,\boldsymbol{\alpha}_2,\boldsymbol{\alpha}_3)$，有 $\boldsymbol{BA}=\boldsymbol{O}$，于是有 $R(\boldsymbol{B})+R(\boldsymbol{A})\leqslant 4$，又因为向量组 $\boldsymbol{\alpha}_1,\boldsymbol{\alpha}_2,\boldsymbol{\alpha}_3$ 线性无关，所以 $R(\boldsymbol{A})=3$，则 $R(\boldsymbol{B})\leqslant 4-R(\boldsymbol{A})=1<2$。故向量组 $\boldsymbol{\beta}_1,\boldsymbol{\beta}_2$ 线性相关。

例 4.11

【评注】 本题考查了以下知识点：

(1) 列向量 $\boldsymbol{\alpha}$、$\boldsymbol{\beta}$ 正交 $\Leftrightarrow \boldsymbol{\alpha}^{\mathrm{T}}\boldsymbol{\beta}=0$。

(2) 若 $\boldsymbol{A}_{m\times s}\boldsymbol{B}_{s\times n}=\boldsymbol{O}$，则 $R(\boldsymbol{A}_{m\times s})+R(\boldsymbol{B}_{s\times n})\leqslant s$。

(3) 向量组 $\boldsymbol{\alpha}_1,\boldsymbol{\alpha}_2,\cdots,\boldsymbol{\alpha}_m$ 线性无关 $\Leftrightarrow R(\boldsymbol{\alpha}_1,\boldsymbol{\alpha}_2,\cdots,\boldsymbol{\alpha}_m)=m$。

(4) 向量组 $\boldsymbol{\alpha}_1,\boldsymbol{\alpha}_2,\cdots,\boldsymbol{\alpha}_m$ 线性相关 $\Leftrightarrow R(\boldsymbol{\alpha}_1,\boldsymbol{\alpha}_2,\cdots,\boldsymbol{\alpha}_m)<m$。

【秘籍】 写出两个向量组正交的矩阵等式是解题的关键。

【例 4.12】 求方程组 $\begin{cases}x_1-2x_2+3x_3-4x_4=0\\ x_2-x_3+x_4=0\\ x_1+3x_2-3x_4=0\\ x_1-4x_2+3x_3-2x_4=0\end{cases}$ 的通解。

例 4.12

【思路】 对系数矩阵初等行变换。

【解】 通过初等行变换把方程组系数矩阵化为行最简形：

$$\boldsymbol{A}=\begin{bmatrix}1&-2&3&-4\\0&1&-1&1\\1&3&0&-3\\1&-4&3&-2\end{bmatrix}\to\begin{bmatrix}1&0&0&0\\0&1&0&-1\\0&0&1&-2\\0&0&0&0\end{bmatrix}=\boldsymbol{B}$$

方程组 $\boldsymbol{Ax}=\boldsymbol{0}$ 与 $\boldsymbol{Bx}=\boldsymbol{0}$ 同解。把矩阵 $\boldsymbol{B}$ 每一行的第一个非零元素所对应的未知量称为主变量，而其他未知量称为自由变量，则 x_1,x_2,x_3 为主变量，而 x_4 为自由变量，当 $x_4=k$ 时，通解为 $k\begin{bmatrix}0\\1\\2\\1\end{bmatrix}$，$k$ 为任意常数。

【评注】 自由变量的选取并不唯一，但同学们在考试时千万不要刻意“与众不同”。

【例 4.13】 求方程组 $\begin{cases}x_1+x_2-x_3-x_4=1\\ 2x_1+x_2+x_3+x_4=4\\ 4x_1+3x_2-x_3-x_4=6\\ x_1+2x_2-4x_3-4x_4=-1\end{cases}$ 的通解。

例 4.13

【思路】 对增广矩阵进行初等行变换。

【解】 通过初等行变换把方程组增广矩阵$(\boldsymbol{A},\boldsymbol{b})$化为行最简形：

$$(\boldsymbol{A},\boldsymbol{b})=\begin{bmatrix}1&1&-1&-1&1\\2&1&1&1&4\\4&3&-1&-1&6\\1&2&-4&-4&-1\end{bmatrix}\to\begin{bmatrix}1&0&2&2&3\\0&1&-3&-3&-2\\0&0&0&0&0\\0&0&0&0&0\end{bmatrix}$$

先分析其导出组$\boldsymbol{Ax}=\boldsymbol{0}$，选$x_3$、$x_4$为自由变量，当$\begin{cases}x_3=k_1\\x_4=0\end{cases}$和$\begin{cases}x_3=0\\x_4=k_2\end{cases}$时，导出组$\boldsymbol{Ax}=\boldsymbol{0}$的通解为$k_1\begin{bmatrix}-2\\3\\1\\0\end{bmatrix}+k_2\begin{bmatrix}-2\\3\\0\\1\end{bmatrix}$，$k_1$、$k_2$为任意常数。

再分析非齐次方程组$\boldsymbol{Ax}=\boldsymbol{b}$，当$\begin{cases}x_3=0\\x_4=0\end{cases}$时，$\boldsymbol{Ax}=\boldsymbol{b}$的特解为$\begin{bmatrix}3\\-2\\0\\0\end{bmatrix}$。

综上，方程组$\boldsymbol{Ax}=\boldsymbol{b}$的通解为$k_1\begin{bmatrix}-2\\3\\1\\0\end{bmatrix}+k_2\begin{bmatrix}-2\\3\\0\\1\end{bmatrix}+\begin{bmatrix}3\\-2\\0\\0\end{bmatrix}$，$k_1$、$k_2$为任意常数。

【评注】 方程组$\boldsymbol{Ax}=\boldsymbol{b}$的通解是由其导出组$\boldsymbol{Ax}=\boldsymbol{0}$的通解和$\boldsymbol{Ax}=\boldsymbol{b}$的特解构成的。

【例 4.14】 当a、b为何值时，线性方程组$\begin{cases}2x_1-x_2+ax_3=6\\x_2+3x_3=b\\-x_1+2x_2+3x_3=3\end{cases}$有唯一解、无解、无穷多解？在有无穷多解时，求通解。

例 4.14

【思路】 把方程组增广矩阵化为行阶梯形。

【解】 对方程组增广矩阵进行初等行变换化为行阶梯形：

$$(\boldsymbol{A},\boldsymbol{b})=\begin{bmatrix}2&-1&a&6\\0&1&3&b\\-1&2&3&3\end{bmatrix}\to\begin{bmatrix}-1&2&3&3\\0&1&3&b\\0&0&a-3&12-3b\end{bmatrix}$$

(1) 当$a\neq3$时，$R(\boldsymbol{A})=R((\boldsymbol{A},\boldsymbol{b}))=3$，方程组有唯一解。

(2) 当$a-3=0$且$12-3b\neq0$，即$a=3$且$b\neq4$时，$R(\boldsymbol{A})\neq R((\boldsymbol{A},\boldsymbol{b}))$，方程组无解。

(3) 当$a-3=12-3b=0$，即$a=3$且$b=4$时，$R(\boldsymbol{A})=R((\boldsymbol{A},\boldsymbol{b}))=2<3$，方程组有无穷组解，其增广矩阵行最简形为$\begin{bmatrix}1&0&3&5\\0&1&3&4\\0&0&0&0\end{bmatrix}$，则通解为$k\begin{bmatrix}-3\\-3\\1\end{bmatrix}+\begin{bmatrix}5\\4\\0\end{bmatrix}$，$k$为任意常数。

【评注】 非齐次线性方程组$\boldsymbol{Ax}=\boldsymbol{b}$解的判断定理如下：

(1) 方程组$\boldsymbol{Ax}=\boldsymbol{b}$无解$\Leftrightarrow R(\boldsymbol{A})\neq R((\boldsymbol{A},\boldsymbol{b}))$。

(2) 方程组 $\boldsymbol{Ax}=\boldsymbol{b}$ 有唯一解 $\Leftrightarrow R(\boldsymbol{A})=R((\boldsymbol{A},\boldsymbol{b}))=\boldsymbol{A}$ 的列数。

(3) 方程组 $\boldsymbol{Ax}=\boldsymbol{b}$ 有无穷组解 $\Leftrightarrow R(\boldsymbol{A})=R((\boldsymbol{A},\boldsymbol{b}))<\boldsymbol{A}$ 的列数。

【秘籍】 在讨论带参数线性方程组 $\boldsymbol{Ax}=\boldsymbol{b}$ 的解时，一般有两种解题方法：初等行变换法和求解行列式法(若 $\boldsymbol{A}$ 为方阵)，最终答案是一致的。

【例 4.15】 设 n 阶矩阵 $\boldsymbol{A}$ 的各行元素之和均为零，且 $\boldsymbol{A}$ 的秩为 $n-1$，则齐次线性方程组 $\boldsymbol{Ax}=\boldsymbol{0}$ 的通解为____________。

例 4.15

【思路】 首先分析 $\boldsymbol{Ax}=\boldsymbol{0}$ 基础解系所含解向量的个数，其次充分理解“$\boldsymbol{A}$ 每一行的元素之和都为零”。

【解】 齐次线性方程组 $\boldsymbol{Ax}=\boldsymbol{0}$ 基础解系所含解向量的个数为 $n-R(\boldsymbol{A})=n-(n-1)=1$，即任意一个非零解向量都是 $\boldsymbol{Ax}=\boldsymbol{0}$ 的一个基础解系。而“矩阵 $\boldsymbol{A}$ 每一行的元素之和都为零”可以翻译成矩阵等式为

$$\begin{bmatrix} a_{11} & a_{12} & \cdots & a_{1n} \\ a_{21} & a_{22} & \cdots & a_{2n} \\ \vdots & \vdots & \ddots & \vdots \\ a_{n1} & a_{n2} & \cdots & a_{nn} \end{bmatrix}\begin{bmatrix} 1 \\ 1 \\ \vdots \\ 1 \end{bmatrix}=\begin{bmatrix} 0 \\ 0 \\ \vdots \\ 0 \end{bmatrix}$$

即列向量 $(1,1,\cdots,1)^{\mathrm{T}}$ 是齐次线性方程组 $\boldsymbol{Ax}=\boldsymbol{0}$ 的解向量。则齐次线性方程组 $\boldsymbol{Ax}=\boldsymbol{0}$ 的通解是 $k\,(1,1,\cdots,1)^{\mathrm{T}}$，$k$ 为任意常数。

【评注】 方程组 $\boldsymbol{A}_{m\times n}\boldsymbol{x}=\boldsymbol{0}$ 基础解系所含解向量的个数为 $n-R(\boldsymbol{A}_{m\times n})$。

【秘籍】 把线性代数内涵“$\boldsymbol{A}$ 每一行的元素之和都为零”翻译成矩阵等式，是求解本题的关键。

【例 4.16】 已知 $\boldsymbol{A}$ 为三阶非零矩阵，矩阵 $\boldsymbol{B}=\begin{bmatrix} 1 & -2 & -1 \\ -1 & 2 & a \\ 2 & 3 & 5 \end{bmatrix}$，且 $\boldsymbol{AB}=\boldsymbol{O}$，求 a 及齐次线性方程组 $\boldsymbol{Ax}=\boldsymbol{0}$ 的通解。

【思路】 从 $\boldsymbol{AB}=\boldsymbol{O}$ 出发，确定矩阵 $\boldsymbol{A}$ 和 $\boldsymbol{B}$ 的秩。

例 4.16

【解】 因为 $\boldsymbol{AB}=\boldsymbol{O}$，所以 $R(\boldsymbol{A})+R(\boldsymbol{B})\leqslant 3$，$R(\boldsymbol{A})\leqslant 3-R(\boldsymbol{B})$。假设矩阵 $\boldsymbol{B}$ 满秩，则 $R(\boldsymbol{A})=0$，与已知 $\boldsymbol{A}$ 是非零矩阵矛盾，故矩阵 $\boldsymbol{B}$ 是降秩矩阵，于是 $|\boldsymbol{B}|=0$，解得 $a=1$。

当 $a=1$ 时，$R(\boldsymbol{B})=2$，则 $R(\boldsymbol{A})\leqslant 3-R(\boldsymbol{B})=1$，又因为矩阵 $\boldsymbol{A}$ 非零，则有 $R(\boldsymbol{A})=1$，那么齐次线性方程组 $\boldsymbol{Ax}=\boldsymbol{0}$ 基础解系所含解向量的个数为 $3-R(\boldsymbol{A})=2$，又因为 $\boldsymbol{AB}=\boldsymbol{O}$，则矩阵 $\boldsymbol{B}$ 的 3 个列向量都是 $\boldsymbol{Ax}=\boldsymbol{0}$ 的解向量，而矩阵 $\boldsymbol{B}$ 的前两个列向量线性无关，于是 $\boldsymbol{Ax}=\boldsymbol{0}$ 的通解为 $k_1\,(1,-1,2)^{\mathrm{T}}+k_2\,(-2,2,3)^{\mathrm{T}}$，$k_1$、$k_2$ 为任意常数。

【评注】 本题考查知识点为：

(1) 若 $\boldsymbol{A}_{m\times s}\boldsymbol{B}_{s\times n}=\boldsymbol{O}$，则 $R(\boldsymbol{A}_{m\times s})+R(\boldsymbol{B}_{s\times n})\leqslant s$。

(2) $\boldsymbol{AB}=\boldsymbol{O}\Rightarrow\boldsymbol{B}$ 的所有列向量都是 $\boldsymbol{Ax}=\boldsymbol{0}$ 的解向量。

【例 4.17】 已知 $\boldsymbol{\alpha}_1,\boldsymbol{\alpha}_2,\boldsymbol{\alpha}_3,\boldsymbol{\alpha}_4,\boldsymbol{\beta}$ 为四维列向量，其中 $\boldsymbol{\alpha}_1,\boldsymbol{\alpha}_2,\boldsymbol{\alpha}_3$ 线性无关，$\boldsymbol{\alpha}_4=2\boldsymbol{\alpha}_1-\boldsymbol{\alpha}_3$，$\boldsymbol{\beta}=\boldsymbol{\alpha}_1+\boldsymbol{\alpha}_2+\boldsymbol{\alpha}_3$，求非齐次线性方程组 $\boldsymbol{Ax}=\boldsymbol{\beta}$ 的通解，其中 $\boldsymbol{A}=(\boldsymbol{\alpha}_1,\boldsymbol{\alpha}_2,\boldsymbol{\alpha}_3,\boldsymbol{\alpha}_4)$。

例 4.17

【思路】 先确定 $\boldsymbol{Ax}=\boldsymbol{\beta}$ 的导出组 $\boldsymbol{Ax}=\boldsymbol{0}$ 基础解系所含解向量的个数，

再进一步找出 $\boldsymbol{Ax}=\boldsymbol{0}$的基础解系和 $\boldsymbol{Ax}=\boldsymbol{\beta}$ 的特解。

【解】 因为 $\boldsymbol{\alpha}_1,\boldsymbol{\alpha}_2,\boldsymbol{\alpha}_3$ 线性无关，而 $\boldsymbol{\alpha}_4=2\boldsymbol{\alpha}_1-\boldsymbol{\alpha}_3$，则 $R(\boldsymbol{A})=3$，故齐次线性方程组 $\boldsymbol{Ax}=\boldsymbol{0}$ 基础解系所含解向量的个数为 $4-R(\boldsymbol{A})=1$，所以 $\boldsymbol{Ax}=\boldsymbol{0}$ 的任意一个非零解向量都是 $\boldsymbol{Ax}=\boldsymbol{0}$的一个基础解系。

而 $\boldsymbol{\alpha}_4=2\boldsymbol{\alpha}_1-\boldsymbol{\alpha}_3$，即 $2\boldsymbol{\alpha}_1-\boldsymbol{\alpha}_3-\boldsymbol{\alpha}_4=\boldsymbol{0}$，进一步写为矩阵等式：

$$(\boldsymbol{\alpha}_1,\boldsymbol{\alpha}_2,\boldsymbol{\alpha}_3,\boldsymbol{\alpha}_4)\begin{bmatrix}2\\0\\-1\\-1\end{bmatrix}=\boldsymbol{0}$$

上式说明向量 $(2,0,-1,-1)^{\mathrm{T}}$ 是方程组 $\boldsymbol{Ax}=\boldsymbol{0}$ 的一个解向量。

又因为 $\boldsymbol{\beta}=\boldsymbol{\alpha}_1+\boldsymbol{\alpha}_2+\boldsymbol{\alpha}_3$，可以写成矩阵等式：

$$(\boldsymbol{\alpha}_1,\boldsymbol{\alpha}_2,\boldsymbol{\alpha}_3,\boldsymbol{\alpha}_4)\begin{bmatrix}1\\1\\1\\0\end{bmatrix}=\boldsymbol{\beta}$$

上式说明向量 $(1,1,1,0)^{\mathrm{T}}$ 是方程组 $\boldsymbol{Ax}=\boldsymbol{\beta}$ 的一个特解。

综上，非齐次线性方程组 $\boldsymbol{Ax}=\boldsymbol{\beta}$ 的通解为 $(1,1,1,0)^{\mathrm{T}}+k(2,0,-1,-1)^{\mathrm{T}}$，$k$ 为任意常数。

【评注】 求抽象的非齐次线性方程组 $\boldsymbol{Ax}=\boldsymbol{\beta}$ 的通解的基本步骤为：

(1) 确定 $\boldsymbol{Ax}=\boldsymbol{\beta}$ 的导出组 $\boldsymbol{Ax}=\boldsymbol{0}$ 基础解系所含解向量的个数。

(2) 根据已知条件找出 $\boldsymbol{Ax}=\boldsymbol{0}$ 的基础解系。

(3) 根据已知条件找出 $\boldsymbol{Ax}=\boldsymbol{\beta}$ 的一个特解。

【例 4.18】 设 $\boldsymbol{\eta}$ 是非齐次线性方程组 $\boldsymbol{Ax}=\boldsymbol{b}$ 的一个解，$\boldsymbol{\xi}_1,\boldsymbol{\xi}_2,\cdots,\boldsymbol{\xi}_{n-r}$是对应齐次线性方程组 $\boldsymbol{Ax}=\boldsymbol{0}$ 的一个基础解系。证明：

(1) $\boldsymbol{\eta},\boldsymbol{\xi}_1,\boldsymbol{\xi}_2,\cdots,\boldsymbol{\xi}_{n-r}$线性无关。

(2) $\boldsymbol{\eta},\boldsymbol{\eta}+\boldsymbol{\xi}_1,\boldsymbol{\eta}+\boldsymbol{\xi}_2,\cdots,\boldsymbol{\eta}+\boldsymbol{\xi}_{n-r}$线性无关。

例 4.18

【思路】 (1) 用反证法来证明。(2) 证明两个向量组等价。

【证明】 (1) 反证法。设向量组 T_1：$\boldsymbol{\eta},\boldsymbol{\xi}_1,\boldsymbol{\xi}_2,\cdots,\boldsymbol{\xi}_{n-r}$线性相关，而向量组 $\boldsymbol{\xi}_1,\boldsymbol{\xi}_2,\cdots,\boldsymbol{\xi}_{n-r}$是 $\boldsymbol{Ax}=\boldsymbol{0}$ 的基础解系，所以 $\boldsymbol{\xi}_1,\boldsymbol{\xi}_2,\cdots,\boldsymbol{\xi}_{n-r}$线性无关，则 $\boldsymbol{\eta}$ 一定能由向量组 $\boldsymbol{\xi}_1,\boldsymbol{\xi}_2,\cdots,\boldsymbol{\xi}_{n-r}$唯一地线性表示，那么 $\boldsymbol{\eta}$ 也是 $\boldsymbol{Ax}=\boldsymbol{0}$ 的解，这与 $\boldsymbol{\eta}$ 是非齐次线性方程组 $\boldsymbol{Ax}=\boldsymbol{b}$ 的解矛盾。于是向量组 T_1：$\boldsymbol{\eta},\boldsymbol{\xi}_1,\boldsymbol{\xi}_2,\cdots,\boldsymbol{\xi}_{n-r}$线性无关。

(2) 令向量组 T_2：$\boldsymbol{\eta},\boldsymbol{\eta}+\boldsymbol{\xi}_1,\boldsymbol{\eta}+\boldsymbol{\xi}_2,\cdots,\boldsymbol{\eta}+\boldsymbol{\xi}_{n-r}$，显然向量组 T_1 与向量组 T_2 等价，由(1) 知 T_1 线性无关，因此 $R(T_2)=R(T_1)=n-r+1$，于是 T_2 也线性无关。

【评注】 本题考查以下知识点：

(1) 基础解系一定是线性无关向量组。

(2)“一个向量与一个向量组”定理：若向量组 $\boldsymbol{\alpha}_1,\boldsymbol{\alpha}_2,\cdots,\boldsymbol{\alpha}_n$ 线性无关，而向量组 $\boldsymbol{\alpha}_1,\boldsymbol{\alpha}_2,\cdots,\boldsymbol{\alpha}_n,\boldsymbol{\beta}$ 线性相关，则向量 $\boldsymbol{\beta}$ 一定可以由向量组 $\boldsymbol{\alpha}_1,\boldsymbol{\alpha}_2,\cdots,\boldsymbol{\alpha}_n$ 唯一地线性表示。

(3) $\boldsymbol{Ax}=\boldsymbol{0}$ 基础解系的线性组合一定还是 $\boldsymbol{Ax}=\boldsymbol{0}$的解。

(4) 若向量组 T_1 与向量组 T_2 等价，则 $R(T_1)=R(T_2)$。

(5) $R(T_1)=T_1$ 所含向量个数$\Leftrightarrow T_1$ 线性无关。

(6) 本题的(2)可以作为一般结论:非齐次线性方程组 $\boldsymbol{A}_{m\times n}\boldsymbol{x}=\boldsymbol{b}$ 含有 $n-R(\boldsymbol{A})+1$ 个线性无关的解向量。若 $\boldsymbol{\eta}$ 是 $\boldsymbol{A}_{m\times n}\boldsymbol{x}=\boldsymbol{b}$ 的一个解,$\boldsymbol{\xi}_1,\boldsymbol{\xi}_2,\cdots,\boldsymbol{\xi}_{n-r}$ 是导出组 $\boldsymbol{A}_{m\times n}\boldsymbol{x}=\boldsymbol{0}$ 的基础解系,则 $\boldsymbol{\eta},\boldsymbol{\eta}+\boldsymbol{\xi}_1,\boldsymbol{\eta}+\boldsymbol{\xi}_2,\cdots,\boldsymbol{\eta}+\boldsymbol{\xi}_{n-r}$ 是 $\boldsymbol{Ax}=\boldsymbol{b}$ 线性无关的解向量。

【秘籍】 $\boldsymbol{Ax}=\boldsymbol{0}$ 有 s 个线性无关解向量$\Leftrightarrow\boldsymbol{Ax}=\boldsymbol{b}$ 有 $s+1$ 个线性无关解向量。

【例 4.19】 设 $\boldsymbol{A}$ 为 $m\times n$ 矩阵,$\boldsymbol{b}$ 是 m 维列向量,证明:

(1) $R(\boldsymbol{A}^{\mathrm{T}}\boldsymbol{A})=R(\boldsymbol{A})$ 。

(2) 线性方程组 $\boldsymbol{A}^{\mathrm{T}}\boldsymbol{Ax}=\boldsymbol{A}^{\mathrm{T}}\boldsymbol{b}$ 必有解。

例 4.19

【思路】 (1) 证明方程组 $\boldsymbol{A}^{\mathrm{T}}\boldsymbol{Ax}=\boldsymbol{0}$ 与 $\boldsymbol{Ax}=\boldsymbol{0}$同解。(2) 证明系数矩阵和增广矩阵秩相等。

【证明】 (1) 设 $\boldsymbol{\xi}$ 是 $\boldsymbol{Ax}=\boldsymbol{0}$ 的解,即 $\boldsymbol{A\xi}=\boldsymbol{0}$,那么 $\boldsymbol{A}^{\mathrm{T}}\boldsymbol{A\xi}=\boldsymbol{0}$,即 $\boldsymbol{\xi}$ 也是 $\boldsymbol{A}^{\mathrm{T}}\boldsymbol{Ax}=\boldsymbol{0}$的解。

设 $\boldsymbol{\eta}$ 是 $\boldsymbol{A}^{\mathrm{T}}\boldsymbol{Ax}=\boldsymbol{0}$的解,即 $\boldsymbol{A}^{\mathrm{T}}\boldsymbol{A\eta}=\boldsymbol{0}$,用 $\boldsymbol{\eta}^{\mathrm{T}}$ 左乘等式两端,有

$$\boldsymbol{\eta}^{\mathrm{T}}\boldsymbol{A}^{\mathrm{T}}\boldsymbol{A\eta}=\boldsymbol{0},\ (\boldsymbol{A\eta})^{\mathrm{T}}(\boldsymbol{A\eta})=\boldsymbol{0}$$

则 $\|\boldsymbol{A\eta}\|^2=0$,故有 $\boldsymbol{A\eta}=\boldsymbol{0}$,即 $\boldsymbol{\eta}$ 也是 $\boldsymbol{Ax}=\boldsymbol{0}$的解。

综上可知,方程组 $\boldsymbol{A}^{\mathrm{T}}\boldsymbol{Ax}=\boldsymbol{0}$ 与 $\boldsymbol{Ax}=\boldsymbol{0}$同解,于是它们解空间的维数相等,则有

$$n-R(\boldsymbol{A}^{\mathrm{T}}\boldsymbol{A})=n-R(\boldsymbol{A})$$

故 $R(\boldsymbol{A}^{\mathrm{T}}\boldsymbol{A})=R(\boldsymbol{A})$。

(2) 根据(1)的结论,有

$$R(\boldsymbol{A})=R(\boldsymbol{A}^{\mathrm{T}}\boldsymbol{A})\leqslant R((\boldsymbol{A}^{\mathrm{T}}\boldsymbol{A},\boldsymbol{A}^{\mathrm{T}}\boldsymbol{b}))=R(\boldsymbol{A}^{\mathrm{T}}(\boldsymbol{A},\boldsymbol{b}))\leqslant R(\boldsymbol{A}^{\mathrm{T}})=R(\boldsymbol{A})$$

于是 $R(\boldsymbol{A}^{\mathrm{T}}\boldsymbol{A})=R((\boldsymbol{A}^{\mathrm{T}}\boldsymbol{A},\boldsymbol{A}^{\mathrm{T}}\boldsymbol{b}))=R(\boldsymbol{A})$,故线性方程组 $\boldsymbol{A}^{\mathrm{T}}\boldsymbol{Ax}=\boldsymbol{A}^{\mathrm{T}}\boldsymbol{b}$ 必有解。

【评注】 本题考查以下知识点:

(1) $\boldsymbol{\xi}$ 是 $\boldsymbol{Ax}=\boldsymbol{0}$ 的解$\Leftrightarrow\boldsymbol{A\xi}=\boldsymbol{0}$。

(2) 方程组 $\boldsymbol{A}_{m\times n}\boldsymbol{x}=\boldsymbol{0}$基础解系所含解向量的个数为 $n-R(\boldsymbol{A}_{m\times n})$。

(3) 若两个齐次线性方程组同解,则它们解空间的维数相等。

(4) $\sqrt{\boldsymbol{\eta}^{\mathrm{T}}\boldsymbol{\eta}}=\|\boldsymbol{\eta}\|$。

(5) $\|\boldsymbol{\eta}\|=0\Leftrightarrow\boldsymbol{\eta}=\boldsymbol{0}$。

(6) $R(\boldsymbol{A})\leqslant R((\boldsymbol{A},\boldsymbol{B}))$。

(7) $R(\boldsymbol{AB})\leqslant R(\boldsymbol{A})$,$R(\boldsymbol{AB})\leqslant R(\boldsymbol{B})$。

(8) $R(\boldsymbol{A})=R(\boldsymbol{A}^{\mathrm{T}})$。

(9) 方程组 $\boldsymbol{Ax}=\boldsymbol{b}$ 有解$\Leftrightarrow R(\boldsymbol{A})=R((\boldsymbol{A},\boldsymbol{b}))$。

【秘籍】 同学们要熟记结论:$R(\boldsymbol{A}^{\mathrm{T}}\boldsymbol{A})=R(\boldsymbol{A})=R(\boldsymbol{A}^{\mathrm{T}})=R(\boldsymbol{AA}^{\mathrm{T}})$。

【例 4.20】 设 $\boldsymbol{A}$ 是 $m\times s$ 矩阵,$\boldsymbol{B}$ 是 $s\times n$ 矩阵,且 $\boldsymbol{AB}=\boldsymbol{O}$,证明:$R(\boldsymbol{A})+R(\boldsymbol{B})\leqslant s$。

例 4.20

【思路】 $\boldsymbol{AB}=\boldsymbol{O}$ 说明 $\boldsymbol{B}$ 的所有列向量都是齐次线性方程组 $\boldsymbol{Ax}=\boldsymbol{0}$ 的解向量,再根据 $\boldsymbol{Ax}=\boldsymbol{0}$基础解系所含解向量的个数来进一步证明。

【证明】 把矩阵 $\boldsymbol{B}$ 按列分块 $\boldsymbol{B}=(\boldsymbol{b}_1,\boldsymbol{b}_2,\cdots,\boldsymbol{b}_n)$,则有

$$\boldsymbol{AB}=\boldsymbol{A}(\boldsymbol{b}_1,\boldsymbol{b}_2,\cdots,\boldsymbol{b}_n)=(\boldsymbol{Ab}_1,\boldsymbol{Ab}_2,\cdots,\boldsymbol{Ab}_n)$$

由于 $\boldsymbol{AB}=\boldsymbol{O}$,所以有 $\boldsymbol{Ab}_i=\boldsymbol{0}(i=1,2,\cdots,n)$,即矩阵 $\boldsymbol{B}$ 的所有列向量

都是齐次线性方程组 $\boldsymbol{Ax}=\boldsymbol{0}$ 的解向量，故 $\boldsymbol{B}$ 的所有列向量都可以由 $\boldsymbol{Ax}=\boldsymbol{0}$ 的基础解系线性表示，而齐次线性方程组 $\boldsymbol{Ax}=\boldsymbol{0}$ 的基础解系含有 $s-R(\boldsymbol{A})$ 个解向量。故有

$$R(\boldsymbol{B})\leqslant s-R(\boldsymbol{A})$$

则有

$$R(\boldsymbol{A})+R(\boldsymbol{B})\leqslant s$$

【评注】 本题考查以下知识点：

(1) $\boldsymbol{AB}=\boldsymbol{O}\Leftrightarrow\boldsymbol{B}$ 的列向量都是 $\boldsymbol{Ax}=\boldsymbol{0}$ 的解向量。

(2) $\boldsymbol{Ax}=\boldsymbol{0}$ 基础解系所含向量个数为：$\boldsymbol{A}$ 的列数 $-R(\boldsymbol{A})$。

(3) 若向量组 T_1 可以由向量组 T_2 线性表示，则 $R(T_1)\leqslant R(T_2)$。

【秘籍】 矩阵等式 $\boldsymbol{AB}=\boldsymbol{O}$ 频繁出现在线性代数的考试中，同学们要抓住以下两点：

(1) $\boldsymbol{B}$ 的所有列向量都是 $\boldsymbol{Ax}=\boldsymbol{0}$ 的解向量。

(2) $R(\boldsymbol{A})+R(\boldsymbol{B})\leqslant\boldsymbol{A}$ 与 $\boldsymbol{B}$ 的"相邻下标"。

【例 4.21】 设 $\boldsymbol{\alpha}_1,\boldsymbol{\alpha}_2,\boldsymbol{\alpha}_3$ 是四元一次非齐次线性方程组 $\boldsymbol{Ax}=\boldsymbol{b}$ 的三个解向量，且 $R(\boldsymbol{A})=3$，已知：$\boldsymbol{\alpha}_1+3\boldsymbol{\alpha}_2=(1,2,3,4)^{\mathrm{T}}$，$2\boldsymbol{\alpha}_2+\boldsymbol{\alpha}_3=(4,3,2,1)^{\mathrm{T}}$。则非齐次线性方程组 $\boldsymbol{Ax}=\boldsymbol{b}$ 的通解是：____________________。

例 4.21

【思路】 先确定方程组 $\boldsymbol{Ax}=\boldsymbol{b}$ 的导出组 $\boldsymbol{Ax}=\boldsymbol{0}$ 基础解系所含向量的个数。

【解】 由于 $R(\boldsymbol{A})=3$，则四元方程组 $\boldsymbol{Ax}=\boldsymbol{0}$ 基础解系所含解向量的个数为 $4-R(\boldsymbol{A})=1$，则 $\boldsymbol{Ax}=\boldsymbol{0}$ 的任意一个非零解向量都是 $\boldsymbol{Ax}=\boldsymbol{0}$ 的一个基础解系。

因为 $\boldsymbol{\alpha}_1,\boldsymbol{\alpha}_2,\boldsymbol{\alpha}_3$ 是方程组 $\boldsymbol{Ax}=\boldsymbol{b}$ 的解向量，所以有

$$\boldsymbol{A\alpha}_1=\boldsymbol{b},\ \boldsymbol{A\alpha}_2=\boldsymbol{b},\ \boldsymbol{A\alpha}_3=\boldsymbol{b}$$

把向量 $\frac{1}{4}(\boldsymbol{\alpha}_1+3\boldsymbol{\alpha}_2)$ 和 $\frac{1}{3}(2\boldsymbol{\alpha}_2+\boldsymbol{\alpha}_3)$ 分别代入方程组 $\boldsymbol{Ax}=\boldsymbol{b}$ 的左端，有

$$\boldsymbol{A}\left(\frac{1}{4}(\boldsymbol{\alpha}_1+3\boldsymbol{\alpha}_2)\right)=\frac{1}{4}(\boldsymbol{b}+3\boldsymbol{b})=\boldsymbol{b},\boldsymbol{A}\left(\frac{1}{3}(2\boldsymbol{\alpha}_2+\boldsymbol{\alpha}_3)\right)=\frac{1}{3}(2\boldsymbol{b}+\boldsymbol{b})=\boldsymbol{b}$$

可知，向量 $\frac{1}{4}(\boldsymbol{\alpha}_1+3\boldsymbol{\alpha}_2)$ 和 $\frac{1}{3}(2\boldsymbol{\alpha}_2+\boldsymbol{\alpha}_3)$ 都是方程组 $\boldsymbol{Ax}=\boldsymbol{b}$ 的解向量。

把 $\frac{1}{4}(\boldsymbol{\alpha}_1+3\boldsymbol{\alpha}_2)-\frac{1}{3}(2\boldsymbol{\alpha}_2+\boldsymbol{\alpha}_3)$ 代入方程组 $\boldsymbol{Ax}=\boldsymbol{b}$ 的左端，有

$$\boldsymbol{A}\left(\frac{1}{4}(\boldsymbol{\alpha}_1+3\boldsymbol{\alpha}_2)-\frac{1}{3}(2\boldsymbol{\alpha}_2+\boldsymbol{\alpha}_3)\right)=\boldsymbol{b}-\boldsymbol{b}=\boldsymbol{0}$$

可知，向量 $\frac{1}{4}(\boldsymbol{\alpha}_1+3\boldsymbol{\alpha}_2)-\frac{1}{3}(2\boldsymbol{\alpha}_2+\boldsymbol{\alpha}_3)$ 是 $\boldsymbol{Ax}=\boldsymbol{b}$ 的导出组 $\boldsymbol{Ax}=\boldsymbol{0}$ 的一个解向量，根据已知条件有

$$\frac{1}{4}(\boldsymbol{\alpha}_1+3\boldsymbol{\alpha}_2)-\frac{1}{3}(2\boldsymbol{\alpha}_2+\boldsymbol{\alpha}_3)=\frac{1}{12}(-13,-6,1,8)^{\mathrm{T}}$$

综上知，$\boldsymbol{Ax}=\boldsymbol{b}$ 的通解为 $k\ (-13,-6,1,8)^{\mathrm{T}}+\frac{1}{4}(1,2,3,4)^{\mathrm{T}}$，$k$ 为任意常数。

【评注】 本题考查了以下知识点：

(1) $\boldsymbol{Ax}=\boldsymbol{0}$ 基础解系所含向量个数为：$\boldsymbol{A}$ 的列数 $-R(\boldsymbol{A})$。

(2) 若 $\boldsymbol{\eta}_1,\boldsymbol{\eta}_2,\cdots,\boldsymbol{\eta}_t$ 是 $\boldsymbol{Ax}=\boldsymbol{b}$ 的解向量，则 $\frac{1}{k_1+k_2+\cdots+k_t}(k_1\boldsymbol{\eta}_1+k_2\boldsymbol{\eta}_2+\cdots+k_t\boldsymbol{\eta}_t)$ 是

$\boldsymbol{Ax}=\boldsymbol{b}$ 的解向量。

(3) 若 $\boldsymbol{\eta}_1,\boldsymbol{\eta}_2$ 是 $\boldsymbol{Ax}=\boldsymbol{b}$ 的解向量，则 $\boldsymbol{\eta}_1-\boldsymbol{\eta}_2$ 是 $\boldsymbol{Ax}=\boldsymbol{b}$ 的导出组 $\boldsymbol{Ax}=\boldsymbol{0}$ 的解向量。

【例 4.22】 设 $\boldsymbol{A}$ 为 n 阶矩阵，$R(\boldsymbol{A})=n-1$，A_{ij} 是 $|\boldsymbol{A}|$ 的代数余子式，且 $A_{nn}\neq 0$，$\boldsymbol{A}^*$ 为 $\boldsymbol{A}$ 的伴随矩阵。分析以下命题，并确定(　　)。

例 4.22

① $|\boldsymbol{A}|=|\boldsymbol{A}^*|=0$。

② $R(\boldsymbol{A}^*)=1$。

③ $k(A_{n1},A_{n2},\cdots,A_{nn})^{\mathrm{T}}$ 是齐次线性方程组 $\boldsymbol{Ax}=\boldsymbol{0}$ 的通解，k 是任意常数。

④ $\boldsymbol{A}$ 的前 $n-1$ 个列向量是齐次线性方程组 $\boldsymbol{A}^*\boldsymbol{x}=\boldsymbol{0}$的一组基础解系。

(A) 只有①正确　　　　(B) 只有①和②正确

(C) 只有①、②和③正确　　(D) 4 个命题都正确

【思路】 利用伴随矩阵的母公式和伴随矩阵秩的公式解题。

【解】 根据伴随矩阵秩的公式知，当 $R(\boldsymbol{A})=n-1$ 时，$R(\boldsymbol{A}^*)=1$，于是矩阵 $\boldsymbol{A}$ 和伴随矩阵 $\boldsymbol{A}^*$ 都是降秩矩阵，则有 $|\boldsymbol{A}|=|\boldsymbol{A}^*|=0$。

因为 $R(\boldsymbol{A})=n-1$，所以方程组 $\boldsymbol{Ax}=\boldsymbol{0}$ 基础解系含有解向量的个数为：$n-R(\boldsymbol{A})=1$。于是找到一个非零解向量即可得到通解。又根据伴随矩阵母公式，有

$$\boldsymbol{AA}^*=|\boldsymbol{A}|\boldsymbol{E}=\boldsymbol{O}$$

可知，伴随矩阵 $\boldsymbol{A}^*$ 的所有列向量都是方程组 $\boldsymbol{Ax}=\boldsymbol{0}$ 的解向量，而 $A_{nn}\neq 0$，则 $\boldsymbol{A}^*$ 的第 n 列即是方程组 $\boldsymbol{Ax}=\boldsymbol{0}$ 的一个非零解向量，于是有 $k(A_{n1},A_{n2},\cdots,A_{nn})^{\mathrm{T}}$ 是齐次线性方程组 $\boldsymbol{Ax}=\boldsymbol{0}$ 的通解，k 是任意常数。

因为 $R(\boldsymbol{A}^*)=1$，所以方程组 $\boldsymbol{A}^*\boldsymbol{x}=\boldsymbol{0}$基础解系含有解向量的个数为：$n-R(\boldsymbol{A}^*)=n-1$。又根据伴随矩阵母公式，有

$$\boldsymbol{A}^*\boldsymbol{A}=|\boldsymbol{A}|\boldsymbol{E}=\boldsymbol{O}$$

可知，矩阵 $\boldsymbol{A}$ 的所有列向量都是方程组 $\boldsymbol{A}^*\boldsymbol{x}=\boldsymbol{0}$的解向量。而 $A_{nn}\neq 0$，即 $\boldsymbol{A}$ 的前 $n-1$ 行和前 $n-1$ 列构成的 $n-1$ 阶子式非零，则 $\boldsymbol{A}$ 的前 $n-1$ 个列向量线性无关，于是 $\boldsymbol{A}$ 的前 $n-1$ 个列向量是齐次线性方程组 $\boldsymbol{A}^*\boldsymbol{x}=\boldsymbol{0}$的一组基础解系。

综上可得，4 个命题都正确。

【评注】 本题考查以下知识点：

(1) 伴随矩阵秩的公式：$R(\boldsymbol{A}^*)=\begin{cases} n, & R(\boldsymbol{A})=n \\ 1, & R(\boldsymbol{A})=n-1 \\ 0, & R(\boldsymbol{A})<n-1 \end{cases}$。

(2) 伴随矩阵母公式：$\boldsymbol{AA}^*=\boldsymbol{A}^*\boldsymbol{A}=|\boldsymbol{A}|\boldsymbol{E}$。

(3) 齐次线性方程组 $\boldsymbol{A}_{m\times n}\boldsymbol{x}=\boldsymbol{0}$的基础解系所含解向量的个数为 $n-R(\boldsymbol{A}_{m\times n})$。

(4) 若 $\boldsymbol{AB}=\boldsymbol{O}$，则 $\boldsymbol{B}$ 的所有列向量都是 $\boldsymbol{Ax}=\boldsymbol{0}$ 的解向量。

(5) $|\boldsymbol{A}|$的代数余子式 A_{ij} 的含义是：把 $|\boldsymbol{A}|$ 的第 i 行和第 j 列去掉，剩下元素构成的 $n-1$阶行列式，再乘$(-1)^{i+j}$。

(6) 伴随矩阵 $\boldsymbol{A}^*$ 的构成规律是：把 $|\boldsymbol{A}|$ 第 i 行所有元素对应的代数余子式分别放在 $\boldsymbol{A}^*$ 的第 i 列上。

(7) $|\boldsymbol{A}|\neq 0 \iff \boldsymbol{A}$ 的列向量组线性无关。

(8) 若向量组 $\boldsymbol{\alpha}_1=(a_{11},a_{21},\cdots,a_{n1})^{\mathrm{T}}$，$\boldsymbol{\alpha}_2=(a_{12},a_{22},\cdots,a_{n2})^{\mathrm{T}}$，…，$\boldsymbol{\alpha}_m=(a_{1m},a_{2m},\cdots,a_{nm})^{\mathrm{T}}$ 线性无关，则它的延伸组 $\boldsymbol{\beta}_1=(a_{11},a_{21},\cdots,a_{n1},b_1)^{\mathrm{T}}$，$\boldsymbol{\beta}_2=(a_{12},a_{22},\cdots,a_{n2},b_2)^{\mathrm{T}},\cdots,\boldsymbol{\beta}_m=(a_{1m},a_{2m},\cdots,a_{nm},b_m)^{\mathrm{T}}$ 也线性无关。

【例 4.23】 设 $\boldsymbol{A}$、$\boldsymbol{B}$ 为 n 阶实矩阵，下列不成立的是(　　)。

例 4.23

(A) $r\begin{pmatrix}\boldsymbol{A} & \boldsymbol{O}\\ \boldsymbol{O} & \boldsymbol{A}^{\mathrm{T}}\boldsymbol{A}\end{pmatrix}=2r(\boldsymbol{A})$　　(B) $r\begin{pmatrix}\boldsymbol{A} & \boldsymbol{AB}\\ \boldsymbol{O} & \boldsymbol{A}^{\mathrm{T}}\end{pmatrix}=2r(\boldsymbol{A})$

(C) $r\begin{pmatrix}\boldsymbol{A} & \boldsymbol{BA}\\ \boldsymbol{O} & \boldsymbol{AA}^{\mathrm{T}}\end{pmatrix}=2r(\boldsymbol{A})$　　(D) $r\begin{pmatrix}\boldsymbol{A} & \boldsymbol{O}\\ \boldsymbol{BA} & \boldsymbol{A}^{\mathrm{T}}\end{pmatrix}=2r(\boldsymbol{A})$

【思路】 通过分块矩阵的初等变换把矩阵化为分块对角矩阵。

【解】 分析(A)，根据例 4.19 秘籍 $R(\boldsymbol{A}^{\mathrm{T}}\boldsymbol{A})=R(\boldsymbol{A})=R(\boldsymbol{A}^{\mathrm{T}})=R(\boldsymbol{AA}^{\mathrm{T}})$，有

$$r\begin{pmatrix}\boldsymbol{A} & \boldsymbol{O}\\ \boldsymbol{O} & \boldsymbol{A}^{\mathrm{T}}\boldsymbol{A}\end{pmatrix}=r(\boldsymbol{A})+r(\boldsymbol{A}^{\mathrm{T}}\boldsymbol{A})=2r(\boldsymbol{A})$$

分析(B)，因为

$$\begin{pmatrix}\boldsymbol{A} & \boldsymbol{AB}\\ \boldsymbol{O} & \boldsymbol{A}^{\mathrm{T}}\end{pmatrix}\begin{pmatrix}\boldsymbol{E} & -\boldsymbol{B}\\ \boldsymbol{O} & \boldsymbol{E}\end{pmatrix}=\begin{pmatrix}\boldsymbol{A} & \boldsymbol{O}\\ \boldsymbol{O} & \boldsymbol{A}^{\mathrm{T}}\end{pmatrix}$$

所以

$$r\begin{pmatrix}\boldsymbol{A} & \boldsymbol{AB}\\ \boldsymbol{O} & \boldsymbol{A}^{\mathrm{T}}\end{pmatrix}=r\begin{pmatrix}\boldsymbol{A} & \boldsymbol{O}\\ \boldsymbol{O} & \boldsymbol{A}^{\mathrm{T}}\end{pmatrix}=r(\boldsymbol{A})+r(\boldsymbol{A}^{\mathrm{T}})=2r(\boldsymbol{A})$$

分析(D)，因为

$$\begin{pmatrix}\boldsymbol{E} & \boldsymbol{O}\\ -\boldsymbol{B} & \boldsymbol{E}\end{pmatrix}\begin{pmatrix}\boldsymbol{A} & \boldsymbol{O}\\ \boldsymbol{BA} & \boldsymbol{A}^{\mathrm{T}}\end{pmatrix}=\begin{pmatrix}\boldsymbol{A} & \boldsymbol{O}\\ \boldsymbol{O} & \boldsymbol{A}^{\mathrm{T}}\end{pmatrix}$$

所以

$$r\begin{pmatrix}\boldsymbol{A} & \boldsymbol{O}\\ \boldsymbol{BA} & \boldsymbol{A}^{\mathrm{T}}\end{pmatrix}=r\begin{pmatrix}\boldsymbol{A} & \boldsymbol{O}\\ \boldsymbol{O} & \boldsymbol{A}^{\mathrm{T}}\end{pmatrix}=r(\boldsymbol{A})+r(\boldsymbol{A}^{\mathrm{T}})=2r(\boldsymbol{A})$$

分析(C)，举反例：设 $\boldsymbol{A}=\begin{bmatrix}1 & 1\\ 0 & 0\end{bmatrix}$，$\boldsymbol{A}^{\mathrm{T}}=\begin{bmatrix}1 & 0\\ 1 & 0\end{bmatrix}$，$\boldsymbol{B}=\begin{bmatrix}1 & 2\\ 3 & 4\end{bmatrix}$，$r\begin{pmatrix}\boldsymbol{A} & \boldsymbol{BA}\\ \boldsymbol{O} & \boldsymbol{AA}^{\mathrm{T}}\end{pmatrix}\neq 2r(\boldsymbol{A})$。

【评注】 本题考查以下知识点：

(1) 分块矩阵的初等变换：见例 3.7 评注。

(2) $R\begin{pmatrix}\boldsymbol{A} & \boldsymbol{O}\\ \boldsymbol{O} & \boldsymbol{B}\end{pmatrix}=R\begin{pmatrix}\boldsymbol{O} & \boldsymbol{A}\\ \boldsymbol{B} & \boldsymbol{O}\end{pmatrix}=R(\boldsymbol{A})+R(\boldsymbol{B})$。

(3) $R(\boldsymbol{A}^{\mathrm{T}}\boldsymbol{A})=R(\boldsymbol{A})=R(\boldsymbol{A}^{\mathrm{T}})=R(\boldsymbol{AA}^{\mathrm{T}})$。

例 4.24

【例 4.24】 设矩阵 $\boldsymbol{A}$、$\boldsymbol{B}$ 均为 n 阶矩阵，若 $\boldsymbol{Ax}=\boldsymbol{0}$ 与 $\boldsymbol{Bx}=\boldsymbol{0}$ 同解，则(　　)。

(A) $\begin{pmatrix}\boldsymbol{A} & \boldsymbol{O}\\ \boldsymbol{E} & \boldsymbol{B}\end{pmatrix}\boldsymbol{x}=\boldsymbol{0}$ 仅有零解　　(B) $\begin{pmatrix}\boldsymbol{AB} & \boldsymbol{B}\\ \boldsymbol{O} & \boldsymbol{A}\end{pmatrix}\boldsymbol{x}=\boldsymbol{0}$ 仅有零解

(C) $\begin{pmatrix}\boldsymbol{A} & \boldsymbol{B}\\ \boldsymbol{O} & \boldsymbol{B}\end{pmatrix}\boldsymbol{x}=\boldsymbol{0}$ 与 $\begin{pmatrix}\boldsymbol{B} & \boldsymbol{A}\\ \boldsymbol{O} & \boldsymbol{A}\end{pmatrix}\boldsymbol{x}=\boldsymbol{0}$ 同解　　(D) $\begin{pmatrix}\boldsymbol{AB} & \boldsymbol{B}\\ \boldsymbol{O} & \boldsymbol{A}\end{pmatrix}\boldsymbol{x}=\boldsymbol{0}$ 与 $\begin{pmatrix}\boldsymbol{BA} & \boldsymbol{A}\\ \boldsymbol{O} & \boldsymbol{B}\end{pmatrix}\boldsymbol{x}=\boldsymbol{0}$ 同解

【思路】 若两个同型方程组同解，则两个方程组的系数矩阵具有相同的行最简形。

【解】 因为 $\boldsymbol{A}_n\boldsymbol{x}=\boldsymbol{0}$ 与 $\boldsymbol{B}_n\boldsymbol{x}=\boldsymbol{0}$ 同解，所以 n 阶矩阵 $\boldsymbol{A}$ 和 $\boldsymbol{B}$ 有相同的行最简形矩阵 $\boldsymbol{C}$，即

存在可逆矩阵 $\boldsymbol{P}$ 和 $\boldsymbol{Q}$，使得 $\boldsymbol{PA}=\boldsymbol{QB}=\boldsymbol{C}$。

分析选项(C)中两个方程组的系数矩阵：

$$\begin{pmatrix}\boldsymbol{E} & -\boldsymbol{E}\\ \boldsymbol{O} & \boldsymbol{E}\end{pmatrix}\begin{pmatrix}\boldsymbol{A} & \boldsymbol{B}\\ \boldsymbol{O} & \boldsymbol{B}\end{pmatrix}=\begin{pmatrix}\boldsymbol{A} & \boldsymbol{O}\\ \boldsymbol{O} & \boldsymbol{B}\end{pmatrix},\quad \begin{pmatrix}\boldsymbol{P} & \boldsymbol{O}\\ \boldsymbol{O} & \boldsymbol{Q}\end{pmatrix}\begin{pmatrix}\boldsymbol{A} & \boldsymbol{O}\\ \boldsymbol{O} & \boldsymbol{B}\end{pmatrix}=\begin{pmatrix}\boldsymbol{PA} & \boldsymbol{O}\\ \boldsymbol{O} & \boldsymbol{QB}\end{pmatrix}=\begin{pmatrix}\boldsymbol{C} & \boldsymbol{O}\\ \boldsymbol{O} & \boldsymbol{C}\end{pmatrix}$$

$$\begin{pmatrix}\boldsymbol{E} & -\boldsymbol{E}\\ \boldsymbol{O} & \boldsymbol{E}\end{pmatrix}\begin{pmatrix}\boldsymbol{B} & \boldsymbol{A}\\ \boldsymbol{O} & \boldsymbol{A}\end{pmatrix}=\begin{pmatrix}\boldsymbol{B} & \boldsymbol{O}\\ \boldsymbol{O} & \boldsymbol{A}\end{pmatrix},\quad \begin{pmatrix}\boldsymbol{Q} & \boldsymbol{O}\\ \boldsymbol{O} & \boldsymbol{P}\end{pmatrix}\begin{pmatrix}\boldsymbol{B} & \boldsymbol{O}\\ \boldsymbol{O} & \boldsymbol{A}\end{pmatrix}=\begin{pmatrix}\boldsymbol{QB} & \boldsymbol{O}\\ \boldsymbol{O} & \boldsymbol{PA}\end{pmatrix}=\begin{pmatrix}\boldsymbol{C} & \boldsymbol{O}\\ \boldsymbol{O} & \boldsymbol{C}\end{pmatrix}$$

通过以上分析，可知方程组 $\begin{pmatrix}\boldsymbol{A} & \boldsymbol{B}\\ \boldsymbol{O} & \boldsymbol{B}\end{pmatrix}\boldsymbol{x}=\boldsymbol{0}$ 与 $\begin{pmatrix}\boldsymbol{B} & \boldsymbol{A}\\ \boldsymbol{O} & \boldsymbol{A}\end{pmatrix}\boldsymbol{x}=\boldsymbol{0}$ 进行初等行变换，都可以变为同一个方程组 $\begin{pmatrix}\boldsymbol{C} & \boldsymbol{O}\\ \boldsymbol{O} & \boldsymbol{C}\end{pmatrix}\boldsymbol{x}=\boldsymbol{0}$。故 $\begin{pmatrix}\boldsymbol{A} & \boldsymbol{B}\\ \boldsymbol{O} & \boldsymbol{B}\end{pmatrix}\boldsymbol{x}=\boldsymbol{0}$ 与 $\begin{pmatrix}\boldsymbol{B} & \boldsymbol{A}\\ \boldsymbol{O} & \boldsymbol{A}\end{pmatrix}\boldsymbol{x}=\boldsymbol{0}$ 同解。

【评注】 本题考查以下知识点：

(1) 若 $\boldsymbol{A}_n\boldsymbol{x}=\boldsymbol{0}$ 与 $\boldsymbol{B}_n\boldsymbol{x}=\boldsymbol{0}$ 同解，则 n 阶矩阵 $\boldsymbol{A}$ 与 $\boldsymbol{B}$ 有相同的行最简形；

(2) 分块矩阵的初等变换，见例 3.7 评注。

【例 4.25】 已知线性方程组 $\begin{cases}ax_1+x_3=1\\ x_1+ax_2+x_3=0\\ x_1+2x_2+ax_3=0\\ ax_1+bx_2=2\end{cases}$ 有解，其中 a，b 为常数，

例 4.25

若 $\begin{vmatrix}a & 0 & 1\\ 1 & a & 1\\ 1 & 2 & a\end{vmatrix}=4$，则 $\begin{vmatrix}1 & a & 1\\ 1 & 2 & a\\ a & b & 0\end{vmatrix}=$________。

【思路】 根据方程组有解的充要条件 $R(\boldsymbol{A},\boldsymbol{b})=R(\boldsymbol{A})$，得出 $|\boldsymbol{A},\boldsymbol{b}|=0$。

【解】 因为方程组有解，则 $R(\boldsymbol{A},\boldsymbol{b})=R(\boldsymbol{A})\leqslant 3<4$，所以 $|\boldsymbol{A},\boldsymbol{b}|=0$。

$$|\boldsymbol{A},\boldsymbol{b}|=\begin{vmatrix}a & 0 & 1 & 1\\ 1 & a & 1 & 0\\ 1 & 2 & a & 0\\ a & b & 0 & 2\end{vmatrix}\xrightarrow{\text{按 } c_4 \text{ 展开}}(-1)^{1+4}\times 1\times\begin{vmatrix}1 & a & 1\\ 1 & 2 & a\\ a & b & 0\end{vmatrix}+(-1)^{4+4}\times 2\times\begin{vmatrix}a & 0 & 1\\ 1 & a & 1\\ 1 & 2 & a\end{vmatrix}$$

因为 $\begin{vmatrix}a & 0 & 1\\ 1 & a & 1\\ 1 & 2 & a\end{vmatrix}=4$，所以 $(-1)\times\begin{vmatrix}1 & a & 1\\ 1 & 2 & a\\ a & b & 0\end{vmatrix}+8=0$，于是 $\begin{vmatrix}1 & a & 1\\ 1 & 2 & a\\ a & b & 0\end{vmatrix}=8$。

【评注】 本题考查非齐次线性方程组有解的充要条件及行列式按列展开定理。

习　题

1. 设 $\boldsymbol{\alpha}_1=\begin{bmatrix}0\\0\\c_1\end{bmatrix}$，$\boldsymbol{\alpha}_2=\begin{bmatrix}0\\1\\c_2\end{bmatrix}$，$\boldsymbol{\alpha}_3=\begin{bmatrix}1\\-1\\c_3\end{bmatrix}$，$\boldsymbol{\alpha}_4=\begin{bmatrix}-1\\1\\c_4\end{bmatrix}$，其中 c_1，c_2，c_3，c_4 为任意常数，则下列向量组线性相关的为(　　)。

(A) $\boldsymbol{\alpha}_1$，$\boldsymbol{\alpha}_2$，$\boldsymbol{\alpha}_3$　(B) $\boldsymbol{\alpha}_1$，$\boldsymbol{\alpha}_2$，$\boldsymbol{\alpha}_4$　(C) $\boldsymbol{\alpha}_1$，$\boldsymbol{\alpha}_3$，$\boldsymbol{\alpha}_4$　(D) $\boldsymbol{\alpha}_2$，$\boldsymbol{\alpha}_3$，$\boldsymbol{\alpha}_4$

2. 设 $\boldsymbol{A}$，$\boldsymbol{B}$，$\boldsymbol{C}$ 均为 n 阶矩阵，若 $\boldsymbol{AB}=\boldsymbol{C}$，且 $\boldsymbol{B}$ 可逆，则(　　)

(A) 矩阵 $\boldsymbol{C}$ 的行向量组与矩阵 $\boldsymbol{A}$ 的行向量组等价

(B) 矩阵 $\boldsymbol{C}$ 的列向量组与矩阵 $\boldsymbol{A}$ 的列向量组等价

(C) 矩阵 $\boldsymbol{C}$ 的行向量组与矩阵 $\boldsymbol{B}$ 的行向量组等价

(D) 矩阵 $\boldsymbol{C}$ 的列向量组与矩阵 $\boldsymbol{B}$ 的列向量组等价

3. 设矩阵 $\begin{bmatrix} a_1 & b_1 & c_1 \\ a_2 & b_2 & c_2 \\ a_3 & b_3 & c_3 \end{bmatrix}$ 是满秩的，则直线 $\dfrac{x-a_3}{a_1-a_2}=\dfrac{y-b_3}{b_1-b_2}=\dfrac{z-c_3}{c_1-c_2}$ 与直线 $\dfrac{x-a_1}{a_2-a_3}=\dfrac{y-b_1}{b_2-b_3}=\dfrac{z-c_1}{c_2-c_3}$(　　)。

(A) 相交于一点　(B) 重合　(C) 平行但不重合　(D) 异面

4. 设向量组 $\boldsymbol{\alpha}_1=(1,0,1)^{\mathrm{T}}$，$\boldsymbol{\alpha}_2=(0,1,1)^{\mathrm{T}}$，$\boldsymbol{\alpha}_3=(1,3,5)^{\mathrm{T}}$ 不能由向量组 $\boldsymbol{\beta}_1=(1,1,1)^{\mathrm{T}}$，$\boldsymbol{\beta}_2=(1,2,3)^{\mathrm{T}}$，$\boldsymbol{\beta}_3=(3,4,a)^{\mathrm{T}}$线性表示。

(1) 求 $\boldsymbol{\alpha}$ 的值。

(2) 将 $\boldsymbol{\beta}_1,\boldsymbol{\beta}_2,\boldsymbol{\beta}_3$ 用 $\boldsymbol{\alpha}_1,\boldsymbol{\alpha}_2,\boldsymbol{\alpha}_3$ 线性表示。

5. 已知 $\boldsymbol{\alpha}_1=(1,4,0,2)^{\mathrm{T}}$，$\boldsymbol{\alpha}_2=(2,7,1,3)^{\mathrm{T}}$，$\boldsymbol{\alpha}_3=(0,1,-1,a)^{\mathrm{T}}$，$\boldsymbol{\beta}=(3,10,b,4)^{\mathrm{T}}$，问：

(1) a，b 取何值时，$\boldsymbol{\beta}$ 不能由 $\boldsymbol{\alpha}_1,\boldsymbol{\alpha}_2,\boldsymbol{\alpha}_3$ 线性表出？

(2) a，b 取何值时，$\boldsymbol{\beta}$ 可由 $\boldsymbol{\alpha}_1,\boldsymbol{\alpha}_2,\boldsymbol{\alpha}_3$ 线性表出？并写出此表示式。

6. 设向量 $\boldsymbol{\beta}$ 可由向量组 $\boldsymbol{\alpha}_1,\boldsymbol{\alpha}_2,\cdots,\boldsymbol{\alpha}_m$ 线性表示，但不能由向量组 $\boldsymbol{\alpha}_1,\boldsymbol{\alpha}_2,\cdots,\boldsymbol{\alpha}_{m-1}$ 线性表示。记 T_1 为 $\boldsymbol{\alpha}_1,\boldsymbol{\alpha}_2,\cdots,\boldsymbol{\alpha}_{m-1}$ 向量组；记 T_2 为 $\boldsymbol{\alpha}_1,\boldsymbol{\alpha}_2,\cdots,\boldsymbol{\alpha}_{m-1},\boldsymbol{\beta}$ 向量组。则(　　)。

(A) $\boldsymbol{\alpha}_m$ 不能由 T_1 线性表示，也不能由 T_2 线性表示

(B) $\boldsymbol{\alpha}_m$ 不能由 T_1 线性表示，但可以由 T_2 线性表示

(C) $\boldsymbol{\alpha}_m$ 可由 T_1 线性表示，也可由 T_2 线性表示

(D) $\boldsymbol{\alpha}_m$ 可由 T_1 线性表示，但不能由 T_2 线性表示

7. 设矩阵 $\boldsymbol{A}=\begin{bmatrix} 1 & 0 & 1 \\ 1 & 1 & 2 \\ 0 & 1 & 1 \end{bmatrix}$，$\boldsymbol{\alpha}_1,\boldsymbol{\alpha}_2,\boldsymbol{\alpha}_3$ 为线性无关的三维列向量组，则向量组 $\boldsymbol{A\alpha}_1$，$\boldsymbol{A\alpha}_2$，$\boldsymbol{A\alpha}_3$ 的秩为________。

8. 设 $\boldsymbol{\alpha}_1,\boldsymbol{\alpha}_2,\cdots,\boldsymbol{\alpha}_s$ 均为 n 维列向量，$\boldsymbol{A}$ 是 $m\times n$ 矩阵，下列选项正确的是(　　)。

(A) 若 $\boldsymbol{\alpha}_1,\boldsymbol{\alpha}_2,\cdots,\boldsymbol{\alpha}_s$ 线性相关，则 $\boldsymbol{A\alpha}_1,\boldsymbol{A\alpha}_2,\cdots,\boldsymbol{A\alpha}_s$ 线性相关

(B) 若 $\boldsymbol{\alpha}_1,\boldsymbol{\alpha}_2,\cdots,\boldsymbol{\alpha}_s$ 线性相关，则 $\boldsymbol{A\alpha}_1,\boldsymbol{A\alpha}_2,\cdots,\boldsymbol{A\alpha}_s$ 线性无关

(C) 若 $\boldsymbol{\alpha}_1,\boldsymbol{\alpha}_2,\cdots,\boldsymbol{\alpha}_s$ 线性无关，则 $\boldsymbol{A\alpha}_1,\boldsymbol{A\alpha}_2,\cdots,\boldsymbol{A\alpha}_s$ 线性相关

(D) 若 $\boldsymbol{\alpha}_1,\boldsymbol{\alpha}_2,\cdots,\boldsymbol{\alpha}_s$ 线性无关，则 $\boldsymbol{A\alpha}_1,\boldsymbol{A\alpha}_2,\cdots,\boldsymbol{A\alpha}_s$ 线性无关

9. 设向量组 $\boldsymbol{\alpha}_1,\boldsymbol{\alpha}_2,\boldsymbol{\alpha}_3$ 线性无关，则下列向量组线性相关的是(　　)。

(A) $\boldsymbol{\alpha}_1-\boldsymbol{\alpha}_2,\boldsymbol{\alpha}_2-\boldsymbol{\alpha}_3,\boldsymbol{\alpha}_3-\boldsymbol{\alpha}_1$　　(B) $\boldsymbol{\alpha}_1+\boldsymbol{\alpha}_2,\boldsymbol{\alpha}_2+\boldsymbol{\alpha}_3,\boldsymbol{\alpha}_3+\boldsymbol{\alpha}_1$

(C) $\boldsymbol{\alpha}_1-2\boldsymbol{\alpha}_2,\boldsymbol{\alpha}_2-2\boldsymbol{\alpha}_3,\boldsymbol{\alpha}_3-2\boldsymbol{\alpha}_1$　　(D) $\boldsymbol{\alpha}_1+2\boldsymbol{\alpha}_2,\boldsymbol{\alpha}_2+2\boldsymbol{\alpha}_3,\boldsymbol{\alpha}_3+2\boldsymbol{\alpha}_1$

10. 设 $\boldsymbol{\alpha}_1,\boldsymbol{\alpha}_2,\boldsymbol{\alpha}_3$ 均为三维向量，则对任意常数 k,l，向量组 $\boldsymbol{\alpha}_1+k\boldsymbol{\alpha}_3,\boldsymbol{\alpha}_2+l\boldsymbol{\alpha}_3$ 线性无关是向量组 $\boldsymbol{\alpha}_1,\boldsymbol{\alpha}_2,\boldsymbol{\alpha}_3$ 线性无关的(　　)。

(A) 必要非充分条件　　(B) 充分非必要条件

(C) 充分必要条件　　　　　　　　　　　(D) 既非充分也非必要条件

11. 设 $\boldsymbol{\alpha}_1=(1,2,-1,0)^{\mathrm{T}}$，$\boldsymbol{\alpha}_2=(1,1,0,2)^{\mathrm{T}}$，$\boldsymbol{\alpha}_3=(2,1,1,a)^{\mathrm{T}}$。若 $\boldsymbol{\alpha}_1,\boldsymbol{\alpha}_2,\boldsymbol{\alpha}_3$ 生成的向量空间的维数为 2，则 $a=$________。

12. 设 $\boldsymbol{\alpha}_1,\boldsymbol{\alpha}_2,\boldsymbol{\alpha}_3$ 是三维向量空间 $\mathbf{R}_3$ 的一组基，则由基 $\boldsymbol{\alpha}_1,\frac{1}{2}\boldsymbol{\alpha}_2,\frac{1}{3}\boldsymbol{\alpha}_3$ 到基 $\boldsymbol{\alpha}_1+\boldsymbol{\alpha}_2$，$\boldsymbol{\alpha}_2+\boldsymbol{\alpha}_3,\boldsymbol{\alpha}_3+\boldsymbol{\alpha}_1$ 的过渡矩阵为(　　)。

(A) $\begin{bmatrix}1&0&1\\2&2&0\\0&3&3\end{bmatrix}$　　　　(B) $\begin{bmatrix}1&2&0\\0&2&3\\1&0&3\end{bmatrix}$

(C) $\begin{bmatrix}\frac{1}{2}&\frac{1}{4}&-\frac{1}{6}\\-\frac{1}{2}&\frac{1}{4}&\frac{1}{6}\\\frac{1}{2}&-\frac{1}{4}&\frac{1}{6}\end{bmatrix}$　　　　(D) $\begin{bmatrix}\frac{1}{2}&-\frac{1}{2}&\frac{1}{2}\\\frac{1}{4}&\frac{1}{4}&-\frac{1}{4}\\-\frac{1}{6}&\frac{1}{6}&\frac{1}{6}\end{bmatrix}$

13. 设向量 $\boldsymbol{\alpha}_1=(1,\ 2,\ 1)^{\mathrm{T}}$，$\boldsymbol{\alpha}_2=(1,\ 3,\ 2)^{\mathrm{T}}$，$\boldsymbol{\alpha}_3=(1,\ a,\ 3)^{\mathrm{T}}$ 为 $\mathbf{R}^3$ 的一组基，$\boldsymbol{\beta}=(1,\ 1,\ 1)^{\mathrm{T}}$在这组基下的坐标为$(b,\ c,\ 1)^{\mathrm{T}}$。

(1) 求 a，b，c 的值。

(2) 证明 $\boldsymbol{\alpha}_2,\boldsymbol{\alpha}_3,\boldsymbol{\beta}$ 为 $\mathbf{R}^3$的一组基，并求 $\boldsymbol{\alpha}_2,\boldsymbol{\alpha}_3,\boldsymbol{\beta}$ 到 $\boldsymbol{\alpha}_1,\boldsymbol{\alpha}_2,\boldsymbol{\alpha}_3$ 的过渡矩阵。

14. 设 $\boldsymbol{A}=(\boldsymbol{\alpha}_1,\boldsymbol{\alpha}_2,\boldsymbol{\alpha}_3,\boldsymbol{\alpha}_4)$是四阶矩阵，$\boldsymbol{A}^*$ 是 $\boldsymbol{A}$ 的伴随矩阵。若$(1,\ 0,\ 1,\ 0)^{\mathrm{T}}$ 是方程组 $\boldsymbol{Ax}=\boldsymbol{0}$ 的一个基础解系，则 $\boldsymbol{A}^*\boldsymbol{x}=\boldsymbol{0}$的基础解系可为(　　)。

(A) $\boldsymbol{\alpha}_1,\boldsymbol{\alpha}_3$　　(B) $\boldsymbol{\alpha}_1,\boldsymbol{\alpha}_2$　　(C) $\boldsymbol{\alpha}_1,\boldsymbol{\alpha}_2,\boldsymbol{\alpha}_3$　　(D) $\boldsymbol{\alpha}_2,\boldsymbol{\alpha}_3,\boldsymbol{\alpha}_4$

15. 设 $\boldsymbol{A}$ 为三阶矩阵，且 $R(\boldsymbol{A})=2$，已知 $\boldsymbol{\eta}_1,\boldsymbol{\eta}_2,\boldsymbol{\eta}_3$ 是非齐次线性方程组 $\boldsymbol{Ax}=\boldsymbol{b}$ 的 3 个解向量，且 $\boldsymbol{\eta}_1+\boldsymbol{\eta}_2=(2,6,0)^{\mathrm{T}}$，$\boldsymbol{\eta}_2-\boldsymbol{\eta}_3=(1,2,3)^{\mathrm{T}}$，则非齐次线性方程组 $\boldsymbol{Ax}=\boldsymbol{b}$ 的通解是：__________________。

16. 设 $\boldsymbol{A}=(\boldsymbol{\alpha}_1,\boldsymbol{\alpha}_2,\boldsymbol{\alpha}_3)$为三阶矩阵，若 $\boldsymbol{\alpha}_1,\boldsymbol{\alpha}_2$ 线性无关，且 $\boldsymbol{\alpha}_3=-\boldsymbol{\alpha}_1+2\boldsymbol{\alpha}_2$，则线性方程组 $\boldsymbol{Ax}=\boldsymbol{0}$ 的通解为________________。

17. 设 $\boldsymbol{A}=\begin{bmatrix}\lambda&1&1\\0&\lambda-1&0\\1&1&\lambda\end{bmatrix}$，$\boldsymbol{b}=\begin{bmatrix}a\\1\\1\end{bmatrix}$。已知线性方程组 $\boldsymbol{Ax}=\boldsymbol{b}$ 存在两个不同的解。

(1) 求 λ，a。

(2) 求方程组 $\boldsymbol{Ax}=\boldsymbol{b}$ 的通解。

18. 设 $\boldsymbol{A}=\begin{bmatrix}1&a&0&0\\0&1&a&0\\0&0&1&a\\a&0&0&1\end{bmatrix}$，$\boldsymbol{\beta}=\begin{bmatrix}1\\-1\\0\\0\end{bmatrix}$。

(1) 求$|\boldsymbol{A}|$。

(2) 当实数 a 为何值时，方程组 $\boldsymbol{Ax}=\boldsymbol{\beta}$ 有无穷多解，并求其通解。

19. 设四阶矩阵 $\boldsymbol{A}=(a_{ij})$不可逆，a_{12}的代数余子式 $A_{12}\neq0$，$\boldsymbol{\alpha}_1,\boldsymbol{\alpha}_2,\boldsymbol{\alpha}_3,\boldsymbol{\alpha}_4$ 为矩阵 $\boldsymbol{A}$ 的列向量组，$\boldsymbol{A}^*$ 为 $\boldsymbol{A}$ 的伴随矩阵，则方程组 $\boldsymbol{A}^*\boldsymbol{x}=\boldsymbol{0}$的通解为(　　)。

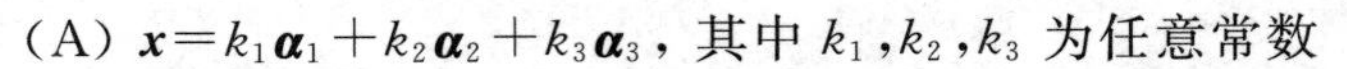

(A) $x=k_1\boldsymbol{\alpha}_1+k_2\boldsymbol{\alpha}_2+k_3\boldsymbol{\alpha}_3$，其中 k_1,k_2,k_3 为任意常数

(B) $x=k_1\boldsymbol{\alpha}_1+k_2\boldsymbol{\alpha}_2+k_3\boldsymbol{\alpha}_4$，其中 k_1,k_2,k_3 为任意常数

(C) $x=k_1\boldsymbol{\alpha}_1+k_2\boldsymbol{\alpha}_3+k_3\boldsymbol{\alpha}_4$，其中 k_1,k_2,k_3 为任意常数

(D) $x=k_1\boldsymbol{\alpha}_2+k_2\boldsymbol{\alpha}_3+k_3\boldsymbol{\alpha}_4$，其中 k_1,k_2,k_3 为任意常数

20. 设线性方程组(1) $\begin{cases}x_1+x_2+(a+2)x_3=3\\2x_1+x_2+(a+4)x_3=4\end{cases}$ 和线性方程组(2) $\begin{cases}x_1+3x_2+(a^2+2)x_3=7\\-x_1-2x_2+(1-3a)x_3=a-8\end{cases}$ 有公共解，求 a 的值，并求所有的公共解。

21. 设 $\boldsymbol{A}=\begin{bmatrix}1&-2&3&4\\0&1&-1&1\\1&2&0&3\end{bmatrix}$，$\boldsymbol{E}$ 为三阶单位矩阵。

(1) 求方程组 $\boldsymbol{Ax}=\boldsymbol{0}$ 的一个基础解系。

(2) 求矩阵方程 $\boldsymbol{AB}=\boldsymbol{E}$ 的所有解。

22. 已知 a 是常数，且矩阵 $\boldsymbol{A}=\begin{bmatrix}1&2&a\\1&3&0\\2&7&-a\end{bmatrix}$ 可经过初等变换化为矩阵 $\boldsymbol{B}=\begin{bmatrix}1&a&2\\0&1&1\\-1&1&1\end{bmatrix}$。

(1) 求 a。

(2) 求满足 $\boldsymbol{AP}=\boldsymbol{B}$ 的可逆矩阵 $\boldsymbol{P}$。

23. 已知 $\boldsymbol{\alpha}_1=\begin{pmatrix}1\\0\\1\end{pmatrix}$，$\boldsymbol{\alpha}_2=\begin{pmatrix}1\\2\\1\end{pmatrix}$，$\boldsymbol{\alpha}_3=\begin{pmatrix}3\\1\\2\end{pmatrix}$，记 $\boldsymbol{\beta}_1=\boldsymbol{\alpha}_1$，$\boldsymbol{\beta}_2=\boldsymbol{\alpha}_2-k\boldsymbol{\beta}_1$，$\boldsymbol{\beta}_3=\boldsymbol{\alpha}_3-l_1\boldsymbol{\beta}_1-l_2\boldsymbol{\beta}_2$，若 $\boldsymbol{\beta}_1$，$\boldsymbol{\beta}_2$，$\boldsymbol{\beta}_3$ 两两正交，则 l_1，l_2 依次为(　　)。

(A) $\frac{5}{2}$，$\frac{1}{2}$　　(B) $-\frac{5}{2}$，$\frac{1}{2}$　　(C) $\frac{5}{2}$，$-\frac{1}{2}$　　(D) $-\frac{5}{2}$，$-\frac{1}{2}$

24. 已知向量 $\boldsymbol{\alpha}_1=(1,0,1,1)^{\mathrm{T}}$，$\boldsymbol{\alpha}_2=(-1,-1,0,1)^{\mathrm{T}}$，$\boldsymbol{\alpha}_3=(0,1,-1,1)^{\mathrm{T}}$，$\boldsymbol{\beta}=(1,1,1,-1)^{\mathrm{T}}$，$\boldsymbol{\gamma}=k_1\boldsymbol{\alpha}_1+k_2\boldsymbol{\alpha}_2+k_3\boldsymbol{\alpha}_3$，若 $\boldsymbol{\gamma}^{\mathrm{T}}\boldsymbol{\alpha}_i=\boldsymbol{\beta}^{\mathrm{T}}\boldsymbol{\alpha}_i\ (i=1,2,3)$，则 $k_1^2+k_2^2+k_3^2=$______。

25. 设 $\boldsymbol{\alpha}_1=\begin{bmatrix}\lambda\\1\\1\end{bmatrix}$，$\boldsymbol{\alpha}_2=\begin{bmatrix}1\\\lambda\\1\end{bmatrix}$，$\boldsymbol{\alpha}_3=\begin{bmatrix}1\\1\\\lambda\end{bmatrix}$，$\boldsymbol{\alpha}_4=\begin{bmatrix}1\\\lambda\\\lambda^2\end{bmatrix}$，若 $\boldsymbol{\alpha}_1$，$\boldsymbol{\alpha}_2$，$\boldsymbol{\alpha}_3$ 与 $\boldsymbol{\alpha}_1$，$\boldsymbol{\alpha}_2$，$\boldsymbol{\alpha}_4$ 等价，则 $\lambda\in$(　　)。

(A) $\{\lambda|\lambda\in\mathbf{R}\}$　　(B) $\{\lambda|\lambda\in\mathbf{R},\lambda\neq-1\}$

(C) $\{\lambda|\lambda\in\mathbf{R},\lambda\neq-1,\lambda\neq-2\}$　　(D) $\{\lambda|\lambda\in\mathbf{R},\lambda\neq-2\}$

26. 已知向量 $\boldsymbol{\alpha}_1=\begin{pmatrix}1\\2\\3\end{pmatrix}$，$\boldsymbol{\alpha}_2=\begin{pmatrix}2\\1\\1\end{pmatrix}$，$\boldsymbol{\beta}_1=\begin{pmatrix}2\\5\\9\end{pmatrix}$，$\boldsymbol{\beta}_2=\begin{pmatrix}1\\0\\1\end{pmatrix}$，若 $\boldsymbol{\gamma}$ 既可由 $\boldsymbol{\alpha}_1$，$\boldsymbol{\alpha}_2$ 线性表示，也可以由 $\boldsymbol{\beta}_1$，$\boldsymbol{\beta}_2$ 线性表示，则 $\boldsymbol{\gamma}=$(　　)。

(A) $k\begin{pmatrix}3\\3\\4\end{pmatrix}$，$k\in R$　　(B) $k\begin{pmatrix}3\\5\\10\end{pmatrix}$，$k\in R$

(C) $k\begin{pmatrix}-1\\1\\2\end{pmatrix}, k\in R$　　　　(D) $k\begin{pmatrix}1\\5\\8\end{pmatrix}, k\in R$

27. 设 3 阶矩阵 $\boldsymbol{A}=(\boldsymbol{\alpha}_1, \boldsymbol{\alpha}_2, \boldsymbol{\alpha}_3)$，$\boldsymbol{B}=(\boldsymbol{\beta}_1, \boldsymbol{\beta}_2, \boldsymbol{\beta}_3)$，若向量组$\boldsymbol{\alpha}_1, \boldsymbol{\alpha}_2, \boldsymbol{\alpha}_3$ 可以由向量组$\boldsymbol{\beta}_1, \boldsymbol{\beta}_2$ 线性表出，则(　　)。

(A) $\boldsymbol{Ax}=\boldsymbol{0}$ 的解均为 $\boldsymbol{Bx}=\boldsymbol{0}$ 的解　　　　(B) $\boldsymbol{A}^{\mathrm{T}}\boldsymbol{x}=\boldsymbol{0}$ 的解均为 $\boldsymbol{B}^{\mathrm{T}}\boldsymbol{x}=\boldsymbol{0}$ 的解

(C) $\boldsymbol{Bx}=\boldsymbol{0}$ 的解均为 $\boldsymbol{Ax}=\boldsymbol{0}$ 的解　　　　(D) $\boldsymbol{B}^{\mathrm{T}}\boldsymbol{x}=\boldsymbol{0}$ 的解均为 $\boldsymbol{A}^{\mathrm{T}}\boldsymbol{x}=\boldsymbol{0}$ 的解

28. 设 $\boldsymbol{A}=(\boldsymbol{\alpha}_1, \boldsymbol{\alpha}_2, \boldsymbol{\alpha}_3, \boldsymbol{\alpha}_4)$为 4 阶正交矩阵，若矩阵 $\boldsymbol{B}=\begin{pmatrix}\boldsymbol{\alpha}_1^{\mathrm{T}}\\\boldsymbol{\alpha}_2^{\mathrm{T}}\\\boldsymbol{\alpha}_3^{\mathrm{T}}\end{pmatrix}$，$\boldsymbol{\beta}=\begin{pmatrix}1\\1\\1\end{pmatrix}$，$k$ 表示任意常数，则线性方程组 $\boldsymbol{Bx}=\boldsymbol{\beta}$ 的通解 $\boldsymbol{x}=$(　　)。

(A) $\boldsymbol{\alpha}_2+\boldsymbol{\alpha}_3+\boldsymbol{\alpha}_4+k\boldsymbol{\alpha}_1$　　　　(B) $\boldsymbol{\alpha}_1+\boldsymbol{\alpha}_3+\boldsymbol{\alpha}_4+k\boldsymbol{\alpha}_2$

(C) $\boldsymbol{\alpha}_1+\boldsymbol{\alpha}_2+\boldsymbol{\alpha}_4+k\boldsymbol{\alpha}_3$　　　　(D) $\boldsymbol{\alpha}_1+\boldsymbol{\alpha}_2+\boldsymbol{\alpha}_3+k\boldsymbol{\alpha}_4$

第五章　相似矩阵与二次型

5.1　特征值与特征向量

1. 特征值及特征向量的定义

特征值及特征向量的概念

设 $\boldsymbol{A}$ 是 n 阶矩阵，如果存在一个数 λ 及非零 n 维列向量 $\boldsymbol{\alpha}$，使得 $\boldsymbol{A\alpha}=\lambda\boldsymbol{\alpha}$ 成立，则称 λ 是矩阵 $\boldsymbol{A}$ 的特征值，称非零向量 $\boldsymbol{\alpha}$ 是矩阵 $\boldsymbol{A}$ 属于特征值 λ 的特征向量。

例如：设 $\boldsymbol{A}=\begin{bmatrix}1 & 2 & -1\\ 2 & 0 & 0\\ 3 & 4 & -5\end{bmatrix}$，有 $\begin{bmatrix}1 & 2 & -1\\ 2 & 0 & 0\\ 3 & 4 & -5\end{bmatrix}\begin{bmatrix}1\\ 1\\ 1\end{bmatrix}=2\begin{bmatrix}1\\ 1\\ 1\end{bmatrix}$ 成立，则 2 是矩阵 $\boldsymbol{A}$ 的一个特征值，$\begin{bmatrix}1\\ 1\\ 1\end{bmatrix}$ 是矩阵 $\boldsymbol{A}$ 属于 2 的特征向量。

2. 特征值及特征向量的求解

(1) 求特征值。把 λ 的 n 次多项式 $f(\lambda)=|\boldsymbol{A}-\lambda\boldsymbol{E}|$ 称为 $\boldsymbol{A}$ 的特征多项式，以 λ 为未知数的一元 n 次方程 $|\boldsymbol{A}-\lambda\boldsymbol{E}|=0$ 称为 $\boldsymbol{A}$ 的特征方程。求得特征方程 $|\boldsymbol{A}-\lambda E|=0$ 的根即为 $\boldsymbol{A}$ 的特征值。

n 阶矩阵 $\boldsymbol{A}$ 一定有 n 个特征值(可能有重根，可能有虚根)。

(2) 求特征向量。当求得 $\boldsymbol{A}$ 的特征值后，进一步求解方程组 $(\boldsymbol{A}-\lambda\boldsymbol{E})\boldsymbol{x}=\boldsymbol{0}$。该方程组的解向量即为 $\boldsymbol{A}$ 的属于 λ 的特征向量。

一个特征值对应的特征向量一定有无穷多个。n 阶矩阵 $\boldsymbol{A}$ 最多有 n 个线性无关的特征向量。

5.2　特征值及特征向量的求解

特征值及特征向量的求解

1. 一般矩阵特征值和特征向量的求解

例 1　求下列矩阵的特征值和特征向量：

(1) $\begin{bmatrix}3 & 0 & -1\\ 1 & 3 & 1\\ 0 & 0 & 2\end{bmatrix}$；(2) $\begin{bmatrix}-10 & 8 & -8\\ -8 & 6 & -8\\ 8 & -8 & 6\end{bmatrix}$。

解　(1) 求特征值：解特征方程 $|A-\lambda\boldsymbol{E}|=\boldsymbol{0}$，解得 $\lambda_1=\lambda_2=3$，$\lambda_3=2$。

求特征向量：当$\lambda_1=\lambda_2=3$时，解方程组$(\boldsymbol{A}-3\boldsymbol{E})\boldsymbol{x}=\boldsymbol{0}$，解得基础解系$\begin{bmatrix}0\\1\\0\end{bmatrix}$，于是矩阵属于$\lambda_1=\lambda_2=3$的特征向量为：$k\begin{bmatrix}0\\1\\0\end{bmatrix}$，$k\neq0$。

当$\lambda_3=2$时，解方程组$(\boldsymbol{A}-2\boldsymbol{E})\boldsymbol{x}=\boldsymbol{0}$，解得基础解系$\begin{bmatrix}1\\-2\\1\end{bmatrix}$，于是矩阵属于$\lambda_3=2$的特征向量为：$k\begin{bmatrix}1\\-2\\1\end{bmatrix}$，$k\neq0$。

(2) 求特征值：解特征方程$|\boldsymbol{A}-\lambda\boldsymbol{E}|=0$，解得$\lambda_1=\lambda_2=-2$，$\lambda_3=6$。

求特征向量：当$\lambda_1=\lambda_2=-2$时，解方程组$(\boldsymbol{A}+2\boldsymbol{E})\boldsymbol{x}=\boldsymbol{0}$，解得基础解系$\begin{bmatrix}1\\1\\0\end{bmatrix}$，$\begin{bmatrix}-1\\0\\1\end{bmatrix}$，于是矩阵属于$\lambda_1=\lambda_2=-2$的特征向量为：$k_1\begin{bmatrix}1\\1\\0\end{bmatrix}+k_2\begin{bmatrix}-1\\0\\1\end{bmatrix}$，其中$k_1$，$k_2$不全为零。

当$\lambda_3=6$时，解方程组$(\boldsymbol{A}-6\boldsymbol{E})\boldsymbol{x}=\boldsymbol{0}$，解得基础解系$\begin{bmatrix}-1\\-1\\1\end{bmatrix}$，于是矩阵属于$\lambda_3=6$的特征向量为：$k\begin{bmatrix}-1\\-1\\1\end{bmatrix}$，$k\neq0$。

2. 三角矩阵和对角矩阵特征值的求解

例 2 求下列矩阵的特征值：

(1) $\begin{bmatrix}1&3&5\\0&3&6\\0&0&5\end{bmatrix}$；(2) $\begin{bmatrix}3&0&0\\0&6&0\\0&0&9\end{bmatrix}$。

解 (1) 解特征方程$|\boldsymbol{A}-\lambda\boldsymbol{E}|=0$，容易求得矩阵的特征值为1，3，5。

(2) 解特征方程$|\boldsymbol{A}-\lambda\boldsymbol{E}|=0$，容易求得矩阵的特征值为3，6，9。

三角矩阵及对角矩阵的特征值即为矩阵主对角线上元素的值。

特征值的和与积定理

5.3 特征值的性质及定理

矩阵的特征值和特征向量有以下8个性质及定理。

1. 特征值和的性质

n 阶矩阵 $\boldsymbol{A}$ 的所有特征值的和等于矩阵 $\boldsymbol{A}$ 的迹 $\mathrm{tr}(\boldsymbol{A})$，即

$$\lambda_1+\lambda_2+\cdots+\lambda_n=a_{11}+a_{22}+\cdots+a_{nn}=\mathrm{tr}(\boldsymbol{A})$$

例如，矩阵 $\boldsymbol{A}=\begin{bmatrix}-10 & 8 & -8\\ -8 & 6 & -8\\ 8 & -8 & 6\end{bmatrix}$ 的特征值为－2，－2，6，于是有

$$-2-2+6=-10+6+6=2$$

2. 特征值积的性质

矩阵 $\boldsymbol{A}$ 的所有特征值的积等于矩阵的行列式的值，即

$$\lambda_1\lambda_2\cdots\lambda_n=|\boldsymbol{A}|$$

例如，矩阵 $\boldsymbol{A}=\begin{bmatrix}-10 & 8 & -8\\ -8 & 6 & -8\\ 8 & -8 & 6\end{bmatrix}$ 的特征值为－2，－2，6，于是有

$$(-2)\times(-2)\times 6=|\boldsymbol{A}|=24$$

3. 零特征值的性质

根据特征值积的性质，有以下性质：

(1) $|\boldsymbol{A}|=0 \Leftrightarrow 0$ 是矩阵 $\boldsymbol{A}$ 的特征值。

(2) $|\boldsymbol{A}|\neq 0 \Leftrightarrow$ 矩阵 $\boldsymbol{A}$ 的所有特征值均非零。

4. $f(\lambda)$ 与 $f(\boldsymbol{A})$ 定理

若 λ 是矩阵 $\boldsymbol{A}$ 的特征值，且 $\boldsymbol{\alpha}$ 是矩阵 $\boldsymbol{A}$ 属于特征值 λ 的特征向量，那么有：$f(\lambda)$ 是矩阵 $f(\boldsymbol{A})$ 的特征值，$\boldsymbol{\alpha}$ 是矩阵 $f(\boldsymbol{A})$ 属于特征值 $f(\lambda)$ 的特征向量。

特征值的 $f(\boldsymbol{A})$ 定理

有以下几种特殊情况：

(1) $k\lambda$ 是矩阵 $k\boldsymbol{A}$ 的特征值，$\boldsymbol{\alpha}$ 是矩阵 $k\boldsymbol{A}$ 属于特征值 $k\lambda$ 的特征向量。

(2) λ^m 是矩阵 $\boldsymbol{A}^m$ 的特征值，$\boldsymbol{\alpha}$ 是矩阵 $\boldsymbol{A}^m$ 属于特征值 λ^m 的特征向量，其中 m 是非负整数。

(3) λ^{-1} 是矩阵 $\boldsymbol{A}^{-1}$ 的特征值，$\boldsymbol{\alpha}$ 是矩阵 $\boldsymbol{A}^{-1}$ 属于特征值 λ^{-1} 的特征向量。

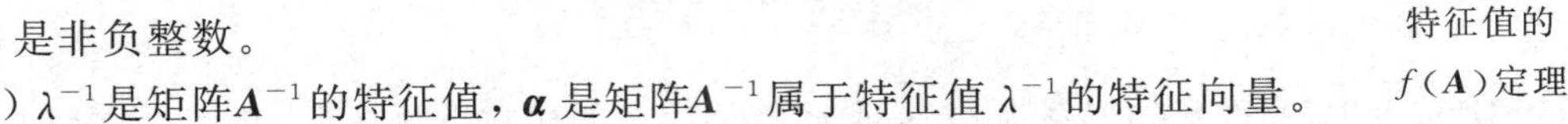

(4) $\dfrac{|\boldsymbol{A}|}{\lambda}$ 是矩阵 $\boldsymbol{A}^*$ 的特征值($\lambda\neq 0$)，$\boldsymbol{\alpha}$ 是矩阵 $\boldsymbol{A}^*$ 属于特征值 $\dfrac{|\boldsymbol{A}|}{\lambda}$ 的特征向量。

例如，若 3 是 $\boldsymbol{A}$ 的特征值，那么矩阵 $f(\boldsymbol{A})=\boldsymbol{A}^3+2\boldsymbol{A}^2+10\boldsymbol{A}-\boldsymbol{E}$ 一定有特征值：

$$f(3)=3^3+2\times 3^2+10\times 3-1=74$$

5. 属于不同特征值的特征向量线性无关定理

若 $\lambda_1,\lambda_2,\cdots,\lambda_m$ 是矩阵 $\boldsymbol{A}$ 的互不相等的特征值，$\boldsymbol{\alpha}_1,\boldsymbol{\alpha}_2,\cdots,\boldsymbol{\alpha}_m$ 分别是与之对应的特征向量，则 $\boldsymbol{\alpha}_1,\boldsymbol{\alpha}_2,\cdots,\boldsymbol{\alpha}_m$ 线性无关。

特征向量线性无关定理

证明　已知

$$\boldsymbol{A}\boldsymbol{\alpha}_1=\lambda_1\boldsymbol{\alpha}_1,\ \boldsymbol{A}\boldsymbol{\alpha}_2=\lambda_2\boldsymbol{\alpha}_2,\ \cdots,\boldsymbol{A}\boldsymbol{\alpha}_m=\lambda_m\boldsymbol{\alpha}_m$$

设数 $k_1,k_2,\cdots,k_m$ 使 $k_1\boldsymbol{\alpha}_1+k_2\boldsymbol{\alpha}_2+\cdots+k_m\boldsymbol{\alpha}_m=\boldsymbol{0}$，用矩阵 $\boldsymbol{A}$ 左乘等式两端，有

$$\lambda_1 k_1 \boldsymbol{\alpha}_1 + \lambda_2 k_2 \boldsymbol{\alpha}_2 + \cdots + \lambda_m k_m \boldsymbol{\alpha}_m = \mathbf{0}$$

以此类推，有

$$\lambda_1^2 k_1 \boldsymbol{\alpha}_1 + \lambda_2^2 k_2 \boldsymbol{\alpha}_2 + \cdots + \lambda_m^2 k_m \boldsymbol{\alpha}_m = \mathbf{0}$$

$$\vdots$$

$$\lambda_1^{m-1} k_1 \boldsymbol{\alpha}_1 + \lambda_2^{m-1} k_2 \boldsymbol{\alpha}_2 + \cdots + \lambda_m^{m-1} k_m \boldsymbol{\alpha}_m = \mathbf{0}$$

把以上 m 个等式写成矩阵等式，有

$$(k_1 \boldsymbol{\alpha}_1, k_2 \boldsymbol{\alpha}_2, \cdots, k_m \boldsymbol{\alpha}_m)\begin{bmatrix} 1 & \lambda_1 & \cdots & \lambda_1^{m-1} \\ 1 & \lambda_2 & \cdots & \lambda_2^{m-1} \\ \vdots & \vdots & & \vdots \\ 1 & \lambda_m & \cdots & \lambda_m^{m-1} \end{bmatrix} = (\mathbf{0}, \mathbf{0}, \cdots, \mathbf{0})$$

令以上系数矩阵为 $\boldsymbol{P}$，显然 $\boldsymbol{P}$ 的行列式为范德蒙行列，而 $\lambda_1, \lambda_2, \cdots, \lambda_m$ 互不相等，所以 $|\boldsymbol{P}| \neq 0$，于是 $\boldsymbol{P}$ 可逆，等式两端右乘 $\boldsymbol{P}^{-1}$，得到

$$(k_1 \boldsymbol{\alpha}_1, k_2 \boldsymbol{\alpha}_2, \cdots, k_m \boldsymbol{\alpha}_m) = (\mathbf{0}, \mathbf{0}, \cdots, \mathbf{0})$$

即 $k_i \boldsymbol{\alpha}_i = \mathbf{0}(i=1,2,\cdots,m)$，又因为 $\boldsymbol{\alpha}_1, \boldsymbol{\alpha}_2, \cdots, \boldsymbol{\alpha}_m$ 是特征向量，故 $\boldsymbol{\alpha}_i \neq \mathbf{0}(i=1,2,\cdots,m)$，所以有 $k_1 = k_2 = \cdots = k_m = 0$，因此 $\boldsymbol{\alpha}_1, \boldsymbol{\alpha}_2, \cdots, \boldsymbol{\alpha}_m$ 线性无关。

6. 特征值的几何重数不大于代数重数定理

特征值的几何重数不大于代数重数定理

(1) 特征值的代数重数：若 λ_0 是矩阵 $\boldsymbol{A}$ 的 m 重特征值，则称 m 为特征值 λ_0 的代数重数。

(2) 特征值的几何重数：若齐次线性方程组 $(\boldsymbol{A} - \lambda_0 \boldsymbol{E})\boldsymbol{x} = \mathbf{0}$ 基础解系所含解向量的个数是 t，则称 t 为特征值 λ_0 的几何重数。

(3) 定理：矩阵 $\boldsymbol{A}$ 的所有特征值的几何重数都不会超过其代数重数。

例如，矩阵 $\boldsymbol{A} = \begin{bmatrix} 3 & 0 & -1 \\ 1 & 3 & 1 \\ 0 & 0 & 2 \end{bmatrix}$ 的特征值为 $\lambda_1 = \lambda_2 = 3$，$\lambda_3 = 2$，当 $\lambda_1 = \lambda_2 = 3$ 时，解方程组 $(\boldsymbol{A} - 3\boldsymbol{E})\boldsymbol{x} = \mathbf{0}$，解得基础解系为 $\begin{bmatrix} 0 \\ 1 \\ 0 \end{bmatrix}$，说明特征值 3 的代数重数是 2，几何重数是 1，此时，代数重数大于几何重数。

又例如，$\boldsymbol{A} = \begin{bmatrix} -10 & 8 & -8 \\ -8 & 6 & -8 \\ 8 & -8 & 6 \end{bmatrix}$ 的特征值为 $\lambda_1 = \lambda_2 = -2$，$\lambda_3 = 6$，当 $\lambda_1 = \lambda_2 = -2$ 时，解方程组 $(\boldsymbol{A} + 2\boldsymbol{E})\boldsymbol{x} = \mathbf{0}$，解得基础解系为 $\begin{bmatrix} 1 \\ 1 \\ 0 \end{bmatrix}$，$\begin{bmatrix} -1 \\ 0 \\ 1 \end{bmatrix}$，说明特征值 -2 的代数重数是 2，几何重数也是 2，此时，代数重数等于几何重数。

若 λ_0 是矩阵 $\boldsymbol{A}$ 的 1 重特征值，那么 $\boldsymbol{A}$ 的属于 λ_0 的线性无关的特征向量也一定有 1 个。

$\boldsymbol{A}_n$ 有 n 个特征值，故 $\boldsymbol{A}_n$ 线性无关特征向量的个数最多有 n 个。

7. A 与 A^T 有相同的特征值定理

特征值的 $g(A)=O$ 定理

n 阶矩阵 $\boldsymbol{A}$ 与其转置矩阵 $\boldsymbol{A}^T$ 有相同的特征值。

证明　从 $\boldsymbol{A}^T$ 的特征方程出发，推出 $\boldsymbol{A}$ 的特征方程。

$|\boldsymbol{A}^T-\lambda\boldsymbol{E}|=0$，则有 $|\boldsymbol{A}^T-\lambda\boldsymbol{E}^T|=0$，于是 $|(\boldsymbol{A}-\lambda\boldsymbol{E})^T|=0$，所以有 $|\boldsymbol{A}-\lambda\boldsymbol{E}|=0$。

8. $g(A)=O$ 定理

若 n 阶矩阵 $\boldsymbol{A}$ 满足 $g(\boldsymbol{A})=\boldsymbol{O}$，那么 $\boldsymbol{A}$ 的所有特征值都是方程 $g(\lambda)=0$ 的根。

例如，若有 $\boldsymbol{A}(\boldsymbol{A}+2\boldsymbol{E})(\boldsymbol{A}-3\boldsymbol{E})=\boldsymbol{O}$，则有 $|\boldsymbol{A}||\boldsymbol{A}+2\boldsymbol{E}||\boldsymbol{A}-3\boldsymbol{E}|=0$，于是 $|\boldsymbol{A}|=0$ 或 $|\boldsymbol{A}+2\boldsymbol{E}|=0$ 或 $|\boldsymbol{A}-3\boldsymbol{E}|=0$，所以有 $\boldsymbol{A}$ 的特征值为 0 或 -2 或 3，即矩阵 $\boldsymbol{A}$ 的所有特征值只能在 $\{0, -2, 3\}$ 中选取。

注意：若 n 阶矩阵 $\boldsymbol{A}$ 满足 $g(\boldsymbol{A})=\boldsymbol{O}$，则 $\boldsymbol{A}$ 的所有特征值都是方程 $g(\lambda)=0$ 的根，但方程 $g(\lambda)=0$ 的根不一定都是 $\boldsymbol{A}$ 的特征值。

5.4　实对称矩阵的特征值与特征向量

针对实对称矩阵，有以下 3 个定理。

1. 特征值都是实数

实对称矩阵的特征值与特征向量

实对称矩阵 $\boldsymbol{A}$ 的所有特征值都是实数，所以对应的特征向量总可以取实向量。

分析二阶非对称矩阵 $\begin{bmatrix} 0 & 1 \\ -1 & 0 \end{bmatrix}$，计算其特征值为虚数 $\lambda_1=i$ 和 $\lambda_2=-i$，但针对实对称矩阵而言，可以证明其特征值一定都是实数。

2. 属于不同特征值的特征向量正交

若 $\lambda_1, \lambda_2, \cdots, \lambda_m$ 是实对称矩阵 $\boldsymbol{A}$ 的互不相等的特征值，$\boldsymbol{\alpha}_1, \boldsymbol{\alpha}_2, \cdots, \boldsymbol{\alpha}_m$ 分别是与之对应的特征向量，则 $\boldsymbol{\alpha}_1, \boldsymbol{\alpha}_2, \cdots, \boldsymbol{\alpha}_m$ 两两正交。

3. 代数重数等于几何重数

若 $\boldsymbol{A}$ 为实对称矩阵，则 $\boldsymbol{A}$ 的所有特征值的几何重数都等于其代数重数。若 λ_i 是对称矩阵 $\boldsymbol{A}$ 的 m 重特征值，那么矩阵 $\boldsymbol{A}$ 属于 λ_i 的线性无关特征向量也有 m 个。

例如，六阶实对称矩阵 $\boldsymbol{A}$ 的特征值为 $\lambda_1=3$，$\lambda_2=\lambda_3=-1$，$\lambda_4=\lambda_5=\lambda_6=7$，那么矩阵 $\boldsymbol{A}$ 属于特征值 $\lambda_1=3$ 的特征向量有 1 个，矩阵 $\boldsymbol{A}$ 属于特征值 $\lambda_2=\lambda_3=-1$ 的线性无关特征向量有 2 个，矩阵 $\boldsymbol{A}$ 属于特征值 $\lambda_4=\lambda_5=\lambda_6=7$ 的线性无关特征向量有 3 个。

5.5　相似矩阵的定义及性质

相似矩阵的定义及性质

1. 相似矩阵的定义

设 $\boldsymbol{A}$、$\boldsymbol{B}$ 都为 n 阶矩阵，如果存在可逆矩阵 $\boldsymbol{P}$，使 $\boldsymbol{P}^{-1}\boldsymbol{A}\boldsymbol{P}=\boldsymbol{B}$，则称矩阵 $\boldsymbol{A}$ 与 $\boldsymbol{B}$ 相似。

2. 相似矩阵的性质

(1) 相似则等价。根据矩阵等价和相似的定义可知：若 $\boldsymbol{A}$ 与 $\boldsymbol{B}$ 相似，则 $\boldsymbol{A}$ 与 $\boldsymbol{B}$ 等价。相似和等价都具有“传递性”性，即：若 $\boldsymbol{A}$ 与 $\boldsymbol{B}$ 相似，且 $\boldsymbol{B}$ 与 $\boldsymbol{C}$ 相似，则有 $\boldsymbol{A}$ 与 $\boldsymbol{C}$ 也相似。

(2) 相似则秩相等。若矩阵 $\boldsymbol{A}$ 与 $\boldsymbol{B}$ 相似，则 $\boldsymbol{A}$ 与 $\boldsymbol{B}$ 等价，所以有 $R(\boldsymbol{A})=R(\boldsymbol{B})$。

(3) 相似则特征值相等。若矩阵 $\boldsymbol{A}$ 与 $\boldsymbol{B}$ 相似，则 $\boldsymbol{A}$ 与 $\boldsymbol{B}$ 有相同的特征值。

证明 因为矩阵 $\boldsymbol{A}$ 与 $\boldsymbol{B}$ 相似，则存在可逆矩阵 $\boldsymbol{P}$，使 $\boldsymbol{P}^{-1}\boldsymbol{A}\boldsymbol{P}=\boldsymbol{B}$，故

$$\begin{aligned}|\boldsymbol{B}-\lambda\boldsymbol{E}| &= |\boldsymbol{P}^{-1}\boldsymbol{A}\boldsymbol{P}-\boldsymbol{P}^{-1}\lambda\boldsymbol{E}\boldsymbol{P}| = |\boldsymbol{P}^{-1}(\boldsymbol{A}-\lambda\boldsymbol{E})\boldsymbol{P}| \\ &= |\boldsymbol{P}^{-1}|\,|\boldsymbol{A}-\lambda\boldsymbol{E}|\,|\boldsymbol{P}| \\ &= |\boldsymbol{A}-\lambda\boldsymbol{E}|\end{aligned}$$

(4) 相似则行列式的值相等。若矩阵 $\boldsymbol{A}$ 与 $\boldsymbol{B}$ 相似，则 $|\boldsymbol{A}|=|\boldsymbol{B}|$。

因为矩阵 $\boldsymbol{A}$ 与 $\boldsymbol{B}$ 相似，所以它们有相同的特征值，而所有特征值的积等于行列式的值，于是有 $|\boldsymbol{A}|=|\boldsymbol{B}|$。

(5) 相似则迹相等。若矩阵 $\boldsymbol{A}$ 与 $\boldsymbol{B}$ 相似，则 $\mathrm{tr}(\boldsymbol{A})=\mathrm{tr}(\boldsymbol{B})$。

因为矩阵 $\boldsymbol{A}$ 与 $\boldsymbol{B}$ 相似，所以它们有相同的特征值，而所有特征值的和等于迹，于是有 $\mathrm{tr}(\boldsymbol{A})=\mathrm{tr}(\boldsymbol{B})$。

以上五个性质称为特征值的“五等”性质。

(6) $f(\boldsymbol{A})$ 与 $f(\boldsymbol{B})$ 性质。若矩阵 $\boldsymbol{A}$ 与 $\boldsymbol{B}$ 相似，则 $f(\boldsymbol{A})$ 与 $f(\boldsymbol{B})$ 相似。

例如，若矩阵 $\boldsymbol{A}$ 与 $\boldsymbol{B}$ 相似，则有 $f(\boldsymbol{A})=3\boldsymbol{A}^2-6\boldsymbol{A}+5\boldsymbol{E}$ 与 $f(\boldsymbol{B})=3\boldsymbol{B}^2-6\boldsymbol{B}+5\boldsymbol{E}$ 相似。

以下是三个特殊情况，若矩阵 $\boldsymbol{A}$ 与 $\boldsymbol{B}$ 相似，则 $k\boldsymbol{A}$ 与 $k\boldsymbol{B}$ 相似，$\boldsymbol{A}^m$ 与 $\boldsymbol{B}^m$ 相似(其中 m 是正整数)，$\boldsymbol{A}^{-1}$ 与 $\boldsymbol{B}^{-1}$ 相似。

5.6 矩阵的相似对角化

1. 矩阵相似对角化的定义

对于 n 阶矩阵 $\boldsymbol{A}$，寻求相似变换矩阵 $\boldsymbol{P}$，使得 $\boldsymbol{\Lambda}=\boldsymbol{P}^{-1}\boldsymbol{A}\boldsymbol{P}$ 为对角阵，这个过程称为把矩阵 $\boldsymbol{A}$ 相似对角化。

通过矩阵相似对角化的过程可以看出，有的矩阵可以相似对角化，有的矩阵不能相似对角化。

2. 矩阵相似对角化的过程

(1) 求出 n 阶矩阵 $\boldsymbol{A}$ 的 n 个特征值 $\lambda_1,\lambda_2,\cdots,\lambda_n$。

(2) 求出 n 个特征值 $\lambda_1,\lambda_2,\cdots,\lambda_n$ 对应的 n 个特征向量 $\boldsymbol{\alpha}_1,\boldsymbol{\alpha}_2,\cdots,\boldsymbol{\alpha}_n$。于是有

$$\boldsymbol{A}\boldsymbol{\alpha}_1=\lambda_1\boldsymbol{\alpha}_1,\ \boldsymbol{A}\boldsymbol{\alpha}_2=\lambda_2\boldsymbol{\alpha}_2,\ \cdots,\ \boldsymbol{A}\boldsymbol{\alpha}_n=\lambda_n\boldsymbol{\alpha}_n$$

$$(\boldsymbol{A}\boldsymbol{\alpha}_1,\boldsymbol{A}\boldsymbol{\alpha}_2,\cdots,\boldsymbol{A}\boldsymbol{\alpha}_n)=(\lambda_1\boldsymbol{\alpha}_1,\lambda_2\boldsymbol{\alpha}_2,\cdots,\lambda_n\boldsymbol{\alpha}_n)$$

$$\boldsymbol{A}(\boldsymbol{\alpha}_1,\boldsymbol{\alpha}_2,\cdots,\boldsymbol{\alpha}_n)=(\boldsymbol{\alpha}_1,\boldsymbol{\alpha}_2,\cdots,\boldsymbol{\alpha}_n)\begin{bmatrix}\lambda_1 & & & \\ & \lambda_2 & & \\ & & \ddots & \\ & & & \lambda_n\end{bmatrix}$$

令 $\boldsymbol{P}=(\boldsymbol{\alpha}_1,\boldsymbol{\alpha}_2,\cdots,\boldsymbol{\alpha}_n)$，$\boldsymbol{\Lambda}=\begin{bmatrix}\lambda_1 & & & \\ & \lambda_2 & & \\ & & \ddots & \\ & & & \lambda_n\end{bmatrix}$，上式化简为 $\boldsymbol{AP}=\boldsymbol{P\Lambda}$。

（3）分析矩阵 $\boldsymbol{P}=(\boldsymbol{\alpha}_1,\boldsymbol{\alpha}_2,\cdots,\boldsymbol{\alpha}_n)$，若构成矩阵 $\boldsymbol{P}$ 的列向量组 $\boldsymbol{\alpha}_1,\boldsymbol{\alpha}_2,\cdots,\boldsymbol{\alpha}_n$ 为线性无关特征向量，则 $\boldsymbol{P}$ 为可逆矩阵，于是有：$\boldsymbol{P}^{-1}\boldsymbol{AP}=\boldsymbol{\Lambda}$，即 $\boldsymbol{A}$ 可以相似对角化。否则，若矩阵 $\boldsymbol{A}$ 没有 n 个线性无关的特征向量，那么矩阵 $\boldsymbol{A}$ 就不能相似对角化。

3. 矩阵相似对角化的定理

矩阵相似对角化的充要条件

（1）充分必要条件定理 1。

根据矩阵相似对角化的过程可以得到矩阵可以相似对角化的充分必要条件：n 阶矩阵 $\boldsymbol{A}$ 可以相似对角化的充分必要条件是 $\boldsymbol{A}$ 有 n 个线性无关的特征向量。

矩阵相似对角化的充分条件

（2）充分必要条件定理 2。

n 阶矩阵 $\boldsymbol{A}$ 可以相似对角化的充分必要条件是 $\boldsymbol{A}$ 的每一个特征值的几何重数都等于其代数重数。

例如，设 6 阶矩阵 $\boldsymbol{A}$ 的特征值为 $\lambda_1=2,\lambda_2=\lambda_3=3,\lambda_4=\lambda_5=\lambda_6=7$，若矩阵 $\boldsymbol{A}$ 属于特征值 $\lambda_1=2$ 的特征向量有 1 个，矩阵 $\boldsymbol{A}$ 属于特征值 $\lambda_2=\lambda_3=3$ 的线性无关特征向量刚好有 2 个，矩阵 $\boldsymbol{A}$ 属于特征值 $\lambda_4=\lambda_5=\lambda_6=7$ 的线性无关特征向量刚好有 3 个，那么又根据“属于不同特征值的特征向量线性无关定理”，知矩阵 $\boldsymbol{A}$ 有 6 个线性无关的特征向量，于是矩阵 $\boldsymbol{A}$ 可以相似对角化。

矩阵相似对角化的过程

（3）充分条件定理。

根据“属于不同特征值的特征向量线性无关定理”可以得到以下充分条件定理：若 n 阶矩阵 $\boldsymbol{A}$ 有 n 个互不相等的特征值，则 $\boldsymbol{A}$ 可以相似对角化。

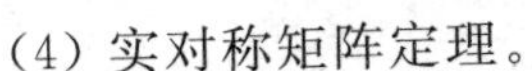

（4）实对称矩阵定理。

根据实对称矩阵特征值的几何重数等于代数重数的性质，有以下定理：n 阶实对称矩阵 $\boldsymbol{A}$ 一定可以对角化，且一定存在正交矩阵 $\boldsymbol{Q}$，使得 $\boldsymbol{Q}^{-1}\boldsymbol{AQ}=$

$\boldsymbol{Q}^{\mathrm{T}}\boldsymbol{AQ}=\begin{bmatrix}\lambda_1 & & & \\ & \lambda_2 & & \\ & & \ddots & \\ & & & \lambda_n\end{bmatrix}$，其中 $\lambda_1,\lambda_2,\cdots,\lambda_n$ 为 $\boldsymbol{A}$ 的特征值，矩阵 $\boldsymbol{Q}$ 的列向量分别为属于特征值 $\lambda_1,\lambda_2,\cdots,\lambda_n$ 的两两正交的单位特征向量。

5.7　矩阵相似对角化举例

矩阵相似对角化举例

例 1　已知 $\boldsymbol{A}=\begin{bmatrix}-2 & 1 & 1\\ 0 & 2 & 0\\ -4 & 1 & 3\end{bmatrix}$，请找出可逆矩阵 $\boldsymbol{P}$，使得 $\boldsymbol{P}^{-1}\boldsymbol{AP}=\boldsymbol{\Lambda}$。

解 (1) 求特征值：解特征方程 $|\boldsymbol{A}-\lambda\boldsymbol{E}|=0$，解得 $\lambda_1=\lambda_2=2$，$\lambda_3=-1$。

(2) 求线性无关的特征向量：当 $\lambda_1=\lambda_2=2$ 时，解方程组 $(\boldsymbol{A}-2\boldsymbol{E})\boldsymbol{x}=\boldsymbol{0}$，解得线性无关特征向量(基础解系) $\boldsymbol{p}_1=\begin{bmatrix}1\\4\\0\end{bmatrix}$，$\boldsymbol{p}_2=\begin{bmatrix}1\\0\\4\end{bmatrix}$。

当 $\lambda_3=-1$ 时，解方程组 $(\boldsymbol{A}+\boldsymbol{E})\boldsymbol{x}=\boldsymbol{0}$，解得特征向量(基础解系) $\boldsymbol{p}_3=\begin{bmatrix}1\\0\\1\end{bmatrix}$。

(3) 构造可逆矩阵 $\boldsymbol{P}$：$\boldsymbol{P}=(\boldsymbol{p}_1,\boldsymbol{p}_2,\boldsymbol{p}_3)=\begin{bmatrix}1&1&1\\4&0&0\\0&4&1\end{bmatrix}$，于是有：$\boldsymbol{P}^{-1}\boldsymbol{A}\boldsymbol{P}=\boldsymbol{\Lambda}=\begin{bmatrix}2&&\\&2&\\&&-1\end{bmatrix}$。

例 2 已知矩阵 $\boldsymbol{A}=\begin{bmatrix}0&-2&2\\-2&0&2\\2&2&0\end{bmatrix}$，求正交矩阵 $\boldsymbol{Q}$，使得 $\boldsymbol{Q}^{-1}\boldsymbol{A}\boldsymbol{Q}$ 为对角矩阵。

解 (1) 求特征值：解特征方程 $|\boldsymbol{A}-\lambda\boldsymbol{E}|=0$，解得 $\lambda_1=\lambda_2=2$，$\lambda_3=-4$。

(2) 求两两正交的单位特征向量：当 $\lambda_1=\lambda_2=2$ 时，解方程组 $(\boldsymbol{A}-2\boldsymbol{E})\boldsymbol{x}=\boldsymbol{0}$，$(\boldsymbol{A}-2\boldsymbol{E})\longrightarrow\begin{bmatrix}1&1&-1\\0&0&0\\0&0&0\end{bmatrix}$，解得第一个解向量为 $\boldsymbol{p}_1=\begin{bmatrix}-1\\1\\0\end{bmatrix}$，再构造一个与 $\boldsymbol{p}_1$ 正交的向量 $\boldsymbol{p}_2=\begin{bmatrix}a\\a\\b\end{bmatrix}$，把 $\boldsymbol{p}_2$ 代入方程组得 $a+a-b=0$，构造一组整数解向量为 $\boldsymbol{p}_2=\begin{bmatrix}1\\1\\2\end{bmatrix}$，此时的 $\boldsymbol{p}_1$、$\boldsymbol{p}_2$ 是方程组正交的两个解向量。

单位化：

$$\boldsymbol{p}_1=\begin{bmatrix}-1\\1\\0\end{bmatrix}\Rightarrow\boldsymbol{q}_1=\begin{bmatrix}\frac{-1}{\sqrt{2}}\\\frac{1}{\sqrt{2}}\\0\end{bmatrix},\ \boldsymbol{p}_2=\begin{bmatrix}1\\1\\2\end{bmatrix}\Rightarrow\boldsymbol{q}_2=\begin{bmatrix}\frac{1}{\sqrt{6}}\\\frac{1}{\sqrt{6}}\\\frac{2}{\sqrt{6}}\end{bmatrix}$$

用正交矩阵把实对称矩阵相似对角化举例

当 $\lambda_3=-4$ 时，解方程组 $(\boldsymbol{A}+4\boldsymbol{E})\boldsymbol{x}=\boldsymbol{0}$，解得特征向量 $\boldsymbol{p}_3=\begin{bmatrix}-1\\-1\\1\end{bmatrix}$。

单位化：

$$\boldsymbol{p}_3=\begin{bmatrix}-1\\-1\\1\end{bmatrix}\Rightarrow\boldsymbol{q}_3=\begin{bmatrix}\frac{-1}{\sqrt{3}}\\\frac{-1}{\sqrt{3}}\\\frac{1}{\sqrt{3}}\end{bmatrix}$$

(3) 构造正交矩阵 $\boldsymbol{Q}$：

$$\boldsymbol{Q}=(\boldsymbol{q}_1,\ \boldsymbol{q}_2,\ \boldsymbol{q}_3)=\begin{bmatrix}\frac{-1}{\sqrt{2}} & \frac{1}{\sqrt{6}} & \frac{-1}{\sqrt{3}}\\\frac{1}{\sqrt{2}} & \frac{1}{\sqrt{6}} & \frac{-1}{\sqrt{3}}\\0 & \frac{2}{\sqrt{6}} & \frac{1}{\sqrt{3}}\end{bmatrix}$$

于是有

$$\boldsymbol{Q}^{-1}\boldsymbol{A}\boldsymbol{Q}=\boldsymbol{\Lambda}=\begin{bmatrix}2 & & \\ & 2 & \\ & & -4\end{bmatrix}$$

二次型的概念

5.8　二次型的概念

1. 二次型的定义

含有 n 个变量 $x_1,x_2,\cdots,x_n$ 的二次齐次多项式称为 n 元二次型，简称二次型。

例如，$f(x_1,x_2,x_3)=x_1^2+2x_2^2-5x_3^2+4x_1x_2-6x_1x_3+7x_2x_3$ 是一个三元二次型。

2. 二次型的矩阵及秩

例如，二次型 $f(x_1,x_2,x_3)=x_1^2+2x_2^2-5x_3^2+4x_1x_2-6x_1x_3+7x_2x_3$ 可以利用对称矩阵描述为

$$f(x_1,x_2,x_3)=(x_1,x_2,x_3)\begin{bmatrix}1 & 2 & -3\\2 & 2 & 3.5\\-3 & 3.5 & -5\end{bmatrix}\begin{bmatrix}x_1\\x_2\\x_3\end{bmatrix}=\boldsymbol{x}^{\mathrm{T}}\boldsymbol{A}\boldsymbol{x}$$

其中，对称矩阵 $\boldsymbol{A}$ 称为二次型 f 的矩阵，$\boldsymbol{A}$ 的秩称为二次型 f 的秩。

一个实二次型和一个实对称矩阵是一一对应的，研究一个实二次型，就是研究其对应的实对称矩阵。

5.9　矩阵的合同

1. 合同矩阵的定义

矩阵的合同

设 $\boldsymbol{A}$、$\boldsymbol{B}$ 为 n 阶矩阵，若存在可逆矩阵 $\boldsymbol{C}$，使得 $\boldsymbol{C}^{\mathrm{T}}\boldsymbol{A}\boldsymbol{C}=\boldsymbol{B}$，则称矩阵 $\boldsymbol{A}$ 与 $\boldsymbol{B}$ 合同。

合同具有传递性：若 $\boldsymbol{A}$ 与 $\boldsymbol{B}$ 合同，且 $\boldsymbol{B}$ 与 $\boldsymbol{C}$ 合同，则 $\boldsymbol{A}$ 与 $\boldsymbol{C}$ 也合同。

2. 定理

(1) 若 $\boldsymbol{A}$ 与 $\boldsymbol{B}$ 合同，则 $\boldsymbol{A}$ 与 $\boldsymbol{B}$ 等价，且 $R(\boldsymbol{A})=R(\boldsymbol{B})$。

若存在可逆矩阵 $\boldsymbol{C}$，使得 $\boldsymbol{C}^{\mathrm{T}}\boldsymbol{AC}=\boldsymbol{B}$，显然根据矩阵等价定义知，矩阵 $\boldsymbol{A}$ 与 $\boldsymbol{B}$ 也等价。

(2) 若 $\boldsymbol{A}$ 与 $\boldsymbol{B}$ 合同，且 $\boldsymbol{A}$ 为对称矩阵，则 $\boldsymbol{B}$ 也为对称矩阵。

因为 $\boldsymbol{A}^{\mathrm{T}}=\boldsymbol{A}$，且 $\boldsymbol{C}^{\mathrm{T}}\boldsymbol{AC}=\boldsymbol{B}$，于是有 $\boldsymbol{B}^{\mathrm{T}}=(\boldsymbol{C}^{\mathrm{T}}\boldsymbol{AC})^{\mathrm{T}}=\boldsymbol{C}^{\mathrm{T}}\boldsymbol{A}^{\mathrm{T}}(\boldsymbol{C}^{\mathrm{T}})^{\mathrm{T}}=\boldsymbol{C}^{\mathrm{T}}\boldsymbol{AC}=\boldsymbol{B}$。

5.10 二次型的标准形及规范形

二次型的标准形及规范形

1. 定义

只含有平方项的二次型称为二次型的标准形。显然二次型的标准形矩阵是对角矩阵。

在二次型的标准形中，若平方项的系数为 1，−1 或 0，则称其为二次型的规范形。

例如，$f(x_1,x_2,x_3)=5x_1^2-3x_2^2+7x_3^2$ 就是一个标准形式的二次型，其对应矩阵为对角阵 $\boldsymbol{A}=\begin{bmatrix}5 & & \\ & -3 & \\ & & 7\end{bmatrix}$；$f(y_1,y_2,y_3)=y_1^2+y_2^2-y_3^2$ 是一个规范形式的二次型。

2. 化二次型为标准形

对于给定的二次型 $f(x_1,x_2,\cdots,x_n)=\boldsymbol{x}^{\mathrm{T}}\boldsymbol{Ax}$，确定一个可逆的线性变换：

$$\begin{cases}x_1=c_{11}y_1+c_{12}y_2+\cdots+c_{1n}y_n\\ x_2=c_{21}y_1+c_{22}y_2+\cdots+c_{2n}y_n\\ \qquad\vdots\\ x_n=c_{n1}y_1+c_{n2}y_2+\cdots+c_{nn}y_n\end{cases}$$

即 $\boldsymbol{x}=\boldsymbol{Cy}$，$|\boldsymbol{C}|\neq0$。将可逆线性变换代入二次型，有

$$f(x_1,x_2,\cdots,x_n)=\boldsymbol{x}^{\mathrm{T}}\boldsymbol{Ax}=(\boldsymbol{Cy})^{\mathrm{T}}\boldsymbol{A}(\boldsymbol{Cy})=\boldsymbol{y}^{\mathrm{T}}(\boldsymbol{C}^{\mathrm{T}}\boldsymbol{AC})\boldsymbol{y}$$

若 $\boldsymbol{C}^{\mathrm{T}}\boldsymbol{AC}$ 为对角矩阵，则二次型 $f(x_1,x_2,\cdots,x_n)$ 就化为了关于变量 $y_1,y_2,\cdots,y_n$ 的标准形。

化二次型为标准形的方法有正交变换法或配方法等。不同的标准化方法可得到不同形式的标准形。

5.11 正交变换法化二次型为标准形

正交变换法化二次型为标准形

1. 正交变换的定义

设 $\boldsymbol{Q}$ 是 n 阶正交矩阵，则称线性变换 $\boldsymbol{x}=\boldsymbol{Qy}$ 为正交变换。

2. 定理

对于任意实二次型 $f(x_1,x_2,\cdots,x_n)=\boldsymbol{x}^{\mathrm{T}}\boldsymbol{Ax}$，总可以找到正交变换 $\boldsymbol{x}=\boldsymbol{Qy}$，使得

$$f(x_1,x_2,\cdots,x_n)=\boldsymbol{x}^{\mathrm{T}}\boldsymbol{A}\boldsymbol{x}=(\boldsymbol{Q}\boldsymbol{y})^{\mathrm{T}}\boldsymbol{A}(\boldsymbol{Q}\boldsymbol{y})=\boldsymbol{y}^{\mathrm{T}}(\boldsymbol{Q}^{\mathrm{T}}\boldsymbol{A}\boldsymbol{Q})\boldsymbol{y}$$
$$=\boldsymbol{y}^{\mathrm{T}}\boldsymbol{\Lambda}\boldsymbol{y}=\lambda_1y_1^2+\lambda_2y_2^2+\cdots+\lambda_ny_n^2$$

其中，$\boldsymbol{Q}^{\mathrm{T}}\boldsymbol{A}\boldsymbol{Q}=\boldsymbol{\Lambda}=\begin{bmatrix}\lambda_1 & & & \\ & \lambda_2 & & \\ & & \ddots & \\ & & & \lambda_n\end{bmatrix}$，$\lambda_i(i=1,2,\cdots,n)$为矩阵$\boldsymbol{A}$的特征值。正交矩阵$\boldsymbol{Q}$的列向量分别为矩阵$\boldsymbol{A}$的属于特征值$\lambda_1,\lambda_2,\cdots,\lambda_n$的两两正交的单位特征向量。

3. 用正交变换法化二次型为标准形举例

正交变换法化二次型为标准形举例

例　用正交变换法化二次型$f(x_1,x_2,x_3)=2x_1^2+2x_2^2+2x_3^2+2x_1x_2+2x_1x_3+2x_2x_3$为标准形，并求所用的正交变换。

解　(1) 写出二次型的矩阵：

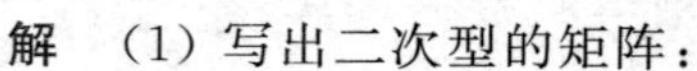

$$f(x_1,x_2,x_3)=(x_1,x_2,x_3)\begin{bmatrix}2&1&1\\1&2&1\\1&1&2\end{bmatrix}\begin{bmatrix}x_1\\x_2\\x_3\end{bmatrix}=\boldsymbol{x}^{\mathrm{T}}\boldsymbol{A}\boldsymbol{x}$$

(2) 求特征值：解特征方程$|\boldsymbol{A}-\lambda\boldsymbol{E}|=0$，解得$\lambda_1=\lambda_2=1$，$\lambda_3=4$。

(3) 求两两正交的单位特征向量：当$\lambda_1=\lambda_2=1$时，解方程组$(\boldsymbol{A}-\boldsymbol{E})\boldsymbol{x}=\boldsymbol{0}$。

$$(\boldsymbol{A}-\boldsymbol{E})\longrightarrow\begin{bmatrix}1&1&1\\0&0&0\\0&0&0\end{bmatrix}$$

解得第一个解向量为$\boldsymbol{p}_1=\begin{bmatrix}-1\\1\\0\end{bmatrix}$，再构造一个与$\boldsymbol{p}_1$正交的带系数的向量$\boldsymbol{p}_2=\begin{bmatrix}a\\a\\b\end{bmatrix}$，把$\boldsymbol{p}_2$代入方程组得$a+a+b=0$，于是得到$\boldsymbol{p}_2=\begin{bmatrix}-1\\-1\\2\end{bmatrix}$，此时的$\boldsymbol{p}_1$、$\boldsymbol{p}_2$是属于$\lambda_1=\lambda_2=1$的相互正交的特征向量。

单位化：

$$\boldsymbol{p}_1=\begin{bmatrix}-1\\1\\0\end{bmatrix}\Rightarrow\boldsymbol{q}_1=\begin{bmatrix}\frac{-1}{\sqrt{2}}\\\frac{1}{\sqrt{2}}\\0\end{bmatrix}$$

$$\boldsymbol{p}_2=\begin{bmatrix}-1\\-1\\2\end{bmatrix}\Rightarrow\boldsymbol{q}_2=\begin{bmatrix}\frac{-1}{\sqrt{6}}\\\frac{-1}{\sqrt{6}}\\\frac{2}{\sqrt{6}}\end{bmatrix}$$

当 $\lambda_3=4$ 时，解方程组 $(\boldsymbol{A}-4\boldsymbol{E})\boldsymbol{x}=\boldsymbol{0}$，解得特征向量 $\boldsymbol{p}_3=\begin{bmatrix}1\\1\\1\end{bmatrix}$。

单位化：$\boldsymbol{p}_3=\begin{bmatrix}1\\1\\1\end{bmatrix}\Rightarrow\boldsymbol{q}_3=\begin{bmatrix}\frac{1}{\sqrt{3}}\\\frac{1}{\sqrt{3}}\\\frac{1}{\sqrt{3}}\end{bmatrix}$

(4) 构造正交矩阵 $\boldsymbol{Q}$：

$$\boldsymbol{Q}=(\boldsymbol{q}_1,\boldsymbol{q}_2,\boldsymbol{q}_3)=\begin{bmatrix}\frac{-1}{\sqrt{2}} & \frac{-1}{\sqrt{6}} & \frac{1}{\sqrt{3}}\\\frac{1}{\sqrt{2}} & \frac{-1}{\sqrt{6}} & \frac{1}{\sqrt{3}}\\0 & \frac{2}{\sqrt{6}} & \frac{1}{\sqrt{3}}\end{bmatrix}$$

于是有

$$\boldsymbol{Q}^{-1}\boldsymbol{A}\boldsymbol{Q}=\boldsymbol{Q}^{\mathrm{T}}\boldsymbol{A}\boldsymbol{Q}=\boldsymbol{\Lambda}=\begin{bmatrix}1 & & \\ & 1 & \\ & & 4\end{bmatrix}$$

(5) 写出二次型的标准形：把正交变换 $\boldsymbol{x}=\boldsymbol{Q}\boldsymbol{y}$ 代入二次型，有

$$f=\boldsymbol{x}^{\mathrm{T}}\boldsymbol{A}\boldsymbol{x}=(\boldsymbol{Q}\boldsymbol{y})^{\mathrm{T}}\boldsymbol{A}(\boldsymbol{Q}\boldsymbol{y})=\boldsymbol{y}^{\mathrm{T}}(\boldsymbol{Q}^{\mathrm{T}}\boldsymbol{A}\boldsymbol{Q})\boldsymbol{y}=\boldsymbol{y}^{\mathrm{T}}\boldsymbol{\Lambda}\boldsymbol{y}=y_1^2+y_2^2+4y_3^2$$

5.12 配方法化二次型为标准形

用正交变换法化二次型为标准形，具有不改变几何形状的优点。而在研究二次型的正定性时，还可以利用配方法快速得到标准形。配方法就是利用代数公式，将二次型配成完全平方式的方法，下面举例说明。

配方法化二次型为标准形

例 1 用配方法化二次型 $f(x_1,x_2,x_3)=x_1^2+2x_2^2+5x_3^2+2x_1x_2-6x_1x_3+4x_2x_3$ 为标准形，并求所用的可逆变换。

解 先把含有 x_1 的所有项合并在一起配方，“扫除 x_1”：

$$\begin{aligned}f&=(x_1^2+2x_1x_2-6x_1x_3)+2x_2^2+5x_3^2+4x_2x_3\\&=((x_1+x_2-3x_3)^2-x_2^2-9x_3^2+6x_2x_3)+2x_2^2+5x_3^2+4x_2x_3\\&=(x_1+x_2-3x_3)^2+x_2^2-4x_3^2+10x_2x_3\end{aligned}$$

上式右端除第一项以外，不再含有 x_1，再继续“扫除 x_2”：

$$\begin{aligned}f&=(x_1+x_2-3x_3)^2+(x_2^2+10x_2x_3)-4x_3^2\\&=(x_1+x_2-3x_3)^2+((x_2+5x_3)^2-25x_3^2)-4x_3^2\\&=(x_1+x_2-3x_3)^2+(x_2+5x_3)^2-29x_3^2\end{aligned}$$

令

$$\begin{cases}y_1=x_1+x_2-3x_3\\y_2=x_2+5x_3\\y_3=x_3\end{cases}$$

即

$$\begin{cases}x_1=y_1-y_2+8y_3\\x_2=y_2-5y_3\\x_3=y_3\end{cases}$$

于是二次型化为标准的二次型：

$$f=y_1^2+y_2^2-29y_3^2$$

所用的可逆变换为

$$\boldsymbol{x}=\begin{bmatrix}1&-1&8\\0&1&-5\\0&0&1\end{bmatrix}\boldsymbol{y}$$

例 2　用配方法化二次型 $f(x_1,x_2,x_3)=x_1x_2+7x_1x_3-x_2x_3$ 为标准形，并求所用的可逆变换。

解　因为该二次型没有平方项，所以令

$$\begin{cases}x_1=y_1+y_2\\x_2=y_1-y_2\\x_3=y_3\end{cases}\qquad①$$

代入二次型后，先“扫除 y_1”：

$$\begin{aligned}f&=y_1^2-y_2^2+7(y_1+y_2)y_3-(y_1-y_2)y_3\\&=(y_1^2+6y_1y_3)-y_2^2+8y_2y_3\\&=((y_1+3y_3)^2-9y_3^2)-y_2^2+8y_2y_3\\&=(y_1+3y_3)^2-y_2^2+8y_2y_3-9y_3^2\end{aligned}$$

再“扫除 y_2”：

$$\begin{aligned}f&=(y_1+3y_3)^2-(y_2^2-8y_2y_3)-9y_3^2\\&=(y_1+3y_3)^2-((y_2-4y_3)^2-16y_3^2)-9y_3^2\\&=(y_1+3y_3)^2-(y_2-4y_3)^2+7y_3^2\end{aligned}$$

令

$$\begin{cases}z_1=y_1+3y_3\\z_2=y_2-4y_3\\z_3=y_3\end{cases}$$

即

$$\begin{cases}y_1=z_1-3z_3\\y_2=z_2+4z_3\\y_3=z_3\end{cases}$$

把上式代入①式，有

$$\begin{cases}x_1=z_1+z_2+z_3\\x_2=z_1-z_2-7z_3\\x_3=z_3\end{cases}$$

于是二次型化为标准的二次型：

$$f=z_1^2-z_2^2+7z_3^2$$

所用的可逆变换为

$$x=\begin{bmatrix}1&1&1\\1&-1&-7\\0&0&1\end{bmatrix}z$$

5.13 惯性定理

惯性定理

1. 正(负)惯性指数

实二次型的标准形中正平方项的项数称为二次型的正惯性指数，负平方项的项数称为二次型的负惯性指数。

例如，标准二次型 $f(x_1,x_2,x_3)=x_1^2-5x_2^2-7x_3^2$ 的正惯性指数为 1，负惯性指数为 2。

2. 惯性定理

对于一个二次型 $f(x_1,x_2,\cdots,x_n)=\boldsymbol{x}^{\mathrm{T}}\boldsymbol{A}\boldsymbol{x}$，无论用怎样的可逆线性变换使它化为标准形，其中正平方项的个数(正惯性指数)和负平方项的个数(负惯性指数)都是唯一确定的。

例如，甲、乙两个同学对同一个二次型进行标准化，甲同学的结果是 $f(x_1,x_2,x_3)=y_1^2-y_2^2+3y_3^2$，乙同学的结果是 $f(x_1,x_2,x_3)=2z_1^2+5z_2^2+7z_3^2$，显然它们的正负惯性指数不相等，那么根据惯性定理可以断定甲、乙两个同学至少有一个答案是错误的。

5.14 正定的定义及性质

正定的定义及性质

1. 正定的定义

设 $f(x_1, x_2, \cdots, x_n)=\boldsymbol{x}^{\mathrm{T}}\boldsymbol{A}\boldsymbol{x}$ 是 n 元实二次型，若对任意 n 维非零列向量 $\boldsymbol{x}$，都有 $f(x_1, x_2, \cdots, x_n)>0$，则称 $f(x_1, x_2, \cdots, x_n)$ 为正定二次型，称对称矩阵 $\boldsymbol{A}$ 为正定矩阵。

例如，$f(x_1, x_2, x_3)=x_1^2+2x_2^2+7x_3^2$ 就是正定二次型，$f(x_1, x_2, x_3)=-x_1^2-2x_2^2-7x_3^2$、$f(x_1, x_2, x_3)=x_1^2+2x_2^2$ 和 $f(x_1, x_2, x_3)=x_1^2+2x_2^2-x_3^2$ 都不是正定二次型。

2. 正定矩阵的性质

设 $\boldsymbol{A}$ 为 n 阶实对称矩阵，正定矩阵的定义及性质如下：

(1) $\boldsymbol{A}$ 正定 $\Leftrightarrow$ 对任意 n 维非零列向量 $\boldsymbol{x}$，都有 $\boldsymbol{x}^{\mathrm{T}}\boldsymbol{A}\boldsymbol{x}>0$。

(2) $\boldsymbol{A}$ 正定 $\Leftrightarrow$ $\boldsymbol{A}$ 的二次型的标准形的系数全为正(即正惯性指数为 n)。

(3) $\boldsymbol{A}$ 正定 $\Leftrightarrow$ $\boldsymbol{A}$ 的各阶顺序主子式全大于零。

(4) $\boldsymbol{A}$ 正定 $\Leftrightarrow$ $\boldsymbol{A}$ 的所有特征值全大于零。

(5) $\boldsymbol{A}$ 正定 $\Leftrightarrow$ $\boldsymbol{A}$ 与 n 阶单位矩阵 $\boldsymbol{E}$ 合同($\boldsymbol{A}$ 可拆成：$\boldsymbol{A}=\boldsymbol{P}^{\mathrm{T}}\boldsymbol{P}$，其中 $\boldsymbol{P}$ 为可逆矩阵)。

(6) $\boldsymbol{A}$ 正定 $\Leftrightarrow$ $k\boldsymbol{A}$(k 为正数)正定。

(7) $\boldsymbol{A}$ 正定 $\Leftrightarrow$ $\boldsymbol{A}^{-1}$正定(设 A 可逆)。

(8) $\boldsymbol{A}$ 正定 $\Rightarrow$ $\boldsymbol{A}^{*}$ 正定。

(9) $\boldsymbol{A}$ 正定 $\Rightarrow$ $\boldsymbol{A}^{m}$(m 为正整数)正定。

(10) $\boldsymbol{A}$ 正定 $\Rightarrow$ $r(\boldsymbol{A})=n$(即正定矩阵必为可逆矩阵)。

(11) $\boldsymbol{A}$ 正定 $\Rightarrow$ 矩阵 $\boldsymbol{A}$ 的主对角线元素全为正数。

(12) $\boldsymbol{A}$ 正定 $\Rightarrow$ $|\boldsymbol{A}|>0$。

性质(3)可以判断具体矩阵的正定性，例如，针对具体矩阵 $\boldsymbol{A}=\begin{bmatrix}2 & 3 & 1\\3 & 5 & 3\\1 & 3 & 100\end{bmatrix}$，可以分析它的1、2和3阶顺序主子式：$2>0$，$\begin{vmatrix}2 & 3\\3 & 5\end{vmatrix}=1>0$，$|\boldsymbol{A}|>0$，于是得出矩阵 $\boldsymbol{A}$ 是正定矩阵。

5.15　等价、相似和合同的判定与关系

等价、相似和合同的判定与关系

1. 定义

(1) 等价：若存在可逆矩阵 $\boldsymbol{P}$ 和 $\boldsymbol{Q}$，使得 $\boldsymbol{PAQ}=\boldsymbol{B}$，则称 $\boldsymbol{A}$ 与 $\boldsymbol{B}$ 等价。

(2) 相似：若存在可逆矩阵 $\boldsymbol{P}$，使得 $\boldsymbol{P}^{-1}\boldsymbol{AP}=\boldsymbol{B}$，则称 $\boldsymbol{A}$ 与 $\boldsymbol{B}$ 相似。

(3) 合同：若存在可逆矩阵 $\boldsymbol{P}$，使得 $\boldsymbol{P}^{\mathrm{T}}\boldsymbol{AP}=\boldsymbol{B}$，则称 $\boldsymbol{A}$ 与 $\boldsymbol{B}$ 合同。

2. 判定定理

(1) $\boldsymbol{A}$ 与 $\boldsymbol{B}$ 等价 $\Leftrightarrow$ $R(\boldsymbol{A})=R(\boldsymbol{B})$(设 $\boldsymbol{A}$ 与 $\boldsymbol{B}$ 同型)。

(2) 若 $\boldsymbol{A}$ 与 $\boldsymbol{B}$ 有相同的特征值，且都可以对角化 $\Rightarrow$ $\boldsymbol{A}$ 与 $\boldsymbol{B}$ 相似。

因为 $\boldsymbol{A}$ 与 $\boldsymbol{B}$ 有相同的特征值，且都可以对角化，则它们都可以相似于同一个对角矩阵，根据矩阵相似的传递性知，$\boldsymbol{A}$ 与 $\boldsymbol{B}$ 也相似。

(3) 设 $\boldsymbol{A}$、$\boldsymbol{B}$ 为实对称矩阵，则有：

① $\boldsymbol{A}$ 与 $\boldsymbol{B}$ 合同 $\Leftrightarrow$ $\boldsymbol{A}$ 的二次型与 $\boldsymbol{B}$ 的二次型有相同的正、负惯性指数。

② $\boldsymbol{A}$ 与 $\boldsymbol{B}$ 合同 $\Leftrightarrow$ $\boldsymbol{A}$ 与 $\boldsymbol{B}$ 的正特征值个数、负特征值个数对应相等。

3. 相互关系

矩阵等价、相似和合同之间有以下关系：

(1) 矩阵相似则等价。

(2) 矩阵合同则等价。

(3) 矩阵相似不一定合同。

(4) 矩阵合同不一定相似。

(5) 若矩阵 $\boldsymbol{A}$ 与 $\boldsymbol{B}$ 都是实对称阵，有：$\boldsymbol{A}$ 与 $\boldsymbol{B}$ 相似则 $\boldsymbol{A}$ 与 $\boldsymbol{B}$ 合同。

图5.1给出了矩阵的等价、相似与合同的关系图。

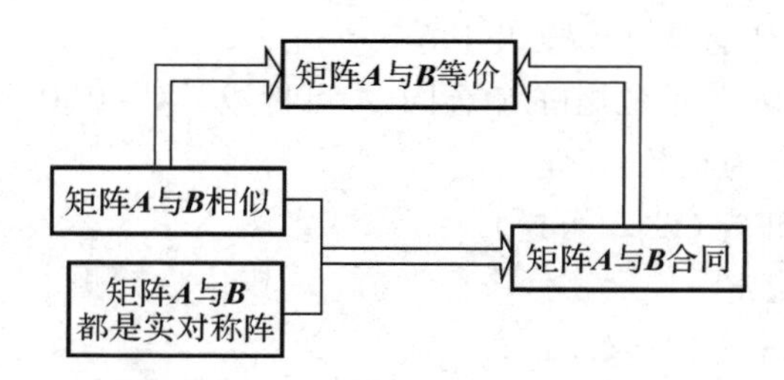

图 5.1　等价、相似和合同的关系图

5.16　典型例题分析

例 5.1

【例 5.1】 求矩阵 $\boldsymbol{A}=\begin{bmatrix}3&2&2&2\\2&3&2&2\\2&2&3&2\\2&2&2&3\end{bmatrix}$ 的特征值与特征向量。

【思路】 根据特征方程求特征值，由对应的齐次线性方程组的解得到特征向量。

【解】 解特征方程：

$$|\boldsymbol{A}-\lambda\boldsymbol{E}|=\begin{vmatrix}3-\lambda&2&2&2\\2&3-\lambda&2&2\\2&2&3-\lambda&2\\2&2&2&3-\lambda\end{vmatrix}=(\lambda-1)^3(\lambda-9)=0$$

得 $\lambda_1=\lambda_2=\lambda_3=1$，$\lambda_4=9$。

当 $\lambda_1=\lambda_2=\lambda_3=1$ 时，解方程组 $(\boldsymbol{A}-\boldsymbol{E})\boldsymbol{x}=\boldsymbol{0}$，对其系数矩阵进行初等行变换：

$$\boldsymbol{A}-\boldsymbol{E}=\begin{bmatrix}2&2&2&2\\2&2&2&2\\2&2&2&2\\2&2&2&2\end{bmatrix}\to\begin{bmatrix}1&1&1&1\\0&0&0&0\\0&0&0&0\\0&0&0&0\end{bmatrix}$$

于是矩阵 $\boldsymbol{A}$ 的属于特征值 $\lambda_1=\lambda_2=\lambda_3=1$ 的特征向量为 $k_1(-1,1,0,0)^{\mathrm{T}}+k_2(-1,0,1,0)^{\mathrm{T}}+k_3(-1,0,0,1)^{\mathrm{T}}$，其中 k_1、k_2、k_3 不全为 0。

当 $\lambda_4=9$ 时，解方程组 $(\boldsymbol{A}-9\boldsymbol{E})\boldsymbol{x}=\boldsymbol{0}$，对其系数矩阵进行初等行变换：

$$\boldsymbol{A}-9\boldsymbol{E}=\begin{bmatrix}-6&2&2&2\\2&-6&2&2\\2&2&-6&2\\2&2&2&-6\end{bmatrix}\to\begin{bmatrix}1&0&0&-1\\0&1&0&-1\\0&0&1&-1\\0&0&0&0\end{bmatrix}$$

于是矩阵 $\boldsymbol{A}$ 的属于特征值 $\lambda_4=9$ 的特征向量为 $k_4(1,1,1,1)^{\mathrm{T}}$，$k_4\neq0$。

【评注】 本题考查以下知识点：

(1) 通过求解特征方程 $|\boldsymbol{A}-\lambda\boldsymbol{E}|=0$ 得到矩阵 $\boldsymbol{A}$ 的特征值。

(2) 通过求解齐次线性方程组 $(\boldsymbol{A}-\lambda_i\boldsymbol{E})\boldsymbol{x}=\boldsymbol{0}$ 得到矩阵 $\boldsymbol{A}$ 的属于 λ_i 的特征向量。

【秘籍】 本题的矩阵 $\boldsymbol{A}$ 属于特殊的“ab”矩阵，即主对角线元素全是“a”，其余元素全是“b”。针对“ab”矩阵 $\boldsymbol{A}$，有以下公式：

(1) $\boldsymbol{A}$ 的特征值：$\lambda_1=\lambda_2=\cdots=\lambda_{n-1}=a-b$，$\lambda_n=(n-1)b+a$。

(2) $\boldsymbol{A}$ 的特征向量：属于 $\lambda_1=\lambda_2=\cdots=\lambda_{n-1}=a-b$ 的特征向量为 $k_1(-1,1,0,\cdots,0)^{\mathrm{T}}+k_2(-1,0,1,\cdots,0)^{\mathrm{T}}+\cdots+k_{n-1}(-1,0,0,\cdots,1)^{\mathrm{T}}$，其中 $k_1,k_2,\cdots,k_{n-1}$ 不全为 0；属于 $\lambda_n=(n-1)b+a$ 的特征向量为 $k_n(1,1,\cdots,1)^{\mathrm{T}}$，$k_n\neq0$。

【例 5.2】 设 $\boldsymbol{A}$ 为 n 阶矩阵，分析以下命题，则(　　)。

例 5.2

① 矩阵 $\boldsymbol{A}$ 与其转置矩阵 $\boldsymbol{A}^{\mathrm{T}}$ 有相同的特征值。

② 若 $\boldsymbol{\alpha}_1$ 和 $\boldsymbol{\alpha}_2$ 都是 $\boldsymbol{A}$ 属于特征值 λ_0 的特征向量，则非零向量 $k_1\boldsymbol{\alpha}_1+k_2\boldsymbol{\alpha}_2$ 也是 $\boldsymbol{A}$ 属于 λ_0 的特征向量。

③ 若 $\boldsymbol{\alpha}_1$ 和 $\boldsymbol{\alpha}_2$ 分别是 $\boldsymbol{A}$ 属于特征值 λ_1 和 λ_2 的特征向量($\lambda_1\neq\lambda_2$)，则 $\boldsymbol{\alpha}_1+\boldsymbol{\alpha}_2$ 不是 $\boldsymbol{A}$ 的特征向量。

④ 若 $\boldsymbol{A}$ 的特征值都是零，则 $\boldsymbol{A}=\boldsymbol{O}$。

(A) 只有①正确　　　　(B) 只有①和②正确

(C) 只有①、②和③正确　　　　(D) 四个命题都正确

【思路】 研究矩阵 $\boldsymbol{A}$ 和 $\boldsymbol{A}^{\mathrm{T}}$ 的特征多项式，证明它们有相同的特征值。

【解】 分析①：$\boldsymbol{A}^{\mathrm{T}}$ 的特征方程为：$|\boldsymbol{A}^{\mathrm{T}}-\lambda\boldsymbol{E}|=0$，则有 $|\boldsymbol{A}^{\mathrm{T}}-\lambda\boldsymbol{E}^{\mathrm{T}}|=0$，于是 $|(\boldsymbol{A}-\lambda\boldsymbol{E})^{\mathrm{T}}|=0$，所以有 $|(\boldsymbol{A}-\lambda\boldsymbol{E})|=0$，即 $\boldsymbol{A}^{\mathrm{T}}$ 的特征方程就是 $\boldsymbol{A}$ 的特征方程，所以它们有相同的特征值。

分析②：由于 $\boldsymbol{\alpha}_1$ 和 $\boldsymbol{\alpha}_2$ 都是 $\boldsymbol{A}$ 属于特征值 λ_0 的特征向量，则有

$$\boldsymbol{A}\boldsymbol{\alpha}_1=\lambda_0\boldsymbol{\alpha}_1,\ \boldsymbol{A}\boldsymbol{\alpha}_2=\lambda_0\boldsymbol{\alpha}_2$$

分别用不全为零的 k_1、k_2 乘以上两个等式，然后把它们相加，有

$$\boldsymbol{A}(k_1\boldsymbol{\alpha}_1+k_2\boldsymbol{\alpha}_2)=\lambda_0(k_1\boldsymbol{\alpha}_1+k_2\boldsymbol{\alpha}_2)$$

即非零向量 $k_1\boldsymbol{\alpha}_1+k_2\boldsymbol{\alpha}_2$ 也是 $\boldsymbol{A}$ 属于 λ_0 的特征向量。

分析③：用反证法，设 $\boldsymbol{\alpha}_1+\boldsymbol{\alpha}_2$ 是 $\boldsymbol{A}$ 的属于 λ 的特征向量，即有

$$\boldsymbol{A}(\boldsymbol{\alpha}_1+\boldsymbol{\alpha}_2)=\lambda(\boldsymbol{\alpha}_1+\boldsymbol{\alpha}_2)$$

则有

$$\boldsymbol{A}\boldsymbol{\alpha}_1+\boldsymbol{A}\boldsymbol{\alpha}_2=\lambda\boldsymbol{\alpha}_1+\lambda\boldsymbol{\alpha}_2$$

由于 $\boldsymbol{\alpha}_1$ 和 $\boldsymbol{\alpha}_2$ 分别是 $\boldsymbol{A}$ 属于特征值 λ_1 和 λ_2 的特征向量，则有

$$\boldsymbol{A}\boldsymbol{\alpha}_1=\lambda_1\boldsymbol{\alpha}_1,\ \boldsymbol{A}\boldsymbol{\alpha}_2=\lambda_2\boldsymbol{\alpha}_2$$

所以有

$$\lambda_1\boldsymbol{\alpha}_1+\lambda_2\boldsymbol{\alpha}_2=\lambda\boldsymbol{\alpha}_1+\lambda\boldsymbol{\alpha}_2$$

$$(\lambda_1-\lambda)\boldsymbol{\alpha}_1+(\lambda_2-\lambda)\boldsymbol{\alpha}_2=\boldsymbol{0}$$

因为向量 $\boldsymbol{\alpha}_1$，$\boldsymbol{\alpha}_2$ 线性无关，故 $\lambda_1-\lambda=\lambda_2-\lambda=0$，即 $\lambda_1=\lambda_2=\lambda$，这与已知 $\lambda_1\neq\lambda_2$ 矛盾，所以 $\boldsymbol{\alpha}_1+\boldsymbol{\alpha}_2$ 不是 $\boldsymbol{A}$ 的特征向量。

分析④：设 $\boldsymbol{A}=\begin{bmatrix}0&0\\1&0\end{bmatrix}$，则 $\boldsymbol{A}$ 的所有特征值都为零，但 $\boldsymbol{A}\neq\boldsymbol{O}$。所以命题④错误。

答案选择(C)。

【评注】 命题②和命题③中的 $\boldsymbol{\alpha}_1$、$\boldsymbol{\alpha}_2$ 都是矩阵 $\boldsymbol{A}$ 的特征向量，但命题②是属于同一个特征值的，命题③是属于不同特征值的，其结果也刚好相反。

把命题④修改为："若实对称矩阵 $\boldsymbol{A}$ 的特征值都是零，则 $\boldsymbol{A}=\boldsymbol{O}$"，就变为正确的命

题了。

【例 5.3】 设 n 阶矩阵 $\boldsymbol{A}$ 的所有元素都为 2，那么矩阵 $\boldsymbol{A}$ 的特征值为__________。

例 5.3

【思路】 根据特征方程解得特征值。

【解】 解特征方程 $|\boldsymbol{A}-\lambda\boldsymbol{E}|=0$，解得 $\lambda_1=\lambda_2=\cdots=\lambda_{n-1}=0$，$\lambda_n=2n$。

【评注】 因为矩阵 $\boldsymbol{A}$ 也属于“ab”矩阵，可以直接用例 5.1 评注中的公式写出答案。

【秘籍】 若 $\boldsymbol{A}$ 是秩为 1 的矩阵，则矩阵 $\boldsymbol{A}$ 的特征值有 $n-1$ 个 0 和 1 个 $\mathrm{tr}(\boldsymbol{A})$。例如矩阵 $\boldsymbol{A}=\begin{bmatrix}2&2&2\\2&2&2\\2&2&2\end{bmatrix}$ 的特征值有两个 0 和一个 6，矩阵 $\boldsymbol{B}=\begin{bmatrix}1&-2&3\\3&-6&9\\-2&4&-6\end{bmatrix}$ 的特征值有两个 0 和一个 -11。若 $\boldsymbol{C}=\boldsymbol{\alpha}\boldsymbol{\beta}^{\mathrm{T}}$($\boldsymbol{\alpha},\boldsymbol{\beta}$ 是 n 维非零列向量)，则矩阵 $\boldsymbol{C}$ 的特征值有 $n-1$ 个 0 和 1 个 $\mathrm{tr}(\boldsymbol{C})=\boldsymbol{\alpha}^{\mathrm{T}}\boldsymbol{\beta}$。

例 5.4

【例 5.4】 设 $\boldsymbol{\alpha}=(1,\ 0,\ -1)^{\mathrm{T}}$，矩阵 $\boldsymbol{A}=\boldsymbol{\alpha}\boldsymbol{\alpha}^{\mathrm{T}}$，$n$ 为正整数，则 $|a\boldsymbol{E}-\boldsymbol{A}^n|=$________。

【思路】 先计算 $\boldsymbol{A}$ 的特征值，再计算 $a\boldsymbol{E}-\boldsymbol{A}^n$ 的特征值。

【解】 因为 $R(\boldsymbol{A})=R(\boldsymbol{\alpha}\boldsymbol{\alpha}^{\mathrm{T}})\leqslant R(\boldsymbol{\alpha})=1$，而 $\boldsymbol{A}\neq\boldsymbol{O}$，所以 $R(\boldsymbol{A})=1$，于是 $\boldsymbol{A}$ 的特征值为 0，0，$\mathrm{tr}(\boldsymbol{A})$。而 $\mathrm{tr}(\boldsymbol{A})=\boldsymbol{\alpha}^{\mathrm{T}}\boldsymbol{\alpha}=2$。进一步得到矩阵 $a\boldsymbol{E}-\boldsymbol{A}^n$ 的特征值为：$a,a,a-2^n$，于是 $|a\boldsymbol{E}-\boldsymbol{A}^n|=a^2(a-2^n)$。

【评注】 本题考查了以下知识点：

(1) 若 λ 是 $\boldsymbol{A}$ 的特征值，则 $f(\lambda)$ 是 $f(\boldsymbol{A})$ 的特征值。

(2) 若 $\lambda_1,\lambda_2,\cdots,\lambda_n$ 是矩阵 $\boldsymbol{A}_n$ 的特征值，则有 $\lambda_1\lambda_2\cdots\lambda_n=|\boldsymbol{A}_n|$。

【秘籍】 见例 5.3 秘籍。

例 5.5

【例 5.5】 设三阶矩阵 $\boldsymbol{A}$ 的各行元素之和都为 -2，那么矩阵 $\boldsymbol{A}$ 一定有特征值__________，其对应特征向量为________。

【思路】 根据特征值和特征向量的定义解题。

【解】 矩阵 $\boldsymbol{A}$ 的各行元素之和都为 -2，即有矩阵等式：

$$\boldsymbol{A}\begin{bmatrix}1\\1\\1\end{bmatrix}=-2\begin{bmatrix}1\\1\\1\end{bmatrix}$$

于是 -2 是 $\boldsymbol{A}$ 的特征值，$k\begin{bmatrix}1\\1\\1\end{bmatrix}$ 是对应特征向量，$k\neq0$ 。

【评注】 用矩阵等式来描述线性代数内涵是本题的解题关键。

【秘籍】 若 $\boldsymbol{A}$ 是“列(行)和相等矩阵”，则 $\boldsymbol{A}$ 的列(行)和一定是它的一个特征值。例如矩阵 $\boldsymbol{A}=\begin{bmatrix}2&2&2\\2&2&2\\2&2&2\end{bmatrix}$，$\boldsymbol{B}=\begin{bmatrix}1&4&9\\2&-3&-1\\3&5&-2\end{bmatrix}$，$\boldsymbol{C}=\begin{bmatrix}3&0&3\\-2&4&4\\2&-3&7\end{bmatrix}$ 都有一个特征值 6。

【例 5.6】 设 $\boldsymbol{A}$ 为 n 阶正交矩阵，证明：

(1) 若 $|\boldsymbol{A}|=-1$，则 -1 是 $\boldsymbol{A}$ 的特征值。

(2) 若 n 为奇数，且 $|\boldsymbol{A}|=1$，则 1 是 $\boldsymbol{A}$ 的特征值。

例 5.6

【思路】 要证明“a 是 $\boldsymbol{A}$ 的特征值”，即证明等式 $|\boldsymbol{A}-a\boldsymbol{E}|=0$。

【证明】 (1) 因为 $\boldsymbol{A}$ 是正交矩阵，所以 $\boldsymbol{A}^{\mathrm{T}}\boldsymbol{A}=\boldsymbol{E}$。于是有

$$\boldsymbol{A}^{\mathrm{T}}(\boldsymbol{A}+\boldsymbol{E})=\boldsymbol{A}^{\mathrm{T}}\boldsymbol{A}+\boldsymbol{A}^{\mathrm{T}}\boldsymbol{E}=\boldsymbol{E}+\boldsymbol{A}^{\mathrm{T}}=(\boldsymbol{E}+\boldsymbol{A})^{\mathrm{T}}$$

对以上等式两端同时取行列式，有

$$|\boldsymbol{A}^{\mathrm{T}}(\boldsymbol{A}+\boldsymbol{E})|=|(\boldsymbol{E}+\boldsymbol{A})^{\mathrm{T}}|$$

$$|\boldsymbol{A}||\boldsymbol{A}+\boldsymbol{E}|=|\boldsymbol{E}+\boldsymbol{A}|$$

$$(|\boldsymbol{A}|-1)|\boldsymbol{A}+\boldsymbol{E}|=0$$

又因为 $|\boldsymbol{A}|=-1$，$|\boldsymbol{A}|-1=-2\neq 0$，则有 $|\boldsymbol{A}+\boldsymbol{E}|=0$，于是 -1 是 $\boldsymbol{A}$ 的特征值。

(2) 同理，分析 $\boldsymbol{A}^{\mathrm{T}}(\boldsymbol{A}-\boldsymbol{E})$，有

$$\boldsymbol{A}^{\mathrm{T}}(\boldsymbol{A}-\boldsymbol{E})=\boldsymbol{A}^{\mathrm{T}}\boldsymbol{A}-\boldsymbol{A}^{\mathrm{T}}\boldsymbol{E}=\boldsymbol{E}-\boldsymbol{A}^{\mathrm{T}}=(\boldsymbol{E}-\boldsymbol{A})^{\mathrm{T}}$$

对以上等式两端同时取行列式，有

$$|\boldsymbol{A}^{\mathrm{T}}(\boldsymbol{A}-\boldsymbol{E})|=|(\boldsymbol{E}-\boldsymbol{A})^{\mathrm{T}}|,\ |\boldsymbol{A}||\boldsymbol{A}-\boldsymbol{E}|=(-1)^{n}|\boldsymbol{A}-\boldsymbol{E}|,\ (|\boldsymbol{A}|-(-1)^{n})\ |\boldsymbol{A}-\boldsymbol{E}|=0$$

又因为 n 为奇数，且 $|\boldsymbol{A}|=1$，$|\boldsymbol{A}|-(-1)^{n}=2\neq 0$，则有 $|\boldsymbol{A}-\boldsymbol{E}|=0$，于是 1 是 $\boldsymbol{A}$ 的特征值。

【评注】 本题考查了以下知识点：

(1) $\boldsymbol{A}_n$ 是正交矩阵 $\Leftrightarrow$ $\boldsymbol{A}_n^{\mathrm{T}}\boldsymbol{A}_n=\boldsymbol{E}_n$。

(2) a 是 $\boldsymbol{A}$ 的特征值 $\Leftrightarrow |\boldsymbol{A}-a\boldsymbol{E}|=0$。

(3) $|\boldsymbol{AB}|=|\boldsymbol{A}||\boldsymbol{B}|$。

(4) $|\boldsymbol{A}^{\mathrm{T}}|=|\boldsymbol{A}|$。

(5) $|k\boldsymbol{A}_n|=k^n|\boldsymbol{A}_n|$。

【秘籍】 利用正交矩阵特点 $\boldsymbol{A}^{\mathrm{T}}\boldsymbol{A}=\boldsymbol{E}$，构造包含 $\boldsymbol{A}-\boldsymbol{E}$ 和 $\boldsymbol{A}+\boldsymbol{E}$ 的矩阵等式。

【例 5.7】 设 $\boldsymbol{A}$ 是三阶矩阵，$|\boldsymbol{A}|=3$，且满足 $|\boldsymbol{A}^2+2\boldsymbol{A}|=0$，$|2\boldsymbol{A}^2+\boldsymbol{A}|=0$，则 $A_{11}+A_{22}+A_{33}=$ ＿＿＿＿＿＿。

例 5.7

【思路】 先求出矩阵 $\boldsymbol{A}$ 的特征值，再求 $\boldsymbol{A}$ 的伴随矩阵 $\boldsymbol{A}^*$ 的特征值。

【解】 因为 $|\boldsymbol{A}^2+2\boldsymbol{A}|=0$，$|2\boldsymbol{A}^2+\boldsymbol{A}|=0$，则有 $|\boldsymbol{A}||\boldsymbol{A}+2\boldsymbol{E}|=0$，$|\boldsymbol{A}||2\boldsymbol{A}+\boldsymbol{E}|=0$，又因为 $|\boldsymbol{A}|=3\neq 0$，则有 $|\boldsymbol{A}+2\boldsymbol{E}|=0$，$|2\boldsymbol{A}+\boldsymbol{E}|=0$，于是 -2 和 $-\dfrac{1}{2}$ 是矩阵 $\boldsymbol{A}$ 的两个特征值，因为矩阵 $\boldsymbol{A}$ 的所有特征值的积等于 $\boldsymbol{A}$ 的行列式的值，所以有

$$(-2)\left(-\frac{1}{2}\right)\lambda_3=|\boldsymbol{A}|=3$$

则 $\boldsymbol{A}$ 的三个特征值分别为 -2，$-\dfrac{1}{2}$ 和 3。于是 $\boldsymbol{A}$ 的伴随矩阵 $\boldsymbol{A}^*$ 的特征值为

$$\frac{|\boldsymbol{A}|}{-2}=-1.5,\quad \frac{|\boldsymbol{A}|}{-\frac{1}{2}}=-6,\quad \frac{|\boldsymbol{A}|}{3}=1$$

于是 $A_{11}+A_{22}+A_{33}=-1.5-6+1=-6.5$。

【评注】 本题考查了以下知识点：

(1) $|\boldsymbol{A}-a\boldsymbol{E}|=0 \Leftrightarrow a$ 是 $\boldsymbol{A}$ 的特征值。

(2) 若 $\lambda_1,\lambda_2,\cdots,\lambda_n$ 是矩阵$\boldsymbol{A}_n$ 的特征值，则有 $\lambda_1\lambda_2\cdots\lambda_n=|\boldsymbol{A}_n|$。

(3) 若 $\lambda_1,\lambda_2,\cdots,\lambda_n$ 是矩阵$\boldsymbol{A}_n$ 的特征值，则有 $\lambda_1+\lambda_2+\cdots+\lambda_n=\mathrm{tr}(\boldsymbol{A}_n)$。

(4) 若 $\lambda_1,\lambda_2,\cdots,\lambda_n$ 是矩阵$\boldsymbol{A}_n$ 的非零特征值，则有$\dfrac{|\boldsymbol{A}_n|}{\lambda_1},\dfrac{|\boldsymbol{A}_n|}{\lambda_2},\cdots,\dfrac{|\boldsymbol{A}_n|}{\lambda_n}$是$\boldsymbol{A}_n$ 的伴随矩阵$\boldsymbol{A}_n^*$ 的特征值。

(5) $\mathrm{tr}(\boldsymbol{A}_n^*)=A_{11}+A_{22}+\cdots+A_{nn}$。

例 5.8

【例 5.8】 设 $\boldsymbol{A}=\begin{bmatrix}1&0&a\\b&2&0\\0&c&3\end{bmatrix}$，其中 $abc=-6$，$\boldsymbol{A}^*$ 是 $\boldsymbol{A}$ 的伴随矩阵，求$\boldsymbol{A}^*$ 的特征值。

【思路】 先分析矩阵 $\boldsymbol{A}$ 的秩，再分析伴随矩阵$\boldsymbol{A}^*$ 的秩，进一步确定特征值。

【解】 对矩阵 $\boldsymbol{A}$ 进行初等行变换化为行阶梯形：

$$\boldsymbol{A}=\begin{bmatrix}1&0&a\\b&2&0\\0&c&3\end{bmatrix}\to\begin{bmatrix}1&0&a\\0&2&-ab\\0&0&3+\dfrac{1}{2}abc\end{bmatrix}$$

因为 $abc=-6$，则矩阵 $\boldsymbol{A}$ 的秩为 $R(\boldsymbol{A})=2$，根据伴随矩阵秩的公式知 $R(\boldsymbol{A}^*)=1$，于是方程组$\boldsymbol{A}^*\boldsymbol{x}=\boldsymbol{0}$ 有 $3-R(\boldsymbol{A}^*)=2$ 个线性无关解向量，因为特征值的代数重数不小于几何重数，所以$\boldsymbol{A}^*$ 的特征值 $\lambda_1=\lambda_2=0$；又根据 $\lambda_1+\lambda_2+\lambda_3=\mathrm{tr}(\boldsymbol{A}^*)$，知 $\lambda_3=\mathrm{tr}(\boldsymbol{A}^*)=A_{11}+A_{22}+A_{33}=6+3+2=11$。

【评注】 本题考查了以下知识点：

(1) $R(\boldsymbol{A}^*)=\begin{cases}n, & R(\boldsymbol{A})=n\\1, & R(\boldsymbol{A})=n-1\\0, & R(\boldsymbol{A})<n-1\end{cases}$。

(2) 若 $R(\boldsymbol{A}_n)=1$，则 $\boldsymbol{A}_n$ 的特征值为 $0,0,\cdots,0,\mathrm{tr}(\boldsymbol{A}_n)$。

(3) $\mathrm{tr}(\boldsymbol{A}_n{}^*)=A_{11}+A_{22}+\cdots+A_{nn}$。

例 5.9

【例 5.9】 设 $\boldsymbol{\alpha}$、$\boldsymbol{\beta}$ 都是三维单位列向量，且相互正交，$\boldsymbol{A}=2\boldsymbol{\alpha}\boldsymbol{\alpha}^{\mathrm{T}}+\boldsymbol{\beta}\boldsymbol{\beta}^{\mathrm{T}}$，求 $\boldsymbol{A}$ 的特征值。

【思路】 根据特征值和特征向量的定义进行解题。

【解】 因为 $\boldsymbol{\alpha}$、$\boldsymbol{\beta}$ 都是三维单位列向量，且相互正交，即有

$$\boldsymbol{\alpha}^{\mathrm{T}}\boldsymbol{\alpha}=\boldsymbol{\beta}^{\mathrm{T}}\boldsymbol{\beta}=1,\ \boldsymbol{\alpha}^{\mathrm{T}}\boldsymbol{\beta}=\boldsymbol{\beta}^{\mathrm{T}}\boldsymbol{\alpha}=0$$

用 $\boldsymbol{\alpha}$、$\boldsymbol{\beta}$ 分别右乘矩阵等式 $\boldsymbol{A}=2\boldsymbol{\alpha}\boldsymbol{\alpha}^{\mathrm{T}}+\boldsymbol{\beta}\boldsymbol{\beta}^{\mathrm{T}}$ 两端，有

$$\boldsymbol{A}\boldsymbol{\alpha}=2\boldsymbol{\alpha}\boldsymbol{\alpha}^{\mathrm{T}}\boldsymbol{\alpha}+\boldsymbol{\beta}\boldsymbol{\beta}^{\mathrm{T}}\boldsymbol{\alpha}=2\boldsymbol{\alpha},\ \boldsymbol{A}\boldsymbol{\beta}=2\boldsymbol{\alpha}\boldsymbol{\alpha}^{\mathrm{T}}\boldsymbol{\beta}+\boldsymbol{\beta}\boldsymbol{\beta}^{\mathrm{T}}\boldsymbol{\beta}=\boldsymbol{\beta}$$

于是可知，矩阵 $\boldsymbol{A}$ 有两个特征值分别为 2 和 1。

又因为

$$R(\boldsymbol{A})=R(2\boldsymbol{\alpha}\boldsymbol{\alpha}^{\mathrm{T}}+\boldsymbol{\beta}\boldsymbol{\beta}^{\mathrm{T}})\leqslant R(2\boldsymbol{\alpha}\boldsymbol{\alpha}^{\mathrm{T}})+R(\boldsymbol{\beta}\boldsymbol{\beta}^{\mathrm{T}})\leqslant R(\boldsymbol{\alpha})+R(\boldsymbol{\beta})=2<3$$

所以$|\boldsymbol{A}|=0$，故 $\boldsymbol{A}$ 的第 3 个特征值为 0。

【评注】 本题考查了以下知识点：

(1) $\boldsymbol{\alpha}$ 是单位列向量$\Leftrightarrow\boldsymbol{\alpha}^{\mathrm{T}}\boldsymbol{\alpha}=1$。

(2) $\boldsymbol{\alpha}$ 与 $\boldsymbol{\beta}$ 正交$\Leftrightarrow$ $\boldsymbol{\alpha}^{\mathrm{T}}\beta=0(\boldsymbol{\beta}^{\mathrm{T}}\boldsymbol{\alpha}=0)$。

(3) $\boldsymbol{A\alpha}=\lambda\boldsymbol{\alpha}$，$\boldsymbol{\alpha}\neq\boldsymbol{0}\Leftrightarrow$ λ 是 $\boldsymbol{A}$ 的特征值，$\boldsymbol{\alpha}$ 是 $\boldsymbol{A}$ 属于 λ 的特征向量。

(4) $R(\boldsymbol{A}+\boldsymbol{B})\leqslant R(\boldsymbol{A})+R(\boldsymbol{B})$。

(5) $R(\boldsymbol{AB})\leqslant R(\boldsymbol{A})$，$R(\boldsymbol{AB})\leqslant R(\boldsymbol{B})$。

(6) R(非零向量)$=1$。

(7) $R(\boldsymbol{A}_n)<n\Leftrightarrow|\boldsymbol{A}|=0$。

(8) $|A|=0\Leftrightarrow0$ 是 $\boldsymbol{A}$ 的特征值。

例 5.10

【例 5.10】 $\boldsymbol{A}$ 为二阶矩阵，且$\boldsymbol{\alpha}_1$、$\boldsymbol{\alpha}_2$ 为二维线性无关列向量，$\boldsymbol{A}\boldsymbol{\alpha}_1=\boldsymbol{0}$，$\boldsymbol{A}\boldsymbol{\alpha}_2=2\boldsymbol{\alpha}_1+\boldsymbol{\alpha}_2$，则 $\boldsymbol{A}$ 的特征值为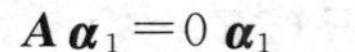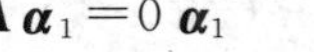。

【思路】 根据特征值的定义解题。

【解】 因为 $\boldsymbol{A}\boldsymbol{\alpha}_1=\boldsymbol{0}$，所以

$$\boldsymbol{A}\boldsymbol{\alpha}_1=0\,\boldsymbol{\alpha}_1$$

又因为$\boldsymbol{\alpha}_1$、$\boldsymbol{\alpha}_2$ 线性无关，所以$\boldsymbol{\alpha}_1\neq\boldsymbol{0}$，于是 0 是 $\boldsymbol{A}$ 的特征值。

因为 $\boldsymbol{A}\boldsymbol{\alpha}_2=2\boldsymbol{\alpha}_1+\boldsymbol{\alpha}_2$，所以有

$$\boldsymbol{A}(2\boldsymbol{\alpha}_1+\boldsymbol{\alpha}_2)=2\boldsymbol{A}\boldsymbol{\alpha}_1+\boldsymbol{A}\boldsymbol{\alpha}_2=\boldsymbol{A}\boldsymbol{\alpha}_2=1\times(2\boldsymbol{\alpha}_1+\boldsymbol{\alpha}_2)$$

又因为$\boldsymbol{\alpha}_1$、$\boldsymbol{\alpha}_2$ 线性无关，所以 $2\boldsymbol{\alpha}_1+\boldsymbol{\alpha}_2\neq\boldsymbol{0}$，于是 1 也是矩阵 $\boldsymbol{A}$ 的特征值。

【评注】 本题考查了以下知识点：

(1) $\boldsymbol{A\alpha}=\lambda\boldsymbol{\alpha}$，$\boldsymbol{\alpha}\neq\boldsymbol{0}\Leftrightarrow$ λ 是 $\boldsymbol{A}$ 的特征值，$\boldsymbol{\alpha}$ 是 $\boldsymbol{A}$ 的属于 λ 的特征向量。

(2) 若$\boldsymbol{\alpha}_1,\boldsymbol{\alpha}_2\cdots,\boldsymbol{\alpha}_n$ 线性无关，则其中所有向量都是非零向量。

(3) 若$\boldsymbol{\alpha}_1,\boldsymbol{\alpha}_2\cdots,\boldsymbol{\alpha}_n$ 线性无关，且 k_1，k_2，$\cdots$，k_n 不全为 0，则 $k_1\boldsymbol{\alpha}_1+k_2\boldsymbol{\alpha}_2+\cdots+k_n\boldsymbol{\alpha}_n\neq\boldsymbol{0}$。

例 5.11

【例 5.11】 设 n 阶矩阵 $\boldsymbol{A}$ 满足$\boldsymbol{A}^3-2\boldsymbol{A}^2-\boldsymbol{A}+2\boldsymbol{E}=\boldsymbol{O}$，求矩阵 $\boldsymbol{A}$ 特征值的取值范围。

【思路】 从特征值定义出发解题。

【解】 设 λ 是 $\boldsymbol{A}$ 的特征值，$\boldsymbol{\alpha}$ 是 $\boldsymbol{A}$ 的属于 λ 的特征向量，则

$$\boldsymbol{A\alpha}=\lambda\boldsymbol{\alpha} \quad ①$$

用矩阵 $\boldsymbol{A}$ 左乘以上等式，有

$$\boldsymbol{A}^2\boldsymbol{\alpha}=\lambda^2\boldsymbol{\alpha} \quad ②$$

再用矩阵 $\boldsymbol{A}$ 左乘以上等式，有

$$\boldsymbol{A}^3\boldsymbol{\alpha}=\lambda^3\boldsymbol{\alpha} \quad ③$$

用 $\boldsymbol{\alpha}$ 右乘已知矩阵等式 $\boldsymbol{A}^3-2\boldsymbol{A}^2-\boldsymbol{A}+2\boldsymbol{E}=\boldsymbol{O}$ 的两端，有

$$\boldsymbol{A}^3\boldsymbol{\alpha}-2\boldsymbol{A}^2\boldsymbol{\alpha}-\boldsymbol{A\alpha}+2\boldsymbol{E\alpha}=\boldsymbol{O\alpha} \quad ④$$

把①、②、③式代入④式，有

$$(\lambda^3-2\lambda^2-\lambda+2)\boldsymbol{\alpha}=\boldsymbol{0}$$

因为 $\boldsymbol{\alpha}\neq\boldsymbol{0}$，所以 $\lambda^3-2\lambda^2-\lambda+2=0$，解得 $\lambda=-1$ 或 $\lambda=1$ 或 $\lambda=2$。于是，矩阵 $\boldsymbol{A}$ 的特征值的取值范围为$\{-1, 1, 2\}$。

【评注】 (1) 特别要注意：方程 $\lambda^3-2\lambda^2-\lambda+2=0$ 并不是矩阵 $\boldsymbol{A}$ 的特征方程，它的解不一定都是矩阵 $\boldsymbol{A}$ 的特征值，但矩阵 $\boldsymbol{A}$ 的所有特征值必然都在它的解中。

(2) 本题也可以对矩阵等式$\boldsymbol{A}^3-2\boldsymbol{A}^2-\boldsymbol{A}+2\boldsymbol{E}=\boldsymbol{O}$ 两端取行列式得到答案。

【秘籍】 若 n 阶矩阵 $\boldsymbol{A}$ 满足 $g(\boldsymbol{A})=\boldsymbol{O}$，那么 $\boldsymbol{A}$ 的所有特征值只能在方程 $g(\lambda)=0$ 的根中选取。

【例 5.12】 分析以下命题，并确定(　　)。

例 5.12

① 已知四阶矩阵 $\boldsymbol{A}$ 满足：$R(3\boldsymbol{E}+\boldsymbol{A})=1$，则 -3 是 $\boldsymbol{A}$ 的 3 重特征值。

② 设 n 阶矩阵 $\boldsymbol{A}$ 的特征值互不相同，且 $|\boldsymbol{A}|=0$。那么 $R(\boldsymbol{A})=n-1$。

③ 已知三阶方阵 $\boldsymbol{A}$ 的特征值为 1，-1，2，则齐次线性方程组 $(\boldsymbol{A}+2\boldsymbol{E})\boldsymbol{x}=\boldsymbol{0}$ 只有零解。

④ 若 $\boldsymbol{A}$ 与 $\boldsymbol{B}$ 相似，则 $\boldsymbol{A}$ 与 $\boldsymbol{B}$ 有相同的特征向量。

(A) 只有命题①和②正确　　(B) 只有命题②和③正确

(C) 只有命题①、②和③正确　　(D) 4 个命题都正确

【思路】 ① 分析几何重数和代数重数的关系；② 分析矩阵 $\boldsymbol{A}$ 的相似对角矩阵；③ 分析特征方程；④ 分析相似关系及特征向量的定义。

【解】 分析①：因为四阶矩阵 $\boldsymbol{A}$ 满足 $R(3\boldsymbol{E}+\boldsymbol{A})=1$，则方程组 $(3\boldsymbol{E}+\boldsymbol{A})\boldsymbol{x}=\boldsymbol{0}$ 含有 $4-R(3\boldsymbol{E}+\boldsymbol{A})=3$ 个线性无关的解向量，即矩阵 $\boldsymbol{A}$ 属于 -3 的特征向量有 3 个，因为几何重数不会超过代数重数，所以 -3 是矩阵 $\boldsymbol{A}$ 的至少 3 重特征值。例如，矩阵 $\boldsymbol{A}=\begin{bmatrix}-3 & 0 & 0 & 0\\ 0 & -3 & 0 & 0\\ 0 & 0 & -3 & 0\\ 1 & 2 & 3 & -3\end{bmatrix}$，显然 $R(3\boldsymbol{E}+\boldsymbol{A})=1$，但 -3 是矩阵 $\boldsymbol{A}$ 的 4 重特征值，所以命题①错误。

分析②：因为矩阵 $\boldsymbol{A}$ 的特征值互不相同，所以 $\boldsymbol{A}$ 可以与对角阵 $\boldsymbol{\Lambda}=\begin{bmatrix}\lambda_1 & & & \\ & \lambda_2 & & \\ & & \ddots & \\ & & & \lambda_n\end{bmatrix}$ 相似，其中 $\lambda_1,\lambda_2,\cdots,\lambda_n$ 为矩阵 $\boldsymbol{A}$ 的特征值，又因为 $|\boldsymbol{A}|=0$，所以 0 一定是矩阵 $\boldsymbol{A}$ 的特征值，而 $\boldsymbol{A}$ 的特征值互不相同，所以 $\boldsymbol{A}$ 有 $n-1$ 个非零特征值，于是 $R(\boldsymbol{\Lambda})=n-1$，则 $R(\boldsymbol{A})=n-1$。

分析③：已知三阶方阵 $\boldsymbol{A}$ 的特征值为 1，-1，2，所以 -2 就不会是矩阵 $\boldsymbol{A}$ 的特征值，于是 $|\boldsymbol{A}+2\boldsymbol{E}|\neq 0$，则齐次线性方程组 $(\boldsymbol{A}+2\boldsymbol{E})\boldsymbol{x}=\boldsymbol{0}$ 只有零解。

分析④：若 $\boldsymbol{A}$ 与 $\boldsymbol{B}$ 相似，则存在可逆矩阵 $\boldsymbol{P}$，使得 $\boldsymbol{P}^{-1}\boldsymbol{A}\boldsymbol{P}=\boldsymbol{B}$。设 $\boldsymbol{\alpha}$ 是矩阵 $\boldsymbol{A}$ 的属于 λ 的特征向量，则有

$$\boldsymbol{A}\boldsymbol{\alpha}=\lambda\boldsymbol{\alpha}$$

用 $\boldsymbol{P}^{-1}$ 左乘以上等式两端，有

$$\boldsymbol{P}^{-1}\boldsymbol{A}\boldsymbol{\alpha}=\lambda\boldsymbol{P}^{-1}\boldsymbol{\alpha}$$
$$\boldsymbol{P}^{-1}\boldsymbol{A}(\boldsymbol{P}\boldsymbol{P}^{-1})\boldsymbol{\alpha}=\lambda\boldsymbol{P}^{-1}\boldsymbol{\alpha}$$
$$(\boldsymbol{P}^{-1}\boldsymbol{A}\boldsymbol{P})(\boldsymbol{P}^{-1}\boldsymbol{\alpha})=\lambda(\boldsymbol{P}^{-1}\boldsymbol{\alpha})$$
$$\boldsymbol{B}(\boldsymbol{P}^{-1}\boldsymbol{\alpha})=\lambda(\boldsymbol{P}^{-1}\boldsymbol{\alpha})$$

因为 $\boldsymbol{\alpha}\neq\boldsymbol{0}$，所以 $\boldsymbol{P}^{-1}\boldsymbol{\alpha}\neq\boldsymbol{0}$，则矩阵 $\boldsymbol{B}$ 属于 λ 的特征向量为 $\boldsymbol{P}^{-1}\boldsymbol{\alpha}$，一般情况下 $\boldsymbol{P}^{-1}\boldsymbol{\alpha}\neq\boldsymbol{\alpha}$。

综上，选项(B)正确。

【评注】 本题考查了以下知识点：

(1) 矩阵 $\boldsymbol{A}$ 的特征值的几何重数不会超过代数重数。

(2) 若 n 阶矩阵 $\boldsymbol{A}$ 有 n 个互不相同的特征值，则 $\boldsymbol{A}$ 可以相似对角化。

(3) $|\boldsymbol{A}|=0 \Leftrightarrow 0$ 是矩阵 $\boldsymbol{A}$ 的特征值。

(4) R(对角矩阵)＝对角线非零元素的个数。

(5) 若 $\boldsymbol{A}$ 与 $\boldsymbol{B}$ 相似，则 $R(\boldsymbol{A})=R(\boldsymbol{B})$。

(6) n 阶矩阵 $\boldsymbol{A}$ 有 n 个特征值(可能包含重根和虚根)。

(7) $|\boldsymbol{A}-k\boldsymbol{E}|=\boldsymbol{0} \Leftrightarrow k$ 是 $\boldsymbol{A}$ 的特征值；$|\boldsymbol{A}-k\boldsymbol{E}|\neq 0 \Leftrightarrow k$ 不是 $\boldsymbol{A}$ 的特征值。

(8) 若有 $\boldsymbol{P}^{-1}\boldsymbol{A}\boldsymbol{P}=\boldsymbol{B}$，且 $\boldsymbol{\alpha}$ 是矩阵 $\boldsymbol{A}$ 的属于 λ 的特征向量，则 $\boldsymbol{P}^{-1}\boldsymbol{\alpha}$ 是矩阵 $\boldsymbol{B}$ 的属于 λ 的特征向量。

【例 5.13】 设 n 阶方阵 $\boldsymbol{A}$ 有 n 个互不相同的特征值。证明 $\boldsymbol{AB}=\boldsymbol{BA}$ 的充分必要条件是 $\boldsymbol{A}$ 的任意一个特征向量都是 $\boldsymbol{B}$ 的特征向量。

例 5.13

【思路】 从特征向量的定义出发，分析矩阵 $\boldsymbol{A}$ 的相似对角矩阵。

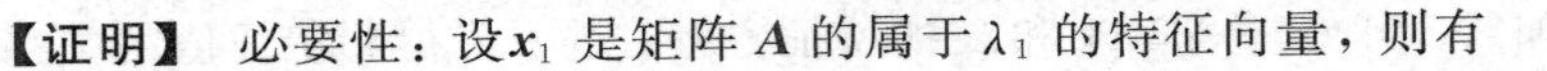

【证明】 必要性：设 $\boldsymbol{x}_1$ 是矩阵 $\boldsymbol{A}$ 的属于 λ_1 的特征向量，则有

$$\boldsymbol{A}\boldsymbol{x}_1=\lambda_1\boldsymbol{x}_1$$

用矩阵 $\boldsymbol{B}$ 左乘以上等式两端，有

$$\boldsymbol{BA}\boldsymbol{x}_1=\lambda_1\boldsymbol{B}\boldsymbol{x}_1$$

因为 $\boldsymbol{AB}=\boldsymbol{BA}$，则有

$$\boldsymbol{A}(\boldsymbol{B}\boldsymbol{x}_1)=\lambda_1(\boldsymbol{B}\boldsymbol{x}_1) \qquad ①$$

当 $\boldsymbol{B}\boldsymbol{x}_1=\boldsymbol{0}$ 时，显然有 $\boldsymbol{B}\boldsymbol{x}_1=0\boldsymbol{x}_1$，即 $\boldsymbol{x}_1$ 是矩阵 $\boldsymbol{B}$ 的属于 0 的特征向量。当 $\boldsymbol{B}\boldsymbol{x}_1\neq\boldsymbol{0}$ 时，根据①式知 $\boldsymbol{B}\boldsymbol{x}_1$ 是矩阵 $\boldsymbol{A}$ 的属于 λ_1 的特征向量，又因为矩阵 $\boldsymbol{A}$ 有 n 个互不相同的特征值，所以 λ_1 是矩阵 $\boldsymbol{A}$ 的 1 重特征值。因为几何重数不会超过代数重数，所以矩阵 $\boldsymbol{A}$ 的属于 λ_1 的线性无关的特征向量只有一个。于是 $\boldsymbol{B}\boldsymbol{x}_1$ 与 $\boldsymbol{x}_1$ 一定线性相关，则有 $\boldsymbol{B}\boldsymbol{x}_1=\mu_1\boldsymbol{x}_1$，可知 $\boldsymbol{x}_1$ 也是矩阵 $\boldsymbol{B}$ 的属于 μ_1 的特征向量。

充分性：设 $\boldsymbol{x}_i$ 是矩阵 $\boldsymbol{A}$ 的属于 λ_i 的特征向量，$\boldsymbol{x}_i$ 也是矩阵 $\boldsymbol{B}$ 的属于 μ_i 的特征向量，则有

$$\boldsymbol{A}\boldsymbol{x}_i=\lambda_i\boldsymbol{x}_i,\ \boldsymbol{B}\boldsymbol{x}_i=\mu_i\boldsymbol{x}_i,\ i=1,2,\cdots,n$$

因为矩阵 $\boldsymbol{A}$ 有 n 个互不相同的特征值，属于不同特征值的特征向量线性无关，所以 $\boldsymbol{x}_1,\boldsymbol{x}_2,\cdots,\boldsymbol{x}_n$ 是矩阵 $\boldsymbol{A}$ 的 n 个线性无关的特征向量，也是矩阵 $\boldsymbol{B}$ 的 n 个线性无关的特征向量，于是矩阵 $\boldsymbol{A}$ 和 $\boldsymbol{B}$ 可以用同一个可逆矩阵 $\boldsymbol{P}=(\boldsymbol{x}_1,\boldsymbol{x}_2,\cdots,\boldsymbol{x}_n)$ 相似对角化，即

$$\boldsymbol{P}^{-1}\boldsymbol{A}\boldsymbol{P}=\boldsymbol{\Lambda}=\begin{bmatrix}\lambda_1 & & & \\ & \lambda_2 & & \\ & & \ddots & \\ & & & \lambda_n\end{bmatrix},\ \boldsymbol{P}^{-1}\boldsymbol{B}\boldsymbol{P}=\boldsymbol{M}=\begin{bmatrix}\mu_1 & & & \\ & \mu_2 & & \\ & & \ddots & \\ & & & \mu_n\end{bmatrix}$$

则有

$$\boldsymbol{A}=\boldsymbol{P}\boldsymbol{\Lambda}\boldsymbol{P}^{-1},\ \boldsymbol{B}=\boldsymbol{P}\boldsymbol{M}\boldsymbol{P}^{-1}$$

那么

$$\boldsymbol{AB}=\boldsymbol{P}\boldsymbol{\Lambda}\boldsymbol{P}^{-1}\boldsymbol{P}\boldsymbol{M}\boldsymbol{P}^{-1}=\boldsymbol{P}\boldsymbol{\Lambda}\boldsymbol{M}\boldsymbol{P}^{-1},\quad \boldsymbol{BA}=\boldsymbol{P}\boldsymbol{M}\boldsymbol{P}^{-1}\boldsymbol{P}\boldsymbol{\Lambda}\boldsymbol{P}^{-1}=\boldsymbol{P}\boldsymbol{M}\boldsymbol{\Lambda}\boldsymbol{P}^{-1}$$

因为 $\boldsymbol{\Lambda}$ 和 $\boldsymbol{M}$ 都是对角矩阵，所以 $\boldsymbol{\Lambda M}=\boldsymbol{M\Lambda}$，于是 $\boldsymbol{AB}=\boldsymbol{BA}$。

【评注】 本题考查了以下知识点：

(1) $\boldsymbol{A\alpha}=\boldsymbol{0}$，$\boldsymbol{\alpha}\neq\boldsymbol{0}$，则 $\boldsymbol{\alpha}$ 是 $\boldsymbol{A}$ 的属于特征值 0 的特征向量。

(2) 若 λ_1 是矩阵 $\boldsymbol{A}$ 的 1 重特征值，则矩阵 $\boldsymbol{A}$ 的属于 λ_1 的线性无关的特征向量只有一个，于是属于 λ_1 的任意两个特征向量一定线性相关。

(3) 属于不同特征值的特征向量线性无关。

(4) 若 n 阶矩阵 $\boldsymbol{A}$ 有 n 个线性无关的特征向量，则 $\boldsymbol{A}$ 可以相似对角化。

(5) 若 $\boldsymbol{A}$ 和 $\boldsymbol{B}$ 为对角矩阵，则有 $\boldsymbol{AB}=\boldsymbol{BA}$。

【例 5.14】 设 $\boldsymbol{A}$、$\boldsymbol{B}$ 为 n 阶矩阵，分析以下命题，则(　　)。

① 若 $\boldsymbol{A}$ 与 $\boldsymbol{B}$ 相似，则 $\boldsymbol{A}$ 与 $\boldsymbol{B}$ 有相同的特征值。

② 若 $\boldsymbol{A}$ 与 $\boldsymbol{B}$ 有相同的特征值，则 $\boldsymbol{A}$ 与 $\boldsymbol{B}$ 相似。

③ 若 $\boldsymbol{A}$ 与 $\boldsymbol{B}$ 都是实对称阵，则 $\boldsymbol{AB}$ 与 $\boldsymbol{BA}$ 有相同的特征值。

④ 若 $\boldsymbol{A}$ 是可逆矩阵，则 $\boldsymbol{AB}$ 与 $\boldsymbol{BA}$ 有相同的特征值。

例 5.14

(A) 只有①和③正确　　(B) 只有①和④正确

(C) 只有③和④正确　　(D) 只有①、③和④正确

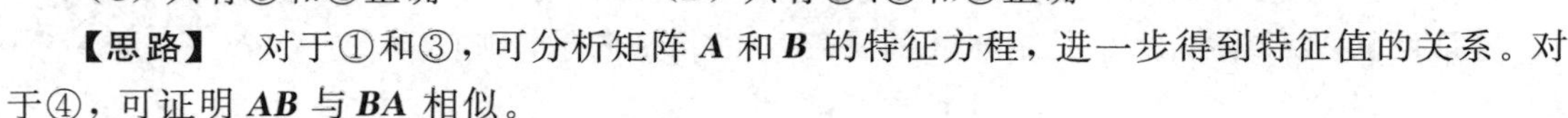

【思路】 对于①和③，可分析矩阵 $\boldsymbol{A}$ 和 $\boldsymbol{B}$ 的特征方程，进一步得到特征值的关系。对于④，可证明 $\boldsymbol{AB}$ 与 $\boldsymbol{BA}$ 相似。

【解】 分析①：若 $\boldsymbol{A}$ 与 $\boldsymbol{B}$ 相似，则把矩阵等式 $\boldsymbol{P}^{-1}\boldsymbol{AP}=\boldsymbol{B}$ 代入 $\boldsymbol{B}$ 的特征方程 $|\boldsymbol{B}-\lambda\boldsymbol{E}|=0$，有

$$|\boldsymbol{P}^{-1}\boldsymbol{AP}-\lambda\boldsymbol{E}|=0,\ |\boldsymbol{P}^{-1}\boldsymbol{AP}-\boldsymbol{P}^{-1}\lambda\boldsymbol{EP}|=0,\ |\boldsymbol{P}^{-1}(\boldsymbol{A}-\lambda\boldsymbol{E})\boldsymbol{P}|=0,\ |\boldsymbol{P}^{-1}||\boldsymbol{A}-\lambda\boldsymbol{E}||\boldsymbol{P}|=0$$

得到 $|\boldsymbol{A}-\lambda\boldsymbol{E}|=0$，所以矩阵 $\boldsymbol{A}$ 和 $\boldsymbol{B}$ 有相同的特征值。

分析②：设 $\boldsymbol{A}=\begin{bmatrix}1 & 0\\ 1 & 1\end{bmatrix}$，$\boldsymbol{B}=\begin{bmatrix}1 & 0\\ 0 & 1\end{bmatrix}$，虽然矩阵 $\boldsymbol{A}$ 和 $\boldsymbol{B}$ 有相同的特征值，但它们并不相似。

分析③：矩阵 $\boldsymbol{BA}$ 的特征方程为 $|\boldsymbol{BA}-\lambda\boldsymbol{E}|=0$，因为 $\boldsymbol{A}$ 与 $\boldsymbol{B}$ 都是实对称阵，所以 $\boldsymbol{A}^{\mathrm{T}}=\boldsymbol{A}$，$\boldsymbol{B}^{\mathrm{T}}=\boldsymbol{B}$，于是有

$$|(\boldsymbol{BA}-\lambda\boldsymbol{E})^{\mathrm{T}}|=0,\ |(\boldsymbol{BA})^{\mathrm{T}}-(\lambda\boldsymbol{E})^{\mathrm{T}}|=0,\ |\boldsymbol{A}^{\mathrm{T}}\boldsymbol{B}^{\mathrm{T}}-\lambda\boldsymbol{E}^{\mathrm{T}}|=0,\ |\boldsymbol{AB}-\lambda\boldsymbol{E}|=0$$

则 $\boldsymbol{AB}$ 与 $\boldsymbol{BA}$ 有相同的特征值。

分析④：若 $\boldsymbol{A}$ 是可逆矩阵，则存在矩阵 $\boldsymbol{A}^{-1}$，有

$$\boldsymbol{A}^{-1}(\boldsymbol{AB})\boldsymbol{A}=\boldsymbol{BA}$$

即 $\boldsymbol{AB}$ 与 $\boldsymbol{BA}$ 相似，于是 $\boldsymbol{AB}$ 与 $\boldsymbol{BA}$ 有相同的特征值。

综上，选项(D)正确。

【评注】 本题考查以下知识点：

(1) 若由矩阵 $\boldsymbol{A}$ 的特征方程可以推出矩阵 $\boldsymbol{B}$ 的特征方程，则 $\boldsymbol{A}$ 与 $\boldsymbol{B}$ 有相同的特征值。

(2) 相似矩阵有相同的特征值，但有相同特征值的两个矩阵不一定相似。

【秘籍】 若矩阵 $\boldsymbol{A}$ 与 $\boldsymbol{B}$ 有相同的特征值，且 $\boldsymbol{A}$ 和 $\boldsymbol{B}$ 都能对角化，则矩阵 $\boldsymbol{A}$ 与 $\boldsymbol{B}$ 相似。

【例 5.15】 设 $\boldsymbol{A}=\begin{bmatrix}-2 & 1 & 1\\ 0 & 2 & 0\\ -4 & 1 & 3\end{bmatrix}$，求 $\boldsymbol{A}^{100}$。

例 5.15

【思路】 先把矩阵 $\boldsymbol{A}$ 相似对角化，再进一步求其高次幂。

【解】 求解矩阵 $\boldsymbol{A}$ 的特征方程：

$$|\boldsymbol{A}-\lambda\boldsymbol{E}|=\begin{vmatrix}-2-\lambda & 1 & 1\\ 0 & 2-\lambda & 0\\ -4 & 1 & 3-\lambda\end{vmatrix}=-(\lambda+1)(\lambda-2)^2=0$$

得到矩阵 $\boldsymbol{A}$ 的特征值为：$\lambda_1=\lambda_2=2$，$\lambda_3=-1$。

当 $\lambda_1=\lambda_2=2$ 时，解齐次线性方程组 $(\boldsymbol{A}-2\boldsymbol{E})\boldsymbol{x}=\boldsymbol{0}$ 得：矩阵 $\boldsymbol{A}$ 的属于特征值 2 的线性无关特征向量为 $\boldsymbol{p}_1=(1,4,0)^{\mathrm{T}}$，$\boldsymbol{p}_2=(1,0,4)^{\mathrm{T}}$。

当 $\lambda_3=-1$ 时，解齐次线性方程组 $(\boldsymbol{A}+\boldsymbol{E})\boldsymbol{x}=\boldsymbol{0}$ 得：矩阵 $\boldsymbol{A}$ 的属于特征值 -1 的线性无关特征向量为 $\boldsymbol{p}_3=(1,0,1)^{\mathrm{T}}$。

令 $\boldsymbol{P}=(\boldsymbol{p}_1,\boldsymbol{p}_2,\boldsymbol{p}_3)=\begin{bmatrix}1 & 1 & 1\\ 4 & 0 & 0\\ 0 & 4 & 1\end{bmatrix}$，则 $\boldsymbol{A}=\boldsymbol{P}\begin{bmatrix}2 & & \\ & 2 & \\ & & -1\end{bmatrix}\boldsymbol{P}^{-1}$，从而有

$$\boldsymbol{A}^{100}=\boldsymbol{A}\boldsymbol{A}\cdots\boldsymbol{A}=\boldsymbol{P}\boldsymbol{\Lambda}\boldsymbol{P}^{-1}\cdot\boldsymbol{P}\boldsymbol{\Lambda}\boldsymbol{P}^{-1}\cdots\boldsymbol{P}\boldsymbol{\Lambda}\boldsymbol{P}^{-1}=\boldsymbol{P}\boldsymbol{\Lambda}^{100}\boldsymbol{P}^{-1}$$

$$=\boldsymbol{P}\begin{bmatrix}2^{100} & & \\ & 2^{100} & \\ & & (-1)^{100}\end{bmatrix}\boldsymbol{P}^{-1}=\frac{1}{3}\begin{bmatrix}4-2^{100} & -1+2^{100} & -1+2^{100}\\ 0 & 3\times2^{100} & 0\\ 4-2^{102} & -1+2^{100} & -1+2^{102}\end{bmatrix}$$

【评注】 关于矩阵高次幂的求解见例 1.3 的评注，本题利用相似对角化求矩阵的高次幂。

【例 5.16】 设方阵 $\boldsymbol{A}=\begin{bmatrix}1 & -2 & -4\\ -2 & x & -2\\ -4 & -2 & 1\end{bmatrix}$ 与 $\boldsymbol{B}=\begin{bmatrix}5 & & \\ & y & \\ & & -4\end{bmatrix}$ 相似，求 x、y 的值。

【思路】 根据迹相等和行列式相等解题。

例 5.16

【解】 因为矩阵 $\boldsymbol{A}$ 和 $\boldsymbol{B}$ 相似，所以 $\mathrm{tr}(\boldsymbol{A})=\mathrm{tr}(\boldsymbol{B})$，$|\boldsymbol{A}|=|\boldsymbol{B}|$，于是有关于 x 和 y 的方程组：

$$\begin{cases}2+x=y+1\\ -15x-40=-20y\end{cases}$$

解得 $x=4$，$y=5$。

【评注】 本题考查以下知识点：

(1) 若矩阵 $\boldsymbol{A}$ 与 $\boldsymbol{B}$ 相似，则 $\mathrm{tr}(\boldsymbol{A})=\mathrm{tr}(\boldsymbol{B})$。

(2) 若矩阵 $\boldsymbol{A}$ 与 $\boldsymbol{B}$ 相似，则 $|\boldsymbol{A}|=|\boldsymbol{B}|$。

【例 5.17】 设方阵 $\boldsymbol{A}=\begin{bmatrix}1 & a & 1\\ a & 1 & b\\ 1 & b & 1\end{bmatrix}$ 与 $\boldsymbol{\Lambda}=\begin{bmatrix}0 & & \\ & 1 & \\ & & 2\end{bmatrix}$ 相似。

(1) 求 a、b 的值。

(2) 求可逆矩阵 $\boldsymbol{P}$，使得 $\boldsymbol{P}^{-1}\boldsymbol{A}\boldsymbol{P}=\boldsymbol{\Lambda}$。

【思路】 根据矩阵 $\boldsymbol{A}$ 和 $\boldsymbol{\Lambda}$ 的特征值相等解题。

例 5.17

【解】 (1) 因为矩阵 $\boldsymbol{A}$ 与 $\boldsymbol{\Lambda}$ 相似，故它们有相同的特征值，而对角矩阵 $\boldsymbol{\Lambda}$ 的特征值为 0，1，2，所以矩阵 $\boldsymbol{A}$ 的特征也是 0，1，2，于是有以下等式：

$$|\boldsymbol{A}|=0,\quad |\boldsymbol{A}-\boldsymbol{E}|=0,\quad |\boldsymbol{A}-2\boldsymbol{E}|=0$$

可以解得 $a=b=0$。

(2) 当 $\lambda_1=0$ 时，解方程组 $\boldsymbol{Ax}=\boldsymbol{0}$，得特征向量为 $\boldsymbol{p}_1=\begin{bmatrix}-1\\0\\1\end{bmatrix}$；当 $\lambda_2=1$ 时，解方程组 $(\boldsymbol{A}-\boldsymbol{E})\boldsymbol{x}=\boldsymbol{0}$，得特征向量为 $\boldsymbol{p}_2=\begin{bmatrix}0\\1\\0\end{bmatrix}$；当 $\lambda_3=2$ 时，解方程组 $(\boldsymbol{A}-2\boldsymbol{E})\boldsymbol{x}=\boldsymbol{0}$，得特征向量为 $\boldsymbol{p}_3=\begin{bmatrix}1\\0\\1\end{bmatrix}$。

令 $\boldsymbol{P}=(\boldsymbol{p}_1,\boldsymbol{p}_2,\boldsymbol{p}_3)=\begin{bmatrix}-1&0&1\\0&1&0\\1&0&1\end{bmatrix}$，则有 $\boldsymbol{P}^{-1}\boldsymbol{AP}=\boldsymbol{\Lambda}$。

【评注】 本题考查以下知识点：

(1) 若矩阵 $\boldsymbol{A}$ 与 $\boldsymbol{B}$ 相似，则 $\boldsymbol{A}$ 与 $\boldsymbol{B}$ 有相同的特征值。

(2) 对角矩阵的特征值为对角线元素的值。

(3) $|\boldsymbol{A}-k\boldsymbol{E}|=0\Leftrightarrow k$ 是 $\boldsymbol{A}$ 的特征值。

(4) 若 $\boldsymbol{p}_1,\boldsymbol{p}_2,\cdots,\boldsymbol{p}_n$ 分别是矩阵 $\boldsymbol{A}$ 的属于 $\lambda_1,\lambda_2,\cdots,\lambda_n$ 的线性无关的特征向量，则有 $\boldsymbol{P}^{-1}\boldsymbol{AP}=\boldsymbol{\Lambda}$，其中 $\boldsymbol{P}=(\boldsymbol{p}_1,\boldsymbol{p}_2,\cdots,\boldsymbol{p}_n)$，$\boldsymbol{\Lambda}=\begin{bmatrix}\lambda_1&&&\\&\lambda_2&&\\&&\ddots&\\&&&\lambda_n\end{bmatrix}$。

【例 5.18】 已知 $\boldsymbol{P}^{-1}\boldsymbol{AP}=\begin{bmatrix}1&0&0\\0&3&0\\0&0&3\end{bmatrix}$，$\boldsymbol{\alpha}_1$ 是矩阵 $\boldsymbol{A}$ 的属于 $\lambda=1$ 的特征向量，$\boldsymbol{\alpha}_2$、$\boldsymbol{\alpha}_3$ 是矩阵 $\boldsymbol{A}$ 的属于 $\lambda=3$ 的线性无关的特征向量，则矩阵 $\boldsymbol{P}$ 不可以是(　　)。

例 5.18

(A) $(\boldsymbol{\alpha}_1,-2\boldsymbol{\alpha}_2,\boldsymbol{\alpha}_3)$　　(B) $(\boldsymbol{\alpha}_1,\boldsymbol{\alpha}_2+\boldsymbol{\alpha}_3,\boldsymbol{\alpha}_2-2\boldsymbol{\alpha}_3)$

(C) $(\boldsymbol{\alpha}_1,\boldsymbol{\alpha}_3,\boldsymbol{\alpha}_2)$　　(D) $(\boldsymbol{\alpha}_1+\boldsymbol{\alpha}_2,\boldsymbol{\alpha}_1-\boldsymbol{\alpha}_2,\boldsymbol{\alpha}_3)$

【思路】 相似对角化要求特征向量要与特征值一一对应。

【解】 根据已知条件知，矩阵 $\boldsymbol{P}$ 的第一列向量是矩阵 $\boldsymbol{A}$ 的属于 $\lambda=1$ 的特征向量；矩阵 $\boldsymbol{P}$ 的第二列和第三列向量是矩阵 $\boldsymbol{A}$ 的属于 $\lambda=3$ 的线性无关的特征向量，分析(A)、(B)和(C)选项的矩阵都满足以上条件，但(D)选项中矩阵的第一列 $\boldsymbol{\alpha}_1+\boldsymbol{\alpha}_2$ 就不是矩阵 $\boldsymbol{A}$ 的属于 $\lambda=1$的特征值向量。故选(D)。

【评注】 本题考查了以下知识点：

(1) 若 $\boldsymbol{p}_1,\boldsymbol{p}_2,\cdots,\boldsymbol{p}_n$ 是矩阵 $\boldsymbol{A}$ 的属于 $\lambda_1,\lambda_2,\cdots,\lambda_n$ 的线性无关的特征向量，则有 $\boldsymbol{P}^{-1}\boldsymbol{AP}=\boldsymbol{\Lambda}$，其中 $\boldsymbol{P}=(\boldsymbol{p}_1,\boldsymbol{p}_2,\cdots,\boldsymbol{p}_n)$，$\boldsymbol{\Lambda}=\begin{bmatrix}\lambda_1&&&\\&\lambda_2&&\\&&\ddots&\\&&&\lambda_n\end{bmatrix}$。

(2) 若$\boldsymbol{p}_1, \boldsymbol{p}_2, \cdots, \boldsymbol{p}_m$是矩阵$\boldsymbol{A}$的属于$\lambda_1$的特征向量，则$k_1\boldsymbol{p}_1 + k_2\boldsymbol{p}_2 + \cdots + k_m\boldsymbol{p}_m$(非零向量)也是矩阵$\boldsymbol{A}$的属于$\lambda_1$的特征向量。

【例 5.19】 设三阶实对称矩阵$\boldsymbol{A}$的特征值为6，3，3，特征值6对应的特征向量为$\boldsymbol{p}_1=(1,1,1)^{\mathrm{T}}$，求矩阵$\boldsymbol{A}$。

【思路】 首先求出与向量$\boldsymbol{p}_1=(1,1,1)^{\mathrm{T}}$正交的向量$\boldsymbol{p}_2, \boldsymbol{p}_3$，然后再计算矩阵$\boldsymbol{A}$。

例 5.19

【解】 设矩阵$\boldsymbol{A}$的属于特征值3的特征向量为$\begin{bmatrix} x_1 \\ x_2 \\ x_3 \end{bmatrix}$，因为矩阵$\boldsymbol{A}$为实对称矩阵，所以$\boldsymbol{A}$的属于特征值3的特征向量与属于特征值6的特征向量正交，则有齐次线性方程组：

$$(1,1,1)\begin{bmatrix} x_1 \\ x_2 \\ x_3 \end{bmatrix}=0$$

解得矩阵$\boldsymbol{A}$的属于特征值3的线性无关特征向量为

$$\boldsymbol{p}_2=\begin{bmatrix} -1 \\ 1 \\ 0 \end{bmatrix},\quad \boldsymbol{p}_3=\begin{bmatrix} -1 \\ 0 \\ 1 \end{bmatrix}$$

令

$$\boldsymbol{P}=(\boldsymbol{p}_1, \boldsymbol{p}_2, \boldsymbol{p}_3)=\begin{bmatrix} 1 & -1 & -1 \\ 1 & 1 & 0 \\ 1 & 0 & 1 \end{bmatrix}$$

则有

$$\boldsymbol{P}^{-1}\boldsymbol{A}\boldsymbol{P}=\boldsymbol{\Lambda}=\begin{bmatrix} 6 & & \\ & 3 & \\ & & 3 \end{bmatrix}$$

故有

$$\boldsymbol{A}=\boldsymbol{P}\boldsymbol{\Lambda}\boldsymbol{P}^{-1}=\begin{bmatrix} 4 & 1 & 1 \\ 1 & 4 & 1 \\ 1 & 1 & 4 \end{bmatrix}$$

【评注】 本题考查了以下知识点：

(1) 实对称矩阵一定可以相似对角化。

(2) 若$\boldsymbol{A}$为实对称矩阵，则属于$\boldsymbol{A}$的不同特征值的特征向量正交。

【秘籍】 本题的核心任务是确定一个与向量$\boldsymbol{p}_1=(1,1,1)^{\mathrm{T}}$垂直的平面($\boldsymbol{p}_2, \boldsymbol{p}_3$所张成)。

【例 5.20】 设$\boldsymbol{A}$为三阶实对称矩阵，$\boldsymbol{A}$的秩为2，且$\boldsymbol{A}\begin{bmatrix} 1 & 1 \\ 0 & 0 \\ -1 & 1 \end{bmatrix}=\begin{bmatrix} -1 & 1 \\ 0 & 0 \\ 1 & 1 \end{bmatrix}$。

(1) 求$\boldsymbol{A}$的全部特征值和特征向量。

(2) 求矩阵$\boldsymbol{A}$。

例 5.20

【思路】 根据特征值和特征向量的定义解题。

【解】 因为 $A\begin{bmatrix}1&1\\0&0\\-1&1\end{bmatrix}=\begin{bmatrix}-1&1\\0&0\\1&1\end{bmatrix}$，根据分块矩阵的运算特点有

$$A\begin{bmatrix}1\\0\\-1\end{bmatrix}=(-1)\times\begin{bmatrix}1\\0\\-1\end{bmatrix},\ A\begin{bmatrix}1\\0\\1\end{bmatrix}=1\begin{bmatrix}1\\0\\1\end{bmatrix}$$

于是有：-1 是矩阵 A 的特征值，$p_1=(1,0,-1)^T$ 是矩阵 A 的属于特征值 -1 的特征向量；1 是矩阵 A 的特征值，$p_2=(1,0,1)^T$ 是矩阵 A 的属于特征值 1 的特征向量。

因为三阶矩阵 A 的秩为 2，所以 $|A|=0$，则 0 是 A 的特征值，设矩阵 A 的属于特征值 0 的特征向量为 $\begin{bmatrix}x_1\\x_2\\x_3\end{bmatrix}$，又因为 A 为实对称矩阵，所以属于 0 的特征向量与属于 -1 和 1 的特征向量 p_1、p_2 正交，于是有齐次线性方程组：

$$\begin{bmatrix}1&0&-1\\1&0&1\end{bmatrix}\begin{bmatrix}x_1\\x_2\\x_3\end{bmatrix}=\begin{bmatrix}0\\0\end{bmatrix}$$

解得矩阵 A 属于 0 的特征向量为 $p_3=(0,1,0)^T$。

综上有，矩阵 A 的特征值为 -1，1，0，它们对应的特征向量分别为 k_1p_1，k_2p_2，k_3p_3，其中 $k_1\neq0$，$k_2\neq0$，$k_3\neq0$。

令 $P=(p_1,p_2,p_3)=\begin{bmatrix}1&1&0\\0&0&1\\-1&1&0\end{bmatrix}$，则有 $P^{-1}AP=\Lambda=\begin{bmatrix}-1&&\\&1&\\&&0\end{bmatrix}$，故有

$$A=P\Lambda P^{-1}=\begin{bmatrix}0&0&1\\0&0&0\\1&0&0\end{bmatrix}$$

【评注】 本题考查了以下知识点：

(1) $AB=A(b_1,b_2,\cdots,b_m)=(Ab_1,Ab_2,\cdots,Ab_m)$。

(2) 特征值和特征向量的定义。

(3) $R(A_n)<n\Leftrightarrow|A_n|=0$。

(4) $|A|=0\Leftrightarrow0$ 是矩阵 A 的特征值。

(5) 若 A 为实对称矩阵，则 A 的属于不同特征值的特征向量正交。

例 5.21

【例 5.21】 已知 $\alpha=(a_1,a_2,\cdots,a_n)^T$，$\beta=(b_1,b_2,\cdots,b_n)^T$ 均为非零向量，且 $\alpha^T\beta=0$，$A=\alpha\beta^T$。

(1) 求 A^2。

(2) 求 A 的特征值与特征向量。

(3) 证明 A 不可对角化。

【思路】 对于(3)，证明矩阵 A 没有 n 个线性无关的特征向量。

【解】 (1) $A^2=(\alpha\beta^T)^2=\alpha(\beta^T\alpha)\beta^T=O$。

(2) 因为 $R(\mathbf{A})=R(\boldsymbol{\alpha\beta}^{\mathrm{T}})\leqslant R(\boldsymbol{\alpha})=1<n$，所以 $|\mathbf{A}|=0$，则 0 是矩阵 $\mathbf{A}$ 的特征值，解方程组 $\mathbf{Ax}=\mathbf{0}$，其系数矩阵经过行初等变换变为行阶梯形：

$$\mathbf{A}\rightarrow\begin{bmatrix} b_1 & b_2 & \cdots & b_n \\ & & & \\ & & & \\ & & & \end{bmatrix}$$

可以得到矩阵 $\mathbf{A}$ 的属于 0 的 $n-1$ 个线性无关的特征向量为

$$\begin{bmatrix} -b_2 \\ b_1 \\ 0 \\ \vdots \\ 0 \end{bmatrix},\begin{bmatrix} -b_3 \\ 0 \\ b_1 \\ \vdots \\ 0 \end{bmatrix},\cdots,\begin{bmatrix} -b_n \\ 0 \\ 0 \\ \vdots \\ b_1 \end{bmatrix}$$

根据几何重数不会超过代数重数可知：0 至少是矩阵 $\mathbf{A}$ 的 $n-1$ 重特征值。又根据所有特征值的和等于矩阵的迹可知：矩阵 $\mathbf{A}$ 的第 n 个特征值为 $\mathrm{tr}(\mathbf{A})=0$，于是矩阵 $\mathbf{A}$ 的 n 个特征值全是 0。

(3) 证明：矩阵 $\mathbf{A}$ 的所有特征值全是 0，而矩阵 $\mathbf{A}$ 属于特征值 0 的线性无关的特征向量只有 $n-1$ 个，所以矩阵 $\mathbf{A}$ 不能对角化。

【评注】 本题考查了以下知识点：

(1) $R(\mathbf{AB})\leqslant R(\mathbf{A})$，$R(\mathbf{AB})\leqslant R(\mathbf{B})$。

(2) $R(\mathbf{A}_{m\times n})\leqslant m$，$R(\mathbf{A}_{m\times n})\leqslant n$。

(3) $R(\mathbf{A}_n)<n\Leftrightarrow|\mathbf{A}_n|=0$。

(4) $|\mathbf{A}_n|=0\Leftrightarrow 0$ 是矩阵 $\mathbf{A}$ 的特征值。

(5) 特征值的几何重数不超过代数重数。

(6) $\boldsymbol{\alpha}$、$\boldsymbol{\beta}$ 都是 n 维列向量，$\mathbf{A}=\boldsymbol{\alpha\beta}^{\mathrm{T}}\Rightarrow\mathrm{tr}(\mathbf{A})=\boldsymbol{\alpha}^{\mathrm{T}}\boldsymbol{\beta}$。

(7) $\sum\limits_{i=1}^{n}\lambda_i=\mathrm{tr}(\mathbf{A})$。

(8) $\mathbf{A}_n$ 有 n 个线性无关的特征向量 $\Leftrightarrow$ $\mathbf{A}_n$ 可以对角化。

【例 5.22】 设 n 阶矩阵 $\mathbf{A}$ 满足 $\mathbf{A}^2=\mathbf{A}$，证明 $\mathbf{A}$ 一定可以相似对角化。

例 5.22

【思路】 通过矩阵等式 $\mathbf{A}^2=\mathbf{A}$ 确定 $\mathbf{A}$ 的特征值，再确定属于不同特征值的线性无关的特征向量的个数。

【证明】 由于 $\mathbf{A}^2=\mathbf{A}$，则有

$$\mathbf{A}(\mathbf{A}-\mathbf{E})=\mathbf{O}$$

于是有

$$R(\mathbf{A})+R(\mathbf{A}-\mathbf{E})\leqslant n$$

又因为

$$R(\mathbf{A})+R(\mathbf{A}-\mathbf{E})=R(\mathbf{A})+R(\mathbf{E}-\mathbf{A})\geqslant R(\mathbf{A}+\mathbf{E}-\mathbf{A})=R(\mathbf{E})=n$$

综上可知，$R(\mathbf{A})+R(\mathbf{A}-\mathbf{E})=n$。设 $R(\mathbf{A})=r$，$R(\mathbf{A}-\mathbf{E})=n-r$。

若 0 是矩阵 $\boldsymbol{A}$ 的特征值，则分析齐次线性方程组 $\boldsymbol{Ax}=\boldsymbol{0}$，可以得到：矩阵 $\boldsymbol{A}$ 的属于特征值 0 的线性无关特征向量有 $n-R(\boldsymbol{A})=n-r$ 个。

若 1 是矩阵 $\boldsymbol{A}$ 的特征值，则分析齐次线性方程组 $(\boldsymbol{A}-\boldsymbol{E})\boldsymbol{x}=\boldsymbol{0}$，可以得到：矩阵 $\boldsymbol{A}$ 的属于特征值 1 的线性无关特征向量有 $n-R(\boldsymbol{A}-\boldsymbol{E})=r$ 个。

综上可知，矩阵 $\boldsymbol{A}$ 有 n 个线性无关的特征向量，故 $\boldsymbol{A}$ 可以相似对角化。

【评注】 本题考查以下知识点：

(1) 若 $\boldsymbol{A}_n\boldsymbol{B}_n=\boldsymbol{O}_n$，则 $R(\boldsymbol{A})+R(\boldsymbol{B})\leqslant n$。

(2) $R(\boldsymbol{A}+\boldsymbol{B})\leqslant R(\boldsymbol{A})+R(\boldsymbol{B})$。

(3) $R(k\boldsymbol{A})=R(\boldsymbol{A})$，$k\neq 0$。

(4) 方程组 $\boldsymbol{A}_n\boldsymbol{x}=\boldsymbol{0}$ 基础解系含有 $n-R(\boldsymbol{A})$ 个线性无关的解向量。

(5) 若 $\boldsymbol{A}_n$ 有 n 个线性无关的解向量，则 $\boldsymbol{A}_n$ 可以相似对角化。

(6) 若 n 阶矩阵 $\boldsymbol{A}$ 满足 $g(\boldsymbol{A})=\boldsymbol{O}$，那么 $\boldsymbol{A}$ 的所有特征值只能在方程 $g(\lambda)=0$ 的根中选取。

【秘籍】 若 n 阶矩阵 $\boldsymbol{A}$ 满足 $(\boldsymbol{A}-a\boldsymbol{E})(\boldsymbol{A}-b\boldsymbol{E})=\boldsymbol{O}$，且 $a\neq b$，则 $\boldsymbol{A}$ 有 n 个线性无关的特征向量，即 $\boldsymbol{A}$ 可以相似对角化。

【例 5.23】 设 $\boldsymbol{A}$ 是三阶实对称矩阵，$\boldsymbol{E}$ 是三阶单位矩阵，若 $\boldsymbol{A}^2+\boldsymbol{A}=2\boldsymbol{E}$，且 $|\boldsymbol{A}|=4$，则二次型 $\boldsymbol{x}^{\mathrm{T}}\boldsymbol{Ax}$ 的规范形为(　)。

例 5.23

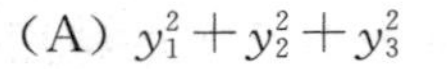

(A) $y_1^2+y_2^2+y_3^2$　　(B) $y_1^2+y_2^2-y_3^2$

(C) $y_1^2-y_2^2-y_3^2$　　(D) $-y_1^2-y_2^2-y_3^2$

【思路】 根据矩阵等式 $\boldsymbol{A}^2+\boldsymbol{A}=2\boldsymbol{E}$ 和 $|\boldsymbol{A}|=4$，确定矩阵 $\boldsymbol{A}$ 的特征值。

【解】 因为 $\boldsymbol{A}^2+\boldsymbol{A}=2\boldsymbol{E}$，所以 $(\boldsymbol{A}+2\boldsymbol{E})(\boldsymbol{A}-\boldsymbol{E})=\boldsymbol{O}$，于是 $\boldsymbol{A}$ 的特征值在 $\{-2,1\}$ 中选取。又因为三阶矩阵 $\boldsymbol{A}$ 的行列式 $|\boldsymbol{A}|=4$，所以矩阵 $\boldsymbol{A}$ 的 3 个特征值分别为：-2，-2，1，矩阵 $\boldsymbol{A}$ 的正惯性指数为 1，负惯性指数为 2，于是选项(C)正确。

【评注】 本题考查以下知识点：

(1) 若 n 阶矩阵 $\boldsymbol{A}$ 满足 $g(\boldsymbol{A})=\boldsymbol{O}$，那么 $\boldsymbol{A}$ 的所有特征值只能在方程 $g(\lambda)=0$ 的根中选取。

(2) 若 $\lambda_1,\lambda_2,\cdots,\lambda_n$ 是矩阵 $\boldsymbol{A}_n$ 的特征值，则有 $\lambda_1\lambda_2\cdots\lambda_n=|\boldsymbol{A}_n|$。

(3) 若矩阵 $\boldsymbol{A}$ 的特征值有 r 个正数，s 个负数，t 个 0，那么其二次型 $\boldsymbol{x}^{\mathrm{T}}\boldsymbol{Ax}$ 规范形的系数分别为 r 个“$+1$”，s 个“-1”和 t 个“0”。

【例 5.24】 设二次型 $f(x_1,x_2,x_3)=x_1^2+x_2^2+x_3^2+4x_1x_2+4x_1x_3+4x_2x_3$，则 $f(x_1,x_2,x_3)=2$ 在空间直角坐标下表示的二次曲面为(　　)。

(A) 单叶双曲面　　(B) 双叶双曲面

(C) 椭球面　　(D) 柱面

例 5.24

【思路】 求出二次型的矩阵的特征值，根据特征值的正负情况，确定答案。

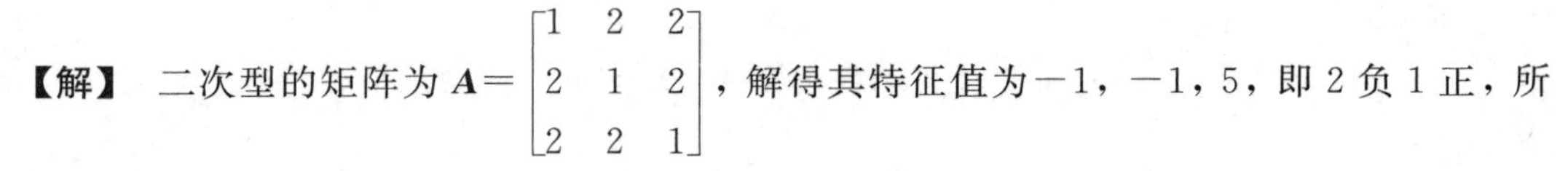

【解】 二次型的矩阵为 $\boldsymbol{A}=\begin{bmatrix}1 & 2 & 2\\ 2 & 1 & 2\\ 2 & 2 & 1\end{bmatrix}$，解得其特征值为 -1，-1，5，即 2 负 1 正，所以二次曲面 $f(x_1,x_2,x_3)=2$ 为双叶双曲面，故选(B)。

【评注】 本题考查以下知识点：

(1) n 阶“ab”矩阵的特征值为 $n-1$ 个 $a-b$ 和 1 个 $(n-1)b+a$。

(2) 表 5.1 给出了二次型矩阵特征值的正负情况所对应的二次曲面 $f(x_1,x_2,x_3)=2$ 的类型。

表 5.1　特征值与对应的二次曲面

$\lambda_1,\lambda_2,\lambda_3$ 的符号	二次曲面 $f(x_1,x_2,x_3)=2$ 形状
3 正(都相等)	椭球面(球面)
2 正 1 负	单叶双曲面
2 正 1 零(正的相等)	椭圆柱面(圆柱面)
1 正 2 负	双叶双曲面
1 正 1 负 1 零	双曲柱面

【例 5.25】 设二次型 $f(x_1,x_2,x_3)=2x_1^2-x_2^2+ax_3^2+2x_1x_2-8x_1x_3+2x_2x_3$ 在正交变换 $\boldsymbol{x}=\boldsymbol{Q}\boldsymbol{y}$ 下的标准形为 $\lambda_1y_1^2+\lambda_2y_2^2$，求 a 的值及一个正交矩阵 $\boldsymbol{Q}$。

【思路】 根据标准形可知 0 一定是二次型矩阵的特征值，即可确定 a 的值，然后再求正交矩阵 $\boldsymbol{Q}$。

例 5.25

【解】 二次型的矩阵为

$$\boldsymbol{A}=\begin{bmatrix}2 & 1 & -4\\ 1 & -1 & 1\\ -4 & 1 & a\end{bmatrix}$$

正交变换下的二次型的标准形 $\lambda_1y_1^2+\lambda_2y_2^2$，可知，矩阵 $\boldsymbol{A}$ 的特征值为 $\lambda_1,\lambda_2,0$，因为 0 是矩阵 $\boldsymbol{A}$ 的特征值，所以 $|\boldsymbol{A}|=0$，解得 $a=2$。

求解特征方程 $|\boldsymbol{A}-\lambda\boldsymbol{E}|=0$，解得 $\lambda_1=6$，$\lambda_2=-3$，$\lambda_3=0$。

当 $\lambda_1=6$ 时，解方程组 $(\boldsymbol{A}-6\boldsymbol{E})\boldsymbol{x}=\boldsymbol{0}$ 得到矩阵 $\boldsymbol{A}$ 的属于 $\lambda_1=6$ 的特征向量

$$\boldsymbol{p}_1=(-1,\ 0,\ 1)^{\mathrm{T}}$$

当 $\lambda_2=-3$ 时，解方程组 $(\boldsymbol{A}+3\boldsymbol{E})\boldsymbol{x}=\boldsymbol{0}$ 得到矩阵 $\boldsymbol{A}$ 的属于 $\lambda_2=-3$ 的特征向量为

$$\boldsymbol{p}_2=(1,\ -1,\ 1)^{\mathrm{T}}$$

当 $\lambda_3=0$ 时，解方程组 $\boldsymbol{A}\boldsymbol{x}=\boldsymbol{0}$ 得到矩阵 $\boldsymbol{A}$ 的属于 $\lambda_3=0$ 的特征向量为 $\boldsymbol{p}_3=(1,\ 2,\ 1)^{\mathrm{T}}$。

对矩阵 $\boldsymbol{A}$ 的 3 个正交的特征向量单位化，有

$$\boldsymbol{q}_1=\frac{1}{\sqrt{2}}(-1,\ 0,\ 1)^{\mathrm{T}},\ \boldsymbol{q}_2=\frac{1}{\sqrt{3}}(1,\ -1,\ 1)^{\mathrm{T}},\ \boldsymbol{q}_3=\frac{1}{\sqrt{6}}(1,\ 2,\ 1)^{\mathrm{T}}$$

令 $\boldsymbol{Q}=(\boldsymbol{q}_1,\boldsymbol{q}_2,\boldsymbol{q}_3)=\begin{bmatrix}-\frac{1}{\sqrt{2}} & \frac{1}{\sqrt{3}} & \frac{1}{\sqrt{6}}\\ 0 & -\frac{1}{\sqrt{3}} & \frac{2}{\sqrt{6}}\\ \frac{1}{\sqrt{2}} & \frac{1}{\sqrt{3}} & \frac{1}{\sqrt{6}}\end{bmatrix}$，则二次型 $f(x_1,x_2,x_3)$ 在正交变换 $\boldsymbol{x}=\boldsymbol{Q}\boldsymbol{y}$ 下的标准形为 $6y_1^2-3y_2^2$。

【评注】 本题考查了以下知识点：

(1) 二次型经过正交变换后的标准形的系数即为二次型矩阵的特征值。

(2) 0 是矩阵 $\boldsymbol{A}$ 的特征值$\Leftrightarrow|\boldsymbol{A}|=0$。

(3) 正交变换为 $\boldsymbol{x}=\boldsymbol{Q}\boldsymbol{y}$，其中 $\boldsymbol{Q}$ 的列向量即为二次型矩阵 $\boldsymbol{A}_n$ 的 n 个两两正交的单位特征向量。

【例 5.26】 设 $f=x_1^2+x_2^2+5x_3^2+2tx_1x_2-2x_1x_3+4x_2x_3$ 为正定二次型，则 t 的取值为____________。

例 5.26

【思路】 根据二次型矩阵的顺序主子式都是正数来确定 t 的取值范围。

【解】 二次型的矩阵为 $\boldsymbol{A}=\begin{bmatrix}1 & t & -1\\ t & 1 & 2\\ -1 & 2 & 5\end{bmatrix}$。因为矩阵 $\boldsymbol{A}$ 正定，所以 $\boldsymbol{A}$ 的 3 个顺序主子式都是正数，则有

$$1>0,\quad \begin{vmatrix}1 & t\\ t & 1\end{vmatrix}=1-t^2>0,\quad \begin{vmatrix}1 & t & -1\\ t & 1 & 2\\ -1 & 2 & 5\end{vmatrix}=-t(5t+4)>0$$

可以解得 t 的取值范围是：$-\dfrac{4}{5}<t<0$。

【评注】 本题考查了以下知识点：

当矩阵 $\boldsymbol{A}$ 正定时，它的所有顺序主子式都为正数。

【例 5.27】 设 $\boldsymbol{A}$ 为 $m\times n$ 阶实矩阵，$\boldsymbol{B}=\lambda\boldsymbol{E}+\boldsymbol{A}^{\mathrm{T}}\boldsymbol{A}$，证明：当 $\lambda>0$ 时，$\boldsymbol{B}$ 为正定矩阵。

例 5.27

【思路】 用正定的定义来证明。

【证明】 $\boldsymbol{B}^{\mathrm{T}}=(\lambda\boldsymbol{E}+\boldsymbol{A}^{\mathrm{T}}\boldsymbol{A})^{\mathrm{T}}=\lambda\boldsymbol{E}+\boldsymbol{A}^{\mathrm{T}}\boldsymbol{A}=\boldsymbol{B}$，则 $\boldsymbol{B}$ 为实对称阵。

对任意非零 n 维列向量 $\boldsymbol{x}$，二次型为

$$f=\boldsymbol{x}^{\mathrm{T}}\boldsymbol{B}\boldsymbol{x}=\boldsymbol{x}^{\mathrm{T}}(\lambda\boldsymbol{E}+\boldsymbol{A}^{\mathrm{T}}\boldsymbol{A})\boldsymbol{x}=\lambda\,\boldsymbol{x}^{\mathrm{T}}\boldsymbol{x}+(\boldsymbol{A}\boldsymbol{x})^{\mathrm{T}}(\boldsymbol{A}\boldsymbol{x})=\lambda\,\|\boldsymbol{x}\|^2+\|\boldsymbol{A}\boldsymbol{x}\|^2$$

因为 $\boldsymbol{x}\neq\boldsymbol{0}$，且 $\lambda>0$，则 $\lambda\|\boldsymbol{x}\|^2>0$，$\|\boldsymbol{A}\boldsymbol{x}\|^2\geqslant0$，所以有 $f>0$。

【评注】 本题考查了正定矩阵的定义：矩阵 $\boldsymbol{A}$ 是正定矩阵$\Leftrightarrow$ 实对称矩阵 $\boldsymbol{A}$ 对任意非零列向量 $\boldsymbol{x}$ 都有$\boldsymbol{x}^{\mathrm{T}}\boldsymbol{A}\boldsymbol{x}>0$。

【秘籍】 当二次型的矩阵是抽象矩阵时，往往用正定的定义来解题，如例 5.27。当二次型的矩阵为具体矩阵时，往往用求特征值或顺序主子式来解题，如例 5.26。

【例 5.28】 设矩阵 $\boldsymbol{A}=\begin{bmatrix}2 & -1 & -1\\ -1 & 2 & -1\\ -1 & -1 & 2\end{bmatrix}$，$\boldsymbol{B}=\begin{bmatrix}1 & 0 & 0\\ 0 & 1 & 0\\ 0 & 0 & 0\end{bmatrix}$，则 $\boldsymbol{A}$ 与 $\boldsymbol{B}$ (　　)。

例 5.28

(A) 合同且相似　　(B) 合同，但不相似

(C) 不合同，但相似　　(D) 既不合同，也不相似

【思路】 通过矩阵 $\boldsymbol{A}$ 和 $\boldsymbol{B}$ 的特征值解题。

【解】 矩阵 $\boldsymbol{A}$ 是“ab”矩阵，其特征值为 3，3，0。矩阵 $\boldsymbol{B}$ 是对角矩阵，其特征值为 1，1，0。

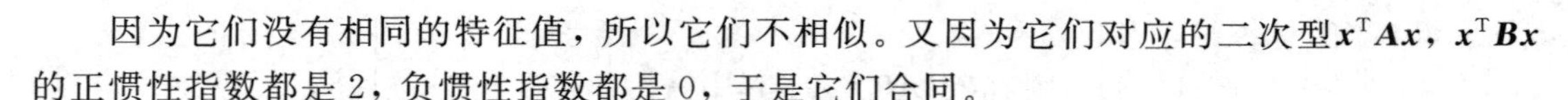

因为它们没有相同的特征值，所以它们不相似。又因为它们对应的二次型$\boldsymbol{x}^T\boldsymbol{A}\boldsymbol{x}$，$\boldsymbol{x}^T\boldsymbol{B}\boldsymbol{x}$的正惯性指数都是2，负惯性指数都是0，于是它们合同。

【评注】本题考查了以下知识点：

(1) “ab”矩阵的特征值为：$n-1$个$a-b$和1个$(n-1)b+a$(见例5.1)。

(2) 对角矩阵的特征值为对角线上的元素。

(3) 若矩阵$\boldsymbol{A}$与$\boldsymbol{B}$相似，则$\boldsymbol{A}$与$\boldsymbol{B}$有相同的特征值。

(4) 若$\boldsymbol{A}$和$\boldsymbol{B}$为n阶实对称矩阵，则有：矩阵$\boldsymbol{A}$与$\boldsymbol{B}$合同$\Leftrightarrow$矩阵$\boldsymbol{A}$的二次型与$\boldsymbol{B}$的二次型有相同的正、负惯性指数。

【例5.29】 设矩阵$\boldsymbol{A}$满足：对任意x_1，x_2，x_3均有$\boldsymbol{A}\begin{pmatrix}x_1\\x_2\\x_3\end{pmatrix}=\begin{pmatrix}x_1+x_2+x_3\\2x_1-x_2+x_3\\x_2-x_3\end{pmatrix}$。

(1) 求$\boldsymbol{A}$。

(2) 求可逆矩阵$\boldsymbol{P}$与对角矩阵$\boldsymbol{\Lambda}$，使得$\boldsymbol{P}^{-1}\boldsymbol{A}\boldsymbol{P}=\boldsymbol{\Lambda}$。

例5.29

【思路】 利用矩阵乘法，把已知矩阵等式化简为方程组的形式。

【解】 (1) 对已知矩阵等式进行化简，有

$$\boldsymbol{A}\begin{pmatrix}x_1\\x_2\\x_3\end{pmatrix}=\begin{pmatrix}1&1&1\\2&-1&1\\0&1&-1\end{pmatrix}\begin{pmatrix}x_1\\x_2\\x_3\end{pmatrix}$$

记$\boldsymbol{B}=\begin{pmatrix}1&1&1\\2&-1&1\\0&1&-1\end{pmatrix}$，则有

$$(\boldsymbol{A}-\boldsymbol{B})\begin{pmatrix}x_1\\x_2\\x_3\end{pmatrix}=\begin{pmatrix}0\\0\\0\end{pmatrix}$$

已知对任意x_1，x_2，x_3以上等式均成立，则$\boldsymbol{A}-\boldsymbol{B}=\boldsymbol{O}$，于是$\boldsymbol{A}=\begin{pmatrix}1&1&1\\2&-1&1\\0&1&-1\end{pmatrix}$。

(2) 求解$\boldsymbol{A}$的特征方程$|\boldsymbol{A}-\lambda\boldsymbol{E}|=0$

$$\begin{vmatrix}1-\lambda&1&1\\2&-1-\lambda&1\\0&1&-1-\lambda\end{vmatrix}\xlongequal{c_1-2c_3}\begin{vmatrix}-1-\lambda&1&1\\0&-1-\lambda&1\\2+2\lambda&1&-1-\lambda\end{vmatrix}\xlongequal{r_3+2r_1}$$

$$\begin{vmatrix}-1-\lambda&1&1\\0&-1-\lambda&1\\0&3&1-\lambda\end{vmatrix}\xlongequal{\text{按}c_1\text{展开}}(-1-\lambda)(\lambda+2)(\lambda-2)=0$$

得$\lambda_1=-1$，$\lambda_2=-2$，$\lambda_3=2$。

当$\lambda_1=-1$时，解方程组$(\boldsymbol{A}+\boldsymbol{E})\boldsymbol{x}=0$，解得基础解系为$(-1,0,2)^T$；

当$\lambda_2=-2$时，解方程组$(\boldsymbol{A}+2\boldsymbol{E})\boldsymbol{x}=0$，解得基础解系为$(0,-1,1)^T$；

当$\lambda_3=2$时，解方程组$(\boldsymbol{A}-2\boldsymbol{E})\boldsymbol{x}=0$，解得基础解系为$(4,3,1)^T$。

令 $P=\begin{bmatrix}-1&0&4\\0&-1&3\\2&1&1\end{bmatrix}$，则有$P^{-1}AP=\Lambda$，其中 $\Lambda=\begin{bmatrix}-1&&\\&-2&\\&&2\end{bmatrix}$。

【评注】 本题考查了以下知识点：

(1) 熟练掌握把一个矩阵拆分为两个矩阵的乘积的方法。

(2) 若对任意向量 $\boldsymbol{x}$，方程组 $\boldsymbol{Ax}=\boldsymbol{0}$ 均成立，则 $\boldsymbol{A}=\boldsymbol{O}$。

【秘籍】 在求解特征值方程 $|\boldsymbol{A}-\lambda\boldsymbol{E}|=0$ 时，想方设法通过初等变换把行列式其中一行(列)变出两个 0，于是按这行(列)展开，从而快速求得所有特征值。

【例 5.30】 设矩阵 $\boldsymbol{A}=\begin{pmatrix}2&1&0\\1&2&0\\1&a&b\end{pmatrix}$ 仅有两个不同的特征值。若 $\boldsymbol{A}$ 相似于对角矩阵，求 a，b 的值，并求可逆矩阵 $\boldsymbol{P}$，使$\boldsymbol{P}^{-1}\boldsymbol{AP}$ 为对角矩阵。

例 5.30

【思路】 根据 $\boldsymbol{A}$ 可以相似对角化，确定 a，b 的值。

【解】 求解 $\boldsymbol{A}$ 的特征方程 $|\boldsymbol{A}-\lambda\boldsymbol{E}|=0$，有

$$\begin{vmatrix}2-\lambda&1&0\\1&2-\lambda&0\\1&a&b-\lambda\end{vmatrix}\xlongequal{\text{按 }c_3\text{ 展开}}(b-\lambda)(\lambda-1)(\lambda-3)=0$$

得 $\lambda_1=b$，$\lambda_2=1$，$\lambda_3=3$，针对两种情况分别讨论。

(1) 设 $b=1$，则 $\lambda_1=\lambda_2=1$，$\lambda_3=3$。当 $\lambda_1=\lambda_2=1$ 时，解方程组 $(\boldsymbol{A}-\boldsymbol{E})\boldsymbol{x}=\boldsymbol{0}$，从而

$$\boldsymbol{A}-\boldsymbol{E}=\begin{pmatrix}1&1&0\\1&1&0\\1&a&0\end{pmatrix}$$

因为 $\boldsymbol{A}$ 可以相似对角化，所以对于二重特征值一定能找到两个线性无关特征向量，则 $r(\boldsymbol{A}-\boldsymbol{E})=1$，于是 $a=1$。解得方程组基础解系为：$(-1,1,0)^{\mathrm{T}}$，$(0,0,1)^{\mathrm{T}}$。

当 $\lambda_3=3$ 时，解方程组$(\boldsymbol{A}-3\boldsymbol{E})\boldsymbol{x}=\boldsymbol{0}$，解得方程组基础解系为$(1,1,1)^{\mathrm{T}}$。

令 $\boldsymbol{P}=\begin{bmatrix}-1&0&1\\1&0&1\\0&1&1\end{bmatrix}$，则有$\boldsymbol{P}^{-1}\boldsymbol{AP}=\boldsymbol{\Lambda}$，其中 $\boldsymbol{\Lambda}=\begin{bmatrix}1&&\\&1&\\&&3\end{bmatrix}$。

(2) 设 $b=3$，则 $\lambda_1=\lambda_2=3$，$\lambda_3=1$。当 $\lambda_1=\lambda_2=3$ 时，解方程组$(\boldsymbol{A}-3\boldsymbol{E})\boldsymbol{x}=\boldsymbol{0}$，从而

$$\boldsymbol{A}-3\boldsymbol{E}=\begin{pmatrix}-1&1&0\\1&-1&0\\1&a&0\end{pmatrix}$$

因为 $\boldsymbol{A}$ 可以相似对角化，所以对于二重特征值一定能找到两个线性无关特征向量，则 $r(\boldsymbol{A}-3\boldsymbol{E})=1$，于是 $a=-1$。解得方程组基础解系为：$(1,1,0)^{\mathrm{T}}$，$(0,0,1)^{\mathrm{T}}$。

当 $\lambda_3=1$ 时，解方程组 $(\boldsymbol{A}-\boldsymbol{E})\boldsymbol{x}=\boldsymbol{0}$，解得方程组基础解系为$(-1,1,1)^{\mathrm{T}}$。

令 $\boldsymbol{P}=\begin{bmatrix}1&0&-1\\1&0&1\\0&1&1\end{bmatrix}$，则有$\boldsymbol{P}^{-1}\boldsymbol{AP}=\boldsymbol{\Lambda}$，其中 $\boldsymbol{\Lambda}=\begin{bmatrix}3&&\\&3&\\&&1\end{bmatrix}$。

【评注】 该题目属于常规题型，同学们要对各种可能的情况分别进行讨论。

例 5.31

【例 5.31】 已知 $\boldsymbol{A}=\begin{pmatrix} a & 1 & -1 \\ 1 & a & -1 \\ -1 & -1 & a \end{pmatrix}$。

(1) 求正交矩阵 $\boldsymbol{P}$，使得$\boldsymbol{P}^{\mathrm{T}}\boldsymbol{AP}$ 为对角矩阵。

(2) 求正定矩阵 $\boldsymbol{C}$，使得$\boldsymbol{C}^2=(a+3)\boldsymbol{E}-\boldsymbol{A}$。

【思路】 把矩阵 $\boldsymbol{A}$ 拆分成$(a-1)\boldsymbol{E}+\boldsymbol{B}$ 的形式，其中 $r(\boldsymbol{B})=1$。

【解】 (1) 把矩阵 $\boldsymbol{A}$ 进行拆分：

$$\boldsymbol{A}=\begin{pmatrix} a & 1 & -1 \\ 1 & a & -1 \\ -1 & -1 & a \end{pmatrix}=(a-1)\boldsymbol{E}+\begin{pmatrix} 1 & 1 & -1 \\ 1 & 1 & -1 \\ -1 & -1 & 1 \end{pmatrix}=(a-1)\boldsymbol{E}+\boldsymbol{B}$$

因为 $r(\boldsymbol{B})=1$，所以矩阵 $\boldsymbol{B}=\begin{pmatrix} 1 & 1 & -1 \\ 1 & 1 & -1 \\ -1 & -1 & 1 \end{pmatrix}$的特征值为 0，0，$\mathrm{tr}(\boldsymbol{B})=3$，于是矩阵 $\boldsymbol{A}$ 的特征值为$\lambda_1=\lambda_2=a-1$，$\lambda_3=a+2$。

当 $\lambda_1=\lambda_2=a-1$ 时，解方程组 $(\boldsymbol{A}-(a-1)\boldsymbol{E})\boldsymbol{x}=\boldsymbol{0}$，从而

$$\boldsymbol{A}-(a-1)\boldsymbol{E}=\begin{pmatrix} 1 & 1 & -1 \\ 1 & 1 & -1 \\ -1 & -1 & 1 \end{pmatrix}\rightarrow\begin{pmatrix} 1 & 1 & -1 \\ 0 & 0 & 0 \\ 0 & 0 & 0 \end{pmatrix},\quad \boldsymbol{p}_1=\begin{bmatrix} -1 \\ 1 \\ 0 \end{bmatrix}$$

构造与$\boldsymbol{p}_1$ 正交向量$\boldsymbol{p}_2=\begin{bmatrix} k \\ k \\ l \end{bmatrix}$，把$\boldsymbol{p}_2=\begin{bmatrix} k \\ k \\ l \end{bmatrix}$代入方程组，$k+k-l=0$，$2k=l$，设 $k=1$，$l=2$，于是$\boldsymbol{p}_2=\begin{bmatrix} 1 \\ 1 \\ 2 \end{bmatrix}$。

当 $\lambda_3=a+2$ 时，解方程组$(\boldsymbol{A}-(a+2)\boldsymbol{E})\boldsymbol{x}=\boldsymbol{0}$，解得$\boldsymbol{p}_3=\begin{bmatrix} 1 \\ 1 \\ -1 \end{bmatrix}$。

对$\boldsymbol{p}_1$、$\boldsymbol{p}_2$、$\boldsymbol{p}_3$ 单位化，得到正交矩阵

$$\boldsymbol{P}=\begin{bmatrix} -\frac{1}{\sqrt{2}} & \frac{1}{\sqrt{6}} & \frac{1}{\sqrt{3}} \\ \frac{1}{\sqrt{2}} & \frac{1}{\sqrt{6}} & \frac{1}{\sqrt{3}} \\ 0 & \frac{2}{\sqrt{6}} & -\frac{1}{\sqrt{3}} \end{bmatrix}$$

$$\boldsymbol{P}^{\mathrm{T}}\boldsymbol{AP}=\boldsymbol{\Lambda}=\begin{bmatrix} a-1 & & \\ & a-1 & \\ & & a+2 \end{bmatrix}$$

(2) 因为$\boldsymbol{P}^{\mathrm{T}}\boldsymbol{A}\boldsymbol{P}=\boldsymbol{\Lambda}$，所以有$\boldsymbol{A}=\boldsymbol{P}\boldsymbol{\Lambda}\boldsymbol{P}^{\mathrm{T}}$，则有

$$\boldsymbol{C}^2=(a+3)\boldsymbol{E}-\boldsymbol{A}=\boldsymbol{P}(a+3)\boldsymbol{E}\boldsymbol{P}^{\mathrm{T}}-\boldsymbol{P}\boldsymbol{\Lambda}\boldsymbol{P}^{\mathrm{T}}$$

$$=\boldsymbol{P}((a+3)\boldsymbol{E}-\boldsymbol{\Lambda})\boldsymbol{P}^{\mathrm{T}}=\boldsymbol{P}\begin{bmatrix}4 & & \\ & 4 & \\ & & 1\end{bmatrix}\boldsymbol{P}^{\mathrm{T}}$$

其中

$$\boldsymbol{P}\begin{bmatrix}4 & & \\ & 4 & \\ & & 1\end{bmatrix}\boldsymbol{P}^{\mathrm{T}}=\boldsymbol{P}\begin{bmatrix}2 & & \\ & 2 & \\ & & 1\end{bmatrix}\begin{bmatrix}2 & & \\ & 2 & \\ & & 1\end{bmatrix}\boldsymbol{P}^{\mathrm{T}}=\boldsymbol{P}\begin{bmatrix}2 & & \\ & 2 & \\ & & 1\end{bmatrix}\boldsymbol{P}^{\mathrm{T}}\boldsymbol{P}\begin{bmatrix}2 & & \\ & 2 & \\ & & 1\end{bmatrix}\boldsymbol{P}^{\mathrm{T}}$$

于是

$$\boldsymbol{C}=\boldsymbol{P}\begin{bmatrix}2 & & \\ & 2 & \\ & & 1\end{bmatrix}\boldsymbol{P}^{\mathrm{T}}=\frac{1}{3}\begin{bmatrix}5 & -1 & 1\\ -1 & 5 & 1\\ 1 & 1 & 5\end{bmatrix}。$$

【评注】 本题考查以下知识点：

(1) 若n阶矩阵$\boldsymbol{B}$的秩$r(\boldsymbol{B})=1$，则$\boldsymbol{B}$的特征值为$n-1$个0，和一个$\mathrm{tr}(\boldsymbol{B})$；

(2) 若$\boldsymbol{A}$为正定矩阵(半正定矩阵)，则一定存在正定矩阵(半正定矩阵)$\boldsymbol{B}$，使得$\boldsymbol{A}=\boldsymbol{B}^2$。

【秘籍】 若n阶矩阵$\boldsymbol{A}$的主对角线上都含有参数a，则可以考虑把矩阵$\boldsymbol{A}$拆分为$k\boldsymbol{E}+\boldsymbol{B}$的形式，便于求解特征值。

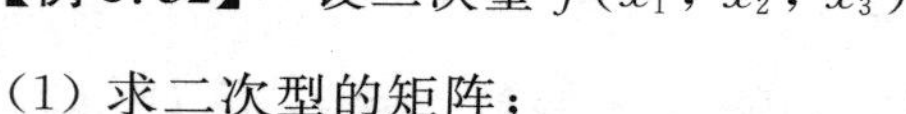

【例 5.32】 设二次型$f(x_1, x_2, x_3)=\sum_{i=1}^{3}\sum_{j=1}^{3}ijx_ix_j$。

例 5.32

(1) 求二次型的矩阵；

(2) 求正交矩阵$\boldsymbol{Q}$，使得二次型经正交变换$\boldsymbol{x}=\boldsymbol{Q}\boldsymbol{y}$化为标准形；

(3) 求$f(x_1, x_2, x_3)=0$的解。

【思路】 拆开求和符号，得到二次型矩阵。

【解】 (1) 拆开求和符号

$$f(x_1,x_2,x_3)=\sum_{i=1}^{3}\sum_{j=1}^{3}ijx_ix_j=x_1^2+4x_2^2+9x_3^2+4x_1x_2+6x_1x_3+12x_2x_3=\boldsymbol{x}^{\mathrm{T}}\boldsymbol{A}\boldsymbol{x}$$

于是，二次型的矩阵为$\boldsymbol{A}=\begin{bmatrix}1 & 2 & 3\\ 2 & 4 & 6\\ 3 & 6 & 9\end{bmatrix}$。

(2) 因为矩阵$\boldsymbol{A}$的秩$r(\boldsymbol{A})=1$，所以$\boldsymbol{A}$的特征值为：$\lambda_1=\lambda_2=0$，$\lambda_3=\mathrm{tr}(\boldsymbol{A})=14$。

当$\lambda_1=\lambda_2=0$时，解方程组$\boldsymbol{A}\boldsymbol{x}=\boldsymbol{0}$，从而

$$\boldsymbol{A}=\begin{bmatrix}1 & 2 & 3\\ 2 & 4 & 6\\ 3 & 6 & 9\end{bmatrix}\to\begin{bmatrix}1 & 2 & 3\\ & & \\ & & \end{bmatrix},\quad \boldsymbol{p}_1=\begin{bmatrix}-2\\ 1\\ 0\end{bmatrix}$$

构造与$\boldsymbol{p}_1$正交向量$\boldsymbol{p}_2=\begin{bmatrix}a\\ 2a\\ b\end{bmatrix}$，把$\boldsymbol{p}_2=\begin{bmatrix}a\\ 2a\\ b\end{bmatrix}$代入方程组，$a+4a+3b=0$，$5a=-3b$，设

$a=-3$，$b=5$，于是$\boldsymbol{p}_2=\begin{bmatrix}-3\\-6\\5\end{bmatrix}$。

当 $\lambda_3=14$ 时，解方程组$(\boldsymbol{A}-14\boldsymbol{E})\boldsymbol{x}=\boldsymbol{0}$，解得$\boldsymbol{p}_3=\begin{bmatrix}1\\2\\3\end{bmatrix}$。

对$\boldsymbol{p}_1$、$\boldsymbol{p}_2$、$\boldsymbol{p}_3$ 单位化，得到正交矩阵

$$\boldsymbol{Q}=\begin{bmatrix}-\frac{2}{\sqrt{5}} & -\frac{3}{\sqrt{70}} & \frac{1}{\sqrt{14}}\\ \frac{1}{\sqrt{5}} & -\frac{6}{\sqrt{70}} & \frac{2}{\sqrt{14}}\\ 0 & \frac{5}{\sqrt{70}} & \frac{3}{\sqrt{14}}\end{bmatrix}$$

$$\boldsymbol{Q}^{\mathrm{T}}\boldsymbol{A}\boldsymbol{Q}=\boldsymbol{\Lambda}=\begin{bmatrix}0 & & \\ & 0 & \\ & & 14\end{bmatrix}$$

令 $\boldsymbol{x}=\boldsymbol{Q}\boldsymbol{y}$，则有

$$f=\boldsymbol{x}^{\mathrm{T}}\boldsymbol{A}\boldsymbol{x}=(\boldsymbol{Q}\boldsymbol{y})^{\mathrm{T}}\boldsymbol{A}(\boldsymbol{Q}\boldsymbol{y})=\boldsymbol{y}^{\mathrm{T}}(\boldsymbol{Q}^{\mathrm{T}}\boldsymbol{A}\boldsymbol{Q})\boldsymbol{y}=\boldsymbol{y}^{\mathrm{T}}\boldsymbol{\Lambda}\boldsymbol{y}=14\boldsymbol{y}_3^2$$

(3) 若二次型 $f(x_1,x_2,x_3)=0$，即 $f=14y_3^2=0$，于是 y_1，y_2 为自由变量，$y_3=0$，则

$$\boldsymbol{x}=\boldsymbol{Q}\boldsymbol{y}=(\boldsymbol{q}_1,\boldsymbol{q}_2,\boldsymbol{q}_3)\begin{pmatrix}y_1\\y_2\\y_3\end{pmatrix}=y_1\boldsymbol{q}_1+y_2\boldsymbol{q}_2=k_1\begin{pmatrix}-2\\1\\0\end{pmatrix}+k_2\begin{pmatrix}-3\\-6\\5\end{pmatrix}$$

k_1，k_2 为任意常数。

【评注】 该题目考查了以下知识点：

(1) 掌握求和符号的拆开方法。

(2) 若 n 阶矩阵 $\boldsymbol{A}$ 的秩 $r(\boldsymbol{A})=1$，则 $\boldsymbol{A}$ 的特征值为 $n-1$ 个 0，一个 $\mathrm{tr}(\boldsymbol{A})$。

【秘籍】 若 $\boldsymbol{A}$ 为正定矩阵(或半正定矩阵)，则 $f=\boldsymbol{x}^{\mathrm{T}}\boldsymbol{A}\boldsymbol{x}=0$ 与 $\boldsymbol{A}\boldsymbol{x}=\boldsymbol{0}$ 同解。

【例 5.33】 已知二次型 $f(x_1,x_2,x_3)=3x_1^2+4x_2^2+3x_3^2+2x_1x_3$。

例 5.33

(1) 求正交变换 $\boldsymbol{x}=\boldsymbol{Q}\boldsymbol{y}$，使得 $f(x_1,x_2,x_3)$化为标准形。

(2) 证明$\min\limits_{x\neq 0}\dfrac{f(\boldsymbol{x})}{\boldsymbol{x}^{\mathrm{T}}\boldsymbol{x}}=2$。

【思路】 根据正交变换不改变向量的长度来证明二次型的极值。

【解】 (1) 写出二次型的矩阵：

$$f(x_1,x_2,x_3)=3x_1^2+4x_2^2+3x_3^2+2x_1x_3=\boldsymbol{x}^{\mathrm{T}}\boldsymbol{A}\boldsymbol{x}$$

其中，$\boldsymbol{A}=\begin{bmatrix}3&0&1\\0&4&0\\1&0&3\end{bmatrix}$，求解 $\boldsymbol{A}$ 的特征方程$|\boldsymbol{A}-\lambda\boldsymbol{E}|=0$，解得 $\lambda_1=\lambda_2=4$，$\lambda_3=2$。

当 $\lambda_1=\lambda_2=4$ 时，解方程组$(\boldsymbol{A}-4\boldsymbol{E})\boldsymbol{x}=\boldsymbol{0}$，从而

$$\boldsymbol{A}-4\boldsymbol{E}=\begin{bmatrix}-1&0&1\\0&0&0\\1&0&-1\end{bmatrix}\to\begin{bmatrix}1&0&-1\\ & & \\ & & \end{bmatrix},\quad \boldsymbol{p}_1=\begin{bmatrix}0\\1\\0\end{bmatrix},\quad \boldsymbol{p}_2=\begin{bmatrix}1\\0\\1\end{bmatrix}$$

当 $\lambda_3=2$ 时，解方程组 $(\boldsymbol{A}-2\boldsymbol{E})\boldsymbol{x}=\boldsymbol{0}$，解得 $\boldsymbol{p}_3=\begin{bmatrix}1\\0\\-1\end{bmatrix}$。

对 $\boldsymbol{p}_1$、$\boldsymbol{p}_2$、$\boldsymbol{p}_3$ 单位化，得到正交矩阵

$$\boldsymbol{Q}=\begin{bmatrix}0&\frac{1}{\sqrt{2}}&\frac{1}{\sqrt{2}}\\1&0&0\\0&\frac{1}{\sqrt{2}}&-\frac{1}{\sqrt{2}}\end{bmatrix}$$

$$\boldsymbol{Q}^{\mathrm{T}}\boldsymbol{A}\boldsymbol{Q}=\boldsymbol{\Lambda}=\begin{bmatrix}4&&\\&4&\\&&2\end{bmatrix}$$

令 $\boldsymbol{x}=\boldsymbol{Q}\boldsymbol{y}$，则有

$$f=\boldsymbol{x}^{\mathrm{T}}\boldsymbol{A}\boldsymbol{x}=(\boldsymbol{Q}\boldsymbol{y})^{\mathrm{T}}\boldsymbol{A}(\boldsymbol{Q}\boldsymbol{y})=\boldsymbol{y}^{\mathrm{T}}(\boldsymbol{Q}^{\mathrm{T}}\boldsymbol{A}\boldsymbol{Q})\boldsymbol{y}=\boldsymbol{y}^{\mathrm{T}}\boldsymbol{\Lambda}\boldsymbol{y}=4y_1^2+4y_2^2+2y_3^2$$

(2) 设 $\boldsymbol{x}\neq\boldsymbol{0}$，有

$$\begin{aligned}\frac{f(\boldsymbol{x})}{\boldsymbol{x}^{\mathrm{T}}\boldsymbol{x}}&=\frac{\boldsymbol{x}^{\mathrm{T}}\boldsymbol{A}\boldsymbol{x}}{\boldsymbol{x}^{\mathrm{T}}\boldsymbol{x}}=\frac{(\boldsymbol{Q}\boldsymbol{y})^{\mathrm{T}}\boldsymbol{A}(\boldsymbol{Q}\boldsymbol{y})}{(\boldsymbol{Q}\boldsymbol{y})^{\mathrm{T}}(\boldsymbol{Q}\boldsymbol{y})}=\frac{\boldsymbol{y}^{\mathrm{T}}(\boldsymbol{Q}^{\mathrm{T}}\boldsymbol{A}\boldsymbol{Q})\boldsymbol{y}}{\boldsymbol{y}^{\mathrm{T}}(\boldsymbol{Q}^{\mathrm{T}}\boldsymbol{Q})\boldsymbol{y}}=\frac{\boldsymbol{y}^{\mathrm{T}}\boldsymbol{\Lambda}\boldsymbol{y}}{\boldsymbol{y}^{\mathrm{T}}\boldsymbol{y}}\\&=\frac{4y_1^2+4y_2^2+2y_3^2}{y_1^2+y_2^2+y_3^2}\geqslant\frac{2y_1^2+2y_2^2+2y_3^2}{y_1^2+y_2^2+y_3^2}=2\end{aligned}$$

于是，$\min\limits_{\boldsymbol{x}\neq 0}\dfrac{f(\boldsymbol{x})}{\boldsymbol{x}^{\mathrm{T}}\boldsymbol{x}}=2$。

【评注】 本题考查以下知识点：

(1) 正交变换具有“三不变”性质：即向量长度不变、向量夹角不变、向量内积不变。

(2) 若 $\boldsymbol{A}$ 的极小和极大特征值为 $\lambda_{\min}$，$\lambda_{\max}$，则针对单位列向量 $\boldsymbol{x}$，二次型 $\boldsymbol{x}^{\mathrm{T}}\boldsymbol{A}\boldsymbol{x}$ 的极小值和极大值为 $\lambda_{\min}$，$\lambda_{\max}$。

【例 5.34】 设二次型

$$\begin{aligned}f(x_1,x_2,x_3)&=x_1^2+2x_2^2+2x_3^2+2x_1x_2-2x_1x_3,\ g(y_1,y_2,y_3)\\&=y_1^2+y_2^2+y_3^2+2y_2y_3\end{aligned}$$

例 5.34

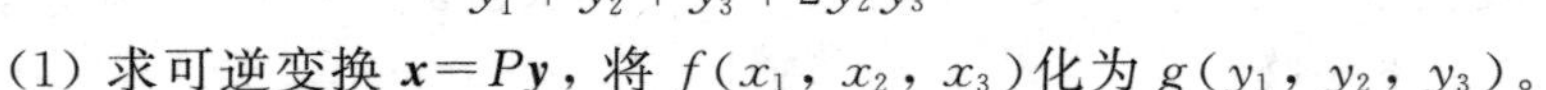

(1) 求可逆变换 $\boldsymbol{x}=\boldsymbol{P}\boldsymbol{y}$，将 $f(x_1,x_2,x_3)$ 化为 $g(y_1,y_2,y_3)$。

(2) 是否存在正交变换 $\boldsymbol{x}=\boldsymbol{Q}\boldsymbol{y}$，将 $f(x_1,x_2,x_3)$ 化为 $g(y_1,y_2,y_3)$。

【思路】 通过配方法把两个二次型化为规范形，从而建立二者的关系。

【解】 (1) 用配方法把二次型 $f(x_1,x_2,x_3)$ 和 $g(y_1,y_2,y_3)$ 化为规范形。

$$\begin{aligned}f(x_1,x_2,x_3)&=x_1^2+2x_2^2+2x_3^2+2x_1x_2-2x_1x_3\\&=(x_1+x_2-x_3)^2+x_2^2+x_3^2+2x_2x_3\\&=(x_1+x_2-x_3)^2+(x_2+x_3)^2\end{aligned}$$

令$\begin{cases} z_1=x_1+x_2-x_3 \\ z_2=x_2+x_3 \\ z_3=x_3 \end{cases}$，即$\begin{pmatrix} z_1 \\ z_2 \\ z_3 \end{pmatrix}=\begin{pmatrix} 1 & 1 & -1 \\ 0 & 1 & 1 \\ 0 & 0 & 1 \end{pmatrix}\begin{pmatrix} x_1 \\ x_2 \\ x_3 \end{pmatrix}$，则有$f(x_1, x_2, x_3)=z_1^2+z_2^2$。

$$g(x_1, x_2, x_3)=y_1^2+y_2^2+y_3^2+2y_2y_3=y_1^2+(y_2+y_3)^2$$

令$\begin{cases} z_1=y_1 \\ z_2=y_2+y_3 \\ z_3=y_3 \end{cases}$，即$\begin{pmatrix} z_1 \\ z_2 \\ z_3 \end{pmatrix}=\begin{pmatrix} 1 & 0 & 0 \\ 0 & 1 & 1 \\ 0 & 0 & 1 \end{pmatrix}\begin{pmatrix} y_1 \\ y_2 \\ y_3 \end{pmatrix}$，则有$f(x_1, x_2, x_3)=z_1^2+z_2^2$。

于是有

$$\begin{pmatrix} z_1 \\ z_2 \\ z_3 \end{pmatrix}=\begin{pmatrix} 1 & 1 & -1 \\ 0 & 1 & 1 \\ 0 & 0 & 1 \end{pmatrix}\begin{pmatrix} x_1 \\ x_2 \\ x_3 \end{pmatrix}=\begin{pmatrix} 1 & 0 & 0 \\ 0 & 1 & 1 \\ 0 & 0 & 1 \end{pmatrix}\begin{pmatrix} y_1 \\ y_2 \\ y_3 \end{pmatrix}$$

则有

$$\begin{pmatrix} x_1 \\ x_2 \\ x_3 \end{pmatrix}=\begin{pmatrix} 1 & 1 & -1 \\ 0 & 1 & 1 \\ 0 & 0 & 1 \end{pmatrix}^{-1}\begin{pmatrix} 1 & 0 & 0 \\ 0 & 1 & 1 \\ 0 & 0 & 1 \end{pmatrix}\begin{pmatrix} y_1 \\ y_2 \\ y_3 \end{pmatrix}=\begin{pmatrix} 1 & -1 & 1 \\ 0 & 1 & 0 \\ 0 & 0 & 1 \end{pmatrix}\begin{pmatrix} y_1 \\ y_2 \\ y_3 \end{pmatrix}$$

于是$\boldsymbol{P}=\begin{pmatrix} 1 & -1 & 1 \\ 0 & 1 & 0 \\ 0 & 0 & 1 \end{pmatrix}$。

(2) 二次型$f(x_1, x_2, x_3)=x_1^2+2x_2^2+2x_3^2+2x_1x_2-2x_1x_3$的矩阵为$\boldsymbol{A}=\begin{pmatrix} 1 & 1 & -1 \\ 1 & 2 & 0 \\ -1 & 0 & 2 \end{pmatrix}$；二次型$g(y_1, y_2, y_3)=y_1^2+y_2^2+y_3^2+2y_2y_3$的矩阵为$\boldsymbol{B}=\begin{pmatrix} 1 & 0 & 0 \\ 0 & 1 & 1 \\ 0 & 1 & 1 \end{pmatrix}$。

假设存在正交变换$\boldsymbol{x}=\boldsymbol{Q}\boldsymbol{y}$，将$f(x_1, x_2, x_3)$化为$g(y_1, y_2, y_3)$，则矩阵$\boldsymbol{A}$与$\boldsymbol{B}$相似，然而$\mathrm{tr}(\boldsymbol{A})=5$，$\mathrm{tr}(\boldsymbol{B})=3$，这与矩阵$\boldsymbol{A}$与$\boldsymbol{B}$相似的结论矛盾，于是不存在正交变换$\boldsymbol{x}=\boldsymbol{Q}\boldsymbol{y}$，将$f(x_1, x_2, x_3)$化为$g(y_1, y_2, y_3)$。

【评注】 本题考查以下知识点：

(1) 若二次型$\boldsymbol{x}^{\mathrm{T}}\boldsymbol{A}\boldsymbol{x}$与$\boldsymbol{y}^{\mathrm{T}}\boldsymbol{B}\boldsymbol{y}$有相同的正负惯性指数，则存在可逆变换$\boldsymbol{x}=\boldsymbol{P}\boldsymbol{y}$，使得二次型$\boldsymbol{x}^{\mathrm{T}}\boldsymbol{A}\boldsymbol{x}$化为$\boldsymbol{y}^{\mathrm{T}}\boldsymbol{B}\boldsymbol{y}$。

(2) 若对称矩阵$\boldsymbol{A}$和$\boldsymbol{B}$有完全相同的特征值，则存在正交变换$\boldsymbol{x}=\boldsymbol{Q}\boldsymbol{y}$，使得二次型$\boldsymbol{x}^{\mathrm{T}}\boldsymbol{A}\boldsymbol{x}$化为$\boldsymbol{y}^{\mathrm{T}}\boldsymbol{B}\boldsymbol{y}$。

(3) 若对称矩阵$\boldsymbol{A}$与$\boldsymbol{B}$不相似，则不存在正交变换$\boldsymbol{x}=\boldsymbol{Q}\boldsymbol{y}$，使得二次型$\boldsymbol{x}^{\mathrm{T}}\boldsymbol{A}\boldsymbol{x}$化为$\boldsymbol{y}^{\mathrm{T}}\boldsymbol{B}\boldsymbol{y}$。

习　题

1. 设$\boldsymbol{\alpha}$为n维单位列向量，$\boldsymbol{E}$为n阶单位矩阵，则(　　)。

(A) $\boldsymbol{E}-\boldsymbol{\alpha}\boldsymbol{\alpha}^{\mathrm{T}}$不可逆　　(B) $\boldsymbol{E}+\boldsymbol{\alpha}\boldsymbol{\alpha}^{\mathrm{T}}$不可逆

(C) $\boldsymbol{E}+2\boldsymbol{\alpha}\boldsymbol{\alpha}^{\mathrm{T}}$不可逆　　(D) $\boldsymbol{E}-2\boldsymbol{\alpha}\boldsymbol{\alpha}^{\mathrm{T}}$不可逆

2. 设$\boldsymbol{\alpha}$为三维单位列向量，$\boldsymbol{E}$为三阶单位矩阵，则矩阵$\boldsymbol{E}-\boldsymbol{\alpha}\boldsymbol{\alpha}^{\mathrm{T}}$的秩为________。

3. 设矩阵 $\boldsymbol{B}=\begin{bmatrix}0&0&1\\0&1&0\\1&0&0\end{bmatrix}$，已知矩阵 $\boldsymbol{A}$ 相似于 $\boldsymbol{B}$，则秩$(\boldsymbol{A}-2\boldsymbol{E})$与秩$(\boldsymbol{A}-\boldsymbol{E})$之和等于(　　)。

(A) 2　　(B) 3　　(C) 4　　(D) 5

4. 设 $\boldsymbol{\alpha}=(1,0,-1)^{\mathrm{T}}$，矩阵 $\boldsymbol{A}=\boldsymbol{\alpha}\boldsymbol{\alpha}^{\mathrm{T}}$，则 $|\boldsymbol{A}^3-5\boldsymbol{A}^2+3\boldsymbol{A}+\boldsymbol{E}|=$______。

5. 设 n 阶矩阵 $\boldsymbol{A}$ 满足 $\boldsymbol{A}^3=\boldsymbol{O}$，则 $|2\boldsymbol{E}+\boldsymbol{A}|=$______。

6. 设二阶矩阵 $\boldsymbol{A}$ 有两个不同特征值，$\boldsymbol{\alpha}_1,\boldsymbol{\alpha}_2$ 是 $\boldsymbol{A}$ 的线性无关的特征向量，且满足 $\boldsymbol{A}^2(\boldsymbol{\alpha}_1+\boldsymbol{\alpha}_2)=\boldsymbol{\alpha}_1+\boldsymbol{\alpha}_2$，则 $|\boldsymbol{A}|=$______。

7. 若四阶矩阵 $\boldsymbol{A}$ 与 $\boldsymbol{B}$ 相似，矩阵 $\boldsymbol{A}$ 的特征值为 $\frac{1}{2}$，$\frac{1}{3}$，$\frac{1}{4}$，$\frac{1}{5}$，则行列式 $|\boldsymbol{B}^{-1}-\boldsymbol{E}|=$______。

8. 设三阶矩阵 $\boldsymbol{A}$ 的特征值为 2，3，λ。若行列式 $|2\boldsymbol{A}|=-48$，则 $\lambda=$______。

9. 设三阶矩阵 $\boldsymbol{A}$ 的特征值为 1，2，2，$\boldsymbol{E}$ 为三阶单位矩阵，则 $|4\boldsymbol{A}^{-1}-\boldsymbol{E}|$______。

10. 设 $\boldsymbol{A}$ 为三阶矩阵，$\boldsymbol{\alpha}_1$，$\boldsymbol{\alpha}_2$ 为 $\boldsymbol{A}$ 的分别属于 -1，1 的特征向量，向量 $\boldsymbol{\alpha}_3$ 满足 $\boldsymbol{A}\boldsymbol{\alpha}_3=\boldsymbol{\alpha}_2+\boldsymbol{\alpha}_3$。

(1) 证明 $\boldsymbol{\alpha}_1,\boldsymbol{\alpha}_2,\boldsymbol{\alpha}_3$ 线性无关。

(2) 令 $\boldsymbol{P}=(\boldsymbol{\alpha}_1,\boldsymbol{\alpha}_2,\boldsymbol{\alpha}_3)$，求 $\boldsymbol{P}^{-1}\boldsymbol{A}\boldsymbol{P}$。

11. 设 $\boldsymbol{A}=\begin{bmatrix}3&-2&1\\1&-1&1\\1&0&2\end{bmatrix}$，已知 $\boldsymbol{\alpha}=(2,1,t)^{\mathrm{T}}$ 是矩阵 $\boldsymbol{A}$ 的特征向量，则 $t=$______。

12. 设矩阵 $\boldsymbol{A}=\begin{bmatrix}3&2&2\\2&3&2\\2&2&3\end{bmatrix}$，$\boldsymbol{P}=\begin{bmatrix}0&1&0\\1&0&1\\0&0&1\end{bmatrix}$，$\boldsymbol{B}=\boldsymbol{P}^{-1}\boldsymbol{A}^*\boldsymbol{P}$，求 $\boldsymbol{B}+2\boldsymbol{E}$ 的特征值与特征向量，其中 $\boldsymbol{A}^*$ 是 $\boldsymbol{A}$ 的伴随矩阵，$\boldsymbol{E}$ 为三阶单位矩阵。

13. 设三阶矩阵 $\boldsymbol{A}=(\boldsymbol{\alpha}_1,\boldsymbol{\alpha}_2,\boldsymbol{\alpha}_3)$ 有 3 个不同的特征值，且 $\boldsymbol{\alpha}_3=\boldsymbol{\alpha}_1+2\boldsymbol{\alpha}_2$。

(1) 证明 $R(\boldsymbol{A})=2$。

(2) 若 $\boldsymbol{\beta}=\boldsymbol{\alpha}_1+\boldsymbol{\alpha}_2+\boldsymbol{\alpha}_3$，求方程组 $\boldsymbol{A}\boldsymbol{x}=\boldsymbol{\beta}$ 的通解。

14. 已知矩阵 $\boldsymbol{A}=\begin{bmatrix}2&0&0\\0&2&1\\0&0&1\end{bmatrix}$，$\boldsymbol{B}=\begin{bmatrix}2&1&0\\0&2&0\\0&0&1\end{bmatrix}$，$\boldsymbol{C}=\begin{bmatrix}1&0&0\\0&2&0\\0&0&2\end{bmatrix}$，则(　　)。

(A) $\boldsymbol{A}$ 与 $\boldsymbol{C}$ 相似，$\boldsymbol{B}$ 与 $\boldsymbol{C}$ 相似　　(B) $\boldsymbol{A}$ 与 $\boldsymbol{C}$ 相似，$\boldsymbol{B}$ 与 $\boldsymbol{C}$ 不相似

(C) $\boldsymbol{A}$ 与 $\boldsymbol{C}$ 不相似，$\boldsymbol{B}$ 与 $\boldsymbol{C}$ 相似　　(D) $\boldsymbol{A}$ 与 $\boldsymbol{C}$ 不相似，$\boldsymbol{B}$ 与 $\boldsymbol{C}$ 不相似

15. 下列矩阵中，与矩阵 $\begin{bmatrix}1&1&0\\0&1&1\\0&0&1\end{bmatrix}$ 相似的为(　　)。

(A) $\begin{bmatrix}1&1&-1\\0&1&1\\0&0&1\end{bmatrix}$　(B) $\begin{bmatrix}1&0&-1\\0&1&1\\0&0&1\end{bmatrix}$　(C) $\begin{bmatrix}1&1&-1\\0&1&0\\0&0&1\end{bmatrix}$　(D) $\begin{bmatrix}1&0&-1\\0&1&0\\0&0&1\end{bmatrix}$

16. 证明 n 阶矩阵 $\begin{bmatrix} 1 & 1 & \cdots & 1 \\ 1 & 1 & \cdots & 1 \\ \vdots & \vdots & & \vdots \\ 1 & 1 & \cdots & 1 \end{bmatrix}$ 与 $\begin{bmatrix} 0 & \cdots & 0 & 1 \\ 0 & \cdots & 0 & 2 \\ \vdots & & \vdots & \vdots \\ 0 & \cdots & 0 & n \end{bmatrix}$ 相似。

17. 已知三阶矩阵 $\boldsymbol{A}$ 与三维列向量 $\boldsymbol{x}$ 使向量组 $\boldsymbol{x},\boldsymbol{A}\boldsymbol{x},\boldsymbol{A}^2\boldsymbol{x}$ 线性无关，且满足 $\boldsymbol{A}^3\boldsymbol{x}=3\boldsymbol{A}\boldsymbol{x}-2\boldsymbol{A}^2\boldsymbol{x}$。

(1) 记 $\boldsymbol{P}=(\boldsymbol{x},\boldsymbol{A}\boldsymbol{x},\boldsymbol{A}^2\boldsymbol{x})$，求三阶矩阵 $\boldsymbol{B}$，使 $\boldsymbol{A}=\boldsymbol{P}\boldsymbol{B}\boldsymbol{P}^{-1}$。

(2) 计算行列式 $|\boldsymbol{A}+\boldsymbol{E}|$。

18. 设 $\boldsymbol{\alpha}=(1,\ 1,\ 1)^{\mathrm{T}}$，$\boldsymbol{\beta}=(1,\ 0,\ k)^{\mathrm{T}}$，若矩阵 $\boldsymbol{\alpha}\boldsymbol{\beta}^{\mathrm{T}}$ 相似于 $\begin{bmatrix} 3 & 0 & 0 \\ 0 & 0 & 0 \\ 0 & 0 & 0 \end{bmatrix}$，则 $k=$______。

19. 设 $\boldsymbol{A}$ 为三阶矩阵，$\boldsymbol{\alpha}_1,\boldsymbol{\alpha}_2$ 为 $\boldsymbol{A}$ 的属于特征值 1 的线性无关的特征向量，$\boldsymbol{\alpha}_3$ 为 $\boldsymbol{A}$ 的属于特征值 -1 的特征向量，则满足 $\boldsymbol{P}^{-1}\boldsymbol{A}\boldsymbol{P}=\begin{bmatrix} 1 & 0 & 0 \\ 0 & -1 & 0 \\ 0 & 0 & 1 \end{bmatrix}$ 的可逆矩阵 $\boldsymbol{P}$ 可为（　　）。

(A) $(\boldsymbol{\alpha}_1+\boldsymbol{\alpha}_3,\boldsymbol{\alpha}_2,-\boldsymbol{\alpha}_3)$　　(B) $(\boldsymbol{\alpha}_1+\boldsymbol{\alpha}_2,\boldsymbol{\alpha}_2,-\boldsymbol{\alpha}_3)$

(C) $(\boldsymbol{\alpha}_1+\boldsymbol{\alpha}_3,-\boldsymbol{\alpha}_3,\boldsymbol{\alpha}_2)$　　(D) $(\boldsymbol{\alpha}_1+\boldsymbol{\alpha}_2,-\boldsymbol{\alpha}_3,\boldsymbol{\alpha}_2)$

20. 设矩阵 $\boldsymbol{A}=\begin{bmatrix} 2 & -3 & 2 \\ 0 & 3 & a \\ 1 & 3 & 1 \end{bmatrix}$ 的特征方程有一个二重根，求 a 的值，并讨论 $\boldsymbol{A}$ 是否可以对角化。

21. 设 $\boldsymbol{A}$ 为二阶矩阵，$\boldsymbol{P}=(\boldsymbol{\alpha},\ \boldsymbol{A}\boldsymbol{\alpha})$，其中 $\boldsymbol{\alpha}$ 是非零向量且不是 $\boldsymbol{A}$ 的特征向量。

(1) 证明 $\boldsymbol{P}$ 为可逆矩阵。

(2) 若 $\boldsymbol{A}^2\boldsymbol{\alpha}+\boldsymbol{A}\boldsymbol{\alpha}-6\boldsymbol{\alpha}=\boldsymbol{0}$，求 $\boldsymbol{P}^{-1}\boldsymbol{A}\boldsymbol{P}$，并判断 $\boldsymbol{A}$ 是否相似对角矩阵。

22. 已知矩阵 $\boldsymbol{A}=\begin{bmatrix} -2 & -2 & 1 \\ 2 & x & -2 \\ 0 & 0 & -2 \end{bmatrix}$ 与 $\boldsymbol{B}=\begin{bmatrix} 2 & 1 & 0 \\ 0 & -1 & 0 \\ 0 & 0 & y \end{bmatrix}$ 相似。

(1) 求 x，y。

(2) 求可逆矩阵 $\boldsymbol{P}$ 使得 $\boldsymbol{P}^{-1}\boldsymbol{A}\boldsymbol{P}=\boldsymbol{B}$。

23. 设 $\boldsymbol{A}$ 为三阶矩阵，$\boldsymbol{\alpha}_1,\boldsymbol{\alpha}_2,\boldsymbol{\alpha}_3$ 是线性无关的三维列向量，且满足：$\boldsymbol{A}\boldsymbol{\alpha}_1=\boldsymbol{\alpha}_1+\boldsymbol{\alpha}_2+\boldsymbol{\alpha}_3$，$\boldsymbol{A}\boldsymbol{\alpha}_2=2\boldsymbol{\alpha}_2+\boldsymbol{\alpha}_3$，$\boldsymbol{A}\boldsymbol{\alpha}_3=2\boldsymbol{\alpha}_2+3\boldsymbol{\alpha}_3$。

(1) 求矩阵 $\boldsymbol{B}$，使得 $\boldsymbol{A}(\boldsymbol{\alpha}_1,\boldsymbol{\alpha}_2,\boldsymbol{\alpha}_3)=(\boldsymbol{\alpha}_1,\boldsymbol{\alpha}_2,\boldsymbol{\alpha}_3)\boldsymbol{B}$。

(2) 求矩阵 $\boldsymbol{A}$ 的特征值。

(3) 求可逆矩阵 $\boldsymbol{P}$，使得 $\boldsymbol{P}^{-1}\boldsymbol{A}\boldsymbol{P}$ 为对角矩阵。

24. 设三阶实对称矩阵 $\boldsymbol{A}$ 的各行元素之和均为 3，向量 $\boldsymbol{\alpha}_1=(-1,\ 2,\ -1)^{\mathrm{T}}$，$\boldsymbol{\alpha}_2=(0,\ -1,\ 1)^{\mathrm{T}}$ 是线性方程组 $\boldsymbol{A}\boldsymbol{x}=\boldsymbol{0}$ 的两个解。

(1) 求 $\boldsymbol{A}$ 的特征值与特征向量。

(2) 求正交矩阵 $\boldsymbol{Q}$ 和对角矩阵 $\boldsymbol{\Lambda}$，使得 $\boldsymbol{Q}^{\mathrm{T}}\boldsymbol{A}\boldsymbol{Q}=\boldsymbol{\Lambda}$。

25. 设三阶实对称矩阵 $\boldsymbol{A}$ 的特征值为 1，2，-2，且 $\boldsymbol{\alpha}_1=(1,\ -1,\ 1)^{\mathrm{T}}$ 是 $\boldsymbol{A}$ 的属于特征

值 1 的一个特征向量，记 $\boldsymbol{B}=\boldsymbol{A}^5-4\boldsymbol{A}^3+\boldsymbol{E}$。

(1) 验证$\boldsymbol{\alpha}_1$ 是矩阵 $\boldsymbol{B}$ 的一个特征向量，并求 $\boldsymbol{B}$ 的全部特征值和特征向量。

(2) 求矩阵 $\boldsymbol{B}$。

26. 设 $\boldsymbol{A}$ 为四阶实对称矩阵，且$\boldsymbol{A}^2+\boldsymbol{A}=\boldsymbol{O}$，若 $\boldsymbol{A}$ 的秩为 3，则 $\boldsymbol{A}$ 相似于(　　)。

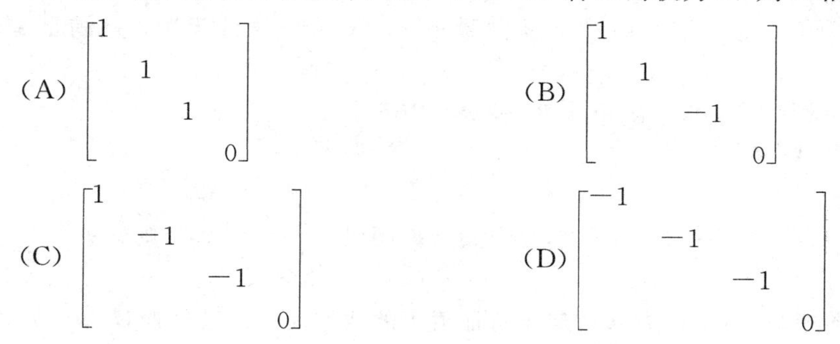

(A) $\begin{bmatrix}1&&&\\&1&&\\&&1&\\&&&0\end{bmatrix}$　　(B) $\begin{bmatrix}1&&&\\&1&&\\&&-1&\\&&&0\end{bmatrix}$

(C) $\begin{bmatrix}1&&&\\&-1&&\\&&-1&\\&&&0\end{bmatrix}$　　(D) $\begin{bmatrix}-1&&&\\&-1&&\\&&-1&\\&&&0\end{bmatrix}$

27. 矩阵 $\begin{bmatrix}1&a&1\\a&b&a\\1&a&1\end{bmatrix}$ 与 $\begin{bmatrix}2&0&0\\0&b&0\\0&0&0\end{bmatrix}$ 相似的充分必要条件为(　　)。

(A) $a=0$，$b=2$　　(B) $a=0$，b 为任意常数

(C) $a=2$，$b=0$　　(D) $a=2$，b 为任意常数

28. 设二次型 $f(x_1,x_2,x_3)=ax_1^2+ax_2^2+(a-1)x_3^2+2x_1x_3-2x_2x_3$。

(1) 求二次型的矩阵的所有特征值。

(2) 若二次型 f 的规范形为 $y_1^2+y_2^2$，求 a 的值。

29. 已知二次型 $f(x_1,x_2,x_3)=\boldsymbol{x}^{\mathrm{T}}\boldsymbol{A}\boldsymbol{x}$ 在正交变换 $\boldsymbol{x}=\boldsymbol{Q}\boldsymbol{y}$ 下的标准形为 $y_1^2+y_2^2$，且 $\boldsymbol{Q}$ 的第 3 列为$\left(\frac{\sqrt{2}}{2},0,\frac{\sqrt{2}}{2}\right)^{\mathrm{T}}$。

(1) 求矩阵 $\boldsymbol{A}$。

(2) 证明 $\boldsymbol{A}+\boldsymbol{E}$ 为正定矩阵，其中 $\boldsymbol{E}$ 为三阶单位矩阵。

30. 设二次型 $f(x_1,x_2,x_3)=x_1^2-x_2^2+2ax_1x_3+4x_2x_3$ 的负惯性指数为 1，则 a 的取值范围是______。

31. 设二次型 $f(x_1,x_2,x_3)$在正交变换 $\boldsymbol{x}=\boldsymbol{P}\boldsymbol{y}$ 下的标准形为 $2y_1^2+y_2^2-y_3^2$，其中 $\boldsymbol{P}=(\boldsymbol{e}_1,\boldsymbol{e}_2,\boldsymbol{e}_3)$，若 $\boldsymbol{Q}=(\boldsymbol{e}_1,-\boldsymbol{e}_3,\boldsymbol{e}_2)$，则 $f(x_1,x_2,x_3)$在正交变换 $\boldsymbol{x}=\boldsymbol{Q}\boldsymbol{y}$ 下的标准形为(　　)。

(A) $2y_1^2-y_2^2+y_3^2$　　(B) $2y_1^2+y_2^2-y_3^2$

(C) $2y_1^2-y_2^2-y_3^2$　　(D) $2y_1^2+y_2^2+y_3^2$

32. 设二次型 $f(x_1,x_2,x_3)=x_1^2+x_2^2+x_3^2+4x_1x_2+4x_1x_3+4x_2x_3$，则$f(x_1,x_2,x_3)=2$ 在空间直角坐标下表示的二次曲面为(　　)。

(A) 单叶双曲面　　(B) 双叶双曲面

(C) 椭球面　　(D) 柱面

33. 设实二次型 $f(x_1,x_2,x_3)=(x_1-x_2+x_3)^2+(x_2+x_3)^2+(x_1+ax_3)^2$，其中 a 是参数。

(1) 求 $f(x_1,x_2,x_3)=0$ 的解。

(2) 求 $f(x_1,x_2,x_3)$的规范形。

34. 二次型 $f(x_1,x_2,x_3)=(x_1+x_2)^2+(x_2-x_3)^2+(x_3+x_1)^2$ 的秩为______。

35. 设 $\boldsymbol{A}=\begin{bmatrix}1 & 2\\ 2 & 1\end{bmatrix}$，则在实数域上与 $\boldsymbol{A}$ 合同的矩阵为(　　)。

(A) $\begin{bmatrix}-2 & 1\\ 1 & -2\end{bmatrix}$　　(B) $\begin{bmatrix}2 & -2\\ -1 & 2\end{bmatrix}$

(C) $\begin{bmatrix}2 & 1\\ 1 & 2\end{bmatrix}$　　(D) $\begin{bmatrix}1 & -2\\ -2 & 1\end{bmatrix}$

36. 下列是 $\boldsymbol{A}_{3\times 3}$ 可对角化的充分而非必要条件是(　　)。

(A) $\boldsymbol{A}$ 有 3 个不同的特征值　　(B) $\boldsymbol{A}$ 有 3 个无关的特征向量

(C) $\boldsymbol{A}$ 有 3 个两两无关的特征向量　　(D) $\boldsymbol{A}$ 不同的特征值对应的特征向量正交

37. 设 $\boldsymbol{A}$ 为三阶矩阵，$\boldsymbol{\Lambda}=\begin{bmatrix}1 & 0 & 0\\ 0 & -1 & 0\\ 0 & 0 & 0\end{bmatrix}$，则 $\boldsymbol{A}$ 的特征值为 1，－1，0 的充分必要条件是(　　)。

(A) 存在可逆矩阵 $\boldsymbol{P}$，$\boldsymbol{Q}$，使得 $\boldsymbol{A}=\boldsymbol{P\Lambda Q}$

(B) 存在可逆矩阵 $\boldsymbol{P}$，使得 $\boldsymbol{A}=\boldsymbol{P\Lambda P}^{-1}$

(C) 存在正交矩阵 $\boldsymbol{Q}$，使得 $\boldsymbol{A}=\boldsymbol{Q\Lambda Q}^{-1}$

(D) 存在可逆矩阵 $\boldsymbol{P}$，$\boldsymbol{A}=\boldsymbol{P\Lambda P}^{\mathrm{T}}$

38. 下列矩阵中不能相似于对角阵的是(　　)。

(A) $\begin{pmatrix}1 & 1 & a\\ 0 & 2 & 2\\ 0 & 0 & 3\end{pmatrix}$　　(B) $\begin{pmatrix}1 & 1 & a\\ 1 & 2 & 0\\ a & 0 & 3\end{pmatrix}$

(C) $\begin{pmatrix}1 & 1 & a\\ 0 & 2 & 0\\ 0 & 0 & 2\end{pmatrix}$　　(D) $\begin{pmatrix}1 & 1 & a\\ 0 & 2 & 2\\ 0 & 0 & 2\end{pmatrix}$

39. 二次型 $f(x_1,x_2,x_3)=(x_1+x_2)^2+(x_1+x_3)^2-4(x_2-x_3)^2$ 的规范形为(　　)。

(A) $y_1^2+y_2^2$　　(B) $y_1^2-y_2^2$

(C) $y_1^2+y_2^2-4y_3^2$　　(D) $y_1^2+y_2^2-y_3^2$

40. 二次型 $f(x_1, x_2, x_3)=(x_1+x_2)^2+(x_2+x_3)^2-(x_3-x_1)^2$ 的正惯性指数与负惯性指数依次为(　　)。

(A) 2，0　　(B) 1，1　　(C) 2，1　　(D) 1，2

附　录

附录 A　易错与易混淆的问题

易错与易混淆的问题

1. $|\boldsymbol{A}|=0$ 与 $A=O$

错误命题： 若 $|\boldsymbol{A}|=0$，则 $\boldsymbol{A}=\boldsymbol{O}$。

评注： 行列式是一个值，而矩阵是一个数表，只有当矩阵 $\boldsymbol{A}$ 的所有元素都为 0 时，才有 $\boldsymbol{A}=\boldsymbol{O}$。

2. $k|\boldsymbol{A}|$ 与 $k\boldsymbol{A}$

错误运算： $100\times\begin{vmatrix}1&2\\3&7\end{vmatrix}=\begin{vmatrix}100&200\\300&700\end{vmatrix}$

正确运算： $100\times\begin{vmatrix}1&2\\3&7\end{vmatrix}=\begin{vmatrix}100&200\\3&7\end{vmatrix}$

正确运算： $100\times\begin{vmatrix}1&2\\3&7\end{vmatrix}=\begin{vmatrix}100&2\\300&7\end{vmatrix}$

正确运算： $100\times\begin{bmatrix}1&2\\3&7\end{bmatrix}=\begin{bmatrix}100&200\\300&700\end{bmatrix}$

评注： 不要把矩阵数乘与行列式乘数搞混淆了，参见 2.1。

3. 行列式与矩阵的“拆分”

错误运算： $\begin{vmatrix}a+x&l+i&r+u\\b+y&m+j&s+v\\c+z&n+k&t+w\end{vmatrix}=\begin{vmatrix}a&l&r\\b&m&s\\c&n&t\end{vmatrix}+\begin{vmatrix}x&i&u\\y&j&v\\z&k&w\end{vmatrix}$

正确运算： $\begin{vmatrix}a+x&l+i&r+u\\b+y&m+j&s+v\\c+z&n+k&t+w\end{vmatrix}=\begin{vmatrix}a&l+i&r+u\\b&m+j&s+v\\c&n+k&t+w\end{vmatrix}+\begin{vmatrix}x&l+i&r+u\\y&m+j&s+v\\z&n+k&t+w\end{vmatrix}$

正确运算： $\begin{bmatrix}a+x&l+i&r+u\\b+y&m+j&s+v\\c+z&n+k&t+w\end{bmatrix}=\begin{bmatrix}a&l&r\\b&m&s\\c&n&t\end{bmatrix}+\begin{bmatrix}x&i&u\\y&j&v\\z&k&w\end{bmatrix}$

评注： 不要把矩阵加法和行列式的拆分性质搞混淆了，行列式的拆分只能拆分其中一行(列)，参见 2.4。

4. 乘法交换律和消去律

错误等式： $\boldsymbol{AB}=\boldsymbol{BA}$

错误等式：$(\boldsymbol{A}\pm\boldsymbol{B})^2=\boldsymbol{A}^2\pm2\boldsymbol{AB}+\boldsymbol{B}^2$

错误等式：$(\boldsymbol{A}+\boldsymbol{B})(\boldsymbol{A}-\boldsymbol{B})=\boldsymbol{A}^2-\boldsymbol{B}^2$

错误命题：若 $\boldsymbol{AB}=\boldsymbol{AC}$，则 $\boldsymbol{B}=\boldsymbol{C}$。

错误命题：若 $\boldsymbol{AB}=\boldsymbol{O}$，则 $\boldsymbol{A}=\boldsymbol{O}$ 或 $\boldsymbol{B}=\boldsymbol{O}$。

错误命题：若$\boldsymbol{A}^2=\boldsymbol{O}$，则 $\boldsymbol{A}=\boldsymbol{O}$。

评注：矩阵乘法一般情况下不满足交换律和消去律，但以下命题正确：

正确命题：若 $\boldsymbol{AB}=\boldsymbol{AC}$，且 $\boldsymbol{A}$ 可逆，则 $\boldsymbol{B}=\boldsymbol{C}$。

正确命题：若 $\boldsymbol{AB}=\boldsymbol{O}$，且 $\boldsymbol{A}$ 可逆，则 $\boldsymbol{B}=\boldsymbol{O}$。

正确命题：与方阵 $\boldsymbol{A}$ 可交换的特殊方阵有：

① $\boldsymbol{A}$ 与零矩阵 $\boldsymbol{O}$ 可交换。

② $\boldsymbol{A}$ 与数量矩阵 $k\boldsymbol{E}$ 可交换。

③ $\boldsymbol{A}$ 与它的伴随矩阵$\boldsymbol{A}^*$可交换。

④ $\boldsymbol{A}$ 与它的逆矩阵$\boldsymbol{A}^{-1}$可交换。

⑤ 若 $\boldsymbol{A}$、$\boldsymbol{B}$ 都为对角矩阵，则 $\boldsymbol{A}$ 与 $\boldsymbol{B}$ 可交换。

⑥ 若 $\boldsymbol{AB}=\boldsymbol{A}\pm\boldsymbol{B}$，则 $\boldsymbol{A}$ 与 $\boldsymbol{B}$ 可交换。

评注：证明⑥。因为有 $\boldsymbol{AB}=\boldsymbol{A}+\boldsymbol{B}$，则有$(\boldsymbol{A}-\boldsymbol{E})(\boldsymbol{B}-\boldsymbol{E})=\boldsymbol{E}$，于是$(\boldsymbol{A}-\boldsymbol{E})$与$(\boldsymbol{B}-\boldsymbol{E})$互逆，则有$(\boldsymbol{B}-\boldsymbol{E})(\boldsymbol{A}-\boldsymbol{E})=\boldsymbol{E}$，即 $\boldsymbol{BA}=\boldsymbol{A}+\boldsymbol{B}=\boldsymbol{AB}$。

5. 矩阵加法运算

错误等式：$(\boldsymbol{A}+\boldsymbol{B})^{-1}=\boldsymbol{A}^{-1}+\boldsymbol{B}^{-1}$

错误等式：$(\boldsymbol{A}+\boldsymbol{B})^*=\boldsymbol{A}^*+\boldsymbol{B}^*$

错误等式：$(\boldsymbol{A}+\boldsymbol{B})^n=\boldsymbol{A}^n+\mathrm{C}_n^1\boldsymbol{B}\boldsymbol{A}^{n-1}+\mathrm{C}_n^2\boldsymbol{B}^2\boldsymbol{A}^{n-2}+\cdots+\mathrm{C}_n^n\boldsymbol{B}^n$

错误等式：$|\boldsymbol{A}+\boldsymbol{B}|=|\boldsymbol{A}|+|\boldsymbol{B}|$

正确等式：$(\boldsymbol{A}+\boldsymbol{B})^{\mathrm{T}}=\boldsymbol{A}^{\mathrm{T}}+\boldsymbol{B}^{\mathrm{T}}$

正确命题：当矩阵 $\boldsymbol{AB}=\boldsymbol{BA}$ 时，则有：$(\boldsymbol{A}+\boldsymbol{B})^n=\boldsymbol{A}^n+\mathrm{C}_n^1\boldsymbol{B}\boldsymbol{A}^{n-1}+\mathrm{C}_n^2\boldsymbol{B}^2\boldsymbol{A}^{n-2}+\cdots+\mathrm{C}_n^n\boldsymbol{B}^n$。

评注：参见 2.13 节和例 1.3。

6. $\boldsymbol{\alpha}\boldsymbol{\beta}^{\mathrm{T}}$ 与$\boldsymbol{\alpha}^{\mathrm{T}}\boldsymbol{\beta}$

设 $\boldsymbol{\alpha}$、$\boldsymbol{\beta}$ 都是 n 维列向量。

错误等式：$\boldsymbol{\alpha}\boldsymbol{\beta}^{\mathrm{T}}=\boldsymbol{\beta}\boldsymbol{\alpha}^{\mathrm{T}}$

错误等式：$\boldsymbol{\alpha}\boldsymbol{\beta}^{\mathrm{T}}=\boldsymbol{\alpha}^{\mathrm{T}}\boldsymbol{\beta}$

正确等式：$\boldsymbol{\alpha}^{\mathrm{T}}\boldsymbol{\beta}=\boldsymbol{\beta}^{\mathrm{T}}\boldsymbol{\alpha}$

正确等式：$\mathrm{tr}(\boldsymbol{\alpha}\boldsymbol{\beta}^{\mathrm{T}})=\mathrm{tr}(\boldsymbol{\beta}\boldsymbol{\alpha}^{\mathrm{T}})=\boldsymbol{\alpha}^{\mathrm{T}}\boldsymbol{\beta}=\boldsymbol{\beta}^{\mathrm{T}}\boldsymbol{\alpha}$

评注：若 $\boldsymbol{\alpha}$、$\boldsymbol{\beta}$ 都是 n 维列向量，则$\boldsymbol{\alpha}^{\mathrm{T}}\boldsymbol{\beta}$ 和 $\boldsymbol{\beta}^{\mathrm{T}}\boldsymbol{\alpha}$ 是向量 $\boldsymbol{\alpha}$、$\boldsymbol{\beta}$ 的内积，是一个数。而 $\boldsymbol{\alpha}\boldsymbol{\beta}^{\mathrm{T}}$ 和 $\boldsymbol{\beta}\boldsymbol{\alpha}^{\mathrm{T}}$ 都是 n 阶矩阵，虽然一般情况下 $\boldsymbol{\alpha}\boldsymbol{\beta}^{\mathrm{T}}\neq\boldsymbol{\beta}\boldsymbol{\alpha}^{\mathrm{T}}$，但它们主对角线元素之和恰好都是向量 $\boldsymbol{\alpha}$、$\boldsymbol{\beta}$ 的内积。

7. 分块矩阵

错误命题：若 $\boldsymbol{A}$、$\boldsymbol{B}$、$\boldsymbol{C}$ 均为 n 阶矩阵，则有$(\boldsymbol{AB},\boldsymbol{CB})=(\boldsymbol{A},\boldsymbol{C})\boldsymbol{B}$ 。

评注：因为$(\boldsymbol{A},\boldsymbol{C})$是 $n\times2n$ 矩阵，不能左乘矩阵 $\boldsymbol{B}$。

正确命题： 若 $\boldsymbol{A}$、$\boldsymbol{B}$、$\boldsymbol{C}$ 均为 n 阶矩阵，则有 $(\boldsymbol{AB},\boldsymbol{AC})=\boldsymbol{A}(\boldsymbol{B},\boldsymbol{C})$ 。

正确命题： 若 $\boldsymbol{A}$、$\boldsymbol{B}$、$\boldsymbol{C}$ 均为 n 阶矩阵，则有 $\begin{bmatrix}\boldsymbol{AB}\\ \boldsymbol{CB}\end{bmatrix}=\begin{bmatrix}\boldsymbol{A}\\ \boldsymbol{C}\end{bmatrix}\boldsymbol{B}$。

评注： 参见 1.10 节。

8. 余子式与代数余子式

错误运算： $|\boldsymbol{A}_3|=a_{11}M_{11}+a_{12}M_{12}+a_{13}M_{13}$

正确运算： $|\boldsymbol{A}_3|=a_{11}A_{11}+a_{12}A_{12}+a_{13}A_{13}$

评注： 把余子式 M_{ij} 和代数余子式 A_{ij} 搞混淆了。它们的关系是：$A_{ij}=(-1)^{i+j}M_{ij}$（参见 2.5 节）。

9. 矩阵 $\boldsymbol{A}_3$ 的伴随矩阵 $\boldsymbol{A}^*$ 的构成

错误等式： $\boldsymbol{A}^*=\begin{bmatrix}A_{11} & A_{12} & A_{13}\\ A_{21} & A_{22} & A_{23}\\ A_{31} & A_{32} & A_{33}\end{bmatrix}$

正确等式： $\boldsymbol{A}^*=\begin{bmatrix}A_{11} & A_{21} & A_{31}\\ A_{12} & A_{22} & A_{32}\\ A_{13} & A_{23} & A_{33}\end{bmatrix}$

评注： $\boldsymbol{A}$ 的伴随矩阵 $\boldsymbol{A}^*$ 的第 i 行第 j 列元素是 $|\boldsymbol{A}|$ 的代数余子式 A_{ji} 而不是 A_{ij}。

10. 分块副对角矩阵的行列式公式

错误公式： $\begin{vmatrix}\boldsymbol{O} & \boldsymbol{A}_m\\ \boldsymbol{B}_n & \boldsymbol{C}\end{vmatrix}=(-1)^{m+n}|\boldsymbol{A}_m||\boldsymbol{B}_n|$

正确公式： $\begin{vmatrix}\boldsymbol{O} & \boldsymbol{A}_m\\ \boldsymbol{B}_n & \boldsymbol{C}\end{vmatrix}=(-1)^{m\times n}|\boldsymbol{A}_m||\boldsymbol{B}_n|$

评注： 参见 2.11 节。

11. 范德蒙行列式

错误运算： $\begin{vmatrix}1 & 1 & 1 & 1\\ 1 & 2 & 4 & 8\\ 1 & 4 & 16 & 64\\ 1 & 5 & 25 & 125\end{vmatrix}=(8-4)(8-2)(8-1)(4-2)(4-1)(2-1)$

错误运算： $\begin{vmatrix}1 & 1 & 1 & 1\\ 1 & 2 & 4 & 8\\ 1 & 4 & 16 & 64\\ 1 & 5 & 25 & 125\end{vmatrix}=(5-4)(5-2)(5-1)$

正确运算： $\begin{vmatrix}1 & 1 & 1 & 1\\ 1 & 2 & 4 & 8\\ 1 & 4 & 16 & 64\\ 1 & 5 & 25 & 125\end{vmatrix}=(5-4)(5-2)(5-1)(4-2)(4-1)(2-1)$

评注： (1) 该范德蒙行列式的关键行(列)不是第 2 行，而是第 2 列。

(2) n 阶范德蒙行列式的计算结果是$\frac{n(n-1)}{2}$项的乘积。

12. 矩阵等式 $AB=E$

错误命题： 若 $AB=E$，则矩阵 A 与 B 互逆。

评注： 设 $A=\begin{bmatrix}1&0&2\\0&1&3\end{bmatrix}$，$B=\begin{bmatrix}1&0\\0&1\\0&0\end{bmatrix}$，显然 $AB=E$，但矩阵 A 与 B 不互逆。

正确命题： 若 n 阶矩阵 A 和 B 满足 $AB=E$，则矩阵 A 与 B 互逆。

13. n 阶矩阵 A 的逆矩阵 A^{-1} 和伴随矩阵 A^*

错误命题： n 阶矩阵 A 的逆矩阵 A^{-1} 总是存在的。

错误等式： $A^*=A^{-1}$。

评注： n 阶矩阵 A 的逆矩阵 A^{-1} 有可能存在，也有可能不存在，但它的伴随矩阵 A^* 一定存在，它们之间的关系是：$A^*=|A|A^{-1}$，当 $|A|=1$ 时，$A^*=A^{-1}$。

14. 两两线性无关与两两正交

错误命题： 若向量组 $\alpha_1,\alpha_2,\cdots,\alpha_m$ 两两线性无关，则向量组 $\alpha_1,\alpha_2,\cdots,\alpha_m$ 线性无关。

评注： 例如，$\begin{bmatrix}1\\0\end{bmatrix}$，$\begin{bmatrix}0\\1\end{bmatrix}$，$\begin{bmatrix}2\\3\end{bmatrix}$两两线性无关，但整个向量组线性相关。

正确命题： 若非零向量组 $\alpha_1,\alpha_2,\cdots,\alpha_m$ 两两正交，则向量组 $\alpha_1,\alpha_2,\cdots,\alpha_m$ 线性无关。

评注： 证明见 4.26 节。

15. 只含一个向量 α 的向量组

错误命题： 只含一个向量 α 的向量组线性无关。

错误命题： 只含一个向量 α 的向量组线性相关。

评注： 若 $\alpha\neq 0$，则只含一个向量 α 的向量组线性无关。若 $\alpha=0$，则只含一个向量 α 的向量组线性相关。

16. 两个线性相关的向量

错误命题： 若 α、β 线性相关，则 $\beta=k\alpha$。

评注： 例如，当 $\alpha=0$ 时 $\beta\neq 0$ 时，α 不能线性表示 β。

正确命题： 若 α、β 线性相关，且 $\alpha\neq 0$，则有 $\beta=k\alpha$。

正确命题： 若 $A\alpha$、α 线性相关，且 $\alpha\neq 0$，则 α 是矩阵 A 的特征向量。

17. 向量组 $\alpha_1,\alpha_2,\cdots,\alpha_m$ 线性相关与线性表示

错误命题： 若向量组 $\alpha_1,\alpha_2,\cdots,\alpha_m$ 线性相关，则 α_1 一定可以由其余向量线性表示。

评注： 例如，向量组 $\begin{bmatrix}1\\0\end{bmatrix}$，$\begin{bmatrix}0\\1\end{bmatrix}$，$\begin{bmatrix}0\\3\end{bmatrix}$线性相关，但$\begin{bmatrix}1\\0\end{bmatrix}$不能由其余向量线性表示。

正确命题： 若向量组 $\alpha_1,\alpha_2,\cdots,\alpha_m$ 线性相关，则至少有一个向量可以由其余向量线性表示。

18. 秩与向量组的线性相关性

错误命题： 若矩阵 A 的秩为 r，则 A 的任意 r 阶子式都非零。

错误命题: 若矩阵 $\boldsymbol{A}$ 的秩为 r,则 $\boldsymbol{A}$ 的任意 r 个行向量组线性无关。

评注: 例如,矩阵 $\boldsymbol{A}=\begin{bmatrix}1&0&0\\0&1&0\\0&0&0\end{bmatrix}$,其秩为 2,而它只有一个非零的二阶子式,它的第 2 行和第 3 行构成的向量组线性相关。

正确命题: 若矩阵 $\boldsymbol{A}$ 的秩为 r,则 $\boldsymbol{A}$ 至少存在一个非零的 r 阶子式。

正确命题: 若矩阵 $\boldsymbol{A}$ 的秩为 r,则 $\boldsymbol{A}$ 的所有 $r+1$ 阶子式都为零。

正确命题: 若矩阵 $\boldsymbol{A}$ 的秩为 r,则 $\boldsymbol{A}$ 一定存在 r 个行向量,它们线性无关。

正确命题: 若矩阵 $\boldsymbol{A}$ 的秩为 r,则 $\boldsymbol{A}$ 的任意 $r+1$ 个行(列)向量组线性相关。

评注: 以上命题涉及矩阵秩的概念、三秩相等定理、极大无关组等知识。

19. 向量组的秩与线性表示

错误命题: 若 n 维列向量组 $\boldsymbol{\alpha}_1,\boldsymbol{\alpha}_2,\cdots,\boldsymbol{\alpha}_m$ 的秩为 2,而 n 维列向量组 $\boldsymbol{\beta}_1,\boldsymbol{\beta}_2,\cdots,\boldsymbol{\beta}_s$ 的秩为 1,则向量组 $\boldsymbol{\beta}_1,\boldsymbol{\beta}_2,\cdots,\boldsymbol{\beta}_s$ 可以由向量组 $\boldsymbol{\alpha}_1,\boldsymbol{\alpha}_2,\cdots,\boldsymbol{\alpha}_m$ 线性表示。

评注: 例如,向量组 $\begin{bmatrix}1\\0\\0\end{bmatrix},\begin{bmatrix}0\\1\\0\end{bmatrix},\begin{bmatrix}1\\2\\0\end{bmatrix}$ 的秩为 2,向量组 $\begin{bmatrix}0\\0\\1\end{bmatrix},\begin{bmatrix}0\\0\\7\end{bmatrix}$ 的秩为 1,但是前者不能线性表示后者。

正确命题: 若三维列向量组 $\boldsymbol{\alpha}_1,\boldsymbol{\alpha}_2,\cdots,\boldsymbol{\alpha}_m$ 的秩为 3,而三维列向量组 $\boldsymbol{\beta}_1,\boldsymbol{\beta}_2,\cdots,\boldsymbol{\beta}_s$ 的秩为 2,则向量组 $\boldsymbol{\beta}_1,\boldsymbol{\beta}_2,\cdots,\boldsymbol{\beta}_s$ 可以由向量组 $\boldsymbol{\alpha}_1,\boldsymbol{\alpha}_2,\cdots,\boldsymbol{\alpha}_m$ 线性表示。

评注: 因为三维向量组 $\boldsymbol{\alpha}_1,\boldsymbol{\alpha}_2,\cdots,\boldsymbol{\alpha}_m$ 的秩为 3,它的极大无关组是 3 个三维线性无关向量,一定是 $\mathbf{R}^3$ 的一组基,所以可以线性表示任意三维列向量。

错误命题: 若向量组 T_1:$\boldsymbol{\alpha}_1,\boldsymbol{\alpha}_2,\cdots,\boldsymbol{\alpha}_m$ 可以由向量组 T_2:$\boldsymbol{\beta}_1,\boldsymbol{\beta}_2,\cdots,\boldsymbol{\beta}_n$ 线性表示,则 $n\geqslant m$。

评注: 例如:三个向量的向量组 $\begin{bmatrix}1\\2\end{bmatrix},\begin{bmatrix}3\\4\end{bmatrix},\begin{bmatrix}5\\6\end{bmatrix}$ 可以由两个向量的向量组 $\begin{bmatrix}1\\0\end{bmatrix},\begin{bmatrix}0\\1\end{bmatrix}$ 线性表示。

正确命题: 若向量组 T_1:$\boldsymbol{\alpha}_1,\boldsymbol{\alpha}_2,\cdots,\boldsymbol{\alpha}_m$ 可以由向量组 T_2:$\boldsymbol{\beta}_1,\boldsymbol{\beta}_2,\cdots,\boldsymbol{\beta}_n$ 线性表示,则 $R(T_2)\geqslant R(T_1)$。

正确命题: 若线性无关向量组 T_1:$\boldsymbol{\alpha}_1,\boldsymbol{\alpha}_2,\cdots,\boldsymbol{\alpha}_m$ 可以由线性无关向量组 T_2:$\boldsymbol{\beta}_1,\boldsymbol{\beta}_2,\cdots,\boldsymbol{\beta}_n$ 线性表示,则 $n\geqslant m$。

20. 矩阵的秩与等价

正确命题: 若矩阵 $\boldsymbol{A}$ 与 $\boldsymbol{B}$ 等价,则 $R(\boldsymbol{A})=R(\boldsymbol{B})$。

评注: 因为初等变换不改变矩阵的秩。

正确命题: 若矩阵 $\boldsymbol{A}$ 与 $\boldsymbol{B}$ 同型,且 $R(\boldsymbol{A})=R(\boldsymbol{B})$,则 $\boldsymbol{A}$ 与 $\boldsymbol{B}$ 等价。

评注: 若 $R(\boldsymbol{A})=R(\boldsymbol{B})=r$,则同型矩阵 $\boldsymbol{A}$ 和 $\boldsymbol{B}$ 都与同一个标准形 $\begin{bmatrix}\boldsymbol{E}_r&\boldsymbol{O}\\\boldsymbol{O}&\boldsymbol{O}\end{bmatrix}$ 等价,根据等价的传递性知:$\boldsymbol{A}$ 与 $\boldsymbol{B}$ 等价。

21. 向量组的秩与等价

错误命题: 若 T_1 和 T_2 是两个同维向量组,且 $R(T_1)=R(T_2)$,则向量组 T_1 与向量 T_2

等价。

评注：例如，向量组$\begin{bmatrix}1\\0\end{bmatrix}$，$\begin{bmatrix}2\\0\end{bmatrix}$与向量组$\begin{bmatrix}0\\1\end{bmatrix}$，$\begin{bmatrix}0\\3\end{bmatrix}$的秩都是1，但它们不等价。

正确命题：若向量组 T_1 与向量组 T_2 等价，则 $R(T_1)=R(T_2)$。

评注：两个向量组等价即相互线性表示，于是等秩。

22. 矩阵 $\boldsymbol{A}$ 的行向量组的秩与列向量组的秩

错误命题：若矩阵 $\boldsymbol{A}$ 行满秩，则 $\boldsymbol{A}$ 列满秩。

错误命题：若矩阵 $\boldsymbol{A}$ 行降秩，则 $\boldsymbol{A}$ 列降秩。

评注：设矩阵 $\boldsymbol{A}=\begin{bmatrix}1&0&2\\0&1&3\end{bmatrix}$，其行向量组满秩，但列向量组降秩。$\boldsymbol{A}^{\mathrm{T}}$ 的行向量降秩，但其列向量组满秩。

正确命题：若 n 阶矩阵 $\boldsymbol{A}$ 行(列)满秩，则 $\boldsymbol{A}$ 列(行)满秩。

正确命题：若 n 阶矩阵 $\boldsymbol{A}$ 行(列)降秩，则 $\boldsymbol{A}$ 列(行)降秩。

评注：根据“三秩相等”定理可知：若 n 阶矩阵 $\boldsymbol{A}$ 的行向量组的秩为 r，则矩阵 $\boldsymbol{A}$ 的秩和列向量组的秩都是 r。

23. 向量的维数与向量空间的维数

错误命题：向量空间 $V_4=\{(x,y,z)^{\mathrm{T}}\mid x,y,z\in\mathbf{R}$，且满足 $x+y+z=0\}$ 的维数是3。

评注：把向量空间的维数与向量的维数混淆了。向量的维数是指向量所含元素的个数，而向量空间的维数是这个空间一个基所含向量的个数。

正确命题：向量空间 $V_4=\{(x,y,z)^{\mathrm{T}}\mid x,y,z\in\mathbf{R}$，且满足 $x+y+z=0\}$ 的维数是2。

评注：该向量空间即为齐次线性方程组 $x+y+z=0$ 的解空间，$3-R(\boldsymbol{A})=2$。

正确命题：由 n 维向量构成的向量空间，它的维数最高是 n。

评注：所有 n 维实向量构成了 n 维实向量空间 $\mathbf{R}^n$。

24. 方程组 $\boldsymbol{Ax}=\boldsymbol{0}$ 与 $\boldsymbol{Ax}=\boldsymbol{b}$ 的解向量集合

错误命题：$\boldsymbol{Ax}=\boldsymbol{b}$ 的所有解向量构成的集合是一个向量空间。

评注：$\boldsymbol{Ax}=\boldsymbol{b}$ 的解向量集合不满足向量加法和数乘的封闭性，所以不是向量空间。

正确命题：齐次线性方程组 $\boldsymbol{Ax}=\boldsymbol{0}$ 的解向量集合为向量空间，其空间的维数为 $n-R(\boldsymbol{A})$。

正确命题：非齐次线性方程组 $\boldsymbol{Ax}=\boldsymbol{b}$ 的解向量集合不是向量空间，在该集合中最多可以找到 $n-R(\boldsymbol{A})+1$ 个线性无关的解向量(参见例4.17)。

25. 矩阵的秩与线性方程组的解

错误命题：若矩阵 $\boldsymbol{A}$ 列满秩，则 $\boldsymbol{Ax}=\boldsymbol{b}$ 有唯一解。

评注：方程组$\begin{cases}x_1+x_2=5\\x_1-x_2=1\\x_1+2x_2=2\end{cases}$ 系数矩阵列满铁，但方程组无解。

错误命题：$\boldsymbol{Ax}=\boldsymbol{0}$ 有非零解，则 $\boldsymbol{Ax}=\boldsymbol{b}$ 有无穷多组解。

评注：$\begin{cases}x_1+x_2=0\\x_1+x_2=0\end{cases}$有无穷组解，但$\begin{cases}x_1+x_2=5\\x_1+x_2=3\end{cases}$无解。

正确命题:

(1) 若 $\boldsymbol{A}$ 列满秩，则 $\boldsymbol{Ax}=\boldsymbol{0}$ 只有零解。

(2) 若 $\boldsymbol{A}$ 行满秩，则 $\boldsymbol{Ax}=\boldsymbol{b}$ 有解。

(3) 若 $\boldsymbol{A}$ 列满秩，且 $R((\boldsymbol{A},\boldsymbol{b}))$列降秩，则 $\boldsymbol{Ax}=\boldsymbol{b}$ 有唯一解。

(4) 若 $R((\boldsymbol{A},\boldsymbol{b}))$列满秩，则 $\boldsymbol{Ax}=\boldsymbol{b}$ 无解。

评注: 参见 3.6 节。

26. $\boldsymbol{Ax}=\boldsymbol{0}$ 的解空间与 $\boldsymbol{A}$ 的行向量组所张成的空间

错误命题: $\boldsymbol{Ax}=\boldsymbol{0}$ 的解空间就是矩阵 $\boldsymbol{A}$ 的行向量组所张成的空间。

错误命题: $\boldsymbol{Ax}=\boldsymbol{0}$ 的解空间就是矩阵 $\boldsymbol{A}$ 的列向量组所张成的空间。

评注: $\boldsymbol{Ax}=\boldsymbol{0}$ 的解空间 V_1 与 $\boldsymbol{A}$ 的行向量组张成的空间 V_2 是两个不同的向量空间，它们之间有以下关系:

(1) V_1 中的向量与 V_2 中的向量一定垂直。

(2) 设 $\boldsymbol{A}$ 是 $m\times n$ 矩阵，则 V_1 的维数是 $n-R(\boldsymbol{A})$，V_2 的维数是 $R(\boldsymbol{A})$，它们维数之和为 n。

27. 正交矩阵的特征值与行列式

错误命题: 若 $\boldsymbol{A}$ 为正交矩阵，则 $\boldsymbol{A}$ 的特征值为 ± 1。

评注: 例如正交矩阵 $\boldsymbol{P}=\begin{bmatrix}0 & -1\\ 1 & 0\end{bmatrix}$，其特征值为 $+\mathrm{i}$ 和 $-\mathrm{i}$。

正确命题: 若 $\boldsymbol{A}$ 为正交矩阵，则 $\boldsymbol{A}$ 的特征值的模是 1。

正确命题: 若 $\boldsymbol{A}$ 为正交矩阵，则 $\boldsymbol{A}$ 的行列式 $|\boldsymbol{A}|=\pm 1$。

28. 矩阵相似与特征值及特征向量

错误命题: 若矩阵 $\boldsymbol{A}$ 与矩阵 $\boldsymbol{B}$ 相似，则 $\boldsymbol{A}$ 与 $\boldsymbol{B}$ 有相同的特征向量。

评注: 在一般情况下，相似矩阵 $\boldsymbol{A}$ 与 $\boldsymbol{B}$ 的特征向量不相同。

错误命题: 若矩阵 $\boldsymbol{A}$ 与矩阵 $\boldsymbol{B}$ 有相同的特征值，则 $\boldsymbol{A}$ 与 $\boldsymbol{B}$ 相似。

评注: 如矩阵 $\boldsymbol{A}=\begin{bmatrix}1 & 0\\ 1 & 1\end{bmatrix}$ 与单位矩阵 $\boldsymbol{E}=\begin{bmatrix}1 & 0\\ 0 & 1\end{bmatrix}$ 有相同的特征值 1、1，但 $\boldsymbol{A}$ 不能相似对角化，所以 $\boldsymbol{A}$ 与 $\boldsymbol{E}$ 不相似。

正确命题: 若矩阵 $\boldsymbol{A}$ 与矩阵 $\boldsymbol{B}$ 相似，则 $\boldsymbol{A}$ 与 $\boldsymbol{B}$ 有相同的特征值。

评注: 参见 5.5 节。

29. 矩阵 $\boldsymbol{A}$ 的特征值与秩

错误命题: 若矩阵 $\boldsymbol{A}$ 的特征值都是零，则 $\boldsymbol{A}=\boldsymbol{O}$。

评注: 矩阵 $\boldsymbol{A}=\begin{bmatrix}0 & 0\\ 2 & 0\end{bmatrix}$ 的特征值全是 0，但 $\boldsymbol{A}\neq\boldsymbol{O}$。

正确命题: 若实对称矩阵 $\boldsymbol{A}$ 的特征值都是零，则 $\boldsymbol{A}=\boldsymbol{O}$。

评注: 因为 $\boldsymbol{A}$ 是实对称矩阵，所以它一定可以与零矩阵相似对角化，所以 $\boldsymbol{A}=\boldsymbol{O}$。

错误命题: $\boldsymbol{A}$ 的秩等于 $\boldsymbol{A}$ 的非零特征值的个数。

评注: 设矩阵 $\boldsymbol{A}=\begin{bmatrix}0 & 0\\ 2 & 0\end{bmatrix}$，则 $R(\boldsymbol{A})=1$，它的所有特征值都是 0。

正确命题： 若矩阵 $\boldsymbol{A}$ 可以相似对角化，则 $\boldsymbol{A}$ 的秩等于 $\boldsymbol{A}$ 的非零特征值的个数。

评注： 若 $\boldsymbol{A}$ 可以相似对角化，则 $R(\boldsymbol{A})=R(\boldsymbol{\Lambda})=$ 非零特征值的个数。

30. $f(\boldsymbol{A})=\boldsymbol{O}$ 与 $\boldsymbol{A}$ 的特征值

错误命题： 若$\boldsymbol{A}^2-\boldsymbol{A}-2\boldsymbol{E}=\boldsymbol{O}$，则 $\boldsymbol{A}$ 有一个特征值为 2，另一个特征值为 -1。

正确命题： 若$\boldsymbol{A}^2-\boldsymbol{A}-2\boldsymbol{E}=\boldsymbol{O}$，则 $\boldsymbol{A}$ 的所有特征值在$\{2,-1\}$中选取。

评注： 例如矩阵 $\boldsymbol{A}=\begin{bmatrix}-1 & 0\\ 0 & -1\end{bmatrix}$满足$\boldsymbol{A}^2-\boldsymbol{A}-2\boldsymbol{E}=\boldsymbol{O}$，$\boldsymbol{A}$ 的特征值是 -1，-1。矩阵 $\boldsymbol{A}=\begin{bmatrix}2 & 0\\ 0 & 2\end{bmatrix}$也满足$\boldsymbol{A}^2-\boldsymbol{A}-2\boldsymbol{E}=\boldsymbol{O}$，$\boldsymbol{A}$ 的特征值是 2，2。$\boldsymbol{A}=\begin{bmatrix}2 & 0\\ 0 & -1\end{bmatrix}$也满足$\boldsymbol{A}^2-\boldsymbol{A}-2\boldsymbol{E}=\boldsymbol{O}$，$\boldsymbol{A}$ 的特征值是 2 和 -1。

31. 二次型的惯性指数

错误命题： 二次型 $f=x_1^2+x_2^2+x_3^2+4x_1x_2+4x_1x_3+4x_2x_3$ 的正惯性指数是 3。

评注： 二次型的惯性指数是指把二次型化为标准形后的平方项前的系数。经过计算可以得到该二次型的正惯性指数为 1。

错误命题： 二次型 $f=(x_1+x_2)^2+(x_2-x_3)^2+(x_1+x_3)^2$ 的正惯性指数是 3。

评注： 若令 $y_1=(x_1+x_2),y_2=(x_2-x_3),y_3=(x_1+x_3)$，则 $f=y_1^2+y_2^2+y_3^2$，个别同学就得出正惯性指数是 3。但是这里的列向量 $\boldsymbol{x}$ 与 $\boldsymbol{y}$ 之间的线性变换不是可逆变换，所以结果是错误的。经过计算可以得到，该二次型矩阵的特征为 3，3，0，所以它的正惯性指数是 2。

32. 用正交变换化三元二次型 $f=\boldsymbol{x}^{\mathrm{T}}\boldsymbol{A}\boldsymbol{x}$ 为标准型

错误命题： 若$\boldsymbol{p}_1,\boldsymbol{p}_2,\boldsymbol{p}_3$ 分别是矩阵 $\boldsymbol{A}$ 的属于$\lambda_1,\lambda_2,\lambda_3$ 的线性无关的特征向量，令 $\boldsymbol{P}=(\boldsymbol{p}_1,\boldsymbol{p}_2,\boldsymbol{p}_3)$，则经过变换 $\boldsymbol{x}=\boldsymbol{P}\boldsymbol{y}$，二次型化为标准形 $f=\lambda_1y_1^2+\lambda_2y_2^2+\lambda_3y_3^2$。

评注： $\boldsymbol{P}$ 可能不是正交矩阵。

错误命题： 若$\boldsymbol{p}_1,\boldsymbol{p}_2,\boldsymbol{p}_3$ 分别是矩阵 $\boldsymbol{A}$ 的属于$\lambda_1,\lambda_2,\lambda_3$ 的两两正交的单位特征向量，令 $\boldsymbol{P}=(\boldsymbol{p}_1,\boldsymbol{p}_2,\boldsymbol{p}_3)$，则经过变换 $\boldsymbol{x}=\boldsymbol{P}\boldsymbol{y}$，二次型化为标准形 $f=\lambda_3y_1^2+\lambda_2y_2^2+\lambda_1y_3^2$。

评注： 标准形系数的顺序与正交矩阵 $\boldsymbol{P}$ 的列向量顺序不一致。

错误命题： 若$\boldsymbol{p}_1,\boldsymbol{p}_2,\boldsymbol{p}_3$ 分别是矩阵 $\boldsymbol{A}$ 的属于$\lambda_1,\lambda_2,\lambda_3$ 的两两正交的单位特征向量，令 $\boldsymbol{P}=(\boldsymbol{p}_1,\boldsymbol{p}_2,\boldsymbol{p}_3)$，则经过变换 $\boldsymbol{y}=\boldsymbol{P}\boldsymbol{x}$，二次型化为标准形 $f=\lambda_1y_1^2+\lambda_2y_2^2+\lambda_3y_3^2$。

评注： 正交变换写反了，应该是 $\boldsymbol{x}=\boldsymbol{P}\boldsymbol{y}$。

33. 矩阵的等价、相似与合同

正确命题：

(1) 矩阵相似则等价。

(2) 矩阵合同则等价。

(3) 矩阵相似不一定合同。

(4) 矩阵合同不一定相似。

(5) 若矩阵 $\boldsymbol{A}$ 与 $\boldsymbol{B}$ 都是实对称阵，且 $\boldsymbol{A}$ 与 $\boldsymbol{B}$ 相似，则 $\boldsymbol{A}$ 与 $\boldsymbol{B}$ 合同。

评注： 参见 5.15 节。

附录B 思维导图

思维导图是20世纪70年代英国学者提出的一种表达发散性思维的有效图形思维工具，它既简单又很有效，是一种实用性很强的思维工具。思维导图运用图文并重的技巧，充分运用左右脑的机能，利用记忆、阅读、思维的规律，协助人们在科学、逻辑与想象之间平衡发展，从而开启人类大脑的无限潜能。

线性代数知识的思维导图是以某一个线性代数知识点为中心，将此知识点相关的定义、求法、性质、特点、关系、判定及应用等内容以图的形式展现，有效刺激学生脑神经，促进学生记忆、理解、关联相关知识，达到对线性代数知识更加系统的把握。

线性代数课程有一个非常大的特点就是各个章节内容相互关联、相互渗透。所以，把思维导图应用到线性代数课程的教学中，可以很好地实现线性代数的形象化教学，大大提高教学质量。一方面，作为教师，应该把思维导图运用到线性代数的教学中，这样不仅可以增强知识点之间的关联性和趣味性，有益于激发学生的自主学习意识，也可以增进师生之间的沟通，提高学生间团结协作的学习能力。另一方面，教师还应该引导和鼓励学生亲自动手制作线性代数各知识点的思维导图，培养学生解决复杂问题的综合能力和思维。

一、用行列式串联线性代数各个章节内容

虽然行列式是大多线性教材的第一章内容，但它其实贯穿在线性代数的各个章节中。把线性代数各个章节内容之间的相互关系搞清楚是学好线性代数的关键。思维导图1和思维导图2分别从 n 阶行列式 $|\boldsymbol{A}|$ 不等于零和等于零两种情况出发，分别串联出线性代数各个章节所相关的知识点。

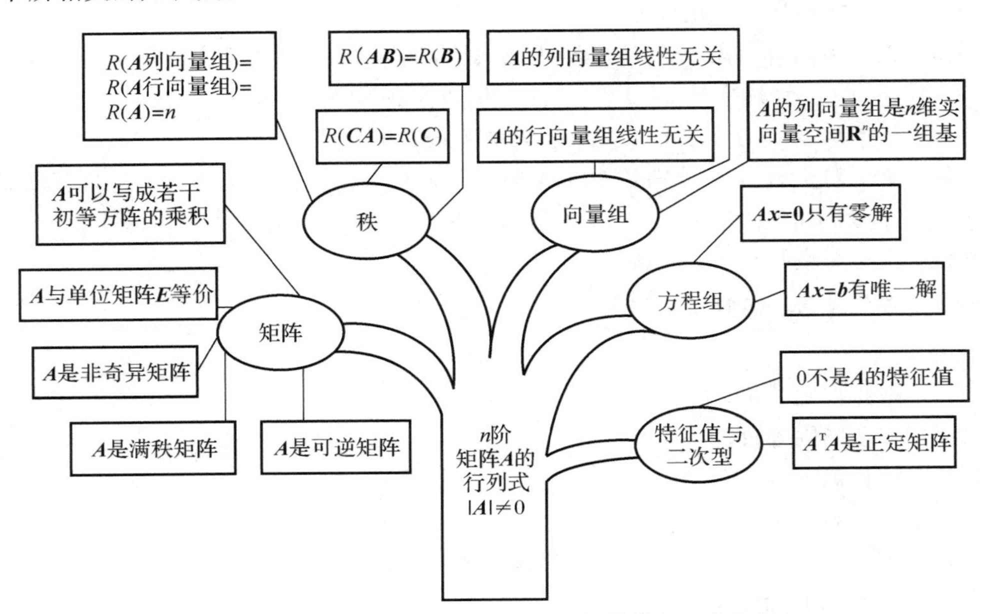

思维导图1　用行列式 $|\boldsymbol{A}|\neq0$ 串联线性代数各个章节内容

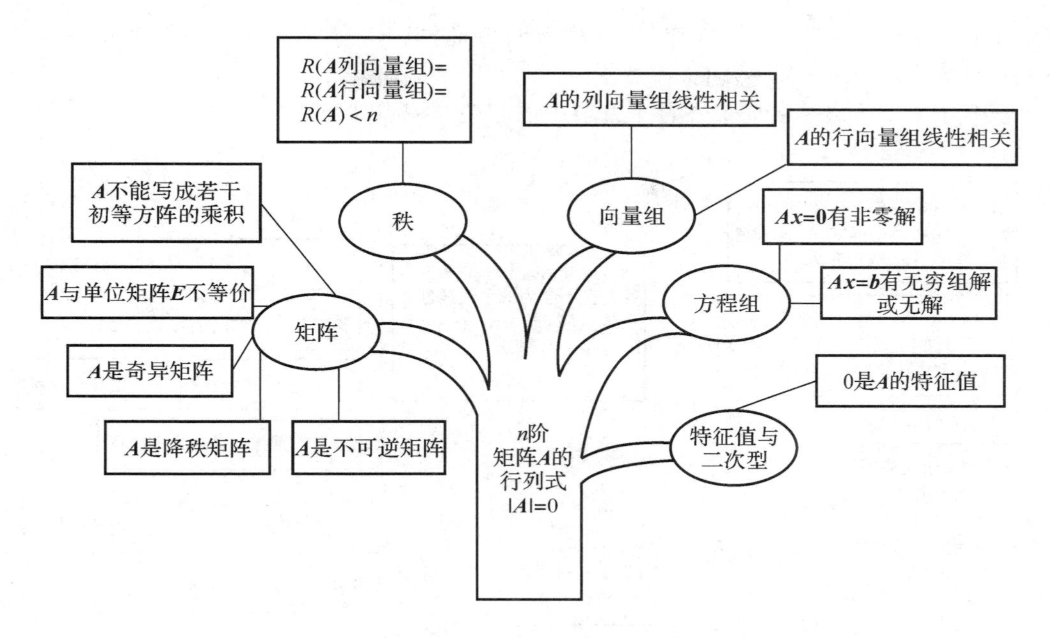

思维导图 2　用行列式 $|\boldsymbol{A}|=0$ 串联线性代数各个章节内容

二、零向量在线性代数各个章节中充当着重要角色

零向量是一个非常特殊的向量，在向量组线性相关性的定义、矩阵秩的计算、线性方程组、向量空间及特征值特征向量等知识的运用中起着非常重要的作用。思维导图 3 分别

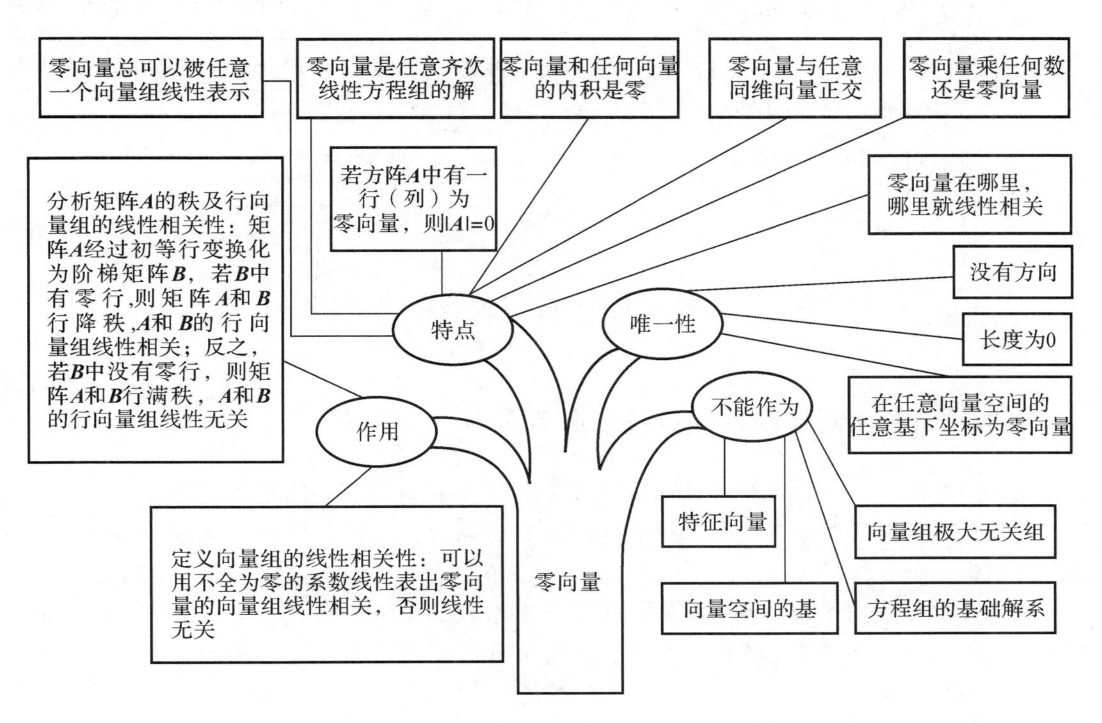

思维导图 3　零向量的作用、特点和性质

从零向量的作用、特点、唯一性和"不能作为的角色"出发，阐述了零向量在线性代数知识体系中的重要性。

思维导图 4 给出了零向量在各个章节中的相关知识点。

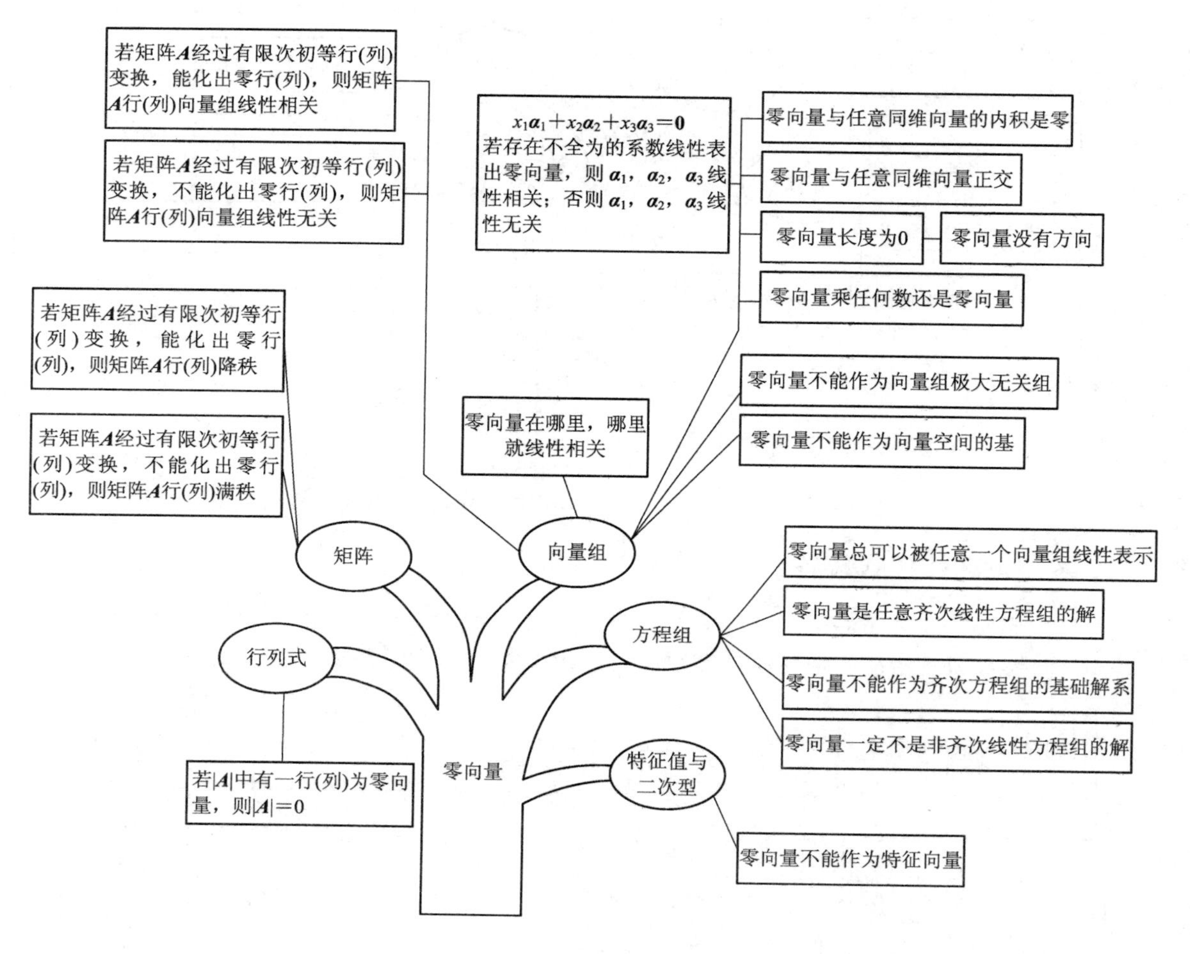

思维导图 4　零向量在线性代数各个章节中充当重要角色

三、用秩的概念来阐述线性代数各个章节内容

秩是线性代数知识体系中一个非常重要的概念，矩阵有秩，向量组有秩，二次型也有秩，它们之间既有区别又有联系，初学线性代数的同学往往对秩的概念理解不深刻，会出现各种错误。

思维导图 5 给出了矩阵秩、向量组秩及二次型秩的定义和求法；给出了矩阵秩和向量组秩之间的关系；给出了矩阵秩的含义；给出了利用秩判定线性方程组解的定理；给出了向量空间与秩的关系。

思维导图 6 给出了用秩的值来确定各章节中各概念的性质。

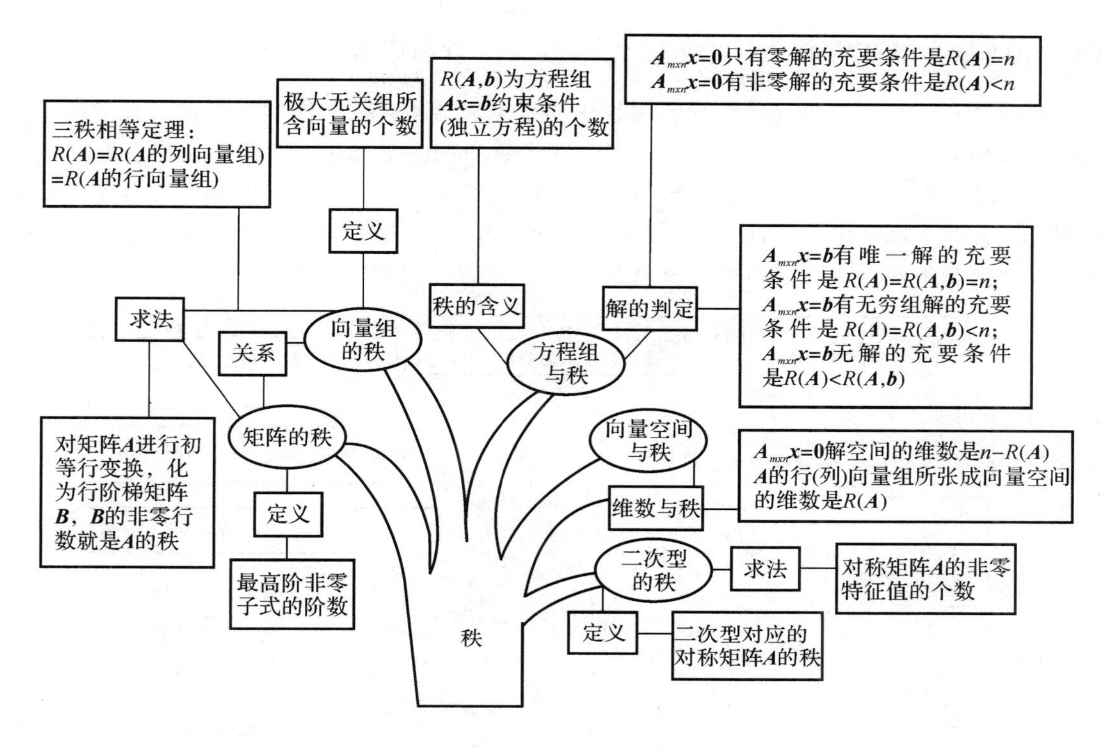

思维导图 5　秩的定义

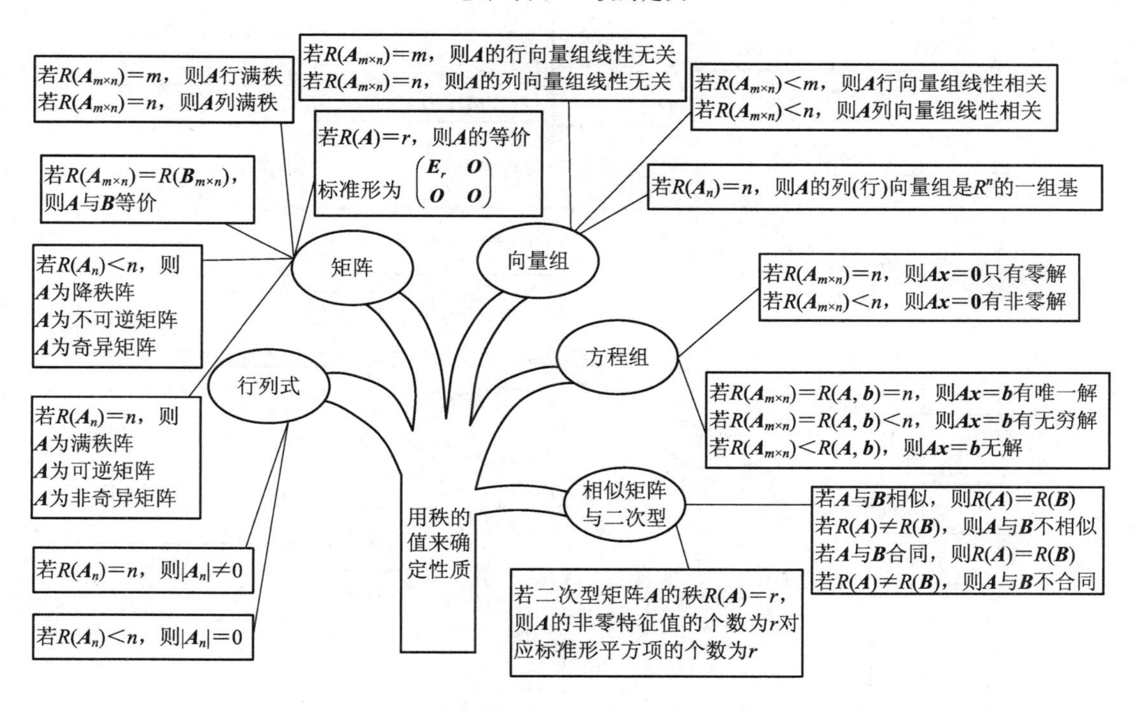

思维导图 6　用秩的值来确定各种性质

四、用向量组的线性相关性串联线性代数各个章节内容

向量组的线性相关性是线性代数课程中的重点和难点，很多同学学到这一概念时，就开始对线性代数课程产生了畏惧心理。在线性代数知识的学习中，不能完全独立地学习某一个知识点，而是应该把各个章节知识点联系起来学习，思维导图 7 从 3 个三维线性无关的列向量出发，串联出各个章节所相关的知识点。思维导图 8 从 3 个三维线性相关的列向量出发，串联出各个章节所相关的知识点。

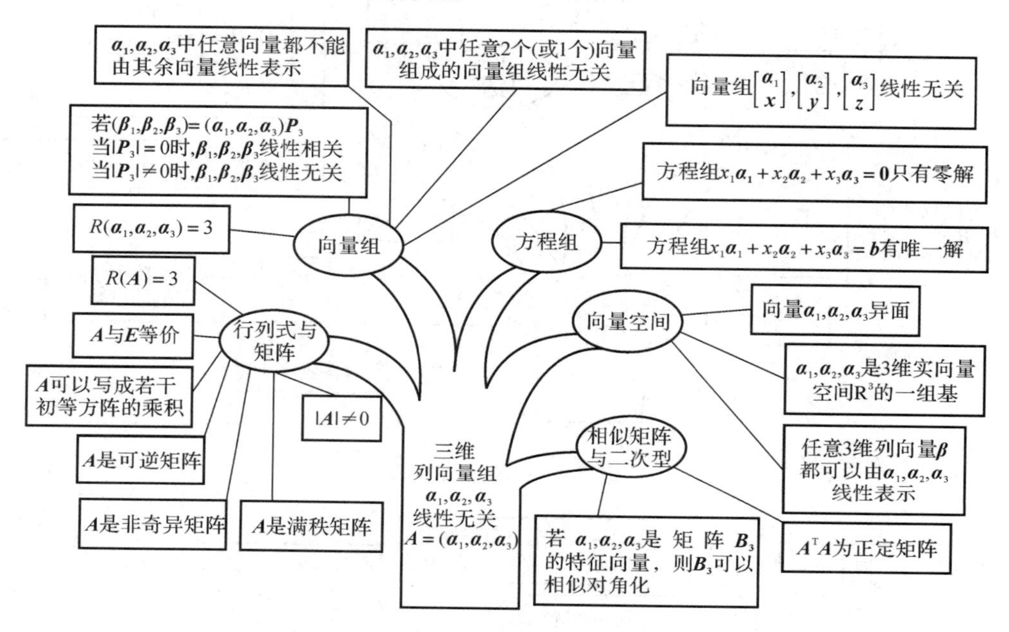

思维导图 7　用 3 个三维线性无关列向量串联线性代数各个章节内容

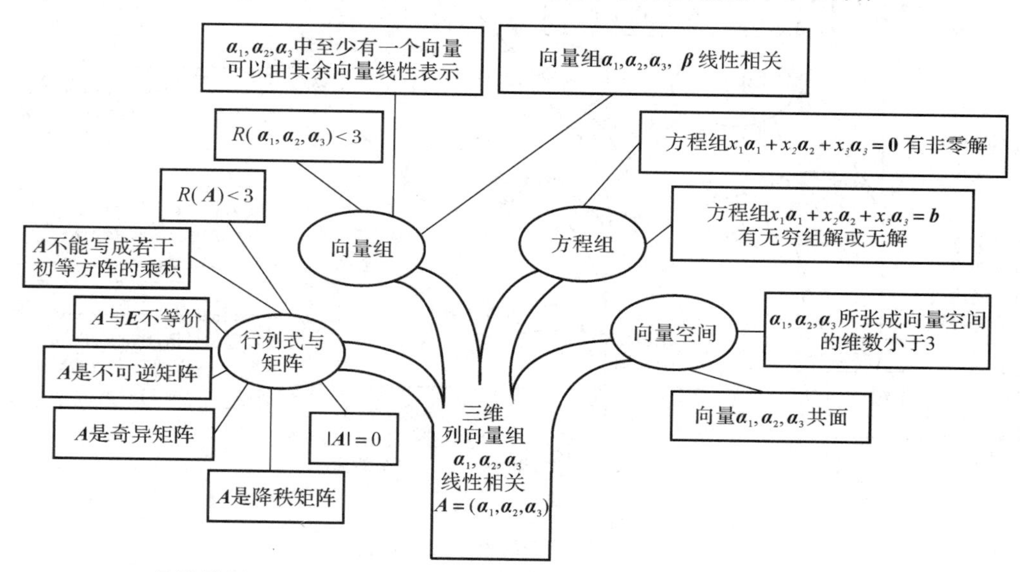

思维导图 8　用 3 个三维线性相关列向量串联线性代数各个章节内容

五、用齐次线性方程组解的情况串联线性代数各个章节内容

线性方程组是线性代数的核心，它是整个线性代数知识体系的主线。思维导图 9 从只有零解的齐次线性方程组出发，串联出线性代数各个章节所相关的知识点。思维导图 10 从有非零解的齐次线性方程组出发，串联出线性代数各个章节所相关的知识点。

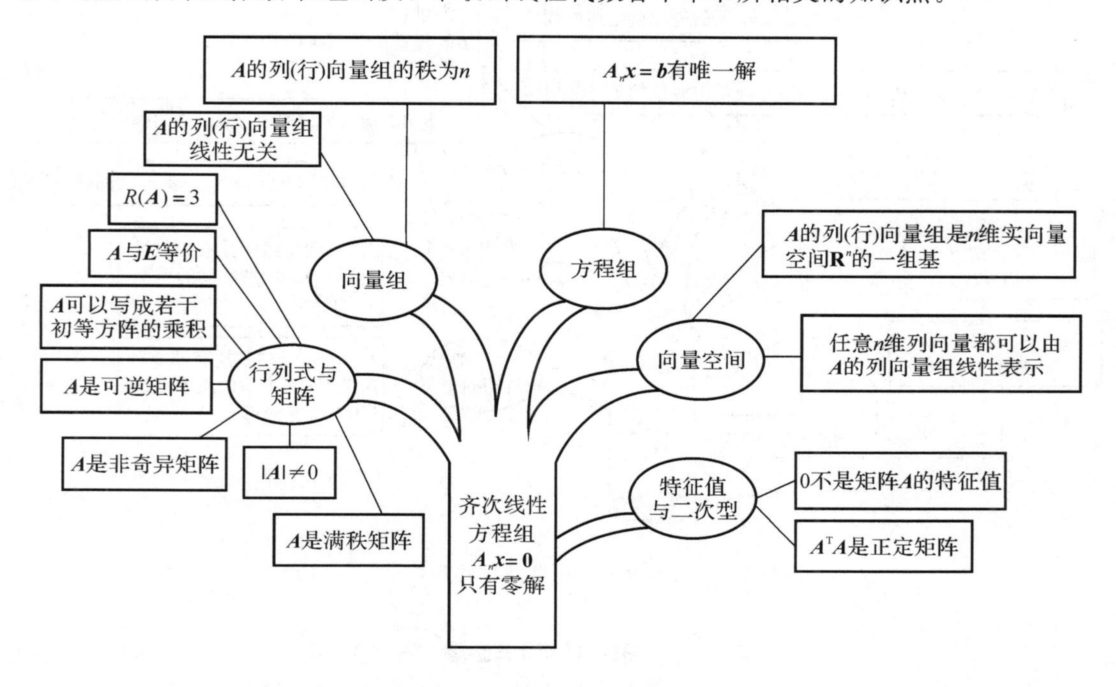

思维导图 9　用只有零解的齐次线性方程组串联线性代数各个章节内容

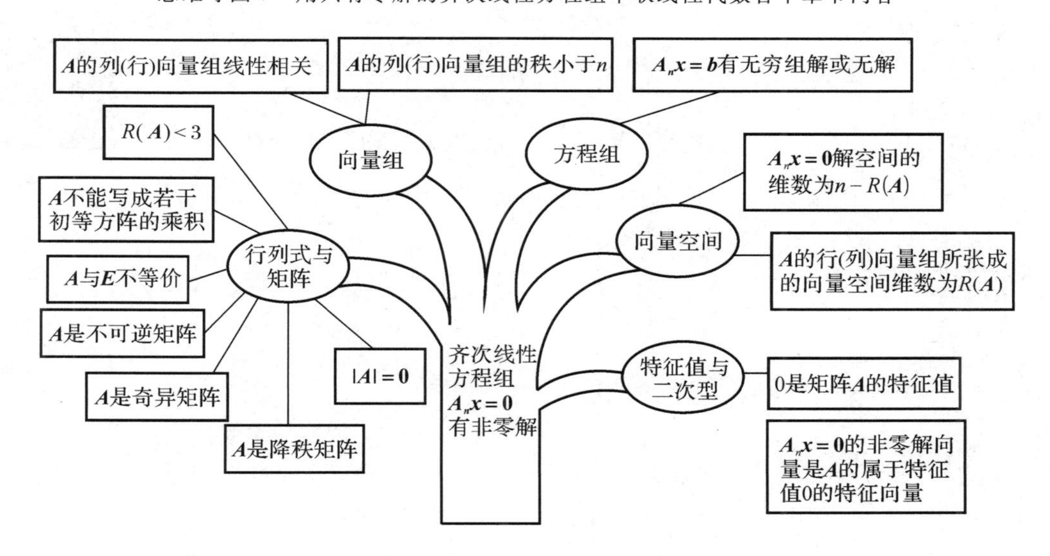

思维导图 10　用有非零解的齐次线性方程组串联线性代数各个章节内容

六、用 $AB=O$ 串联线性代数各个章节内容

思维导图 11，从 $AB=O$ 出发，得到线性代数各个章节的相关知识点，有助于同学们对线性代数相关概念的深入理解。

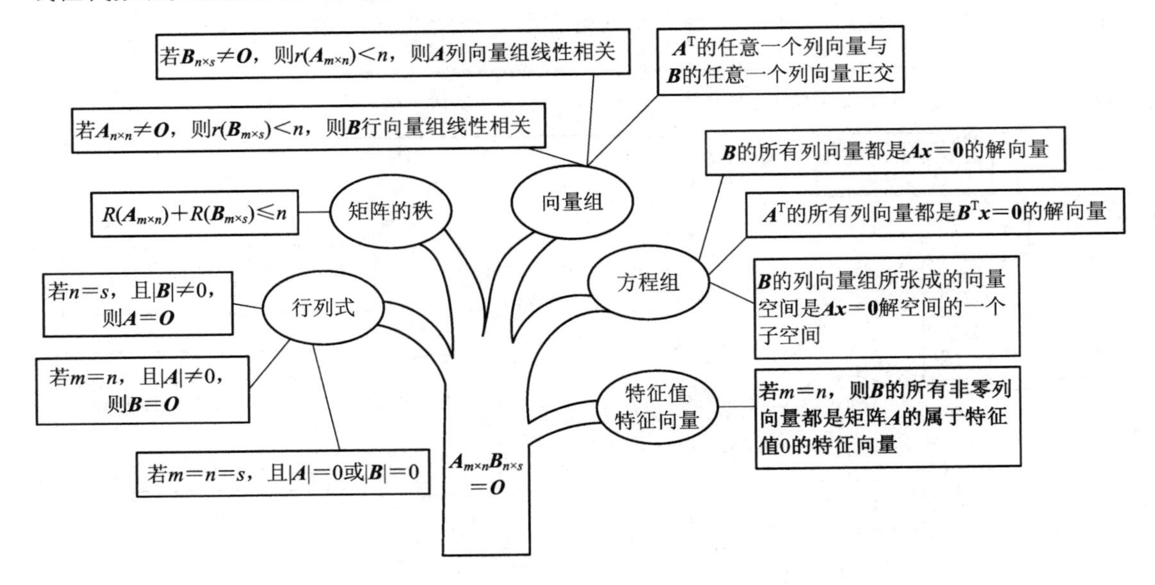

思维导图 11　用 $AB=O$ 串联线性代数各个章节内容

附录 C　各章习题参考答案

第一章

★ 第一章

1. $A^2=\begin{bmatrix}0&0&0&0\\0&0&0&0\\1&0&0&0\\0&1&0&0\end{bmatrix}$，$A^3=\begin{bmatrix}0&0&0&0\\0&0&0&0\\0&0&0&0\\1&0&0&0\end{bmatrix}$，当 $k\geqslant 4$ 时，$A^4=O$

2. $\begin{bmatrix}2^{2n-1}&0&2^{2n-1}\\0&3^n&0\\2^{2n-1}&0&2^{2n-1}\end{bmatrix}$

3. $3^{n-1}\begin{bmatrix}1&\frac{1}{2}&\frac{1}{3}\\2&1&\frac{2}{3}\\3&\frac{3}{2}&1\end{bmatrix}$

4. 3

5. O

6. $\begin{bmatrix} 3 & 0 & 0 \\ 0 & 3 & 0 \\ 0 & 0 & -1 \end{bmatrix}$

7. (1) $\frac{1}{ad-bc}\begin{bmatrix} d & -b \\ -c & a \end{bmatrix}$　(2) $\frac{1}{6}\begin{bmatrix} 5 & 2 & 1 \\ -10 & 2 & -2 \\ 1 & -2 & -1 \end{bmatrix}$　(3) $\begin{bmatrix} 1 & -2 & 7 \\ 0 & 1 & -2 \\ 0 & 0 & 1 \end{bmatrix}$

(4) $\begin{bmatrix} \lambda_1^{-1} & & & \\ & \lambda_2^{-1} & & \\ & & \lambda_3^{-1} & \\ & & & \lambda_4^{-1} \end{bmatrix}$　(5) $\frac{1}{4}\begin{bmatrix} 1 & 1 & 1 & 1 \\ 1 & 1 & -1 & -1 \\ 1 & -1 & 1 & -1 \\ 1 & -1 & -1 & 1 \end{bmatrix}$

8. (D)

9. (C)

10. $-\frac{1}{19}(2\boldsymbol{A}-7\boldsymbol{E})$

11. $\begin{bmatrix} 2 & -1 & 0 \\ 1 & 3 & -4 \\ 1 & 0 & -2 \end{bmatrix}$

12. $\frac{1}{8}\begin{bmatrix} 15 & 18 & 12 \\ 12 & 9 & 10 \\ 20 & 4 & 15 \end{bmatrix}$

13. $\begin{bmatrix} 1 & 0 & 0 & 0 \\ -1 & 2 & 0 & 0 \\ 0 & -2 & 3 & 0 \\ 0 & 0 & -3 & 4 \end{bmatrix}$

14. (1) 略　(2) $\boldsymbol{A}=\begin{bmatrix} 0 & 2 & 0 \\ -1 & -1 & 0 \\ 0 & 0 & -2 \end{bmatrix}$

15. -1

16. (1) $a=0$　(2) $\boldsymbol{X}=[(\boldsymbol{E}-\boldsymbol{A}^2)(\boldsymbol{E}-\boldsymbol{A})]^{-1}=\begin{bmatrix} 3 & 1 & -2 \\ 1 & 1 & -1 \\ 2 & 1 & -1 \end{bmatrix}$

17. (C)

18. (B)

19. (D)

20. (B)

21. (B)

22. (C)

23. -1

24. (D)

★ 第二章

第二章

1. $-4abcdef$
2. (B)
3. $\lambda^4+\lambda^3+2\lambda^2+3\lambda+4$
4. (B)
5. $abcd+ab+ad+cd+1$
6. a^4
7. 0
8. (B)
9. (C)
10. (D)
11. (D)
12. $(-1)^{n-1}(n-1)$
13. $(-1)^n(n+1)\prod_{i=1}^{n} a_i$
14. $2(2^n-1)$
15. 略
16. $(1, 0, 0, \cdots, 0)^T$
17. (B)
18. $\frac{1}{10}\begin{bmatrix}1 & 0 & 0\\ 2 & 2 & 0\\ 3 & 4 & 5\end{bmatrix}$
19. (B)
20. 2
21. -1
22. 0
23. 3
24. (B)
25. -5

★ 第三章

第三章

1. -3
2. 1
3. (A)
4. (A)
5. 2
6. (B)

7.（B）

8.（C）

9.（B）

10.（A）

11.（C）

12.（B）

13.（D）

★ 第四章

第四章

1.（C）

2.（B）

3.（A）

4.（1）$\alpha=5$

（2）$\boldsymbol{\beta}_1=2\boldsymbol{\alpha}_1+4\boldsymbol{\alpha}_2-\boldsymbol{\alpha}_3$，$\boldsymbol{\beta}_2=\boldsymbol{\alpha}_1+2\boldsymbol{\alpha}_2$，$\boldsymbol{\beta}_3=5\boldsymbol{\alpha}_1+10\boldsymbol{\alpha}_2-2\boldsymbol{\alpha}_3$

5.（1）$b\neq 2$

（2）当 $b=2$，$a\neq 1$ 时，$\boldsymbol{\beta}=-\boldsymbol{\alpha}_1+\boldsymbol{\alpha}_2$；

当 $b=2$，$a=1$ 时，$\boldsymbol{\beta}=(-2k+3)\boldsymbol{\alpha}_1+k\boldsymbol{\alpha}_2+(k-2)\boldsymbol{\alpha}_3$，$k$ 为任意常数。

6.（B）

7. 2

8.（A）

9.（A）

10.（A）

11. 6

12.（A）

13.（1）$a=3$，$b=2$，$c=-2$ （2）过渡矩阵为 $\begin{bmatrix} 1 & 1 & 0 \\ -\frac{1}{2} & 0 & 1 \\ \frac{1}{2} & 0 & 0 \end{bmatrix}$

14.（D）

15. $(1,3,0)^{\mathrm{T}}+k(1,2,3)^{\mathrm{T}}$，$k$ 为任意常数

16. $k(1,-2,1)^{\mathrm{T}}$，k 为任意常数

17.（1）$\lambda=-1$，$a=-2$ （2）$\left(\frac{3}{2},-\frac{1}{2},0\right)+k(1,0,1)^{\mathrm{T}}$，$k$ 为任意常数

18.（1）$|\boldsymbol{A}|=1-a^4$

（2）当 $a=-1$ 时，方程组 $\boldsymbol{Ax}=\boldsymbol{\beta}$ 的通解为 $(0,-1,0,0)^{\mathrm{T}}+k(1,1,1,1)^{\mathrm{T}}$，其中，$k$ 为任意常数。

19.（C）

20. 当 $a=0$ 时，有唯一解：$x_1=3$，$x_2=2$，$x_3=-1$；

当 $a=3$ 时，通解为 $\begin{bmatrix}1\\2\\0\end{bmatrix}+k\begin{bmatrix}-2\\-3\\1\end{bmatrix}$，$k$ 为任意常数。

21. (1) 基础解系为 $(-11,4,5,1)^T$

(2) $\boldsymbol{B}=\begin{bmatrix}2-11k_1 & 6-11k_2 & -1-11k_3\\-1+4k_1 & -3+4k_2 & 1+4k_3\\-1+5k_1 & -4+5k_2 & 1+5k_3\\k_1 & k_2 & k_3\end{bmatrix}$，$k_1$，$k_2$，$k_3$ 为任意常数。

22. (1) $a=2$

(2) $\boldsymbol{P}=\begin{bmatrix}3-6k_1 & 4-6k_2 & 4-6k_3\\-1+2k_1 & -1+2k_2 & -1+2k_3\\k_1 & k_2 & k_3\end{bmatrix}$，$k_1$，$k_2$，$k_3$ 为任意常数，其中 $k_2\neq k_3$。

23. (A)
24. 11/9
25. (C)
26. (D)
27. (D)
28. (D)

★ 第五章

第五章

1. (A)
2. 2
3. (C)
4. -5
5. 2^n
6. -1
7. 24
8. -1
9. 3

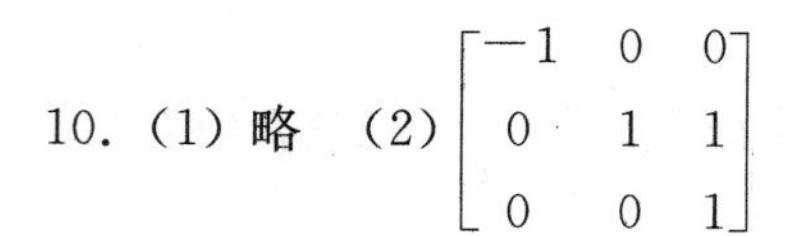
10. (1) 略 (2) $\begin{bmatrix}-1 & 0 & 0\\0 & 1 & 1\\0 & 0 & 1\end{bmatrix}$

11. 2
12. $\boldsymbol{B}+2\boldsymbol{E}$ 的特征值为 9，9，3。

属于 9 的特征向量为 $k_1(1,-1,0)^T+k_2(-1,-1,1)^T$，其中 k_1 和 k_2 是不全为零的任意常数。

属于 3 的特征向量为 $k_3\ (0,1,1)^T$，其中 k_3 是非零的任意常数。

13. (1) 略　(2) $\boldsymbol{x}=(1,1,1)^T+k\ (1,2,-1)^T$，$k$ 为任意常数

14. (B)

15. (A)

16. 略

17. (1) $\boldsymbol{B}=\begin{bmatrix}0&0&0\\1&0&3\\0&1&-2\end{bmatrix}$　(2) -4

18. 2

19. (D)

20. 当 $a=0$ 时，$\boldsymbol{A}$ 可以对角化；当 $a=-\frac{3}{4}$ 时，矩阵 $\boldsymbol{A}$ 不能对角化。

21. (1) 略　(2) $\boldsymbol{P}^{-1}\boldsymbol{AP}=\begin{bmatrix}0&6\\1&-1\end{bmatrix}$，$\boldsymbol{A}$ 可以相似对角化

22. (1) $x=3$，$y=-2$　(2) $\boldsymbol{P}=\begin{bmatrix}1&-\frac{1}{3}&1\\-2&-\frac{1}{3}&-2\\ \\0&0&-4\end{bmatrix}$

23. (1) $\boldsymbol{B}=\begin{bmatrix}1&0&0\\1&2&2\\1&1&3\end{bmatrix}$　(2) 1，1，4

(3) $\boldsymbol{P}=(-\boldsymbol{\alpha}_1+\boldsymbol{\alpha}_2,-2\boldsymbol{\alpha}_1+\boldsymbol{\alpha}_3,\boldsymbol{\alpha}_2+\boldsymbol{\alpha}_3)$

24. (1) 3，0，0。属于 3 的特征向量为 $k\ (1,1,1)^T$，其中 $k\neq 0$ 为常数。属于 0 的特征向量为 $k_1\ (-1,2,-1)^T+k_2\ (0,-1,1)^T$，其中 k_1 和 k_2 是不全为零的常数。

(2) $\boldsymbol{Q}=\begin{bmatrix}-\frac{1}{\sqrt{6}}&-\frac{1}{\sqrt{2}}&\frac{1}{\sqrt{3}}\\\frac{2}{\sqrt{6}}&0&\frac{1}{\sqrt{3}}\\-\frac{1}{\sqrt{6}}&\frac{1}{\sqrt{2}}&\frac{1}{\sqrt{3}}\end{bmatrix}$，$\boldsymbol{\Lambda}=\begin{bmatrix}0&&\\&0&\\&&3\end{bmatrix}$

25. (1) $\boldsymbol{B}$ 的特征值为 -2，1，1。属于 -2 的特征向量为 $k_1\ (1,-1,1)^T$，其中 k_1 是不为零的任意常数。属于 1 的特征向量为 $k_2\ (1,1,0)^T+k_3\ (-1,0,1)^T$，其中 k_2，k_3 是不全为零的任意常数。

(2) $\boldsymbol{B}=\begin{bmatrix}0&1&-1\\1&0&1\\-1&1&0\end{bmatrix}$

26. (D)

27. (B)

28. (1) a, $a+1$, $a-2$ (2) $a=2$

29. (1) $\boldsymbol{A}=\begin{bmatrix} \frac{1}{2} & 0 & -\frac{1}{2} \\ 0 & 1 & 0 \\ -\frac{1}{2} & 1 & \frac{1}{2} \end{bmatrix}$ (2) 略

30. $[-2, 2]$

31. (A)

32. (B)

33. (1) 当 $a\neq 2$ 时，只有零解 $\boldsymbol{x}=\boldsymbol{0}$；当 $a=2$ 时，解为 $\boldsymbol{x}=k(-2,-1,1)^{\mathrm{T}}$，$k$ 为任意常数。

(2) 当 $a\neq 2$ 时，规范形为 $y_1^2+y_2^2+y_3^2$；当 $a=2$ 时，规范形为 $y_1^2+y_2^2$。

34. 2

35. (D)

36. (A)

37. (B)

38. (D)

39. (B)

40. (B)

参考文献

[1] 刘三阳，马建荣，杨国平. 线性代数[M]. 2 版. 北京：高等教育出版社，2009.
[2] 同济大学数学系. 线性代数[M]. 北京：人民邮电出版社，2017.
[3] 同济大学数学系. 工程数学：线性代数[M]. 6 版. 北京：高等教育出版社，2014.
[4] 杨威. 线性代数名师笔记[M]. 西安：西安电子科技大学出版社，2014.
[5] 李永乐，王式安. 线性代数辅导讲义[M]. 西安：西安交通大学出版社，2017.
[6] 张宇. 张宇线性代数 9 讲[M]. 北京：高等教育出版社，2020.